《乡村超市》精彩瞬间

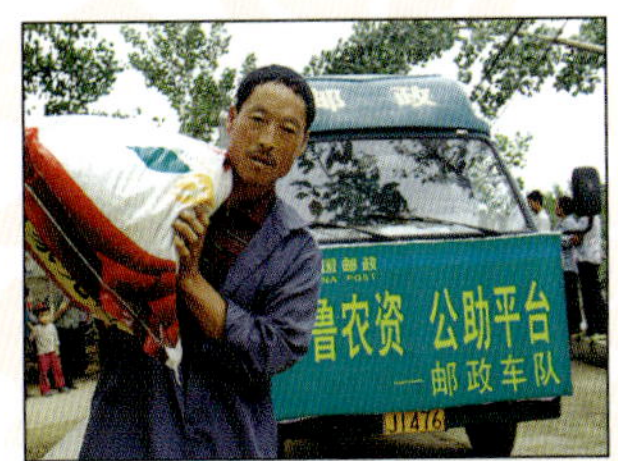

活动篇

工作篇

工作篇

生活篇

《乡村超市》专家顾问团

孙培博 山东胶南市农业局蔬菜站　农技推广研究员

先后发表论文30余篇，《节能日光温室温度的科学调控》一文被刊载于《当代专家论文精选》。荣获"全国理论创新优秀学术成果"一等奖，主编《节能温室种菜易学易做》、《葡萄设施高效栽培与二次结果技术》、《最新设施果树栽培实用技术》、《温室蔬菜栽培技术问答》、《一加一大于二——向农作物灾害挑战》等书。

张云茂 山东招远市顺达果业果品出口公司　农艺师

先后发表技术论文10多篇，其中1993年发表的《苹果树病害防治》被收入中华人民共和国《科技大辞典》。代表著作《优质苹果套袋实用技术》、《优质苹果生产管理实用技术》。发展优质苹果基地、优质葡萄基地28个。编写的《葡萄一二建园法》、《苹果一、二、三建园法》印发1万余册，在招远市辛庄镇西汪家村苹果基地建设方面创造五个之最，多次受到招远市政府的表扬。

付在秋 山东省轻工农副原料研究所　高级农艺师

从事科研工作，先后获省农业厅科技进步奖两项，在《中国蔬菜》、《山东农业科学》、《中国糖料》等刊物发表论文50余篇，曾任多家农化公司的区域经理、副总经理和农业技术总监，具有丰富的市场营销经验，擅长作物疑难病虫害防治，曾培训多名农民技术骨干及邮政三农服务站长，现兼任山东电视台农科频道技术顾问团成员。

张文瑞 山东栖霞市果业局　农技推广研究员

先后参加省、市、县级科技攻关课题研究10余项，获科技成果进步奖9项，其中"无公害优质苹果生产综合技术研究与示范推广"获农业部全国农牧渔业丰收奖二等奖，代表著作《最新苹果栽培实用技术》通俗易懂、实用性强，深受果农的欢迎。对苹果、梨、桃等果树的栽培技术有精深的研究和丰富的实践经验。

巩玉升 山东寿光市农业局植保站　高级农艺师

先后从事农作物病虫害发生防治预测、生物防治、综合防治、植物检疫等专业工作，1988年调至寿光市农业局植物保护站工作，1990年任副站长，1993年任站长至今，1997年取得植保本科学历。该同志自参加工作以来一直从事本专业工作，积累了丰富的植保工作经验，1993年晋升为农艺师，2003年取得高级农艺师资格。在全国及省级专业刊物发表专业论文10余篇。并多次被农业部、省农业厅及地市农业主管部门评为先进工作者或记功。

苗吉信 山东高密市农业局　农技推广研究员

育成作物新品种3个，获奖9项，其中省一等奖1项，省科技进步二等奖1项，省农牧渔业丰收奖1项，地市级科技进步二等奖3项、三等奖3项，著作有《国家"863"计划生物领域转基因抗虫棉新品种（系）》、《农药管理使用指南——除草剂篇》、《农技培训教材》和《日光温室鉴定玉米杂交种》、《地膜植棉研究》等论文多篇，有较高的学术和实用价值，在农业科研推广领域广泛推广应用。

毕可政 山东文登市植物保护站　高级农艺师

自1972年以来一直从事病虫害防治工作，每年都要根据当地作物布局和病虫害发生规律，结合多年的经验和教训，编写农业、果业、中药材、蔬菜等作物病虫害综合防治技术规程，指导农民科学地进行病虫害防治。承担多项省、地（市）科技攻关项目，先后获得省（部）级科技进步三等奖3项，地（市）级科技进步二等奖2项、三等奖5项，撰写科技论文30余篇，并且多次被评为省（部）级先进工作者。

张炎光 山东省农业科学院蔬菜研究所　农技推广研究员

现任山东省农业科学院老年科协蔬菜专业组组长，山东金正大科技集团技术顾问、《山东科技报》顾问。培育的鲁保1号番茄新品种获省科技进步三等奖。主要著作有《中国蔬菜品种资源目录》、《蔬菜病虫害无公害防治》、《农作物高产高效栽培》、《作物营养与施肥技术问答》。

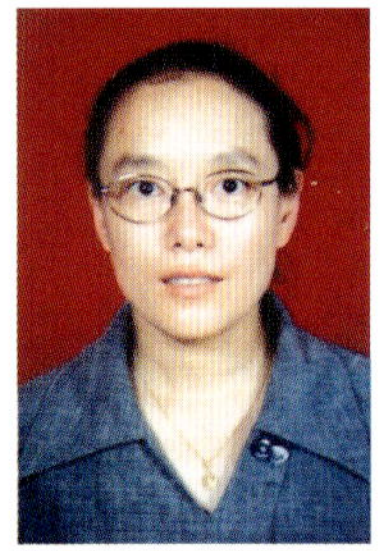

王绍敏 山东省农业管理干部学院农技系 高级农艺师

2001年至今在山东省农业管理干部学院农技系，任副教授，承担农技和园艺专业植物病理学的教学科研工作。自1998年以来被山东省农业科学院农药研究开发中心聘为技术推广部经理，副研究员。主要从事农药应用与推广工作，承担各类新型农药田间药效试验、农业技术咨询，具有丰富的实践经验并取得了多项科研成果。

林玉柱 山东淄博市农业技术中心 农技推广研究员

1989年毕业于山东农业大学农学系，获农学硕士。

2000年被评为淄博市第七批科技拔尖人才，主要研究方向是农作物栽培。参与了淄博市吨粮田建设、千斤玉米市建设、良种产业化工程。获省、市科技进步奖20余项，发表论文10余篇，并参加了两部书的编著。

主要社会兼职有山东省农业顾问团小麦分团顾问、淄博市政协常委。

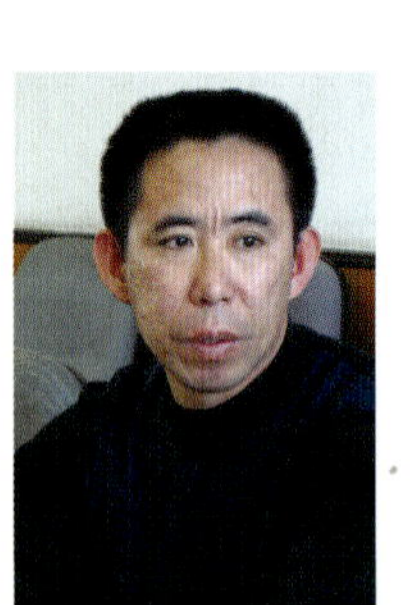

鞠正春 山东省农业技术推广总站 推广研究员

主要从事粮食作物技术示范与推广工作。多年来，积极推广农业新技术、新成果，大力开展科普宣传和科技培训，深入农村进行技术咨询和指导，共获省级以上成果奖7项，独著、主编或与他人合作编著出版了专业著作12部，在省级以上书刊发表学术论文15篇，在《农业知识》、《山东科技报》、《农村大众》、《山东科技信息报》等报刊上发表科普文章50余篇。2007年3月被授予"全国农业科技推广先进标兵"荣誉称号。

刘传庆 山东章丘市农技站 高级农艺师

1997年"十万亩生物钾肥技术开发"获章丘市科技兴农竞赛一等奖。1998年《玉米千斤高产技术开发》获济南市二等奖。1999年"章丘市三十万亩小麦亩产千斤高产技术开发"获济南市一等奖。2001年"小麦种子包衣及春膜秋盖配套增产技术"获山东省三等奖。2002年发表《章丘大葱留种采种技术》。2002年发表《农大108玉米高产600公斤配套增产技术》。

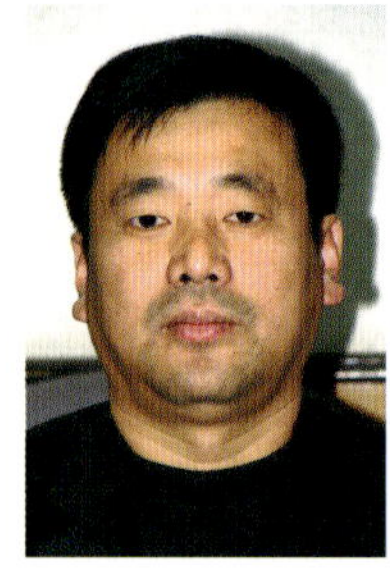

曹永强 山东齐河县林业局 高级农艺师

1994年1月至今是齐河县第四、六、八批专业技术拔尖人才。在林果技术推广中，善于攻克技术难题，编写了《果树管理新技术》、《果树周年管理技术》、《速生丰产林营林技术》等5本技术小册子。1994年12月被授予"山东省优秀青年科技工作者"称号；1995年12月被授予"山东省青年星火科技带头人"称号；2002年10月被德州市委、市政府授予"优秀科技工作者"称号，并记三等功1次。

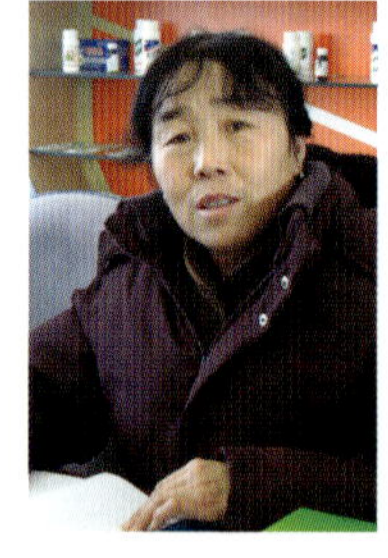

高淑善 山东济宁市任城区农业局 高级农艺

承担多项部、省、市、区科研课题科技成果进步奖10余项。先后发表论文篇，1997年《防止袋栽平菇污染十项技施》在《山东蔬菜》发表，2000年《马与姜葱套种技术》在《山东蔬菜》发2001年《世界蔬菜新潮流——彩色蔬菜前景》在《北方园艺》发表，1996年《耳组织分离》在《农业应用技术百科全发表。2001年撰写科技图书《特种蔬培——谷物蔬菜》。

郭庆宏 高级农艺师

先后从事农作物病虫害发生防治预测、物防治、综合防治、植物检疫等专业工作，同志自参加工作以来一直从事本专业工作积累了丰富的植保工作经验。1993年晋升农艺师，2003年取得高级农艺师资格。在国及省级专业刊物发表专业论文10余篇。多次被农业部、省农业厅及地、市农业主部门评为先进工作者或记功。

张传义 山东潍坊市农业科学院 研究员

从事教学科研工作，主持参加国家学技术委员会课题"辐射创造棉花优异变新种质研究"、2005年3月被潍坊市政局聘为邮政服务三农农业专家。200被潍坊市邮政服务三农协会和山东电视分别授予"先进工作者"、"优秀科技作者"称号。

郭洪令 山东青岛市 高级农艺师

1982年毕业于莱阳农学院，大学本学士学位。2000年被青岛市委市政府授科学技术研究开发突出贡献人才，青岛引进的"优秀人才"，对大姜、辣椒、豆、棉花等农作物的种管技术有些专长

山东电视台农科频道

《乡村超市》栏目一周年纪念

农资超市一点通

孙希超　编著

中国农业出版社

《农资超市一点通》编委会

目　录

天达植物医院坐堂门诊

* 西红柿学名番茄。

《乡村超市》专题文稿

《乡村超市》农资小百货

中邮物流　服务三农

买农资找邮政，方法简便又实用；三农服务站，农资、科技样样全，电话一打，农资到家，这真是邮政铺路、农资开花。

"买农资找邮政，马上送货到您家"，这句话想来大家伙都已经不陌生了吧，一说起邮政，咱马上想到的还是邮票啊、送信啊，等等，怎么这邮政现在也卖起了农资，到底是怎么回事，今天咱《农资超市》就给你说说这事。唉，您瞧，这说着说着，淄博市临淄区王世忠的西葫芦大棚里就来了一位送农资的邮递员。

邮递员进大棚送农资。

老王在家吗？谁啊？邮政局的。进来吧！送来了五包天达 2116。谢谢啊，多少钱呀？十二块五。

嘿，一手交钱一手交货，走进大棚送货的是临淄区的一位邮递员，送来的东西不是邮票不是信，而是老王急需的一种叶面肥。邮递员进大棚，方便的可不光是王世忠一个人，听老王说，需要什么农资只需给邮局打个电话，人家就能把需要的东西送上田间地头。唉，这事可就怪了，邮递员不送信，咋又送起了农资呢？

山东中邮物流有限责任公司总经理王世春介绍说："送农资这个业务，大致从 2002 年，小范围地开始试运行。"

听人家一说，原来配送农资是邮政系统新增的业务，主要目的就是服务老百姓的农业生产，好事啊！现如今市面上卖农资的地方不少，哪里好，哪里不好，老百姓心里没底，正因为如此，邮政配送农资的服务也就应运而生了。

王世春总经理说："后来我们就提出要'扎根农村，贴近农民，服务农业'。提出这么个理念来，老百姓不用出村，在村里面就能买到优质的化肥、种子、农药。"

您听听，不出村就能买到货真价实的农资产品，那就相当于农资商店直接开到自己家里一样啊。整齐划一的三农服务站如雨后春笋般在农村扎根。

王世春总经理说："在全省 8 万多个行政村设立了三农服务站，因此说我们的网络覆盖面在全省来说是最大的。"

不过有了好网络就需要好产品，选择什么样的农资产品成了当头的大事。

王世春总经理回答说："你比如说有些企业的诚信比较好，质量比较可靠，甚至有一些都是国家'863'的推广项目、国家免检产品。"

看来啊，选择农资产品人家实在用心。那农民朋友如果想购买农资的话，通过邮政物流这个渠道有几种选择方式呢?

王世春总经理介绍说："目前来说一般有两种方式：一个老百姓直接到村一级的三农服务站就可以购买，另外可以给乡镇上的物流配送中心打电话，可以送货上门。"

您瞧，买农资找邮政，方法简便又实用。说到这，有观众问了，其实咱老百姓最关心的还是在三农服务站里都能买到哪些产品?

王世春总经理回答说："有生产资料，农资系列产品包括化肥、复合肥、复混肥、种子、农药、叶面肥、地膜等等。价格应该说是相对比较低。"

青州市东夏西坡村三农服务站站长王广远说："这个是我们的价格公开表，不论什么人来买，我们都严格按照这个价格去卖。"

有了好的价格，又有好的产品，分布在全省的三农服务站，真正给农民朋友带来了实惠。

王世春总经理说："目前我们的村级三农服务站好多都是送货上门，有的不光是送货上门，还送货到田间地头。"

电话一打，农资到家，这真是邮政铺路、农资开花啊，方便了百姓，方便了生产。可谁又知道，这简单的服务背后隐藏的却是不简单的辛劳，您若不信，我带您去认识一位这样的人。

位于青州市西南部山区的杨集邮政支局是青州最偏远山区的一个邮政支局，因为高山与偏远，这座深处大山中的房子，成为目前全省唯一一个步班投递站，这里四面环山、环境不错，可对于邮政投递来说却困难重重，就在这条步班邮路上，唐行福，一个普通的邮递员，来来回回走了 16 年。

青州市杨集邮政支局唐行福说："俺杨集支局负责的面积是 180 平方公里，管着的村庄是 24 个行政村，这 24 个行政村都比较分散，分散在这山沟沟里。"

在送农资的路上，唐行福经常会遇上雨雪天气。但山里的风雨对于行福来说已经习惯，这条走了 16 年的山路他很熟悉，农民家里用的农资产品就是经过这样的山路，从山外送到山里。

青州市邮政局孟庆海说："我们投递员一年投递的路线，它的里程加起来相当于一个两万五千里*长征，每天翻越超过700米高的山头就有20多座。”

青州庙子镇杨集村的肖方华说：“确实现在呢，也不用再到青州去买农资了，不用坐着车跑出很远去，现在一个电话直接就给送过来了。”

唐行福说：“我的理解，邮政服务三农就是更好地为农民朋友服务。”

带您认识了唐行福，都知道服务三农说起来容易，做起来不易。可乡亲们也说了，不容易都理解，老百姓种地日出而作、日落而息更不容易，服务到家咱高兴，可三农服务站里的农资产品能够保证货真价实吗？

王世春总经理回答说：“因为邮政是个百年品牌，所有的农资产品进入我们这个渠道必须是与我们省公司来洽谈。”

青州市邮政局局长杨中说：“咱所有的进货都是按照省公司统一安排，进货的渠道都严格根据上级要求。”

青州市东夏镇西坡村三农服务站站长王广元说：“我们这里就是只卖邮政产品、推荐的产品，不卖任何其他方面的产品。”

嘿，看来为了防止假货，还真是动了一番脑筋，位于青州市东夏镇西坡村的这个三农服务站，站长王广元可是个热心人，对于防止假货，他还有自己的绝招，凡是站里的农资产品，在卖给乡亲们之前，老王都要在自家地里先试上一把。

王广元说：“先自己搞好试验了，再把成功的经验推广给父老乡亲。”

不过也正是看到老王这个店的红火，一些社会上的农资经销商都找到他，让他偷着代理他们的产品。实话实说，要是老王真这么做了，说不定还真能多挣点钱。可是人家王广元真是有骨气，所有的推销者都拒之门外，老王说上门推销的给留了一大摞名片，其中有的扔了有的找不到了，好费劲才找出这样的一张给我们看看。

您瞧瞧，好费劲才找出一张名片，咱们的记者说多遗憾一张太少，要是能拍到推销者留下的那一大摞名片，那该多好。其实依我看啊，找不到那就对了，找不到恰恰证明老王心里压根就没有歪想法，您说是不是这个理。

王广元又说：“邮政物流喜进农家，服务三农货真价实。”

看了上面的片子心里算是踏实了，在三农服务站，假货远离咱的农业生产，与此同时，为了使网络体系更正规，人家还提出了更高的要求：做到六个统一。

王世春总经理说：“这六个统一就是：统一标识，统一进货，统一价格，统一渠道，统一管理，统一服务。”

服务三农送农资，其实啊除了农资还有科技，还有咱老百姓种地的知识。

王广元说：“作为一个三农服务站的站长，不仅仅是卖化肥和卖农药，邮政建设三农服务站的宗旨就是推广先进的农业科学技术，推荐质优价廉的农资产品。”

王世春总经理说：“为农民兄弟做一些工作，我们觉得这也是为新农村建设做了自己一点

* 里为非法定计量单位，1里＝0.5公里＝0.5千米。

贡献。”

坚持科学发展观，促进新农村建设，遍布全省的三农服务站，为咱老百姓种地奔小康帮了大忙，不过要想咱家的日子越过越红火，还需要大家一起努力。

“邮政物流喜进农家，服务三农货真价实”，就像青州市东夏镇西坡村三农服务站站长王广元自己写的对联一样，邮政三农服务站从无到有，从少到多，一点一点走过来，现如今真的是走进了寻常百姓家。给百姓送去的不光有货真价实的农资百货，而且还有农民朋友最需要的科技知识。渐渐地，三农服务站在百姓心中的地位越来越高，越来越受欢迎，很多乡亲们都亲切地称它是“咱家的三农服务站”。

惠民邮政　服务三农

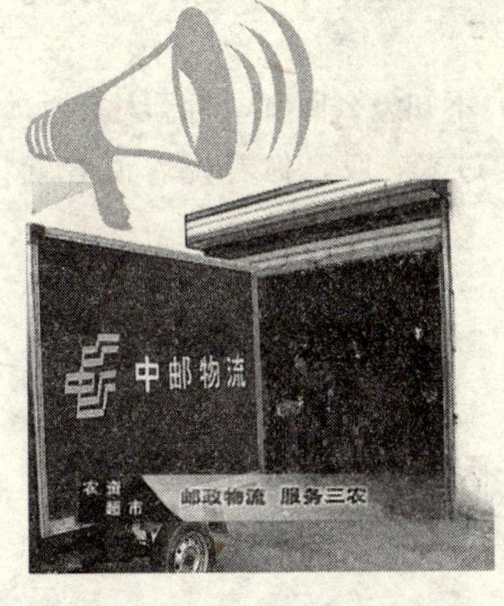

中邮物流服务三农，这是一句口号，也是一条准则，现在省内村村基本上都有一家三农服务站，方便咱老百姓生活及农业生产。这不，滨州惠民县的农民就深有体会。

乡亲们，您听这句话“买农资到邮政，明码标价货真价实，买的是个放心，邮政是国家的百年品牌，没有假货，买农资找邮政，马上送货到您家。”听这一段您是不是很熟悉啊，一说邮政都是送信，怎么人家现在又送起农资来了，他们又是怎么来服务三农的呢，今天就带您到惠民去看看。

滨州市惠民县邮政局局长张学军介绍说：“我们惠民县邮政局开展服务三农的工作，把精选的、像天达 2116 这样的一些优质农资产品，利用我们的网络优势及时配送到农村的田间地头，只要是老百姓打来电话，大到化肥、小到农药，我们都能及时地让投递员送到农村的田间地头去。”

滨州市惠民县陈集冯家村三农服务站的封秀财说：“我这个站主要经营中邮物流指定的、质量有保证的农资产品，店里有种子、化肥、农药，还有一些科技书，比如说天达公司（天达生物制药股份有限公司的简称）出的农家百事通，一加一大于二，老百姓看了这些书，怎么使农药，心里都有数。”

咱们邮政服务三农，不仅是为了老百姓在三农服务站里能买到货真价实的农资产品，还准备了有关农业科技的书籍。为的就是教老百姓掌握更好的农业技术，保证农民的增产增收。除此，天达公司和中邮物流，还在各地聘请了农业专家和农业技术推广员，为老百姓在农业生产当中遇到的疑难杂症开妙方，排忧解难。你看，咱的技术推广员正在三农服务站里给惠民的农民朋友讲课呢！

天达公司农技推广员李国华说：“那么针对咱目前棉花苗期存在的状况，关键问题是除草剂药害问题，咱现在在加强棉花苗期管理的同时，一定要抽出点时间来管一管我们的小麦。”

滨州是咱省的产棉大区，有很多的棉农每年都会为棉花病害而发愁，不过现在好了，天达公司和中邮物流给咱派来了农技推广员，在三农服务站里、在咱老百姓的田间地头，都有这些为农民兄弟办实事的专家身影。

李国华说："因为三农服务站是邮政物流的前沿阵地，这个平台是实现和百姓零距离接触的一个关键，到农民的田间地头，是为农民实际问题做出回答和解决问题的好办法。"

在三农服务站里既能买到好的农资产品，还有专家给咱老百姓传授农业知识，这可真是服务三农做到家了。惠民县邮政局为了更好地服务三农，方便老百姓，只要是打个电话，大到化肥、小到农药都能送到你家的地头上。

滨州市惠民县南于村的殷卫东说："今年我的麦子得干热风，不知怎么回事，问了人家说，打天达 2116 很管事，结果我打电话去邮政局，他们说马上送过来，哎，你看说着说着就来了。"

在现场，邮递员骑车送来天达 2116。

"你要的天达 2116 我给你送来了。"

殷卫东说："太谢谢了，你送得太及时了，我正等着用呢。"

他们的服务可不光是这些，这不，为了更好的服务老百姓，天达 2116 连同中邮物流和咱们《农资超市》栏目，一起印制了 100 多万份宣传海报，都贴在了三农服务站里面，为咱老百姓推荐科学书籍和科学知识。

中邮物流，服务三农，方便了咱老百姓，100 多万份科技海报，也成了传播科学知识的载体，哎，在这里要提醒大伙的是，这些海报上不光有农作物治病防病的处方，而且还有咱们栏目的播出时间等详细情况，如果您想更多的了解栏目，可以就近到三农服务站里查询海报。

邮政是国家的，在三农服务站里卖农资，可靠放心！并且现在为了更好地为老百姓服务，三农服务站还要开展更多的服务项目。

王雪梅和她的三农服务站

一个普通农村妇女轰轰烈烈地干起了三农服务站，结果一干就干成了山东省最大的，农药、化肥、种子一应俱全，怀揣一颗热情为乡亲们服务的心，建起了乡村书屋，配备了电视机，定期请专家讲课，搞起了秧歌队，定期放电影，俨然已经成了当地的农民俱乐部。

欢迎来到《中邮天达·农资店》，节目开始先给大家讲个故事，话说山东平度有个长乐镇，长乐镇里有个徐王村，徐王村里有个三农服务站，服务站里有位头号人物，名叫王雪梅，也是今天故事的女一号，听她说自打干了这三农服务站，生活还真就发生了改变。

平度市长乐镇徐王村三农服务站站长王雪梅介绍说：“自从开办这个三农服务站以来，我感觉就是很顺，也很好。邮政三农服务站这个品牌吧，不管是品牌还是质量，没有假冒伪劣产品，我这个三农服务站就是全省最大的一个三农服务站。”

吆喝，山东省最大的三农服务站，原来就是由这位朴实的农家妇女一手操办，真是巾帼不让须眉，佩服啊！可要说起这王雪梅干这三农服务站之前人家干哪行？恐怕打死您也想不出来，干啥呢？种地、买菜、做裁缝还是居家、相夫看孩子呢？呵，统统不是啊，到底是干啥？告诉您，就三个字“收废品”。

王雪梅说：“在做这个三农服务站之前，我是干废品收购的。就是因为这个活（收废品），又脏又累的，对我来说不适应，我心里就有改行的念头。不过终究是考察了好几个项目，也没考察好。”

俗话说“隔行如隔山”，这跨行的生意最难做，想改行，谈何容易！王雪梅满怀希望地考察了一个个项目，可是又一个一个地破灭了，到最后是一个也没成。就在她冥思苦想、走投无路的时候，2006年5月份的一个上午，机会却找上门了。

王雪梅说：“一次偶然的机会，马局长正好到我这里。”

平度市长乐镇邮政支局局长马海磊说：“正好这几年邮政服务三农，就是这个政策。”

王雪梅说：“他无意间就提出这么个问题来。”

马海磊说：“我就给她介绍了。”

王雪梅说：“我一开始也没大往心里去，他走了以后，我自己慢慢地在家琢磨，这也是个办法，就是叫我给邮政卖农资。”

这真是一语惊醒梦中人啊，没想到，邮政人员的一句话，让王雪梅一下子找到了方向，说干就干，她和老公一商量，这不鸣则已、一鸣惊人，要干就往大里干。

王雪梅说："你要干就要干大，你要建就要建大。这不就建起了这么一个大的房子，300平方米，花了十万块钱。我也没想到就是咱山东省最大的一个三农服务站。"

山东省最大的三农服务站！吆，名头不小啊！告诉您，这可不是吹的，人家在咱齐鲁大地上、在数以万计的三农服务站里，那也是拔了尖的。不仅占地面积大，经营的货品种类也是相当齐全。

王雪梅介绍自己的店说："有农资、有肥料、农药，再就是化妆品类的、洗浴类的都有。邮政上所有的东西我都有。"

嚯，您听听，从农资产品到生活用品，不管咱是地里用的，还是日常家里缺的，不用出村，来这里就能买得到，这可省得咱大老远往镇上跑了。哎，不但如此，人家王雪梅还是个热心人，大伙儿急需啥了，招呼一声，她一定会在最短的时间内给送进家门、送到田间地头。

王雪梅说："有一次有个人说要肥料，所以我那天晚上11点来钟去送，到12点半才回来。"

瞧这态度，那真是服务无极限、帮忙没商量啊！王雪梅的热情也感动了当地邮政部门，为了鼓励她，邮政局还专门给她配了一辆邮政送货车。其实对王雪梅来说，建一个这样的三农服务站，除了挣钱之外，还有一个目的，那就是把周围的乡亲们都聚拢到这里，让大伙儿交流经验、互相学习、共同致富。所以久而久之，这里又有了一个新的称号：农民俱乐部。

王雪梅说："我这里就是个农民俱乐部，平常就是看有线电视，到了点，11点55看《乡村季风》，尤其是看《乡村季风·乡村超市》。再就是我这里有些光盘什么的，再就是隔几星期，两个星期或三个星期，我就在这个广场上放一次电影。"

村民看《乡村超市》。记者问："现在饿不饿啊？大中午头的。"村民："不饿，不饿。"记者："看完了电视再回家吃饭是不是？"

"节目播出时间你是怎么告诉他们的？"

王雪梅说："要是在这里看吧，我就到了点叫他们来这里看。不在这看吧，就告诉他们每天的中午11点55分，农科频道，还有下午的6点25分。"

村民说："这个节目为村民指出了致富的道路。村民没想起来种什么的时候，就想起《乡村季风》这个节目。"

农民俱乐部，咱大家伙儿自己的俱乐部，有了这个好去处，乡亲们没事就来这里坐坐，王雪梅这三农服务站的人气也是越来越旺。可是她也明白，要想获得乡亲们更大的信任，不懂专业知识肯定不行。于是一有时间，她就埋头钻研科技书籍，学习农业知识，日子一长，乡亲们都亲切地喊她是"半个农业专家"，遇到啥难题了，也都过来找她。可真所谓"学海无涯"，有些问题王雪梅也解决不了，怎么办？打电话咨询专家，或者干脆请专家过来讲课。

王雪梅说："今天我请来厂方的专家，来给咱讲讲课。"大家鼓掌。专家说："好，谢谢。"

村民问："花生在开花以后，叶片出现黄色的斑点，有时候就干了掉了。问一下怎么防治?”

专家回答：“花生斑点，那叫斑点落叶病，斑点病。这个，一必须要杀菌。用天达2116+恶霉灵加上甲基托布津，或者是加上代森锰锌。7天一次，连续打2次。效果非常好。”

记者问大家：“家里都种着花生吗?”

村民：“种着。”记者：“都种着花生呢。”记者：“在听了课以后是不是对花生的后期管理了解了?”

村民：“对。”记者：“今天你觉得这种讲课意义大不大?”

专家：“意义非常大。目前正是花生的重要的管理期。”笑声，掌声……

记者问：“是不是欢迎专家常来咱这里?”村民回答：“对，希望他常驻，我们长乐。”

专家一讲，知识到场，您看看这三农服务站里的农家课堂，是不是还真是有那么一股子清华大学的劲。这专家讲课自然好，可专家也不是天天在啊，有了问题咋办呢？告诉你吧，其实王雪梅早就想出了办法，在三农服务站里建起了乡村书屋。除了自己学习方便，更重要的是要用科学技术给乡亲们带来实惠。

王雪梅说：“做了一个书架。报纸有十来种，书有果树的、大棚的、再就是大田作物的，还有文摘什么的，各类书都挺全。农民有些不懂的问题咱也解决不了，可以从书中解决，他能找到答案。”

想百姓所想，急百姓所急，王雪梅的乡村书屋一建成，立马又大受欢迎。建个书屋传递信息，送来知识大家受益，可您知道吗？这书屋可是人家王雪梅自掏腰包建起来的，光订报纸就花了她两千多块！不过王雪梅也说了，这算啥，为大伙儿办点事，出钱出力她都乐意。可话又说回来，一个农家女，撑起这么大一个摊子，整天和父老乡亲打交道，要说一点顾虑都没有，那也不是。

王雪梅说：“最重要的就是，农民别买到假农资。咱也都是老百姓，辛辛苦苦挣的钱也不容易，有些用眼看不出来，只有使到地里才能看出来。你让老百姓一年辛辛苦苦挣的这些钱，你把这些（假）肥料买了，用到地里以后，买了假肥料以后产不出粮食来，多可惜。”

“邮政上有七个承诺，就是说不推假农资，使着不好的产品不往外推。只要过期的产品都不准往外推，所以我就不接别的农资，光卖邮政产品。”

俗话说背靠大树好乘凉，王雪梅的三农服务站搞得红红火火，说起来她还得感谢山东中邮物流的鼎力支持。更好地服务三农，打造一批像她这样的三农服务站，正是中邮物流现在的努力方向。

平度市邮政局物流公司经理刘霞说：“我们现在想打造的目标就是，老百姓不出村，一镇式服务，一站式服务，不出村我们就能满足农民的需要。”

平度市长乐镇党委书记桑学清说：“农民致富需要科学技术，需要买到真农资。山东省最大的三农服务站建在我们长乐镇是我们的骄傲，希望她能越干越好，我们也会一起为我们农民致富、为我们的新农村建设做出努力。”

王雪梅在自家的一亩三分地里，把个三农服务站干得红红火火，我觉得其中也有道理，生意好凭着人气旺，其实也是啊，房子再大咱有钱就能建，货品再多咱有钱也能买，可这乡亲们的信任和好的人缘，不管您有百万还是千万，多少钱您都买不来！话说回来，如果没有一颗真诚为咱乡亲们服务的心，恐怕也不可能把个三农服务站搞得如此带劲。在这里《乡村超市》也要给王大姐说几句话："我说雪梅大姐您加油干，再多做些服务乡亲的活，《乡村超市》支持你！"同时小超也希望这样的三农服务站在咱齐鲁大地上那是越多越好，毕竟建设社会主义新农村需要大家的共同努力！

王雪梅的三农服务站搞得有声有色，离不开中邮物流的支持。中邮物流的三农服务站销售的产品都是经过严格审查的正规厂家的产品，到目前为止山东中邮物流有限公司已经在全省建立了 80 000 多个三农服务站，遍布山东省的各个角落，时时刻刻为咱乡亲们服务。

绿色天达　和谐希望

——国家“863”计划项目主持人**张世家**专访

（上集）

今日，本栏目推出农资品牌的领军人物——国家“863”项目天达2116的主持人张世家专访。

张世家，何许人也？红高粱的故乡，山东高密东北乡人。属马，1954年生人。现任山东天达生物制药股份有限公司董事长。国家“863”计划项目天达2116的主持人，爱好文学，向往科学。多年研究农业，与农业有着深厚的感情，世家、天达、2116三个名字，浓缩了他全部的经历和一世梦想，那就是用高科技的产品，促进农业发展，用绿色的产品勾画和谐的希望。

坚持科学发展观，促进新农村建设，欢迎收看《农资超市》特别节目“农资人物面对面”——绿色天达 和谐希望，专访国家“863”计划项目主持人张世家。

主持人小超：“张总您好，很高兴和您一起面对面。”

张世家：“小超你好，你比我好！《乡村季风》又出新亮点，《农资超市》，出手不凡。老百姓肯定喜欢。”

主持人小超：“一见面为什么会有‘你比我好’这句话？”

张世家：“很简单，我有心事，心事重重。”

主持人小超：“有心事？一个大男人会有什么心事？我倒是很想听听。”

张世家：“你知道，我做的产品是个国家‘863’成果，事关农民控害增收、粮食安全、食品安全，有益于中国农业的可持续发展。自投放市场以来，可以说在各种作物上都表现出非凡的效果、非凡的功能。不用的不知道，用过的都说好，可他就是不告诉别人，包括自己的老少爷们，兄弟姐妹。

其二是国家‘863’，只有少数人知道，大多数的农民并不知道。

其三是登记上存在的问题，不少人把这一高科技成果当成一个普通的叶面肥，影响推广。我着急，真的很着急。这可是叫农民实实在在增收的简便措施啊！”

主持人小超：“这事我觉得不难，要刨根问底天达2116，首先要先搞清什么是国家

'863'?"

（播音）什么是国家"863"?"863"是1986年3月由四位科学家王大珩、王淦昌、杨嘉墀、陈芳允给中央写信，提出要跟踪世界先进水平，发展我国的高新技术，这封信得到了邓小平同志的高度重视，小平同志亲自批示：此事宜速决断，不可拖延。

经过广泛、全面和极为严格的科学和技术论证后，党中央、国务院批准了这一代表国家意志的高新技术发展研究计划，简称国家"863"计划。

大家知道，航天技术是"863"，激光信息技术是"863"，生物海洋技术是"863"。

天达2116是以发展"两高一优，生态农业"的前沿性和重要性被列入国家"863"计划的。

天达2116是个什么样的"863"产品？为此，山东电视台《乡村季风》跟踪采访报道9年。

主持人小超："天达2116和国家'863'有着怎样的关系？"

张世家："'863'在中国来讲这是顶天的科技成果。打个比方说，航天技术、超导技术、纳米技术是'863'，神州6号是'863'。天达2116是以发展'两高一优，生态农业'的前沿性和重要性被列入国家'863'计划的。"

它对农作物的抗逆、防病、增产、优化品质的显著效果和研究思路得到众多院士的认可。在我手里关键是怎样落地，我在探路……"

主持人小超："听说为此你付出了不少代价，赠送样品是一回事，还有出系列丛书、连环画等，年前您还出了一本《百姓百事》历书，我还听说中国的第一本《中国农业史》也是由你独资赞助出版的。"

张世家："是的，扪心自问，这也是我半生经历所作所为中最值得庆幸的两件事。

一是独资赞助呕心沥血18年的历史系教授吴存浩完成的第一部《中国农业史》(4卷9章24节180万字)。

二是承接国家'863'计划成果天达2116产业化，与中部合作探索送科技下乡、服务三农的新路子。

《百姓百事历书》是我编著的第一本书。实为新农村建设'科技入户工程'，抛砖引玉。近日，我又编著出版了第二本，名是《农家百事通》。"

主持人小超："那么现在我就替电视机前的农民朋友问问您，这天达2116到底是什么？为什么会引起众多的农业专家关注，它究竟是药还是肥？"

张世家："天达2116是这项顶天的高科技成果的一个代号，也是这项'863'成果的商品名。

我记得前美国农业部长布朗先生写了一本书叫《谁来养活中国》。说中国到21世纪30年代人口达到16亿时，无法养活自己。美国能养活我们，不可能！

中国人只能靠自己养活自己，靠中国的科学家和企业家在生物领域的共同贡献，这就是天达2116名字的来历。

天达2116在国家科学技术部‘863’立项的课题是：复方氨基寡糖，植物抗病增产剂系列产品的开发和推广；被五部委评定为国家级新产品，根据功能定名为‘植物细胞膜稳态剂’，在农业部登记，因无先例，只能是‘植物生长营养液’。

‘是肥是药’这个问题争论已久，叫我说，它既是肥又是药，不是肥，也不是药；准确定位，我认为它是植物健身栽培，实施抗逆、防病、优质增产、实用‘多靶头’战略研究的保健品。肥药双功效。

不然，也不会被列入国家‘863’计划、山东省绿卡行动计划、全国农业技术推广服务中心重点推荐的国家级重点新产品。”

主持人小超：“像这样的一种产品，是不是蕴涵了很多专家学者的多年心血？”

张世家：“是的。不是一个。而是几百个。从立项、验收、鉴定，到推广。何止是一个、十个、几百个？在中国的所有农资产品中，还没有一个产品像天达2116一样受到这么多的院士关注。全国30多个科研院所和大学参与了试验。”

（播音）2000年12月26日，济南南郊宾馆。在山东省科学技术厅的组织支持下，中国科学院院士洪德元、中国工程院院士管华诗、余松烈等16位专家组成的鉴定委员会，对山东大学生命科学院和山东天达生物制药股份有限公司研制开发的天达2116进行了国家级成果鉴定。

与会专家在听取课题组工作报告和技术研究报告后，经过质疑答辩和论证，由洪德元院士郑重宣布了鉴定结果：

具有显著的抗病抗逆和增产性能，经有关试验部门证明，该产品能够提高农作物的抗病能力，有效控制由细菌、真菌和病毒引发的多种农作物病害。对于干旱、低温、盐碱等逆境因素对农作物造成的不利影响有明显的抵御作用。试验证明，该产品使粮食作物增产10%～15%，棉花增产15%～25%，茄果类作物增产20%～30%，叶用蔬类增产20%～50%，地下根茎类作物增产30%～50%，而且能使某些作物的果型、色泽、口味得到改善，提高了农产品品质。经有关部门的动物实验证明，该产品安全无毒。“该成果实现产业化后将对中国农业的可持续发展产生巨大影响。”

2001年2月，北京展览馆。代表当代中国高科技发展水平的“863”计划15周年成果展，在这里隆重开幕。这是一个振奋人心的展览，走进五光十色、充满现代气息的展示大厅，亲眼看看我国的高科技成果，相信每一个中国人都会感到骄傲和自豪。

天达2116植物细胞膜稳态剂被安排在了海洋技术展区，尽管它不像航天产品、超导技术、智能机器人等那样在展区出尽风头，但作为新一代的植保产品，作为高科技成果迅速商品化、产业化的典范，同样引来了无数关注的目光。

主持人小超：“看完了这个片子，看来这天达2116还真是顶天的高科技产物。”

张世家：“刚才，大家看了上面的片子，不是我在瞎吹、拉大旗；天达2116进行‘863’课题立项时的评审专家组组长是相建海，他是国家海洋领域首席科学家；验收组长是黄海水产研究所唐启升院士；组织及鉴定是由中国科学院洪德元院士、山东农业大学余松烈院士、青岛海洋大学管华诗院士主持的。

中国农业专家团团长、双院士卢良恕也给予了极大关注，该项目参加国家‘863’成果15周年大展。中央电视台以《天达2116——大地的惊喜》向国内外做了专题报道。同时，天达公司被列入国家首批‘863’成果产业化基地。

首批列入国家‘863’成果产业化基地的只有16个，天达是其中之一，也是唯一的民营企业。记得是科学技术部朱丽兰部长亲自给天达授的牌。我拿到手里，揣在怀里，沉甸甸的，一夜没睡着觉。

天达2116是肥还是药，今日，你提的这个问题，很难答。这里，抛开是肥还是药，用邓小平的话说，‘不争论，发展是硬道理’。

我还是那句话，‘天达2116用效果说话，控害增收是硬道理’。对中国的农民来说，效果！效果！效果！没有效果就别说话。”

主持人小超：“您说的也对，是骡子是马得拉出来遛遛，好不好得用效果说话，那在这里我想问了，天达2116都有哪些效果？到底是用来干什么的呢？”

张世家：“一是抗逆、防病，多靶头，健身栽培，省工、省力、省钱，叫农民少花钱就能实现增收节支。

二是壮苗、生根、保花、保果、保叶，您知道壮苗先生根，根深叶才茂。

三是有效缓解除草剂药害，解除药残，为农家产品出口、进超市保驾护航，多卖钱。

四是优化品质，提高产量，多增收。

天达2116在抗逆、保苗、保花、保果、保叶方面的表现尤为突出。像冷害、冻害、干热风、涝灾、雹灾、酸雨、药害等突发事件发生前后喷施天达2116，控害康复效果十分明显。农民来实的，不见兔子不撒鹰。对效果你来不得半点含糊，它不听你瞎吹。唯有效果能说话。”

主持人小超：“听起来这天达2116的效果还真是不少，我听说这其中有个原理非常好，那就是‘健身栽培’，这到底是一种什么概念呢？”

张世家：“健身栽培，从浸拌种、提高发芽率、成活率，生根壮苗开始；未病先治；中医讲‘药食同疗，未病先治，固本扶正，标本兼治’。而西医‘头痛医头，脚痛医脚’。您知道我是一个做人用药的，我的父亲是老中医，今年81岁，我是老中医的后代，‘治标治本’，对我搞植物‘健身栽培’影响很大。”

主持人小超：“我听说天达2116还有一个非常重要的作用，越是恶劣环境，效果越明显，尤其是防冻害、预防倒春寒，是不是？”

张世家：“是的。如果说，实践是检验真理的标准的话，那么今天我要说的是效果是检验真理的唯一标准。”

（播音）2002年4月22日，山东经历百年不遇的“倒春寒”，受灾果园面积510万亩*，占果园面积的45%，直接损失50亿元，喷过天达2116的果园躲过了这场灾难。典型事例：

---

* 亩为非法定计量单位，1亩=667米^2。

记者："老于，你这个桃园里用天达 2116 和不用的有什么区别？"

平度马戈庄镇蟠桃园艺场，于天河："它这个果的颜色好，个头整齐、均匀，花芽形成早，花芽形成饱满，同样的枝条，你像这个枝条，刚才我们看的那个枝条已经全部形成花芽了，花芽都很饱满，这一个枝条仅仅有两个饱满花芽，其他花芽都还在形成之中。

这是我拿出两行来做的对比实验，刚才看到的那个是喷过的，这两行没喷。"

记者："没喷的和喷的差别在哪里？"

于天河："差别一个是颜色，一个是它的光泽度。喷过的颜色全红，光泽度发亮，没喷的果有点发黑发绿。"

记者："这么说天达 2116 对蟠桃能促早熟吗？"

于天河："做实验对比来看，它促早熟 3～4 天。"

山东省沂源县大张庄乡北村村民（葡萄）及乡农技站站长："天达 2116 萌芽期喷了 1 次，以后又喷了 2 次，同样的地，他那个冻得厉害，俺这个冻得轻。这一户果农喷打了天达 2116 以后，葡萄的叶片长势比较健壮，特别是这一次倒春寒，这个果农的葡萄基本上没有冻，相对来说，比往常长得好，叶片肥厚，叶子大，有光泽。这一个农户，他没有喷打天达 2116，相对来说，这一次冻害基本上都冻死了。基本上面临绝产。"

莱西市黄金梨种植户，王仁体："今年一个典型的例子，就是这个绿宝石梨套着一个塑料袋，套袋后 5 月份气温比较干燥，遇到高温产生日烧。没打天达 2116 的，和我们套了同样的袋，但是它这个生理裂果产生日烧，全部发红，很严重，后期没办法就把袋早摘了，而我套的这个喷了天达 2116，日烧就很轻，我这个袋到采收期还没有摘。"

文登葡萄种植户，吕建强："我当时抱着侥幸的心理试试，就拿了两瓶，在花期前喷了一遍，二三天的时间就觉着叶片明显增大，而且花长得很好，这个东西确实挺好的，花后，我又从当地的门市部门，买了一次天达 2116，又喷了一遍。到第二次膨大期，我又喷了一遍。今年葡萄霜霉病挺严重的，具体的我没做实验，我全部打的天达 2116，从面上看，我这个葡萄园的霜霉病确实比较轻。"

在灾害到来前喷施天达 2116 而受益的果农数不胜数，更为神奇的是平度市一位农民在冻害发生后，半信半疑的使用了天达 2116，没想到的是，只是这 10 克天达 2116，给他的果园带来了收获。

平度市旧店镇农民，徐庆："当时我去买药的时候，连他们卖药的都说不能治了，让霜打了，我也含含糊糊的，后来他们说用天达 2116，你回家隔一棵打一棵试一试。那天下小雨，人家都去种花生，我没去种，我背着喷雾器来到果园，来到果园我就寻思是打还是不打，不打吧，已经把药买回来了，不管怎么地，我决定打它一喷雾器试一试。去年没让霜打了，我这块地套了接近 5 000 个袋，今年这一遍套了 2 500 个袋，我这还是光拣好的套，你看这上边还有不少好的，还能套二三百个袋。同样的受冻害，打上药和不打药就是不一样。"

记者："唉，对了，就是不一样。你后悔吗？"

徐庆："唉，我后悔得了不得，今天早晨老婆还埋怨，说你都打上不就好了。邻居也说你都打上不就好了。”

栖霞樱桃种植户，谢树忠：“我这个樱桃全部冻成黑色的，樱桃上面顶着一个小冰球，这是恢复了几天了的，冻得比较厉害的还这样，对对，恢复到这种程度。”

记者：“你采取了什么措施？”

谢树忠：“这个树上在开花前我打了一遍天达 2116，在 21 号我又喷了第二遍，在 27 号我又喷了第三遍，现在已恢复到中上程度。”

记者：“现在看你这个果树上坐住的果还能有多少？”

谢树忠：“现在看还是好的多，还能有 2/3 好果。”

九间棚党支部书记、金银花种植户，刘甲坤：“现在金银花在全国来说这个地方是最多的，通过使用天达 2116，效果很明显，花针长得特别大。老百姓就喜欢看得见、摸得着的效益，在土质好、很肥沃的地方，一亩地能增产 20%，产量最低就增加 20 公斤以上，20 公斤以上就是 600～700 块钱的效益，增加收入，成本大体是 20 块钱。”

（播音）2001 年 3 月，包括 9 位院士在内的 20 多位农业专家在北京的中国科技会堂听取了北京、上海、辽宁、山东等地的农业科技工作者关于天达 2116 使用情况的报告，在介绍情况时，辽宁省绥中县植保站的专家还特意提到了天达 2116 使用后在大棚蔬菜上抗冻害的奇效。

辽宁绥中县植保站，张福敏：“比如说在黄瓜上应用，其中有这么一户农民，他 80 米的日光温室棚，其中就给他 1 袋天达 2116，喷了 35 米，2000 年 1 月 1 日到 1 月 6 日，6 天没揭草苫子，经过这场低温以后，喷药的这户农民就找到我们，很明显这么一个界限，就是喷了天达 2116 以后，这三个骨架的黄瓜就保存下来了，我们去的时候是 1 月 27 日，我们已经把这个资料用录像的形式保存了下来。

我们怎么猜也没猜到，没想到有这么好的效果，后来他说这就是 1 袋天达 2116，我喷了三个骨架，这 80 米棚的黄瓜，真正保存下来的就这三个骨架，他说这个东西神了。”

主持人小超：“我记得 2002 年 4 月发生在山东省的那次百年不遇的‘倒春寒’，事先事后喷施天达 2116 的效果有目共睹，那么今年的 4 月份马上就要来到，我想问问今年是不是会有这种‘倒春寒’。”

张世家：“讲真话，我不希望它发生。但老天爷不以人的意志为转移。天达 2116 只能提醒农民兄弟关注天气变化，早防‘倒春寒’。

天达 2116 的防冻修复，效果大家都看了，有目共睹。不是我说好就好，农民说好才是真的好。

如果天达 2116 没有我说的这些效果，用了无效，那对我和天达来说，今后推出的任何一个产品也就没人信了，无异于自杀，自绝于我们的衣食父母。我了解农民，你哄他一回，他再也不信你了。要玩得话，没效果，你只能玩死自己。

对天达 2116，我心里有底，如果无底，我也不敢在《乡村季风》电视栏目和中央七台叫板，‘天达 2116 控害增收，用效果说话，是骡子是马拉出来遛遛’。”

（播音）这个项目对于我们深入开发海洋资源、海洋生物技术，为农业服务创造了一条道路。海洋经济是我们国家的新的经济增长点，而农业问题在我们国家又是当前摆在国民经济发展的一个重大问题，所以通过这个项目的执行，必将为我们推动海洋科学产生很大的作用。

讲到天达2116这一国家“863”项目，参与试验的南京农业大学周教授感触颇深，他说，甲壳素是很有用的一个物质，另外还有23种其他物质，特别是细胞膜上的磷脂胆碱、磷脂甘油、脂蛋白等，这些都会有所增强。所以它喷了以后，在叶面上面温度高的时候，3～5天，就可以看到叶色发亮，叶片肥厚……

天达2116的研制开发符合了以绿色生产为时尚的国际潮流，天达已成为我国为数不多的开始打入国际市场的植保产品，并在美国7个州的试验成功。曾在美国考察试验情况的周燮教授说：根据初步的试验，在双子叶植物上面使用，像马铃薯、番茄、黄瓜等效果特别明显，总的来说，这个产品是成功的，能够适应诸多种类的作物、各种类型的土壤和气候条件，甚至在树木上效果都很明显。

（采访）国家自然基金委员会植物学科专家委员会主任、中国植物学会常务理事、国家973项目建议人、审定人、国务院学位委员会生物学科委员、兰州大学教授、博士生导师张承烈。

记者：“施用天达2116的黄烟跟没有施用的对比是怎样的?”

张承烈：“我刚才看了那边的，效果还是比较显著的，至少从外观上植株的差别还是比较大的，一个就是似乎病害要稍微轻一些，差异还是比较明显的。”

山东大学生命科学院齐放军博士：“那么就说这个病毒感染明显表现就是这个叶片花叶走形，起皱了。”

记者：“喷了天达2116的叶片就比较光滑。”

齐放军：“对，它这个叶片没有病毒感染，没有病毒感染的症状，并且这个叶面积也明显大了，生长势也高，现在看到没有用天达2116处理的，花叶病发生很严重。处理过的基本上没有典型的花叶病发生的症状。从生长势来看，这个烟草天达2116处理后生长势旺盛，叶片也比较多，产量也提高了，对照生长势，由于受到病毒的感染，它就生长势很弱，叶片也明显的比较稀少，那么从这个叶面积看呢，天达2116处理的叶面积很大，能保证产量。现在我们在这个地方可以说保证产量增加是没有问题。”

（播音）2000年经我国主产棉区大面积推广试验天达2116，证明它能有效地预防黄萎病、立枯病等的发生并成功地实现了15%以上的增产效果，不仅减少了投入，提高了效益，而且降低了成本，减轻了农药带来的污染。

河北石家庄农业科学院棉花研究室主任，赵敬霞：“我是搞棉花育种的，从这个高科技来说我们认识，但是以前我没用过这个天达2116，过去社会上有好多这个那个生长激素，说实在的以前我对这个不感兴趣，我老以为这个能有多大作用呀？一直没用过。今年，我第一次用天达2116，我们主要在棉花制种田里用，用了以后，现在看效果很明显。”

河北灵寿县农艺师，祁白云：“今年初次试验这个天达2116，根据调查情况来看，每一株平均多2.5个棉桃，每亩地3 000棵，这样计算下来，增产系数是比较高的。”

新疆库尔勒农民，艾哈买提：“我的 8 亩棉田用了天达 2116，棉花花大，棉绒长，费用低，效果很好，这块地没有用天达 2116，棉桃小，还没有开花。”

（播音）在我国，许多专家也希望对天达 2116 这样的“863”计划高科技产品继续加强理论研究，更深刻地揭示它的作用机理，更好地为农民服务。

原中国农业科学院院长，卢良恕：“我想，万丈高楼平地起，基础非常重要，因为有基础才有理论，才会发展，产品现在可以用了，那很好，但是我们要想不断地提高，必然要加强基础研究。”

绿色天达　和谐希望

——国家“863”计划项目主持人张世家专访

（下集）

主持人小超：“根据采访调查，从用过的农民口中我们已经知道天达 2116 的效果确实不错。那我想问一个敏感的问题行不行？”

张世家：“可以，你问吧！”

主持人小超：“天达 2116 如此神奇，那么它的成分组成都是什么？为什么会有这么多神奇的效果？今天的节目中如果不保密的话是否可以谈一下？农民关心，专家关心，说真的我也关心！”

张世家：“天达 2116 的成分主要有壳寡糖、水杨酸、氨基酸、微量元素、B 族维生素和维生素 C、柠檬酸等 23 种成分，有点像‘21 金维他’和张仲景的‘十全大补汤’。是典型的‘固本扶正、标本兼治、君臣佐使、正气内存，邪不可干’的中药配伍。

天达 2116 的成分我可以告诉大家，但不能告诉你各自的含量，这是商业机密。

微量元素，也是矿物质和氨基酸、维生素，人体需要，植物同样需要。人和植物的生理病害大都与矿物质和维生素缺乏有关。

这里单讲天达 2116 另外的三种成分——水杨酸、壳寡糖和维生素 C。

众所周知，水杨酸是阿司匹林的主要成分，早在 3 000 年前，民间就用它治疗风湿痛，20 世纪 70 年代英国生理学家发现它的抗炎作用，获得诺贝尔奖。近些年来，人们发现阿司匹林不仅扑热息痛，还是一种极佳的专一血小板抑制剂，又将其用于预防血管栓塞。用于防止中风，防止心肌梗塞，预防结肠癌，预防阿尔兹罕默氏症，预防神经退化疾病及老年痴呆，预防早产，预防抗生素造成的耳聋，这些效果都是在后来发现的。

开初阿司匹林是被当作扑热息痛应用的，就像天达 2116 起初用于抗旱增产，后来又发现它的多种神奇功能一样。

像维生素 C，不仅用在人身上，近些年的研究发现，它作为一种重要的抗氧化剂，对植物防御活性氧的毒害，维持细胞膜的完整性也有着十分重要的作用。

壳寡糖，在日本、韩国被人们誉为‘植物疫苗’，诱导植物抗逆抗病。您知道天达是做人用药的企业，我是把植物的生命和人的生命一样看待的。人在产后、术后、病后需要大补，植物同人的生命一样。

在天达 2116 的 23 种成分中，壳寡糖、水杨酸、维生素 C 三种成分是诱导植物抗病免疫的重要物质。

再看农业部的登记，壳寡糖，既有肥的登记，又有药的登记；药的登记是 2%的好普，可防治蔬菜、瓜果及经济类作物，由真菌、细菌及病毒引起的多种病害，对于保护性杀菌剂作用不及的病害，效果尤为显著。肥的登记是甲壳素。

还有水杨酸在农业部的登记是防治炭疽病。氨基酸、微量元素、B 族维生素，既有肥的登记，也有药的登记。

你说天达 2116 是肥还是药。我说讲不明白，只有用中药配伍才能解释得了。

1+1 >2，天达 2116，23 种成分组合，你说大于几，有人把它称为‘植物疫苗’；有人把它称为‘康复营养促进剂’；更多的人把它称为‘细胞膜保护剂’。怎样定名咱管不了它，农民也不管这些，什么‘863’、‘973’，最终要看的还是效果！”

（播音）有效无效咱们不妨再看看天达 2116 在温室大棚里的表现吧！

2003 年淄博市临淄区崖付村的村民王士中和温室大棚结下了不解之缘，今年老王也在自家的大棚里种了一亩二分*地的西葫芦，前些日子咱山东省内包括临淄一直持续的大雾天气，让王士中很是担心，生怕自己大棚里这一亩多的西葫芦光合作用不好会影响产量，所以他就买了一种能够帮助作物进行光合作用的叶面肥天达 2116。

在弱光的条件下，这种天达 2116，会使得作物像有阳光一样，进行正常的光合作用，虽然前些日子连续五六天的大雾天气，但并没有给老王的大棚西葫芦造成多大的伤害，用老王的话说，阳光好光合作用好，阳光不好，用天达 2116 也能照样进行光合作用，在自家的大棚里它就像是一个液体小太阳。

前些日子咱山东省内一直大雾连绵，让人着急，特别是让咱大棚种植户着急，为什么？因为大雾天气太阳出不来，就没有光照，没有光照大棚内的作物就不能正常地进行光合作用，便会出现疫病，体现在作物上那就是叶面干枯，上面有黑点、黄点，最终直接影响产量。有人说

---

* 分为非法定计量单位，1 分＝66.7 米^2。

了，咱老百姓种地就是靠天吃饭，这老天爷不给太阳脸，咱有什么办法啊？不过淄博临淄区皇城镇崖付村的村民王士中却不信这个邪，这“兵来将挡，水来土掩”，为了对付光照不足，他请来了一位特别的帮手，您瞧，士中的大棚里就来了送货的人。

邮递员：“老王在吗？”

王士中：“在，谁啊？”

邮递员：“邮政局的。”

王士中：“进来吧。”

邮递员：“送来了，送来了，5 包。”

王士中：“谢谢啊，多少钱啊？”

邮递员：“12 块 5。”

主持人小超：“嘿，原来来的是位邮政局的邮递员，可奇怪的是，这邮政局的邮递员送进大棚的不是书信，而是一种植物使用的叶面肥，邮递员为啥不送信而送起了肥料？这邮递员送的肥料到底是什么？王士中又到底用它来干什么呢？”

淄博临淄区皇城镇崖付村，王士中：“我打了天达 2116，这西葫芦一点伤害也没受到。”

（播音）王士中是从 2003 年便开始使用这种天达 2116 的叶面肥，别看老王本人长得瘦，这些年老王的大棚却让他的钱包越来越胖，老王说，这也多亏了这种叶面肥帮了他不少忙，最值得说的便是使用后产量高。

高级农艺师，曹永强：“蔬菜，特别是大棚蔬菜，能增产 20%～30%。”

（播音）除了产量高，抗低温、防冻害，也是另外的优点，特别是在大冷的天里，喷施这种叶面肥就好像给咱农作物穿上了一层衣裳，能够保证作物在大冷天里也能暖暖乎乎地度过寒冷，有了好的光合作用和良好的温度保证，作物果实的品质也自然错不了，这好品质就体现在最终的果实色泽鲜亮、果实饱满、外形好看。一句话，人家老王家大棚里种出来的西葫芦就是比别人家的长得帅，在市场上当然就受到特别的宠爱。

高级农艺师，丁世龙：“在市场疲软的时候，都有一个优先出售的情况，价格好的时候，它的价格高一毛到两毛钱。”

（播音）多卖钱还不算，听说这种天达 2116 还能促进果实提早成熟。

高级农艺师，于世龙：“提早成熟 5～7 天，能够延长收获期，延长结果期。”

主持人小超：“片子演到这，我得给您说段评书，说这位武林高手他突然之间是舌尖一顶上牙膛，一叫丹田汇元气，元气惯于双臂，再由双臂惯于双掌，啪，一掌打出去，那家伙，具有相当的威力，有威力也就是说好东西需要集中到一点才能爆发，咱老百姓种大棚蔬菜也是这样，希望能让更多的营养都集中在果实上那才好，不然秧子长的再高再大再旺，没有果实那也是一场空，唉，这种天达 2116 就有这种功效。”

高级农艺师，于世龙：“那么使用 2116 之后呢，棵子、叶面、叶子就基本处于平衡状态。而且营养呢，好钢用在刀刃上，全部用到果实上去了。所以说果实产量就高。”

（播音）弱光条件下，能够促进光合作用，增产同时还能提高果实品质，天达 2116 确实给王士中的一亩二分大棚西葫芦带来不少效益和实惠，可这种叶面肥使用起来是不是很复杂呢?

高级农艺师，于世龙：“一袋对一喷雾器水。一袋 25 克，一喷雾器水 15 斤*，就是正常的。喷打就可以了，但是喷打有个技术，必须重点喷打叶子反面。”

（播音）一个喷雾器一袋叶面肥，扛起喷雾器，就能把这种天达 2116 喷施在整个大棚里，可以说这是一种比较简单的使用方法，专家告诉我们，大约 15 天左右喷施一次，就能达到很好的效果，并且在喷施天达 2116 的时候，还可以配合其他的药物一起使用，那么使用中在价钱方面咱老百姓能否接受呢?

高级农艺师，曹永强：“像一亩地大棚用 30 袋足够。它就 75 块钱。”

淄博临淄区皇城镇崖付村，王士中：“老百姓不能说瞎话呀，就是收入在 3 万块钱左右啊。”

记者：“这样的收入，再考虑到天达 2116 的前期投入，感觉怎么样?”

王：“感觉一点儿也不高呀。”

山东中邮物流有限责任公司，王世春：“老百姓在购买天达系列产品的时候，可以通过这么几种方式：一个是，村里面有三农服务站了，可以在三农服务站就近购买。村里没有的呢，可以打电话到我们邮政支局。那么，上午接到电话，下午就可以配送到农民手里去。”

山东天达生物制药股份有限公司，张世家：**“邮政更重要的一点是，它不敢卖假货啊。因为它卖假货，它和别的不同，它跑得了和尚，跑不了庙啊。农民向它买的呢，买的是一个放心。”**

（播音）如同王士中一样，寿光菜农刘玉松也是沾了天达 2116 的光，前些日子寿光连续阴天，气温很低，这气温一低，大棚菜就会减产，这突如其来的大冷天气，让种植大棚茄子的菜农可是倒了霉，整个大棚少的收几斤，多的也就是一筐子，寿光菜农刘玉松也种了几亩大棚茄子，可他却和别人不一样，他家的大棚茄子还是好几百斤地采收，一段冷空气，别人家的茄子都减产赔钱，刘玉松家的茄子还是收成不错，他说，这其中的原因，就是和他使用的天达 2116 有关。

寿光市孙家集街办胡营一村，刘玉松：“有的棚摘到一箱子，也有的棚摘到 10 斤 8 斤的，就我这个棚来说，哪次也能摘 200 来斤。我就认为天达 2116 确实是不错。”

（播音）一段冷空气，别人家的茄子都减产赔钱，刘玉松家的茄子还是收成不错，他说，这其中的原因，就是和他使用的天达 2116 有关，玉松所说的天达 2116 其实是一种叶面肥，说起玉松使用这种叶面肥倒是还有一段故事，这事还得从 2005 年说起。

刘玉松：“有个用过天达 2116 的，前两年用过的，在今年没有货的情况下，我就非来找不行。当时我说买上 2 包，在棚里先打上一半，对比对比，看着效果很明显。我就毫不犹豫说直接给我搬 1 箱，100 包来。”

主持人小超：“呵，刘玉松算是和天达 2116 较上了劲儿，看着自家的大棚茄子产量不错，

---

* 斤为非法定计量单位，1 斤=10 两=500 克。

玉松就是没事偷着乐啊，其实种大棚往往都是这样，谁都有窍门，可这窍门总是不愿意和别人说。玉松说，哪怕啥，我也有窍门，让更多的人知道，那才好!”

刘玉松：“我很愿意俺们胡营一村的茄子长得颜色好，口感好。把那些高价的货主们都引到我们胡一村来。作为我这个种棚的来说，也高兴，也多卖些钱。这是我的一个宗旨。”

（播音）好，有了这种心态，玉松才会在今天的节目里给大家念念这茄子经，从 2005 年刘玉松开始使用这种名叫天达 2116 的叶面肥，一直用着不错，不怕冻害，就这一招儿，别人家的茄子因为冻害都赔了钱，刘玉松这里还能一箱一箱的茄子（从）大棚里往市场上抬。可玉松说，好处不光是这些，最重要的，还是在茄子的品质上。用他的话说，就是自家的茄子，个个都是俊男靓女。

刘玉松：“色泽也非常亮。形状来说没有畸形的，100 斤没挑出 2 斤（差的）。”

（播音）品质好自然价格高，客户就都愿意要。

刘玉松：“很好卖，不缠手。我自己觉着，不怕货主严，就怕货主的价格低。”

主持人小超：“刘玉松说起自家茄子的品质那是头头是道，可光凭说也是很抽象，玉松说抽象没问题，下面我再来给您做个试验，那就是生吃茄子，因为品质好，这茄子能当水果吃。嘿！这茄子能当水果吃倒是稀罕，您信吗？不信，您也尝尝。”

记者：“尝一口，是不是觉得和吃水果差不多？”

寿光邮政局胡营支局，刘建福：“是啊，口感很好，发甜。这个茄子吃着原汁原味，确实不错。”

（播音）大棚茄子长得好，自然乐了种棚人，玉松说使用这种天达 2116 总觉得在保花保果方面非常不错。

刘玉松：“长期使用以后，你点上一朵花，它就会成功一朵花。”

（播音）保花保果还抗冻，嘿，这种叶面肥看来还真是有一套，不过有人问了，刘玉松啊你是用熟了，像我们这没有用过的是不是使用起来很麻烦啊？

刘玉松：“一点也不麻烦。对我来说，就是一包兑一喷雾器。把一包天达 2116 倒进喷雾器和农药一混合，打上就行。”

（播音）使用简单，还可以和其他的药物一起使用，还没有副作用，玉松说，如果我要早两年使用那就好了，那就早早儿地多挣两年茄子钱。嘿，说到钱，这种天达 2116 贵不贵，农民朋友能买得起吗？

刘玉松：“没用过的认为这种叶肥很贵。打 3 喷雾器药 6 块钱，还不知道是什么作用。照我的经验，我的棚打一次药可多摘 150 斤茄子，若 2 块钱一斤，就是 300 元。这一次多摘的，一年的叶肥都用不了。”

（播音）算完了账，玉松还挺着急，非得再说两句。

刘玉松：“你是否先买上两袋试一试，觉得很好的话，你可以继续用。种棚的哪个户，2 袋 5 块钱，谁也能拿得起。”

（播音）听听玉松说的挺实在，唉，如果农民朋友想试用，咱到哪里去买呢？

寿光邮政局胡营支局，刘建福："通过邮局、三农服务站，往各户配送。第二种办法就是，邮局都有电话，打电话之后再直接送货上门，服务老百姓。"

（播音）孟庆涛，今年30多岁，青岛市城阳区北城村村民，从2000年开始和温室大棚打交道，这不，从2004年开始他种植的大棚西红柿3年没得病。

孟庆涛："3年基本上没得什么病。"

（播音）这是真的吗?

孙培博："这是真的。连续6年种西红柿，3年以来没得什么病。"

（播音）3年没得病还是6年连续重茬，这简直是奇迹，可就这奇迹愣是让这个性格有些腼腆的孟庆涛实现了，难道他有什么特异功能，这其中的原因又是什么呢?

他从2004年以来一直坚持使用天达2116，天达2116提高了植株本身的抗病性能。听人这么一说咱就明白了，原来庆涛家的西红柿使用了天达2116。庆涛说他在2004年使用天达2116那是因为听了老师的话，这位老师就是刚才在片子里说话的那位高级农艺师孙培博。

用了之后，感觉比没用的时候能明显地看着好，说起来孟庆涛的这位老师孙培博也是咱《农资超市》专家论坛里的一位资深专家，按常理说，这种植西红柿从定植开始生长7个月，就该拔秧子了，可孟庆涛的大棚西红柿生长了7个月还像新的一样，用他的话说就是"我家的西红柿那就是长寿啊。"

孙培博："去年7月10号育的苗栽上，到现在7个多月了，你看这花、这叶片，整个秧子现在已经有4米多长了，这在别的棚是不可思议的，在这个棚实现了。用上天达2116，再加上好管理，这秧子长得壮，这产量自然就高。"

孟庆涛："5个月产量将近8 000斤吧，别人的棚也就四五千斤。"

（播音）你瞧瞧，同样是种西红柿，光产量就比别人高出将近一半。同是种大棚，这差别怎么就这么大呢，可庆涛说这才哪到哪啊，光是产量高，可产出的全是废物也是白搭啊，除了产量高，在品质方面也是响当当。

孙培博："他因为使用天达2116，他的果子色彩鲜艳，口感特别好，好吃，价格要比别人的价格高5～6毛钱，有时候比别人高1块钱，而且还好卖。"

孟庆涛："凡是买过我的，他一般不买别人的，还是买我的，我的价钱高他也是买我的。"

（播音）你听听，只要是买了我的就不再买别人的，这是吹牛还是说实话呢，不过他种出的西红柿好那倒是真是，听说这土大棚里的西红柿最终都上了青岛大超市的货架，这样一来自然给庆涛带来了不少效益。

孟庆涛："今年我有把握一个棚收入突破2万5 000元。"

（播音）两口子，5个西红柿大棚，一个大棚收入2万5 000元，5个大棚一年十几万，挣了钱，孟庆涛也是鸟枪换炮，摩托也换了车。

孙培博："天达2116是个好东西，但它不是万能的，它必须配上合理的管理，只有合理的管理，再配上好的产品天达2116，才能取得高效益。"

主持人小超："天达2116的抗逆、防病、增产的机理是什么？这也是咱老百姓比较关心的话题。”

张世家：“要说天达2116的机理，我想还是听听本项目的第一发明人陈靠山教授是怎么说的吧。要讲机理就像中国的中药几千年了，还有水杨酸3 000年后的今天发现的功能谁能讲明白？”

陈靠山教授解释天达2116机理：“各种逆境因子对植物的伤害，是使得农作物产量达不到它潜在值的最主要的因素，只要能够提高农作物对逆境因子的抗性，就有可能提高农作物的产量。提高农作物对逆境因子的抗性，有两条途径：一就是挖掘植物本身的抗逆潜力，另外从病理和生理的研究都发现多种逆境因子对植物伤害较早的部位，都是它的细胞膜系统，所以通过稳定生物膜也有可能提高植物的抗逆性。”

记者：“细胞膜在植物体内或生命线上到底起什么样的作用呢？”

陈靠山：“生物膜系统是生命现象发挥作用的一个环境，那么各种生化反应的进行、生理功能的进行，都是在膜形成这种环境之下进行的，因此完整的生物膜可以使生命活动的效率更为提高，是它能够健康生活的一个前提。

我们主要通过四个方面来实现让庄稼（农作物）增产、增值、抗病的目标：第一个就是用一些综合措施来实现健身栽培的目的，也就是培养健康的植株；另外一个就是从通过一些诱导因子来诱导植物对病害的抗性，这方面，我们主要是从海洋生物中提取一些有用成分；第三个主要途径就是稳定细胞膜；第四就是系统地化学控制，来培育合理的株型和群体。

我们也都知道，农作物呢，一个就是我们种植环境可能不一样，比如有些地方水肥条件很好，有些地方水肥条件很差；另外一个就是我们种庄稼时，它的收获物不总是一样的，比如我们有时用它的经济器官可能是根茎，有些经济器官是它的种子，有些经济器官是它的整个植株，因此不可能有一个万金油似的产品，所以我们在设计开发天达2116时，就是有针对性地来开发一个系列产品。”

主持人小超：“前面的节目我们谈到了很多有关天达2116方面的话题和知识，您多次讲过，人的生命和植物的生命是一样的，那么植物的生命和人的生命有没有区别？”

张世家：“是的，我说过人的生命和植物的生命是一样的。前面我说了天达2116的成分、配伍。

不知道您读过《黄帝内经》和张仲景的《伤寒论》没有，这是两部中国中医药的经典巨著。

张仲景的《伤寒论》认为：人类疾病无外乎两个：一个是具有发热特征的疾病；另一个就是不具备这个特征的疾病。

在天下的所有疾病中，要么是发热的，要么是不发热的，大家想想在人身上的疾病是不是这么回事。按《伤寒论》的解释：人生百病，皆生于风寒暑湿燥火。”

主持人小超：“那植物呢？前面您说了，人的生命和植物的生命是相似的。”

张世家：“再看植物，植物病害不外乎三种：一是生理性病害，由于缺乏某种营养元素所致。

二是由病原菌传播的真菌、细菌性病害及由昆虫传播的病毒性病害，类似于人和动物的传染病。

三是由于使用不当引起的药害和肥害。

对于生理性病害，天达2116内含多种微量元素以及氨基酸、有机质，可以很好的解决这一问题。

真菌、细菌病害的发生多数与环境有关，如阴雨、低温、光照不足、干旱、重茬、种子带菌都能致使作物免疫力下降，给病菌乘虚而入的机会。天达2116由23种成分组成，恰恰能够很好的、有效解决这些由环境改变导致的苗期病害和由于维生素、矿物质缺乏引起的生理性病害，并有效阻止真菌、细菌的侵袭。

人有病毒性感冒，植物也会遇上病毒性病害。植物病毒是由昆虫传播所致，使用2116和杀病毒剂十杀虫剂，可以很好地防治。

对于肥害、药害，及时喷施2116可以修复受到伤害的细胞，使其尽快恢复正常生长。”

（播音）7月17日连日阴雨连绵的北大荒变得晴空万里，一架架Y11型农用飞机在一望无际的大豆和水稻田里天女散花般地喷施着天达2116植物细胞膜稳态剂，黑龙江农垦总局的106个农场场长和技术人员观看了这次现场作业，这是山东植保产品首次获准进入北大荒航化作业。《人民日报》海外版、《黑龙江日报》、《大众日报》、山东电视台等全国40多家媒体向国内外播发了这一消息。

按规定，一种农资产品至少需要3年时间才能获得黑龙江农垦总局的航化作业准入。然而，一年来100多万亩大田作物的试验结果征服了黑龙江农垦总局科学院挑剔的专家们，农垦总局破例做出批准天达2116提前进入航化作业阶段的决定。

农垦总局科学院曹书恒研究员出语惊人：“若是在农垦总局300多万亩作物上推广应用，北大荒每年因病虫害减少的损失和增产带来的效益将达到10亿元以上。”

黑龙江农垦新华农场技术员张春贵：“用天达2116喷了两遍以后，比较促早熟，所以这一点农民都认可。目前看水稻的长势，现在刚开始见穗吧，再过个三五天基本就能出齐了，看现在的苗情非常好，一片丰收的景象吧。”

黑龙江农垦松花江农场技术员李拥军：“今年来看无论是根系、葱头或者是根茎都长得非常好，每年这个时期应该开始打防虫药了，今年这个时期还没打防虫药，它抗性挺强。”

黑龙江农垦总局副局长周茂林：“按照垦区的规矩，凡是进入垦区的农药和微肥都要经过联网试验，这个联网实验的目的不是说对这些农药和微肥有怀疑态度。因为垦区不同于地方农业，它机械化作业水平比较高而且是大区作业，应该说是我们中国农业现代化的雏形。

联网试验主要是在标准的选择上。各项措施上能够一致，便于比较。去年，我们垦区总局的农业局就把天达2116纳入了联网实验。特别在大豆、水稻上都表现出了增产和改善品质的特点。垦区当前就是为了提高农业的竞争能力。凡是好的东西我们就要拿来进入联网试验。联网试验表现好的我们就进行积极推广。”

主持人小超：“通过上面的几个短片，效果大家看到了，你说植物的生命和人的生命相似，它们之间没有区别吗?”

张世家：“在我的意识里，植物比人厉害。在人类，百岁老人算是长寿的了吧，但在植物当中我们见过的有上千年的古树，你见过千岁老人吗？没有！

再如我们常吃的韭菜，大家都知道，一月割两茬，割了又长出新的来。像狂风、暴雨、雷电击倒的果树和绿化苗木砍掉的树枝以及人为的对树木的修剪（刀割、斧砍、锯凿），它都能重新长出新枝新芽。

人呢？不信你卸掉他的胳膊、腿，它能再长出来吗？不能。人唯一的能够再生的是他的毛发。男人的胡子，一天刮一次；头发一月剃一次或两次；还有指甲可剪。除此三项皮毛的东西外，人的再生能力远远比不上植物。与植物相比可谓天壤之别。植物经过上亿年的进化，它的抗逆性和适应性远远超过了动物和人。

像人，天冷了，加点衣服，打开空调放热气加温；天热了，就減减衣服，穿短袖，打开空调放冷风降温。

天上下雨、下雹子或雷鸣电闪，人跑到屋里或打着把伞在雨中。连动物中的兔子、老鼠，也知道纷纷往洞里钻。

唯有植物傲霜斗雪，顶天立地，任尔东南西北风，不藏不躲，唯有无可奈何地承受。像我老家门前的一棵老槐树，叫我爷爷说，我爷爷的爷爷说，他来的时候就这么粗大古老，听我父亲说，1938年3月25日，日本鬼子在我家乡烧毁了300多栋房屋，残杀了108口村民，大火熊熊就是没烧死这棵老槐树。"

主持人小超："听你这么一说我明白了，植物与人和动物的区别在于，植物不能行动，也不能恒定体温，必须被动地承受各种环境和生物因子的影响。"

张世家："是的。这些因子作用于植物，并影响植物的生命活动，在一定范围内这些可变因子（冷、热、盐碱、干旱、水淹、污染、病原物、昆虫）对植物无害或者不影响植物的生长和发育进程，但超过一定限度，即对作物产生伤害，并影响作物的产量。"

主持人小超："人有极限，植物有没有极限。"

张世家："植物也有极限。比如说早春的倒春寒，当温度突然降了十几度，达到0℃以下时，植物就受到严重伤害，受害时比人更需要能量合剂。补充营养，平衡阴阳。

从这个意义讲，天达2116对植物来说，像天冷人加衣裳，产后、术后、病后输入能量合剂，通过人为措施提高自身抗性一样。"

主持人小超："照您这么说，天达2116的配方核心技术是增强植物的抗逆性？"

张世家："说穿了，天达2116的核心技术就是抗逆。植物本身具有强大的抗性。

植物病害防治策略所采取的措施应该是让植物健康生长，提高其自身的抗病和抵抗恶劣环境的能力。

大量示范验证，天达2116对多种农作物病毒性、细菌性和真菌性病害均有良好防治效果，特别是对病毒性病害防治效果显著。

对作物抗冻性、抗旱性提高也十分明显。作为一种非肥非药既肥既药的产品，其显著的抗逆增产防病性能在全国许多地方都引起轰动。

事实也已证明，逆境因子是各种作物达不到它的产量的根本原因。天达2116的研究正是抓住了这个核心。

我们必须充分认识植物本身具有的强大抗性或具有抗性潜力这一事实，通过健身栽培来研究植物疾病的防治策略。"

（播音）山东的寿光是全国闻名的蔬菜之乡，寿光市三元株村的当家人王乐义更是走遍全国、名字都是响当当的种菜土专家，王乐义见多识广，喜欢接触农业上的新技术，凡是经他试验过的技术，不管好与不好，老汉一般不随意评价，不过，对于天达 2116 他是用的顺手，评的客观。

寿光币三元株村党支书、寿光大棚蔬菜种植户王乐义："我们用了 2116，通过一段时间来看，表现是不错的，从蔬菜上用的看，在芹菜、番茄、辣椒等等上面，效果还是比较明显的，我们现在正在搞保健绿色食品蔬菜，搞这个保健绿色蔬菜很关键的问题，不管是用的肥料，还是农药，不能有残留，所以这天达 2116 正好符合我们对高新技术的需要。"

（播音）地下根茎作物应用天达 2116 的增产效果最为明显，瞧，山东高密市李家营镇的这位农民，自家的姜田一不小心就成了乡亲们讨教种姜诀窍的课堂，为什么，就因为他在自家的七分姜田里试了试天达 2116，在其他条件差不多的条件下，一下子比上年增产了 1 000 多公斤大姜。

高密市李家营镇孟家沟村，李祥顺："一试真好，对姜来说就是胖大、抗病，很明显的就是增产，增产这 2 000 斤，你算算这就是多少钱。"

文登市西洋参种植户，张运华："我们的西洋参苗子，从种苗到出苗，当时出的很整齐，我们当时一次上苗子 40 多亩，那个苗子出的相当好，主要是经过打天达 2116，一直到秋天这个苗子都没有毁苗，这一年这个参都没得病，没耽误生长，就是很正常的一年生长，到秋天出苗的时候，这一亩一分地出了 350 斤苗子，多少钱一斤卖的？当时是 150 块钱一斤，这一亩一分地属于个人投资 1 万 8 000 多块钱，反正最后净挣差不多 4 万。"

（播音）到过杭州的游客大都知道龙井问茶，龙井茶名列全国十大名茶之首，龙井村的名字也因茶扬名四海，如此名胜名产自然也是天达人一试身手之地。

2000 年天达的技术人员带着茶桑专用的天达 2116 来到龙井村进行试验，开始见惯了大世面的龙井人对天达 2116 还半信半疑，而用过之后，茶农们已经对它的功效深信不疑了。

浙江杭州龙井村，徐身佐："我们使用了国家'863'计划推广产品天达 2116，去年使用了，还是可以的，一个是保证了茶树的质量，产量增加了，质量上来讲它能够抗病，主要是看好它这个抗病性，抗病能力强了，药水就打得少了。"

2001 年，龙井村的 480 亩春茶全部推广了天达 2116，同时天达 2116 也在浙江丽水等产茶区大面积推开。

主持人小超："天达 2116 的抗逆防病效果，你已经讲得很透彻了。我就不多问了。眼下，种植瓜果、蔬菜、茶叶的农民最最关心的药残超标进不了超市和出口被打回来，甚至填进大海。辛苦劳累一年，竹篮子打水一场空，你的天达 2116 能不能解决这个问题，光说有效不行，能不能用数据说话？"

张世家："山东是农业出口大省，天达2116已经被列入山东省绿卡行动计划，经瓜果、蔬菜、根茎作物及花生、冬枣等十几种出口产品试验，喷施天达2116 3天后检测，可降低农药残留51%～60%。实践验证，整个生长季节，喷施3次，是完全能达标的。目前天达2116的应用已被编入山东省出口产品田间用药操作规程。"

主持人小超："说到最后我还想替电视机前的农民朋友问问您，天达2116的生产是不是规范，能不能保证质量？您是如何来防止假冒伪劣呢？"

张世家："天达是做人用药的企业。大家知道，人命关天，必须按GMP的要求组织生产。天达公司的片剂、干混悬剂、胶囊、原料药、青霉素粉针六条生产线全都通过GMP认证，我们的天达2116生产也是沿用了人用药生产的规范和流程，从原料进厂到生产加工到出厂都有严格的质量把关。质量不合格不放行，出厂产品标记都用激光喷码。这在全国农资产品上是很少见的。"

主持人小超："如果现在电视机前的乡亲们想使用天达2116了，他们该往哪里去买呢？"

张世家："邮政。带有邮政标识的三农服务站或者当地邮政支局。货真价实，明码标价，百年邮政，百年品牌，不敢卖假货，跑了和尚跑不了庙，咱老百姓买的是放心，放心，一百个放心。"

主持人小超："听了你的回答，我很高兴，也长了不少见识，这里我不妨问你一句，您是哪个大学毕业的？"

张世家："别笑话我了，什么大学我也没上，说上的话是文革毕业的高中生，拿手戏是写大批判文章。今日所讲的这点农业知识，也是偷来的。它来源于我所结识的一大批院士、教授、博导、研究员和在一线上的高级农艺师。借此机会，我也向他们表达真切的感谢，是他们让我成了半个农业专家。"

主持人小超："为了同一个目标，为了同一个梦想，都是为了农民的增收和富裕，在这里我要替已经使用天达2116并且已经从中受益的乡亲们谢谢你。

同时也请你通过我们的栏目，面对面的告诉农民兄弟在今年的农业生产上你想用哪种方式和途径推进天达2116的科技入户，叫更多的农民用上天达2116，增产增收？"

张世家："不用客气，我是农民的儿子。您知道为使天达2116科技入户，2006年我写了一本《百姓百事》历书，在全省发行13.8万本，可我没想到的是到农民手里的连1/4都不到，另外3/4全叫城里人留在手里。

为此，我今年又组织农业专家写了本《农家百事通》，通过邮政渠道，现已发至各地乡镇支局和三农服务站，如有需要可到当地购买。同时为验证天达2116的效果，让没用过的都用上看看。公司决定凡购买一本《农家百事通》的农户，赠送3袋天达2116，一袋拌种专用；一袋壮苗专用；一袋粮食专用。

粮食专用的用于小麦扬花灌浆期抗干热风，增千粒重；拌种专用用于玉米、小麦或其他作物，让农民兄弟自己看看它的效果；壮苗专用用于各种作物的苗期管理。留好对照，5天就能见到效果。尤其是玉米浸拌种，省工省力，投入最小，收益最大，特别是在浇不上水的干旱瘠薄地，拌一次种，1亩地仅用1元钱。留好对照，看看会不会给你个惊喜，它的效果一出苗你就会看到。

在这里我要特别提醒农民朋友的是，天达2116有十几个品种，你种的不管是哪种作物，发生病害、冻害、药害时一定记住了，要喷就喷天达2116壮苗灵，壮苗生根、促进生长。受害的作物康复仍以壮苗生根、促进生长为重点。”

主持人小超：“科学，科学，谈了许久，最终又回到科学，‘科学技术是第一生产力’，坚持科学发展观，才能更好地促进新农村建设，今天通过张世家张总的一席谈，让我们认识了一种科技产品天达2116，那么在今年的农业生产中您是否也想在自己的庄稼地里，尝试一下使用这种产品呢？

好了乡亲们，非常感谢您收看《农资超市》特别节目‘农资人物面对面’，欢迎您继续收看农科频道接下来为您准备的精彩节目，咱们明天同一时间再见！”

科技推广应以企业为主

——采访山东金秋种业有感

徐少林

11月份的一天晚上，看中央电视台新闻联播，中间一条消息报道的是全国科技推广高层论谈会，会上提出的一句“企业为中心”的话，让记者好为自己采访对象的先见之明而感慨。

在盛产棉花的“银夏津”，山东金秋种业公司董事长张友秋接受采访时像一个理论家似的提出“科技推广应以企业为主”。记者问他这个话是谁说的？他回答“是我说的”。再问他“有什么依据?”他回答“实践”。

好大的口气，好牛的回答，好一个实践出真知的企业家！采访就抓住这个主题进行。

于是就写出了四篇《金秋启示录》。

启示之一的题目是：让成果变成名牌。一个民营企业，一个设在鲁西北的农业科技企业，能登上“中国名牌”的金榜，谈何容易？这应该说是“科技推广应以企业为主”思想带来的成果。企业为主怎么为主？没有金刚钻岂敢揽瓷器活？“鑫秋牌”成了“中国名牌”，谁不服气？企业要进行科技推广有名牌在手岂不顺风驶船？科技创新才是新，胡总书记十七大报告二讲科技创新要以企业为主体。他们的创新精神让人钦佩。质量过硬才是硬，他们的产品质量让人信服。百姓口碑是丰碑，名牌加丰碑，这样的经营理念让人赞叹。企业好不好？质量行不行？市场认不认？看看金秋是怎么把成果变成名牌的就一切都明白了。

启示之二的题目是：企业客变主，能治“肠梗阻”。记者有个同学在乡农技站，近年来很不像样子，见到后就说“远看像个要饭的，近看像逃难的，仔细一看原来是农技站的”。农技推广工作线断、网破、人散成了不争的事实。科技成果再靠计划经济时期的行政推行行不通了。在市场经济条件下，应该如何做？成了上下都在探索的问题。山东金秋种业的可贵之处就在于“铁肩担道义”、“替天行道”，本是政府的事、过去依赖政府的事，现在企业要挑起来，谁让他干了吗？谁要求他干了吗？并没有。那么他为什么要干呢？记者的有感就在这里，一从觉悟上讲，张友秋这个出身农家深知农民不容易的企业家是个有良知的企业家，是个有着政治觉悟的企业家。这样的企业家并不很多，他能从取得利益最大化上面侧重到以社会效益来带动经济效益，靠为百姓办好事而赢得企业的发展，高就高在这儿。他有句名言，叫“做生意先要做人”。这就是做人，做一个对人民有用的人，做一个造福人民的人。说到做人，接受记者采访的人都说他是个大孝子、大好人。其中有两个例子让记者很感动。

一个是说，他孝敬父母，老太太有点老年癔病症，他不管老娘怎么着，他都百依百顺。二是说到在企业里服务的一位老专家过世了，他亲自抬棺，亲自料理发丧他。就这么做人的一个人，能不把百姓的事做好？为了把百姓的事做好，他将企业客变主了，变成自己的事了，像干自己的事一样干了。

二从企业经营的角度讲，这是一种大经营，有句名言说，做小生意靠灵活，做中生意靠机遇，做大生意靠做人。他这是做人，所以也就是在做大生意、大经营。企业家都在经营企业，怎么经营却大不相同。君不见有的只为赚钱啥都不顾，什么职工可以不发或少发工资，劳保福利待遇啥都没有；什么社会责任可以不顾廉耻，不管公德，只要赚钱什么来的快干什么，什么赚的大干什么；企业管理搞黑社会式的、家族式的，尤其是一些私营企业完全把自己混同成了资本家。企业是要良心的，企业家是要良知的。想把企业搞好最关键的是把企业家自己修炼好。张友秋是个私营企业家，他之所以高人一筹，就高在自身心性的修炼上。他能够提出并积极探索科技推广以企业为中心，就是做人的主要表现。这样做没有做不好的。山东金秋种业从注册资金100万元到现在几千万元，就是做人带来的结果。从县教育局退休后到金秋来工作的一位老人说得好“友秋这样的人社会上难找，跟他打伙计心里踏实”。这样一个人，带领着这样一个企业，把科技推广当成了自己的事，当成了正儿八经的事。其结果，政府高兴。省委常委、副省长王军民多次在有关会议上表扬，赞扬他们为科技推广做出了应有贡献。百姓高兴，数以万计的农民跟着受益，可数出的效益是农民增收2亿。

启示之三的题目是：企业产学研，结合就不难。企业产学研和产学研企业化不同，不同的地方就是企业自己搞产学研和产学研自己办企业、以企业化的形式搞产学研，这个不同是质上的。记者调查时发现研究部门和大专院校搞的企业，好多都搞的一般，为什么呢？一位老领导说“书生干不成大事”。虽不准确，但也有些道理。搞研究的专家就是专家，教书育人的教师就是教师，让其搞企业有点那个，不适应，干得一般是必然的。记者的有感在于产学研应该把企业放在前面，让企业成为载体，让企业从原来的从属变成为主，这样要比科研院所自己搞企业来得快、来得好。只要你们愿意放下架子和企业搞联合，最好是融入企业，那么你就到发财的时候了，你就到出成果的时候了，你就把产学研的问题解决了。山东金秋种业这样做了，实践证明做得很好。比如，科研经费他们由原来利润的5%改为营业额的5%，近几年就提取了900多万元投入到科研上去。这不仅是一种胆量，更是一种智慧，舍得花钱不是空话了。一个私营企业舍得拿钱搞科研，不仅是为了自己的发展，更是对社会的贡献。山东金秋种业把产学研巧妙地结合在一起，经验值得学习，值得书上一笔。如果我们的农字号企业都能像金秋一样，科技成果转化成生产力，科技一帆风顺进农田还是问题吗？

启示之四的题目是：企业“软投入”，全程搞服务，这是经验之谈。成果要转化，农民是受体。受体要把科技成果转化成生产力，受素质低下的困惑。不解决受体接受能力的问题，科技成果就不可能转化的了。张友秋从实践中认识到，企业要和农民结合得好才能实现成果转化。于是便不惜余力地搞全程服务。目的是让农民接受得了，运用得了。不然再好的科技成果只能是墙上画马不能骑。

这些年来，山东金秋种业把营销战略定为全程服务，不无道理。种子带着良方，带着操作技术一起提供给客户，出售产品的同时，替你想到了如何种得好，如何高效益。不是“东西卖出去了，咱就不管了”的那种急功近利。记者的感受是这家企业把生意做到极致了。他们的服务到了周到细微的程度。这是现代最先进的经验理念，也是最负责的经营方式。单从经营上很难说企业怎么样，但从效果上说企业就是最棒的了。如果每一家涉农企业都能这么做的话，还愁科技不好推广吗？最让人感动的还有一点就是舍得投入，之所以称为“软投入”，就不是光资金或硬件能代替得了的。

知识的投入，技能的投入，信息的投入，人文的投入等，哪一项都是单纯用金钱买不来的。这里好像成了一所学校，成了培养农民的学校；这里好像是讲习所，是教育农民的讲习所；这里好像是航母，是农民致富的出发地。跟着山东金秋干的都富了，用山东金秋种业种子的人都富了。有个乡镇的主要领导说，与山东金秋种业合作，成为山东金秋种业的基地，比单纯招商引资好得多。这是富民工程式的招商引资，不仅富了农民，也同时富了乡镇和村庄。

采访山东金秋种业受到了一次教育：一个民营企业家有如此高的境界，一个私有企业有如此高的素质。那种急农民所急，忧农民所忧，企业和农民捆到一起搞经营，和农民一起走市场，与农民共荣，与农民共赢，这是何等的科学发展、和谐社会呀。试想有这样的企业为农民服务，农民能不说政府好吗？能不说共产党好吗？一个地方、一个区域能不安定？能不繁荣？夏津县这个曾是贫困县的地方如今脱贫致富了，与拥有山东金秋种业这样的企业不无关系。

采访山东金秋种业得到一次感情的洗礼。看看那些整天跟农民打交道的人，是那样地为农民负责；看看他们对农民那种朴素的感情；看看他们上心上意地为农民谋利益，感情的世界里就有了最淳朴的情感，心里头就有了欣慰。让人们都来接受这样的洗礼吧，官员们、学者们、商人们都看看山东金秋人是怎么为人的，学着点，也去这样为人，那是老百姓的福呀。

阅读一下记者采写的“金秋启示录”，虽然还有好多词不达意的地方，虽然还不能最准确地把山东金秋种业的精神表达出来，但毕竟事实胜于雄辩，相信会给你带来些启示的。

金秋种业启示录之一

让成果变成名牌

“金秋”能获得“中国名牌”的经验是什么？更重要的是给人以什么样的启示？如果说写获得“中国名牌”的过程比较容易的话，那么总结给人们的启示就需要点思索。记者的思索像块砖，抛砖引玉，引出了什么呢？首先应该是：科技创新才是新。

计划经济年代，记者曾采写过一篇题目叫做《功归农科队》的通讯。说的是临清市刘垓子镇尹庄村农科队与省棉花研究所配合，从繁育鲁棉1号到鲁棉12号受益的过程。这个典型后来由于棉铃虫的严重发生，引进美国岱字棉种公司33B，再后来在市场经济中逐渐地削弱了。农科队坚持到今虽然也有建树，但终归还没拿到“中国名牌”。思索他们，记者认为缺少的正是“才是新”这个问题。“科技了吗？科技了；创新了吗？也创了。”但关键是“才是新”上没能达到更高层次。这儿就引出一个道理：获得一项或几项科技成果，对一个科技型企业来讲并不难。如果没有科技成果，也就称不上科技企业了。难的是在获得科技成果的前提下，能不能继续科技创新，能不能在“才是新”上出新。没有这个“新”，离“中国名牌”还差着不小的距离。拥有新成果与科技创新，还不是一个概念。

金秋人的领军人物张友秋，原是县良种棉加工厂的厂长，曾任过山东省农业厅优质棉基地协会的顾问，而且也做过农资销售。他对种子在农业生产中的作用，深有体会。2001年他创办金秋种业时，棉种市场几乎是美国抗虫棉种33B的天下。张友秋说：“中国农田里种美国棉种，心里很不是滋味。咱中国人不笨，金秋难道就不能撑起国产棉种的一片天”？他奠定了在棉种行业搞科技创新的思想基础，下决心扛起推广国产抗虫棉种的大旗。当时，扛国产大旗就是一种科技观念的创新。当得知中国农业科学院生物技术研究所的科学家，已将具有自主知识产权的抗虫基因导入我国棉花主栽品种中，并育出了抗病、抗虫、高产、优质的抗虫棉新品种时，他决心要抢先。

21世纪的第二个秋天，“金秋”基地里就传出了喜讯：以中棉所41为代表的一批国产抗虫棉新品种繁育获得成功。消息传到中国农业科学院棉花研究所，中棉所41的育种人郭香墨研究员立即率专家组到现场进一步核查，复查结果与金秋的报告完全吻合。据有优良性能的中棉所41，通过金秋良种良法配套栽培，其大面积丰产表现比郭研究员原设计的目标还要好。这就是一个科技成果的再创新。当年夏津县刘辛庄基地植棉能手尚成栋种植的8亩中棉所41，亩成铃88 375个，创下了亩产皮棉157.8公斤的高产纪录。在2002年8月26日与9月3日在山东省夏津县分别举行的“国产双价转基因抗虫棉新品种中棉所41现场观摩暨新闻发布会”、“国产双价转基因抗虫棉新品种中棉所41现场观摩暨经验交流会”上，中国农业科学院棉花研究所所长、国家“863”计划现代农业专家组组长喻树迅庄严宣布：以中棉所41为代表的一批国产转基因抗虫棉新品种，整体水平有了更大的提高和改进，许多农艺性状已显著优于美国抗虫棉。

“金秋”之所以扛起了这面旗，靠的就是科技创新，就是在原有科技成果基础上的再创新。如果没有这样的创新，科研单位不会青睐于她，不会把他们最先进的、最好的、也是最新的成果交给她。没了这一点也就没了原创的基础，还谈得上以后的什么“中国名牌”？

有了以上的起步，“金秋”将科技创新、科技进步作为培育名牌的动力，围绕核心技术创新，先后建立了“山东省开放式植物组培工程技术研究中心”、“德州金秋棉花研究所”、“金秋种业农大生物技术实验室”等科技研发机构。

在实践中“金秋”认识到：仅仅依靠引进、开发和推广别人的科研成果，难以牢牢把握市场的主动权。对科研单位的现有成果，是依靠，而不是依赖。一边引进、消化、吸收别人的成果；一边瞄准目标，进行科技成果的原始创新。原始创新，这个名词的提出不是一般层面的东西，这需要经验的积累、条件的积累，更需要思想上的积累，当然也是胆量的积累。艺高才能胆大，没有自己的努力，这个大话是不敢说的。

通过年年攻关，“金秋”育成了一批优良的抗虫棉新品系。其中，常规抗虫棉新品系鑫秋1号，衣分高达45%左右，也就是说与多数棉田衣分相比，百斤籽棉多轧8～9斤皮棉，同样产量效益提高20%。抗虫杂交棉新组合鑫秋2号皮棉质量好，可以纺60支纱。以上两个品种已通过全国区试。2006年常规抗虫棉新品种鑫秋1号以突出的高产优质性状，顺利通过了国家农作物品种审定委员会的审定；2007年9月，杂交抗虫棉新品种鑫秋2号又通过了国家农作物品种审定委员会专家组审定。转基因抗虫棉鑫秋4号以其在省区试的优良表现，又被推荐到国家区试。一系列科技创新成果问世，标志着金秋种业在科技创新才是新上，又上了一个新台阶。

夺得“中国名牌”的产品正是“鑫秋”品牌。

以上三个层次的科技创新，已是不同凡响，“金秋”却又向更高的层次发展。“金秋”自主承担的开放式植物组织培养工程技术研究课题，获得了成功。该项技术2005年8月31日在北京通过了鉴定。由中国工程院资深院士陈俊愉教授组成的专家鉴定委员会认为：该项技术属“国内首创”、“国际先进”水平。目前这一新技术的试验已经获得成功。

“鑫秋”，自己的品牌，自主的创新，了得吗？“金秋”有自己的名字了。当这一天变成现实的时候，夏津人自然就把三个秋字联为了一体：

张友秋创办了“金秋”，“金秋”打造了“鑫秋”，秋秋相映，一派秋的风景，丰收的象征。秋秋相随，一路开起顺风船，银夏津的秋色，洁白无瑕，好美。

“打造‘中国名牌’，除了科技创新之外，最关键的是质量。因为‘中国名牌’的评选第一位的就是质量，质量上说不过去，科技上创新再新也白搭。说俗点，你再先进、再科技、再新颖，就是质量不好，种子一种出，杂了，发芽率低，出苗率上不去，种出来的棉花品质一般，那是绝对不可能问鼎‘中国名牌’的，不然的话‘中国名牌’就没有什么含金量了。”

张友秋谈这番体会时反复强调视质量如生命。质量是企业的生命，生命在他这儿已演绎成了实实在在的创优过程。所以本来平常的事儿，也就显得不平常了，不平常到了用生命都不好概括的程度。

“金秋”的产品质量有多硬？农业部质量监督主管部门的抽检结果显示，金秋种业的2万亩种子基地田间纯度达99.1%，净度达100%，发芽率达94%，三项指标超过了国家颁布的国标一级种子标准，综合指标居全省第一。2006年10月，金秋种业在夏津的55万亩优质棉标准化示范区，经过籽棉测产、衣分测定、农药残留等108项指标的严格考核，以及96分的高分通过国家级“大考”，成为我省首个国家级优质棉标准化示范区。

没有规矩，无以成方圆。“金秋”首先从标准入手，建立了企业技术标准64项、工作标准44项、管理标准70项，形成了完善的质量标准控制管理体系，并制定了企业质量手册，组建了质量管理团队，陆续通过ISO9001：2000国际质量管理体系认证、测量管理体系认证等权威体系认证。

百姓口碑是丰碑

有人会问“中国名牌”与百姓口碑有什么关系，金秋人的回答是“关系大着呢”！你想想，百姓的口碑哪儿来？不是天上来，也不是地上来，是从实实在在的质量上来，你说你的产品再好，百姓一种便清楚到底好不好，牛皮不是吹的，泰山不是垒的，一个品牌，一个种子不是风刮来的，一个连百姓都不认可的东西，能获上“中国名牌”，那还不是天大的笑话？

现代商品社会，虽说口碑传播不是品牌传播的主要途径。但在我国农村，这条路径却可以说是至关重要的。好口碑的产品，不做广告也一呼百应；坏口碑的产品，作尽广告也是无人问津。既然金秋种业在农业科技成果转化这条路上创出了名牌，在百姓中的口碑自然也是响当当。企业获得良好的口碑，得到的效益不是虚的，而是看不见摸不着但又至关重要的“软实力”。

在夏津，说到金秋，很少不说好的。农民喜爱金秋，除了喜爱公司的优质种子，还喜爱的是企业本身的文化。如果要将企业人格化的话，可以说农民们喜爱金秋的“人品”。这不是单纯的爱屋及乌，而是它的所作所为让棉农感到暖心，不拿棉农当外人，当自己人一样关心。在夏津县，责任田相互流转，年租金一般每亩300元左右，但是金秋种业租用农民的土地时，给出的价格是每亩800元，有人笑老总张友秋“傻”，张友秋说“跟农民共事，就得让农民得实惠，企业应向科技创新要效益，犯得着与农民斤斤计较算那个小钱吗?”这语气、这气魄，让人听着舒服，让人听着敬佩！农民朋友能不认金秋的好吗?

传统的农业科技成果转化体系瓦解，政府力量退出，留下一片真空，企业该怎么办？留下真空，百姓受苦；填补真空，投入和风险大。金秋种业倒不犹豫，作为一个企业给老百姓服务甚多，甚至想政府之所未想，为政府只所未为，让人佩服。

现代企业理论中有一种论调：市场中之所以会存在企业，是因为有人为了更大的收益而乐意承担更大的风险，这是企业存在的基础，即所谓“风险论”。金融理论也认为：风险和收益相互牵制，此消彼长。但金秋的做法看上去与这些观点相左：培养的农民工个人零投入、零风险、有报酬；资金投入和实验风险由企业承担起来。金秋为什么这么“傻”？还不是为了呵护脆弱的农民收入，为了让农民更容易接受新的科技成果，为了长远发展，为了百年事业，这是企业为科技成果转化和推广所必须付出的代价和必须承担的风险。金秋种业，勇气可嘉！

张友秋2005年8月27日在全省科技创新大会上的发言中指出：我们认为农业科技成果的转化推广作为科技创新体系的重要一环极为重要。总的来讲，一项新技术、新成果在转化推广过程中，企业必须经过不断地消化吸收再创新，使技术更成熟，更适合当地实际，农民作为成果的受用者才能得到实惠，才可能易于接受，企业才能从中获得稳定的经济效益。这就是以农业新技术和新成果为主线、以科技型企业为纽带、以农民增收为目的的合作共赢的新模式。记者认为：这就是山东金秋种业通过科技创新、科技服务打造“中国名牌”的真谛。

我国正在由传统的农业社会向现代的工商业社会转化，工业化是不可阻逆的潮流。金秋的事业就是顺应了这个潮流，把自身的经营投入到了时代背景下轰轰烈烈的改造传统乡村运动中去。金秋长期租赁了12 400亩棉田进行良种繁育，这使近6 000名农民从土地中解放出来，有2 000名种田能手成为企业农工，3 500余名农民经过培训成为产业工人。张友秋说，这些人利用掌握的新技术向亲友、街坊传播，如每人每年带动5户，当年就可传播40 000多户，占夏津县总户数的1/10。旧农村变成了新农村，旧农民变成了新农民，科学技术得以传播、现代文明得以传播。这不正是在改造传统乡村、传统农民和传统生活方式吗？不正是在做历史的推进器吗？金秋种业的这些功绩，不仅现在被人津津乐道，许多年后，也绝不会被人遗忘。

金秋这个吸收加工科技成果并物化为现实产品的"大车间"，在面对它的衣食父母时，做得一如既往的专心和用心，百姓们的口碑，为金秋树了一座永存的丰碑！

金秋种业启示录之二

企业客变主 能治"肠梗阻"

在历史的长河中，农技推广历来都是政府的事。行政推广是几十年来的基本做法，企业只是附属于政府的客体地位，俗称叫作当好农技推广的"桥梁"和"纽带"。当市场经济到来之后，这种传统的模式受到了挑战，进而，原来已患有的"肠梗阻"越加严重。怎么办？如何走出误区？成了有志者的最大追求。

驻在夏津县的山东金秋种业有限公司就是一个有志者。她自成立那天起，就把在农技推广中如何解决"肠梗阻"的问题，当成了企业发展的主要问题来抓。记者结合着社会存在的一些问题，向你报道山东金秋种业的做法。相信这种做法要比单纯只说山东金秋种业要深刻得多，这样做就更有利于认识金秋所作所为的价值。

"线断、人散、网破"

"远看像个要饭的，近看像逃难的，仔细一看原来是农技站的。"11月初，记者回老家上坟时碰见小学时期的同学，现在河北省临西县李马店乡农技推广站任职的郭东升。他面对记者审视的目光说出这样的话：乡一级农技站、农机站、兽医站等原计划经济时期的几大站，基本上都名存实亡了。农技人员有的被抽调乡里做其他工作，有的停薪留职单干去了，还有的吃着工资干自己的事去了。所谓的"线断、人散、网破"，人一散了线自然就断了，网自然就破了。比如原来乡里有块试验田，农技站在那里搞些试验。后来地分给农户了，那试验田自然也就没有了，农技站的人也就没地方干活了。"肠梗阻"咋来的？就这么来的。科技再好，没有农技站推广了，到了下边也就没有人管了。他说，今年县里要求推广麦棉套种、棉薯套种，结果雷声大雨点小，为什么？"肠梗阻"了，中间环节堵住了。他带记者走进农田，正在摘拾棉花的郭大婶告诉我们，"现在农民种地技术没人管，全靠自己学。高科技的学不了，就捡大路货种。俺这棉花还是鲁棉12呢，俺知道当前最好的棉花是中植棉2号、鑫秋1号，可咱不敢种呀，那技术掌握不了，就这咱都弄不好。”（近十几年来，脱绒包衣棉种不用催芽。其技术要求是：如果土壤含水量过高，地温偏低容易引起烂种。）她盼着政府的科技服务能到老百姓的田间地头。她纳闷电视上，上级老在喊科技兴国，咋到下边就不是那么回事了呢？

滨州某县外地移民租了几十亩地种上了棉花，结果该出苗时却发现出苗率极低，平展展的黄土地上看不到几棵苗。于是，他们找到种子销售商，交涉无果便投诉给了记者。记者经过调查发现：种子经技术检测没问题，原因是播种时间过早、播种深度过深造成的。投诉的人对此除了后悔自己不懂技术外，埋怨政府对他们没进行科技服务。他说他们不止一次地找县农业局、科委、科协等部门，都没得到满意的支持。种子销售商说，种子再好，没有技术也不行。农技推广难，难在哪里？难在没钱。政府财政紧不可能有那么多的钱搞科技推广，尤其是取消农业税后，乡里更没钱了；难在没人，难在“线断、人散、网破”；地都分到农户了，各自为战了，原来为集体服务的农技站还有啥存在的条件？

记者在调查中了解到：原来几乎每个集中产棉县都有的棉花原种场，大都分田到户或改制私有了，原来有的村里的农科队大都解散了。鲁西某县曾有一个享誉全国的村级农科队，1958年成立，经过十年“动乱”，改革开放后相继承担试验成功鲁棉1号至鲁棉16，引进美国33B等科技成果，几十年都是省、国家棉花研究单位繁育基地。老支书退休后不久，因经营不善，已大不如以前。由于机制所限，科技推广能力几乎只限于本村。另有邻县的一个农科队早已地分、人散，彻底失去了科技推广的功能。

“这是我国农业生产几十年的难题，改革开放近30年尚未破题”。提出“农民真苦，农村真穷，农业真危险”的《我向总理说实话》的作者李昌平在与记者交流认识时，列举了大量科技推广“肠梗阻”现象后共同认为：出现“肠梗阻”问题的症结有三点：计划经济时期形成的科技推广体系已远不适应市场经济条件，单靠行政推行的办法已不怎么奏效，政府职能尚未转变到位；产学研的结合存有断层，科技推广尚未形成市场主体，研发的不搞经营，搞经营的纯管销售，产学研各自为政，各吹各的号，各唱各的调。作为受体的农民在分散种植的同时，技术水平差，抗风险能力差，投入能力差，科技素质差。

“织网、结链、良方”

问题都明摆着的，关键是怎么解决。日前召开的全国产学研高级论谈会上提出：“科技推广要以企业为中心”，用市场化的手段把科技推广到农民，让科技一帆风顺进大田。

有着600多年植棉历史的夏津县变行政推动为行政引导市场运作，让企业由客体变成主体，7个种业企业成为科技推广的中心，较好地解决了“肠梗阻”问题。近几年全县植棉面积稳定在60多万亩，良种推广面积占90%以上，县财政80%的收入来自科技推广带来的效益，农民人均收入增长部分70%是科技推广带来的增加值。

记者深入该县山东金秋种业调查时发现：这里基本形成了以市场为导向，以企业为主体，以科技成果为主线，以基地和营销网络为载体，科技成果经筛选试验，良种良方配套，培训服务一体，基地示范带动，上连科研院所，下连基地农户的科技推广新模式。企业—营销—基地一农户互动，通过这一体系把气象信息、栽培管理、病虫害防治、施肥、新品种等信息及时送到农户。

聚拢培养科技推广人才，在企业里组建起一支科普队伍，重新织就一张科技推广网。山东金秋种业2001年建立时，就把县里闲置下来的17名具有从事农技推广工作40年以上的“土专家”收入帐下。以此为基础吸收了一批农技站、农科大中专毕业生、科技院校下派的科技人才，同时选聘若干高中生和员工送学院学习。自己企业也开办了科技学校，把企业70%以上的员工培养成科技推广员。他们把这些人员按区域、乡镇、村庄、基地分布下去，织就起一张上下左右互相联动的科普网。用这个网再去培养科技示范户，一个科技示范户再平均带起4个植棉户，一项技术从头到脚一竿子插到底。

企业将返租获得土地经营权的土地作基地；把原拥有土地经营权的农民作农业工人；基地再连农户。应用新成果、新技术的风险由企业承担，农户零风险应用科技新成果，织就科技推广利益链。他们利用土地由农民自由流转的政策，把分散的农田连为大片，集中进行科技示范，形成航母效应。原夏津县科技局局长告诉记者，全县各企业从农民手里租用的科研基地田20多万亩，山东金秋种业更是高人一筹。公司以高出农民自由流转土地每亩500元的标准，用800元的价格长期租用农民土地1.6万亩。这一项就给出租农民增加收入800多万元，实际上就是企业分享给农民科技增值的利益。另外，再加上原自有的良繁基地和农场2万亩共有3.6万亩。在这些土地上以招聘的形式年工资收入每人7 500元接受1 100多名农民为农业工人，经培训成其为技术员。由他们做给农民看，带着农民干。1户带4户，一个山东金秋种业在当地就带起5万多个农户。自公司成立以来，累计推广新品种新技术300多万亩，现每年推广面积200万亩，农民在不增加投入的前提下，每年增加收入2亿元。党的十六大以来，党中央、国务院十分重视农技推广工作。各级政府也把农业技术推广放在相对重要的位置，拨专款安排职能部门以各种形式开展农技推广工作。但推广工作的条件、科技推广的成效、科技推广风险的承担却与推广人员无什么关联。

一旦企业作为主体，则农业科技成果的推广风险规避、承担，能否迅速转化为生产力，能否最大限度提高社会效益，与企业的生存与发展关系重大。

企业承担试验推广风险，农民只享受新技术带来的实惠。企业把良种配上良方，农民只管照此精种细作。科技推广引用“傻瓜”技术，易懂、易学、易做。山东金秋种业的董事长张友秋对记者讲，科技推广为啥出现“肠梗阻”，很大程度是科技风险造成的。农民不敢贸然去接受某种新成果，怕弄不好就毁了一年的收成。企业把这个风险承担起来，推广起来就容易了。企业在成果引进推广上，按试验、示范、推广的程序，不断筛选适合本地生态条件的新成果，进行试验示范，总结出与之相配套的实用技术，再推广给农民。他举了这样一个例子：国产双价转基因抗虫棉中棉所41遇到抗黄萎病能力差、易早衰的问题。为了便于推广，他们组织专家摸索出一套“因地因时看长势，适当化调，后期增施盖顶肥，适时浇水，喷施叶面肥保根保叶，控制早衰；预防为主，化学防治为辅与营养壮苗相结合”控制黄萎病的良方，然后才实施推广，效果很好。千亩大面积展示田亩产皮棉达到157公斤，高产地达到165公斤/亩，超过了育种人设计的高产指标。从此该成果得到大面积有效推广。2002年，全国农业技术推广服务中心、中国棉花研究所分别于8月27日和9月3日，在山东金秋种业召开了“国产双价转基因抗虫棉新品种中棉所41现场观摩暨新闻发布会”、“现场观摩暨经验交流会”。威县梨元镇西丁集村棉农张春方说：“这样的推广办法不可能再有‘肠梗阻’，最受俺们欢迎了。”

金秋种业启示录之三

企业产学研　结合就不难

科研院所办企业，农业大学办企业，是为了产学研的结合，而在成功经验的同时也有教训。那就是没有办企业和经营管理的经验，往往使美好的愿望变成失望。企业办科研、办学校怎么样？虽然她没有科研院所的那么专业，没有大学办学的那么地道，但她有着基本的企业经营经验。产学研既然把“产”放在第一位，道理可能也在这里。作为“产”这一环节的企业，成了产学研结合的基础，应该说是一种创新。山东金秋种业就大胆地进行了这样的创新。记者还是站在社会问题上去报道金秋，她给你的启示应该说是不菲的。

“缺位　错位　越位”

产学研结合，是科技推广中的老话题了。多少年来都在探索怎么结合、如何结合的问题。山东省棉花研究中心书记王留明11月7日接受记者电话采访时这样说：作为“产”环节的企业，往往缺少科研能力，只好依赖于科研院所提供的科研成果组织生产，所以常会出现互为各自利益着想的矛盾，也存在接受被接受的技术性制约；作为“学”环节的学院往往教学脱离实际，学而非用，与提高科学技能，推进科研成果转化存在着自然的屏障。一方面生产者需科技素质的支持却得到的不理想，一方面教育者想为科技推广做出应有的贡献而有点“隔靴抓痒”；作为“研”环节的科研院所，往往苦于科研经费，受生产、经营方面的制约，成果转化成生产力而应给自己带来收获难成现实。产学研三个环节常常在如何协调关系、处理好三者利益上叹息，其中出现的结合难，于是也就成了社会问题。

作为良种棉加工厂厂长出身的张友秋曾一度思索着一个问题：为什么美国抗虫棉种33B自1995年打入中国市场以来，历经了七八年时间，仍然畅销不衰，且占有中国棉花市场半数以上的份额？然而我们的一些国产抗虫棉种的寿命却十分短暂，有的刚刚通过审定进入市场，还没站稳脚跟，便在激烈的市场竞争中很快销声匿迹了？

为此，他在基层做了大量的调查研究，请教过一些农业科技界的权威人士，结合从事繁育推广实践中遇到的问题，对国产棉花品种寿命短的现象，有了初步的认识：除了计划经济时期沿袭下来的产学研体制、品种审定、管理推广方式等跟不上市场经济变化等因素外，其主要原因就是产学研结合不好造成的。在产的方面，繁育推广体系呈小规模、大群体各自为政状态，科研与生产、教学与生产脱节，科研单位为获己利，不用企业这个中间环节而采取广种薄收、到处布点的做法，致使出现繁育、推广经营的多、乱、杂。一些不具备繁育推广条件的单位，盲目乱引滥繁，致使种子来源不明，质量无保障，甚至出现以次充好、以假乱真的现象，加速了优良品种的混杂与退化，影响了优良品种的声誉。

其二，由于产学研的脱节而不适应农村经济形式。在农村实行家庭联产承包责任制，产学研脱节的情况下，一般都是农户承担繁育种子的任务。繁种单位因为没有中间企业环节，缺乏严密的保纯措施，对一些农户为追求利益采取的掺假行为，缺乏有效的控制措施，致使优良品种的混杂退化日趋严重。这些问题的存在与产学研结合不好有着直接的关系，与美国33B利用企业化推广，实际上是产学研一起运作的做法比较，就出来了问题。一位在科研单位就职的老专家对此深有感触，他研发的某一品种在研究单位虽然立了项，却因经费少而难以为继，转而与企业合作又遇到好多利益方面的问题。他对记者讲，科研单位不企业，企业单位不科研，学院两边不靠，三张皮的问题不解决，科技推广就不可能搞好。

中国工程院院士、东南大学校长顾冠群接受记者采访时说，回顾我国产学研合作的发展历程，虽然取得了令人鼓舞的成绩，但还存在一些亟待解决的问题。如：产学研合作机制不够完善，还不能体现各自的责任、职权和利益；产学研合作链尚未完全形成，影响了产学研合作的效率和效果；产学研合作各主体的定位不够明晰，各自的特长和优势没有充分发挥。不少合作方都存在“缺位”、“错位”或“越位”的情况；产学研的层次偏低，未能有效地促进企业核心竞争力的提升；产学研合作的国际化程度不高，对世界相关行业、产业的贡献和影响微乎其微。

如何进一步推进产学研合作的集成创新，这是政府、大学、研究院所、企业及社会各界普遍关注的问题。顾冠群认为可以从三个方面来考虑：一是通过科技创新平台建设，推动产学研合作的集成创新；二是组建战略联盟，促进产学研合作的集成创新；三是充分发挥政府的作用，引导产学研合作的集成创新。

“补位　定位　固位”

顾冠群说的“通过科技创新平台建设，组建战略联盟，在政府发挥作用的前提下，产学研合作集成创新”，在这里有了体现。

走进山东金秋种业的科技楼，除了试验室、组培室、各种先进的试验设施等，顶层的专家办公、生活设施一应俱全。他们既不是金秋本土专家，也不是公司外聘专家。近期到这里工作生活的专家就有：中国棉花研究所郭香墨、毛树春研究员，山东省棉花研究中心李汝中、魏西翠、董合忠研究员，山东农业大学刘英欣教授等。他们都是棉花科技界的知名专家。这些专家到山东金秋种业来，不是特意为其工作的，而是在产学研合作的前提下，做各自的研究课题，对山东金秋种业的义务只有一条，就是科研成果优先供山东金秋种业有偿使用。

这家以良种棉加工厂、农资经营起步的民营企业，起初并不具备“研”和“学”两个环节，为了“补位”，他们先后建立了“山东省开放式植物组培工程技术研究中心”、“德州金秋棉花研究所”、“山东农业大学金秋生物技术实验室”等研发机构，为产学研科技创新搭建起技术平台，吸引了大批国内知名专家加盟。10多名农业专家成了公司的顾问，40多名农业大专院校毕业生加入。同时，他们和中国农业大学、中国农业科学院、中国棉花研究所、山东农业大学、山东棉花研究中心等联合把产学研结合起来，在引进鲁棉研18、鲁棉研19、中棉所41，承担省农业良种产业化——棉花项目，国家国产抗虫棉新品种的商业化开发和研发攻关项目的同时，研究培育出了拥有自主知识产权的“鑫秋”系列抗虫棉新品种，他们生产经营的棉花良种，2007年被授予“中国名牌”产品。

产学研结合，他们在把“研”引入“产”环节，以“产”为基础，容“研”为一体上，还掌握一个原则：仅仅依靠引进、开发和推广别人的科研成果，难以牢牢把握市场主动权，对科研单位的现有成果，他们是依靠而不依赖。一边引进、消化、吸收别人的成果；一边瞄准目标，进行自主研发。除企业自己选育的棉花新品种鑫秋1号、鑫秋2号，已通过国家农作物品种审定委员会审定以外，具备“国内首创，国际领先水平”的开放式组培，通过了省科技厅组织的专家鉴定。

产学研结合，他们在把“学”引入“产”环节，以“产”为基础，容“学”为一体上掌握：送人上学与自己办学相结合；骨干学与农民学相结合。开办起科技学校，分期分批招收学员，学习棉花栽培、育种、植保、土肥、农业气象、种子加工和市场营销系统知识，重点培养动手操作能力。最近一期招收学员31人，课时设计1 500个课时，学员全部留到公司工作。在农民学上，除了招收一些骨干来学外，分期分批培训农民技术工，累计已培训2万人次，仅今年就有5 000多人接受了培训。这种“学”与“产”紧紧联到了一起的做法，非常起作用。

据了解，山东省的科研院所、大专院校大都办有产学研为一体的企业，省农业科学院的这类企业几十家不等。第十五届山东省产学研洽谈会推出科研成果1万2 000项供企业选择。前十四届产学研洽谈会，平均每届有3 000多家企业和100多所高校、科研单位参会参展，参观洽谈人数累计已超过25万人次，达成合作协议（意向）5 199项，签订正式合同2 000多项。产学研联合已经成为山东的一种理念和品牌。

记者在现场看到，今年的洽谈会内容丰富，形式多样。洽谈会组委会有关人士表示，今年产学研洽谈会围绕国际产学研合作、制造业强省建设和企业自主创新“三大主题”着重突出成果展示、交流洽谈、论坛与专题讲座“三个重点”，力求在“拓展合作领域，提高合作层次，扩大合作实效”方面实现新突破。

金秋种业启示录之四

企业“软投入”全程搞服务

山东金秋种业有限公司董事长张友秋打电话一再叮咛：农技推广必须强调全程服务，不然的话只能半途而废。这话说起来好说，真正做起来却是千头万绪。结合着社会问题报道山东金秋种业，只想寻出她的全程服务。看了《大众日报》曾在一版发表过的有关山东金秋种业的报道和《科技日报》的有关报道，引用了其中的部分内容，结合社会问题进行报道，这样做会更增加其报道的权威性。也就是说山东金秋的做法已经受到了作为山东省委党报的《大众日报》和作为科技权威报的《科技日报》的肯定，其价值值得重视。

贵在“结合”二字

记者老家的白哥种了10亩地，年毛收入只有7 000元，除去农药、肥料等投入成本（不含劳动力），利润不到4 000元。问他为啥效益低？他回答，有科技含量的，咱掌握不了技术没法种，种的都是些大路货；比如咱种的大豆亩产只有200斤，人家科技新品种每亩能收800斤；咱种的棉花亩产皮棉100来斤，人家科技新品种每亩能收皮棉200多斤。如今都知道种大路货效益低，可种效益高的咱又没技术，看着眼馋没办法。

农民科技素质低是农技推广难的主要症结。科技成果有了，良种也生产了，产学研都重视了，政府也推行了，到最后却因为农民科技素质低而最终搁浅了。某乡农技站站长说，棉花营养钵育苗麦后移栽和麦棉两熟双高产这一项技术，行政推行了十几年就是得不到成功。除了推广办法不力，最关键的还是农民科技素质低的问题。

山东金秋种业在陕西省渭南地区做了一个试验。他们在渭南设立了山东金秋科技推广总站，在渭南的7个县、市普遍建立棉农合作社，设立了16处农技推广分站。总站聘请了一名技术推广总监，每处分站设立一名农技推广员。在全区公布了总站和分站的电话热线。棉农遇到技术难题，可以及时电话咨询。今年，渭南地区棉花亩产籽棉平均达到了600斤以上，高产地片达到了700～800斤。这个成功的试验，为农技推广网络的运作，提供了宝贵的经验。

农技推广难，难在哪里？难在没钱，难在没人，难在“线断、人散、网破”，更难在农民科技素质低下上。这是我国农业生产几十年的难题，改革开放近30年尚未破解。

科学普及和农技推广，社会公益，弱势产业，理所当然地政府包办，这是我们的思维定式。从这个意义上说，山东金秋种业这家民营企业办了政府该办的事。

向棉农预报农事，指导棉农抵抗冰雹的袭击。2002年6月14日凌晨，一场冰雹袭击了夏津县。受灾面积达30万亩。事发不到2个小时，山东金秋种业的专家就赶到现场，组织农民在地头分析灾情，制定应急技术方案，编印《金秋科技报》，在县电视台反复播放自己拍摄的《科技5分钟》，及时解除了农民毁棉种粮的念头，把灾害损失降到了最低。报纸、电视、网站，还有专家的现场服务，金秋种业几乎调动了所有的现代传播工具。

办科技小报、制作科普电视节目、进行科技培训，走进山东金秋种业，俨然一处科普基地。《金秋科技》报彩色印刷，应时的棉花科技知识挤得满满当当，每期印数达到5万份；公司有专门的演播室，拍摄制作棉花科技知识电视节目，花钱到各地电视台播出；在公司网站上，不仅发布科技知识、气象预报，还根据农时季节，指导棉农采取技术措施。良种不是一般的商品，而是高科技的载体。良种还得有良法，配套服务才能增产增收。这是山东金秋种业的发家经，也是张友秋把握的市场法则。说实在话，相当多的基层政府，办不好或办不到这样的事。

引起我们思考的不止如此。计划经济时代，天天嚷着为人民服务的国营、集体企业，没有这样做；而在市场经济时代，时时算着赚钱的民营企业，却干起了这个“赔本的买卖”。从这个角度说来，科学普及和农技推广由政府包下来，又是一种思维错位。农技推广难，不在钱，也不在人，就是难在了政府包下来。

剖析金秋种业的做法，贵在“结合”二字。

一是把技术和产品结合起来。包括农业领域在内，新兴技术不断涌现，新产品的“科技含量”越来越高，技术服务成为越来越多企业的销售策略。把科技服务纳入到农业领域的产品竞争，让种子产品搭上技术服务的快车，这是金秋种业的先见之明。

二是把农业技术的研究开发和农业生产结合起来。没有自己的研究开发力量，就主动为大学、研究所提供研究条件，在先进的农业技术和农业生产之间搭建桥梁。借以树立品牌，建立信誉，这是金秋种业的聪明之举。

三是把农技推广和市场行为结合起来。单纯的农技推广难以获得应有的市场认同和经济收益，这已经为实践所证明。而种子具有很高的技术配套要求，单一的产品销售也不能获得一家一户的农民认可。把两者结合起来，相得益彰，这是金秋种业的明智之处。

“软投入”是最好土壤

山东省科技厅农村与社会发展处处长、理学博士赵友春在谈到“软投入”问题时说：科技进步是突破资源和市场对我国农业双重制约的根本出路。必须着眼增强农业科技自主创新能力，加快农业科技成果转化应用，这样基层农业技术推广体系建设才会落到实处，科技对农业增长的贡献率才会大大提高。近年来，省财政每年投入 1 000 万元专项实施“农业科技成果转化资金计划”，通过项目实施，形成了 180 余套技术体系和规范，有力地促进了农业科技成果向现实生产力转化。

科技推广不是一时一事一个环节的问题，要想取得理想的效果，作为种业企业全程服务是非常必要的，不然就达不到推广的目的，就会夭折，就会出现“肠梗阻”，半途而废就在所难免的。山东金秋种业的“软投入”就是全程搞服务，他们是怎么做的呢？记者到企业进行了一番实地考察。

在山东金秋种业公司技术研究中心大厅记者看到，从河北威县来的 50 多位棉农围住技术员阚子瑞，请他讲解鑫秋 1 号种植方法。这个品种是金秋种业自主创新、通过国家审定的当家品种。阚子瑞沙哑着嗓子说：“春节前，每天来这里的棉农 100 多人，最多一天 300 多人。”

河北省威县梨元屯镇西小庄村的任凤华专门经销棉种。他告诉记者，她是这里的常客，她用面包车拉来 5 位棉农：“年前我们买了 3 吨，今天想再买 1 吨。”

梨元屯镇干集村棉农张春方听完讲解，看完录像，又参观现场，忙得额上冒了汗。他对记者讲：“买种子不是买别的，亲眼看到种子加工全过程，再选择最合适的，就放心了。人家公司给报销一半车费，还有 5 块钱伙食补助呢。”

记者跟着棉农从开放式植物组培研发中心出来，正碰上金秋种业有限公司董事长张友秋。

他说："一些农科成果推不开或推广速度过慢，主要是少了一个环节，就是没有做到结合本地条件进行试验、探索、示范、推广。去年8月开始，我们换了营销模式，把棉农请来，让他们参观，由技术员帮着选购。"山东金秋种业有限公司专门划出770亩地作为实验田，设置不同生态区，安排了各种对比实验，以筛选出适合当地棉农种植的品种。公司要求技术员导购时，必须准确了解棉农的种植条件。力求种出最佳收成。这样，就把销售过程变成了培训过程。

山东金秋种业是全省最大的常规抗虫棉种销售企业之一，在省内外建立了4万多亩的良种繁育基地，种子销往山东、河南、山西、天津、安徽、江苏、陕西、湖北、河北等省九个省、直辖市。其中16 000亩基地是从农民手中长期租用的。张友秋驾车领着记者在各个种植基地转，不时停下车跟棉农打招呼，问长问短。夏津县雷集镇双庙村村支书朱秉勇听说张友秋来了，非要拉着回家坐坐："公司租了俺村1 000亩地，成了棉花良繁基地，一亩地付给农民800块钱租金。原来种粮食一年纯收入只有500来块，还要买种子、打药、追肥。现在再也不用操这份心了。"

"我经常下来转，在地头跟棉农谈，面对面，有针对性，农民有啥担心，有啥难处，企业可以解决的就马上解决。咱得替农民多想想，否则人家凭啥用你的种子？还不是相信你嘛！搞科技推广，要硬投入，更要软投入，也就是非物质形态的投入，软投入是最好的土壤。"张友秋说。

常下来转的公司科技特派员、夏津县科技局原局长孙希东不时插话："我们公司还组织了8支电影队，每年一开春，免费到农村放映。放故事片前，先放棉花一播全苗技术科普片，很受欢迎。"据了解，金秋公司成立6年来，免费培训棉农2万多人次。

去年山东金秋种业实现销售收入8 524万元。按每年推广棉种150万亩计算，良种良法配套每亩净增效益120元以上，在不增加任何投入的前提下，每年可为农民增收近2亿元。去年10月，夏津县55万亩优质棉标准化示范区，经过籽棉测产、衣分测定、农药残留等108项指标的严格考核，以96分的高分通过国家级"大考"，成为山东省首个国家级优质棉标准化示范区。

考察山东金秋种业犹如上课，上一堂农技推广应试怎么办的课。地处经济不尚发达的鲁西，一家不大的民营企业，山东省主管科技的省委常委、副省长王军民实地考察后，在大会小会上连续表扬。王省长表扬的不是企业办得好、发展快，而是这家企业把自己的发展和农民的利益紧紧地绑在一起，走出了一条企业搞科学普及和农技推广的新路子。

2008年的中央一号文件，明确鼓励探索多种形式的农业技术服务。山东金秋种业的做法，可谓"顺乎君心，合乎民意"。如果有一大批金秋种业这样的民营企业，活跃在种植业、养殖业、加工业的各个领域，还有什么"线断、人散、网破"？山东金秋种业值得支持，精神值得弘扬，经验值得推广。

怎样做一名受农民欢迎的植物医生？

——与中邮三农服务站长谈农资经营

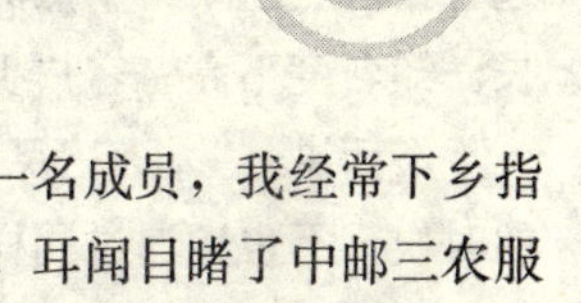

山东电视农科频道农业专家团、高级农艺师付在秋

作为山东电视台农科频道《中邮天达·农资超市》专家顾问团的一名成员，我经常下乡指导农民朋友进行病虫害防治，也经常为各地三农服务站培训农技人员，耳闻目睹了中邮三农服务站的发展历程。今天，我怀着感恩社会、服务农民的心情，把我的一些经验和感受写出来，与大家共勉。

目前，中邮三农服务站作为一种新型的农资连锁经营模式在全国各地异军突起。作为农资行业的后起之秀，凭借中国邮政的金字招牌和其庞大的经营网络，其发展速度和规模令同行刮目相看。

自中邮三农服务站在各地成立以来，向驻地农民推广了大量的农业技术，提供了大量的农资产品，受到了广大农民的欢迎和社会的肯定。但是，随着商品经济的发展和广大农民科技水平的提高，一大批先进的农业技术不断出现，农资新产品不断问世，对广大农资从业人员提出了更高的要求。大部分基层三农服务站长以前从事其他行业，即使以前有从事农资行业的，面对激烈的市场竞争和消费者的需求，应该认真地思考这样一个问题：怎样才能做一个受农民欢迎的三农服务站长？亦即怎样做一个受农民欢迎的植物医生？

由于农资经营是各地三农服务站的业务主体，因此，要办好三农服务站，最主要的就是要搞好农业技术推广与农资经营。要做到这一点，作为站长，必须把自己定位成一名合格的植物医生。谈到这一问题，不少人都觉得这是老生常谈，不就是卖东西嘛，谁还不会？还用你教吗？

俗话讲，隔行如隔山。我长期在基层从事农业技术推广，发现绝大多数经营好的农资店都有一个共同特点：信誉好，质量硬，价格适，服务优；而那些经营不善的店铺不是存在这样的问题就是存在那样的问题。

农资产品是一种特殊商品，既是农民重要的生产资料，又是农民全家的经济支柱和希望所在，关系到国民经济的发展和社会的稳定，关系到千千万万农民的切身利益。“农业兴，百业兴；农民富，国家富；农村稳，天下稳。农业的兴衰成败关系到国民经济的全局。”因此，国家对农资产品实行许可证管理，加大监管力度，农业、工商、质量监督均对农资行业进行监管。

我们虽然从事经营，但同时也肩负神圣的社会责任和法律义务，因此我们要正确处理好权利和义务的关系，做到守法经营。我的体会是：

1. 要树立正确的金钱观

纵观当前农资终端经销商队伍，其中不乏夫妻店、父子店形式的小本买卖，不少经营者潜意识里都存在着“快速致富，赚个盆满钵溢”的想法。这想法没错，我们搞经营、卖农资是为了赚钱，但要遵循一条原则：君子爱财，取之有道，不义之财不能要。即要通过诚实劳动，合理合法的经营发家致富，决不能搞歪门邪道，不能搞假冒伪劣。试想一下，在终端零售中，如果三乡五里的乡亲们都知道某个农资经销商没有诚信、不是守信经营者，尤其在产品经销上不进行投入、吃不得丁点的小亏，农民还会到他的店里买东西吗？不少三农服务站开业时间不长，知名度不高，客户少一些，利润自然少一些，这是很正常的事。

俗话讲，“冰冻三尺，非一日之寒。”我们今天看到有的人生意比较“火”，在他们刚开业的时候，不也遭遇过同样的“冷场”吗？这有点类似医学上讲的“窗口期”，时间长短因人而异。在这段时间里，有的人诚实经营，认真对待每一位客户，时间长了，生意就会慢慢好起来；也有的人耐不住诱惑，急功近利，搞歪门邪道，虽然能够一时见效，但是终不长久。要知道，农民朋友是最朴实的，你欺骗他一次，他记你一世，恐怕这一生他都不愿再和你来往。

农资终端经销商要想实现成功经营的目标，首先要修身修德，全面提升自身经营素质，保持健康的经营心态，要树立正确的经营理念，能设身处地地体谅、理解农民消费者的实际情况和需求能力，要在销售的细节上体现服务与关怀，并在群体事业中求得个人的生存和发展。

2. 加强学习，与时俱进

现在社会的发展日新月异，新技术、新产品不断出现，我们要树立“终生学习”的观念，才能与时俱进。中国有句成语，叫“活到老，学到老”，还有一句叫“书到用时方恨少”。学习的好处不言而喻，靠吃老本是不行的，要及时为自己充电。

农资属特种商品，要积极参加管理部门举办的各类培训班，加强涉农法律法规的学习，首先要做学法用法的模范。主要学习《合同法》、《消费者权益保护法》、《产品质量法》、《中华人民共和国种子法》、《农药管理条例》、《肥料登记管理办法》、《植物检疫条例》以及《无公害农药使用标准》。要知道哪些产品是允许经营的，哪些产品是禁止经营的，哪些产品是重点推广的。

其二，要加强农业知识的学习。学习农业知识，可以订阅《农村大众》、《山东科技报》、《中国蔬菜》、《长江蔬菜》、《植物医生》、《乡村季风》杂志、《农业知识》等报刊。山东卫视的《乡村季风》、中央电视台七频道及中央电视台二频道的《金土地》栏目都是农民喜欢的栏目。

其三，现代社会的发展离不开网络，建议大家学点电脑知识。因为你一旦进入互联网，将大大增加你的信息量，网络的力量实在太大了，大家不妨一试。

看看身边成功的农资终端经营者，不难发现一个近乎规律的现象，就是他们当中有80%

堪称专家型的农资经营者。他们对农资产品的功效、产品性价比等方面的知识多有了解，所以推销起来才会滔滔不绝般地如数家珍，并能针对当地农业种植结构、病虫害防治、科学平衡施肥和提高农民种田经济效益等把脉号诊，迅速准确地开出良方来。

那些对产品一无所知或仅仅是一知半解的经营者如何能把产品卖好？他又拿什么让上游供应商相信并且把市场经营权放心地交给他？他又靠什么让下游使用者尊敬他？两相对比，农资终端经销商有必要扪心自问："我对自己门店经营的产品熟悉多少？我又靠什么来指导父老乡亲们控害增收呢?"

农资终端经营者要想在激烈的市场竞争中赢得一席之地或占有更多的市场份额，日子过得舒心惬意一点，就必须尽快加强学习，掌握产品和经营技术这一课，将自己打造成乡村"植物医生"，做农民科技致富的好帮手，用技术帮助农民，用真心感动农民，最后赢得农民的爱戴和欢迎。

3. 要有知名的品牌产品、过硬的产品质量

百鸟在林，不如一鸟在手。经营农资，有口皆碑的品牌、安全有效的套餐服务是您招揽生意的"镇店之宝"。产品质量是经营的根本，没有过硬的产品质量，一切都是空话。名牌商品能提升服务站的品牌形象，提高知名度，增加销售量。目前，据我所知，各地三农服务站经营的农资产品绝大部分是由当地邮政物流统一配送的，均为正规产品，也有少量是由社会经销商提供的，在进货时一定要注意查看是否证件齐全，是否符合国家有关规定，不符合要求的一律拒之门外。

在此，我向大家再次推荐咱们身边的名牌产品——天达 2116 植物细胞膜稳态剂。不少朋友可能觉得我在老生常谈，"我店里就有，我卖了好几年了，还用你来教吗?"，如果你有这样的想法，那么，我问你：你了解天达 2116 吗？你擅长用它来解决农业生产中遇到的疑难问题吗？你能熟练地运用它以提高自己的知名度并在强手如林的市场竞争中立于不败之地吗？

天达 2116 诞生在山东大地，利用邮政网络，经过 5 年的市场洗礼，它已成为广大农民心目中响当当的名牌，千好万好，不如老百姓说好；金奖银奖，不如老百姓夸奖。天达 2116 是中国农资界的领军品牌，敢与洋货一比高低，"用效果说话"、"是骡子是马拉出来遛遛"、"农民说好才是真的好"!

大家知道农民消费者选购农药、化肥、种子等农资产品时，除了通过产品广告、价格、效果以及经销商的说服导购、促销手段外，还有一个非常重要的因素，那就是老百姓的"口碑效应"。现在，大家都在说"金杯银杯不如老百姓的口碑"，"千找万找不如找邮政网络买得放心"，这正说明了农民群众才真正是农资产品质量的裁判员。

当前在农资产品零售中，很多农民之所以选择"天达"这个品牌，原因非常简单，那就是隔壁邻居老王前几天刚买过这个牌子的产品，说是效果真的不错，甚至有时有的农民只是聊天时不经意间听到别人提起这个品牌，他就到经销商店里点名购买这个品牌的产品。因为对农民来说，没有什么比亲身体验更有说服力了。由此可见，在农资产品终端消费中，"口碑效应"是锁定忠诚顾客与开创销售局面的一种有效方式。

口碑的巨大可信性和促销力已使"信息传播，口碑第一"、"好口碑才是效力最好的广告形式”等成为了绝大多数农资企业的共识，也是广大终端经营者梦寐以求的发财“宝典。”

4. 了解本地农业基本情况和风土人情

基层服务站长要熟悉本镇或周边方圆五到十公里以内的主要作物种类、面积、产量、价格、农民的用药用肥习惯，以及土壤类型、水利条件、无霜期、平均温度、最低温度、最高温度等，做到心中有数，了解同行的产品结构，做到知己知彼，百战不殆 。

5. 改善店面形象，提升服务层次，寻找突破口

我们经销农资产品的过程，实际上是一个农业技术物化的过程，农药、种子、肥料等产品作为先进农业技术的载体，在农资商品流通的过程中，农业技术也得到了推广应用。

“从群众中来，到群众中去”，这一道理对于我们在今天的市场经济条件下搞好农资经营同样适用。当前的农资市场犹如一个没有硝烟的战场，竞争异常激烈。推广新产品，首先要做可行性论证，然后进行小面积试验，逐步扩大面积，以点带面，点面结合，稳妥地扩大推广面积是符合辩证法发展规律的。

因此，每位站长要将重点推广的品牌产品摆放在显眼位置，海报、报纸、VCD、电视机的位置要适当，这样，可以充分吸引客户的注意力。店里最好准备好茶水、马扎或椅子、沙发，根据各自条件，把自己的小店变成一个农民朋友的临时休息和信息交流的场所，最好有几本农民喜欢的书刊，让来的人闲来无事，随便翻翻。

6. 产品推介应把握一个“度”

（1）掌握农民今年关心的问题。

（2）把握农民的逆反心理。

（3）从规范应用、务实求真的角度进行推介。

这是产品推介的三个关键点，站长应把这些销售手段告知村级服务站。这三点的核心内容是：当村级服务站推介产品时，不要脱离生产实际，为宣传产品过于宣传这个产品本身如何的优秀，说得越多越容易引起农民的反感。

比如天达 2116 在果树上应用，应从果农今年农业生产中关心的话题切入进行宣传，如因去年果树产量较高，造成今年树势较弱，花芽少而且分化不好，影响产量，谈这么一个大家共同关心的话题来引出天达 2116 可以在哪些方面对果树生产进行弥补，如提高树势，促进花芽分化、抵御低温冻害等。然后再进一步介绍这个产品的规范应用、产品在典型示范户实际应用中的功效表现等，并本着务实求真的诚恳态度，要求用户留出对照，以便将来说服他们自己。同时要求他们如果只想打一遍的话就干脆别用这个产品。

再如，去年咱村小麦遭受了 3 次“倒春寒”，很多户都受了害，减了产，就人家老王没减产反而增了产，你知道什么原因？

这样一说不但让果农、粮农有一种信赖感，而且因为果农的规范应用也为明年的市场奠定了良好基础。

这样，作为店长，就能及时地了解农业生产中存在的问题，而帮助农民解决疑难问题。发展生产，增加收入，就是我们三农服务站的主要任务。

遇到疑难杂症怎么办？如果碰上雹灾、干热风、药害、肥害、“倒春寒”怎么办？各位站长不要担心，这正是我们大显身手的好时机。沧海横流，方显英雄本色；紧急时刻，天达2116相助。山东天达生物制药股份有限公司依托山东电视台农科频道成立了《中邮天达·乡村超市》，每天早、午、晚三次在《乡村季风·乡村超市》栏目中播出，山东电视台农科频道从全省聘请了50多名长期在一线工作、经验丰富的农业专家作为技术顾问，开通了天达植物医院，并把每位专家的手机号码在电视上公布，随时接受农民朋友的咨询，遇到重大突发事件，天达植物医院会及时派出专家24小时之内赶赴现场，开出农药处方，指导生产，三五天后进行回访，全程录像，及时在电视台播出，此举受到了广大农民和经销商的大力欢迎，收到了意想不到的效果。各地邮政局的三农服务站业务量大增，开创了农资经营与农业技术推广的新模式。那么，作为一名站长，怎样在自己的辖区内凭借天达2116的品牌来提升自己的知名度呢？

7. 正确认识天达2116——植物细胞膜稳态剂及其系列产品

大家都知道，山东天达生物制药股份有限公司成立于1994年，一开始是一家人用药企业，其生产的片剂、颗粒剂、干混悬剂、胶囊剂、原料药、粉针剂六条生产线全部通过了国家GMP认证。“穷则独善其身，达则兼济天下”，这是董事长张世家做人做事的宗旨。美国人布朗写了一本书，叫《谁来养活中国》，他预言，到21世纪30年代，中国人口将达到16亿，而土地在减少，中国人吃饭将成为大问题。作为一名农民的儿子，一名农民企业家，看到21和16这组数字，张世家的心情特别沉重，一种强烈的民族情感在他心中升腾。为此，他投资1 000万元与山东大学生命科学学院合作，开发国家“863”计划成果产品“植物细胞膜稳态剂”并以“21”和“16”这两组数字的组合来命名这项高科技产品，造福中国的亿万百姓。

他说，美国不会养活中国，中国人只能自己养活自己，依靠中国的科学家在技术上“顶天”，中国的企业家在推广中“立地”，不仅要解决21世纪16亿人口吃饱的问题，还要解决吃好的问题，这就是“天达2116”名字的来历。

也许有人会问，“天达2116”不就是一种叶面肥料吗？大家可能知道，目前我们国家登记的叶面肥料超过300种，“天达2116”是最新型第四代复合产品，内含21种成分，有人说，它是肥，又不是肥；它是药，又不是药，为什么呢？因为它除了含有一般叶面肥料的氮、磷、钾、钙、硼、铁、锌、镁、硫、锰、钼、氯等植物必需的元素之外，还含有细胞膜稳态物质和海洋活性物质及多种调节物质，有好几种还是人用药成分，如壳寡糖、水杨酸、维生素C、B族维生素等，但是为了广大农民使用方便，采用了肥料登记证，类似于我们生活中常用的“非处方药”。

尊贵的血统，独特的配方，严格的管理，完善的售后服务，遍地开花的宣传手段，使天达2116——植物细胞膜稳态剂成为21世纪中国植保产品首屈一指的领军品牌，市场占有率稳居第一，并在不断攀升，从此，中国的老百姓有了控害增收的杀手锏。

天达2116的创新点是运用中医中药“培元固本，扶正祛邪”的原理，通过保护植物细胞膜的稳定性、增强光合作用、提高抗逆防病能力、抵御外来有害生物的入侵，从而达到“防重于治”的奇效。通过外源，补充植物生长发育所必需的氨基酸、矿物质和维生素，不仅可有效解决作物因低温、寡照、干旱和缺素症导致的生理性病害、肥害、药害，而且除碱性农药外可与绝大多数杀菌剂、杀虫剂混配使用，既提高了防治效果，又节省了劳动力成本，起到了事半功倍的效果。

8. 天达 2116 控害增收的四大卖点

一是天达 2116 是农民防治早霜、晚霜、“倒春寒”、冻害、抢救农作物的急需产品。一旦发生，赶快喷施，7 天一遍，连喷 2 遍，天达 2116 有很强的康复功能。

当你听到天气预告，近日有一股强寒流来临，快喷天达 2116，可以避免农作物遭受伤害。

天达 2116 能有效抵抗冷害、干旱和干热风对农作物造成的危害。

二是天达 2116 降解药残效果突出，是蔬菜水果茶叶出口、进超市过药检关的强需求产品。根据作物所需选择专用剂型，在整个植物生长季节喷施 3～4 遍，不仅增产增收、达到出口进超市的检测标准，还可减少农药施用 50%以上。

实践验证，天达 2116 确实能为中国 8 亿农民的瓜果蔬菜、茶叶等农产品出口、进超市保驾护航，轻松渡过检测关。

三是天达 2116 是农民降解药害、肥害、除草剂药害的急需产品。近些年随着除草剂像化肥一样被农民广泛应用到各种作物，除草剂药害已经严重危及农民增收。对此，天达 2116 经多年在多种遭受除草剂药害上的作物试验认证，今天敢斩钉截铁地说：一旦你的作物发生药害、肥害、除草剂药害，快用天达 2116 壮苗专用一袋 25 克＋一袋 2 克装的天达恶霉灵原药喷施，7 天一遍，连喷 2 遍，效果有目共睹。

四是天达 2116 与天达恶霉灵联手，堪称防治各种植物苗期病害的黄金搭档，一防一治，药到病除，对作物连年重茬障碍有特效。被农业界专家称为农作物苗期病害、除草剂药害和生理性病害的临床急救用药。是目前国际、国内独家垄断产品。

对老百姓来说，有钱买种、无钱买苗，保住了苗就保住了本，这是天达 2116 的四大卖点之最，市场潜力巨大。

9. 应对突发事件的招数

如果遇到农业突发事件，结合产品的核心价值——四大卖点，不失时机地进行宣传。如碰上雹灾、酸雨、干热风、除草剂药害、早霜、冻害、“倒春寒”、作物大面积发生苗期病害，农产品出口遭遇“绿色壁垒”，进超市过不了药残检测关等农业突发事件时，农民急需救助，大力宣传天达 2116 的功效，以达到借力发力的传播效果，机不可失，时不再来。

提醒当地农民关注省电视台农科频道的专家提醒；

启动村级广播快速告知解救办法；

利用黑板报、明白纸，也可以说是紧急通知乡邻四舍。如此一来，帮乡邻控了害，增了收，大家都会感激您，这叫救人如救己，帮人帮自己！

天达 2116 既是植物的能量合剂，又是庄稼的保健医生，对三农服务站而言，天达 2116 就是“镇店之宝”；对农民朋友而言，天达 2116 就是庄稼的保护神。

为了适应不同的作物和客户群体，天达公司推出了多种专用型产品，有浸拌种型、壮苗型、瓜茄果型、粮食型、棉花型、花生豆类型、地下根茎型、食用菌型、中药材型、果树型，并有多种包装，均为防伪包装，一袋（一瓶）一专用号码，有效防止串货发生。

为了适应市场需要，天达公司又推出了96%天达恶霉灵、2.5%天达氯氟氰菊酯、40%天达毒死蜱、3%天达啶虫脒、2%天达阿维菌素、1.8%天达裕丰（菌毒速杀）以及灭幼脲、虫酰肼等高端产品，形成了一个较为完整的产品组合，这些产品与天达2116的配合使用，为三农服务站服务农民，抢占市场制高点，实施一站式的套餐服务，提供了可靠的物资保障。

10. 常见作物疑难病虫害实战应用技术

(1) 天达2116壮苗型＋96%天达恶霉灵，被誉为防治土传病害的"还魂汤"，防治各种作物的立枯病、烂秧病、猝倒病、枯萎病、黄萎病、菌核病、炭疽病、疫病、黑星病、全蚀病等效果显著。天达1＋1（天达壮苗灵＋天达恶霉灵）被农业界称为作物苗期病害、除草剂药害和生理性病害的临床急救用药，这是一个各地农民公认的经典配方。

(2) 天达2116＋天达裕丰＋天达啶虫脒，被称为植物病毒病的克星。病毒病主要由蚜虫、飞虱传播，啶虫脒的作用就是杀灭虫源及切断其传播途径，天达裕丰杀灭植物病毒，天达2116协助提高作物免疫力，增强光合能力，使作物迅速恢复正常生长。用来防治瓜类花叶病毒病害、辣椒花叶病毒病、甜椒、番茄、烟草的病毒病、玉米粗缩病、水稻条纹叶枯病、果树病毒病效果十分显著。

(3) 天达2116＋天达阿维菌素，号称作物根结线虫、红蜘蛛（螨类）、斑潜蝇害虫的"绝命汤"。防治这三种害虫，多年来一直没有较好的高效农药，但是用天达2116＋2%天达阿维菌素，防治以上各类害虫，效果甚佳。天达2116提高了阿维菌素的活性，增强了药效，减少了农药使用量，既降低了成本，又符合环保潮流。

(4) 天达2116＋灭幼脲3号（或天达虫酰肼）——防治鳞翅目害虫的"杀手锏"。鳞翅目害虫是一个庞大的种群，分为蝶类和蛾类，包括小菜蛾、棉铃虫、甜菜夜蛾、斜纹夜蛾、桃小食心虫等等，有数百种之多，大部分是暴食性的，繁殖能力强，虫口密度大，一旦发生，会造成灭顶之灾。以前用六六六、DDT等有机氯杀虫剂，后来用1605、3911、甲胺磷等有机磷，由于剧毒高残留，污染环境，已被禁止生产、销售和使用。后来用氨基甲酸酯类和拟除虫菊类农药，也有一定残留，害虫易产生抗性，效果不稳定。用天达2116与25%天达灭幼脲混配或与20%天达虫酰肼混配，二者交替使用，从促进昆虫蜕皮和抑制昆虫蜕皮两个作用相反的切入点杀灭害虫，彻底解除了害虫的抗药性，达到了清除害虫速效、安全、彻底、无污染、无残留的目的，并能提高作物抗逆性能，增强光合作用，改善品质，增产10%～30%。

(5) 防治作物缺素症，预防和解救作物冷害、冻害、旱涝及台风灾害、雹灾，解除除草剂药害是天达2116的拿手绝活。俗话讲，天有不测风云，春季晚霜、秋季早霜、冬季寒流侵袭，是北方地区农作物大田栽培和保护地栽培中的最不安全因素和最大隐患。快速降温、霜冻及低温引起的冷害、冻害，可破坏植物细胞膜结构，使叶绿素解体，引起生理代谢失调，叶片失绿、失水、枯萎，花果脱落。

2002年4月23～24日，山东半岛发生了百年不遇的倒春寒，全省果树受灾面积达510万亩，占果园总面积的45%，直接经济损失达50多亿元。但是，山东平度、栖霞、莱西、文登、招远及沂源等地的果农，在桃、苹果、黄金梨、葡萄上使用了天达2116，使损失降到了最低20%以内。更神奇的是，在冻灾发生之后，马上喷施天达2116的果树，竟然得到了一定程度的修复，而不喷施的几乎绝产。

当时，全国各大新闻媒体及时报道了这一惊奇的发现，天达2116作为灾后农业的最佳补救措施专用产品，引起了广大学者、农业部门及农民朋友的重视，为此，山东省农业厅召开了由多名院士参加的大型研讨会。同时在干旱、涝灾、台风、雹灾及发生除草剂药害后使用，效果同样不俗。目前，由于各地施肥水平不高，偏重使用氮、磷、钾，忽视使用微量元素，农作物缺铁、缺锌、缺硼、缺钙、缺钼、缺镁等现象时有发生，引起生理失调，抗病性差，影响产量和品质。头疼医头，脚疼医脚，缺啥补啥的落后模式不仅增加了劳动强度，而且作物的利用率不高。而天达2116只需在苗期至开花期或果实膨大期结合其他药剂喷施3次即可基本满足作物一季生长需求，既节省了时间，又能起到综合的效果。

开有效处方，打有把握之仗。

选择农药，首先要针对作物发生的病虫害种类，同时还要注意所选农药对作物无药害或基本无药害，对人畜毒性小或基本无毒，对生态环境无污染或基本无污染的农药品种。

用药要及时，要在病虫害发生初期使用，真正做到防重于治，以免给害虫以可乘之机；喷药要细致周密，叶片正反面都要喷到，要交替使用农药，切勿一种或几种农药混配连续使用，以免使病虫害产生抗药性，降低防治效果。一般需连续喷施2～3次，每次间隔7～10天左右。

喷药时应配合天达2116共同使用，在杀灭病原菌的同时提高作物免疫力，增强药效，减少农药使用量，提高防治效果。例如，防治水稻纹枯病时，将天达裕丰与天达2116粮食型混配使用2次，可使水稻迅速恢复生长，籽粒饱满；防治葡萄炭疽病时，将咪鲜胺与天达2116果树型混配使用，效果显著；防治棉花黄萎病、枯萎病，用天达2116棉花专用+天达恶霉灵，7～10天一遍，连喷2遍，效果最佳。

现代农业认为，作物的生长发育是一项系统工程，不但需要优良品种，而且需要合适的土壤、气候、肥水，培育健壮的个体，并使之形成合理的群体结构，才能实现高产优质的目标，病虫害防治必须与品种和栽培管理结合起来，才能收到满意的效果，因此，在诊断作物病虫害时要综合考虑，望闻问切，如果拿不定主意要及时请教专家，不可自以为是，以免造成不良后果。

11. 搞好促销与售后服务，做到开辟市场与巩固客户两不误

邮政与企业合作，进行农资连锁配送是山东天达生物制药股份有限公司董事长张世家的一个伟大创举，他以独具的慧眼，超人的胆量，过人的气魄，开创了中国邮政这100年企业服务三农的新篇章，被誉为中国邮政物流的开拓者和创始人。他提出的“整合资源，创新思维，借力发展，服务三农，与时俱进”的指导思想和“羊毛经济，蜘蛛网络，克隆技术，蚂蚁效应”的经营战略，在山东省经过5年的运作，产销量连年翻番，名声大振，邮政和企业都有了长足的发展，这一模式被写进了中央的一号文件，向全国推广，最近张世家又成功入围“感动山东三农人物候选人”。

为了配合全国的营销战略，天达公司启动了上有中央电视台、山东卫视及其他省、自治区卫视，下有专家的全方位立体宣传手段，开通了24小时专家服务热线，各位站长一定要抓住这个难得的机会，树立好典型户，建好示范田，用效果为产品说话。以前讲“村看村，户看户，社员看干部”，现在是“村看村，户看户，邻居看邻居”，村民看的就是身边的种植发家带头户，一个户可以影响周边一大片，一个村可以带动一个乡镇，榜样的力量是无穷的。服务站长要善于使用VCD光盘、海报。抓住现场会、致富能手、突发事件开发市场，建立用户档案，并利用春节、中秋节、生日等对重要客户进行走访交流，以加深感情，增加信息量。

“得民心者得天下”，在市场经济条件下，竞争日益激烈，终端经营农资怎样才能得天下?怎样才能赢得市场?我们只有靠过硬的产品质量、良好的服务、精湛的农业技术才能在激烈的竞争中立于不败之地，并发展壮大。

结束语：由于本人水平有限，面对如何搞好农资经营这一题目，只能是抛砖引玉，简单地谈谈自己的一些经验和看法，希望能够对三农服务站及从事这一行业的其他人员有所帮助。我国地域广阔，农业病虫害种类繁多，新问题、新产品、新技术不断出现，欢迎农业界的各位专家、农资界的各位朋友提出问题，进行学术交流。现代社会科学技术的发展日新月异，我们一定要树立“终生学习”的观念，活到老，学到老，既要学习现代农业技术，又要学习营销知识、法律知识，把自己培养成一名名副其实的植物医生，为建设社会主义新农村贡献自己的力量!

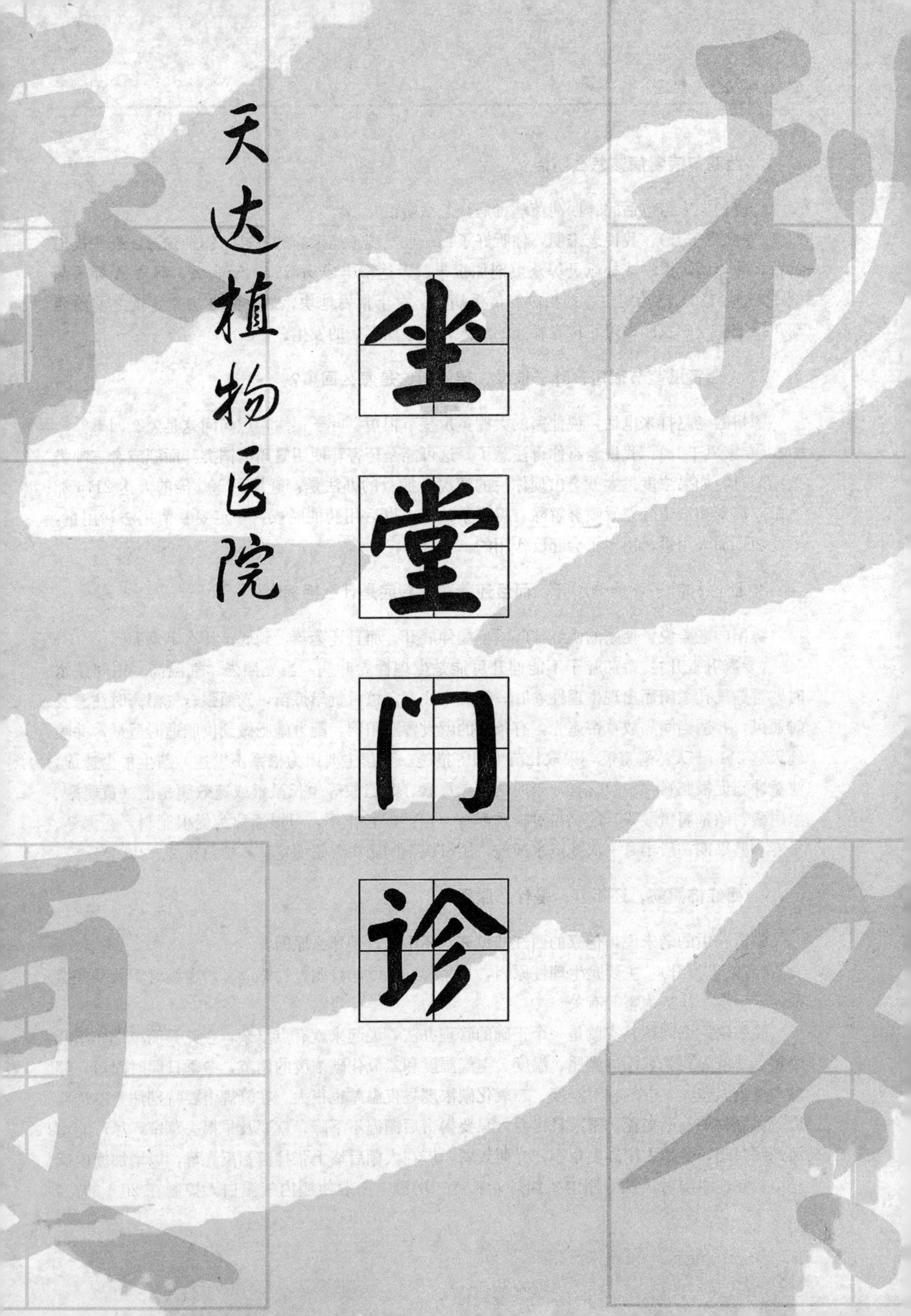
天达植物医院
坐堂门诊

1. 西葫芦病毒病该怎么防治?

广饶的老宋打电话问：西葫芦病毒病该怎么防治?

（专家巩玉升）：我说老宋啊，你听好了：一旦发现了病毒病的痕迹，你别犹豫，赶快拔出病株，并喷施吡虫啉或扑虱灵等杀虫剂加祝丰、天达裕丰或病毒特、治病灵、病毒A等杀菌剂＋天达2116，防治蚜虫、烟粉虱等传播病毒。对于常发地块，最好的办法是定植之前给西葫芦罩上一层防虫网，阻止传毒媒介的进入，杜绝病毒病的发生。

2. 大棚黄瓜茎节很短、叶子很绿，想问问这是怎么回事?

德州的老赵打来电话，说他家的大棚黄瓜茎节很短、叶子很绿，想问问这是怎么回事?

（专家巩玉升）：我说老赵你得注意了，这可能是药害，使用复硝酚钠类叶面肥或者三唑类杀菌剂时，如果浓度过大就会出现你说的情况。挽救的办法是：赶快用500倍的天达2116加适量赤霉素和细胞分裂素喷雾解除，得赶紧治疗。以后用药的时候，一定要看清用法和用量，不能随意加大用量，用多了会起反作用的。

3. 西红柿叶子不能伸展开、而且还萎蔫，到底是什么毛病啊?

济阳的老姜说，他家的西红柿叶子不能伸展开、而且还萎蔫，到底是什么毛病啊?

（专家巩玉升）：番茄叶子不能伸开可能是生理性卷叶病，当光照强、气温高、田间缺水时，番茄气孔关闭而出现生理性卷叶。管理中注意定植后抗旱炼苗，光照强、气温高时注意及时通风，并适当间隔放草帘遮光，有条件的就设置遮阳网，配方施肥做到供肥适时适量，并喷施天达2116＋天达恶霉灵，采取壮苗生根等措施。萎蔫主要因为根系不发达，新生根少造成，注意冲施促根肥料。一般含有复硝酚钠、赤霉素、萘乙酸等生长激素或速效腐植酸（黄腐酸、黑腐酸、硝基腐植酸等）的肥料对根系都有一定的促长作用，习惯通称为促根肥料，在深冬、早春和盛果期一般半月一次随浇水冲施，用量视不同肥料含量而定，一般每亩20～40公斤。

4. 西红柿黑筋，还不红，是什么原因?

临沂苍山的老朱说，他家的西红柿黑筋，还不红，是什么原因?

（专家巩玉升）：主要是生理性原因，与品种、温度、日照、气体危害、土壤营养及某些微量元素多少、病虫为害等有关。

要解决这个问题其实就是一个正确的管理办法，说起来就有点复杂，在此只简单地介绍几个要点，首先要注意棚内光照、温度、空气湿度和二氧化碳浓度的调节，冬季日照时间短，棚室内昼夜温差大，空气相对湿度、二氧化碳浓度昼夜温差也很大。在管理上要特别注意不透明覆盖保温物的及时揭盖，晴天日出后，只要揭帘后棚温不下降，就要及早揭去草帘，尽可能增加光照时间，冬季太阳高度角小，光照较弱，应在大棚后墙上张挂镀铝反光幕，以增加棚内反光照，在连阴雨雪天气，棚内要加灯光补光、增温。一般使棚内气温白天控制在20～30℃，当晴天中午气温升至30℃以上时，即开天窗，小放上风换气排湿，适当降温，补充棚内二氧化碳浓度，夜间棚内气温保持在12～18℃。有条件的最好每天补充一次二氧化碳。在肥水管理上要注意及时补充，特别是在盛果期，一般每隔半月就要浇一次小水，不拉空水，每水带肥，冲施肥最好选用含腐植酸类的促根肥料，每次用量20～50公斤，这样可以保证根系发达，能及时吸收补充地上部大量需求的水分和养分。

5. 南瓜上嫁接甜瓜已经1个月了，刚松绑的时候看着愈合得挺好的，可现在却从刀口往下开裂，连甜瓜苗也死了，这是怎么回事?

青岛的老周打电话说：他在南瓜上嫁接甜瓜已经1个月了，刚松绑的时候看着愈合得挺好的，可现在却从刀口往下开裂，连甜瓜苗也死了，这是怎么回事?

（专家巩玉升）：这可能是你的砧木，也就是南瓜苗患上了拟茎点霉根腐病，可以用98%天达恶霉灵3 000倍液，加天达2116壮苗型500倍液，灌根，一棵浇200～400毫升，5～7天一遍，连灌3次就差不多了。

6. 西红柿黄边，眼瞅着慢慢变干了，不知道该怎么防治啊?

临淄的老张打电话说，他家的西红柿黄边，眼瞅着慢慢变干了，不知道该怎么防治啊?

（专家巩玉升）：一般是发生药害了。可用天达2116加细胞分裂素600倍液喷雾解救，每7天一次，连喷2～3次。以后用药要注意在没有试验验证确保安全的情况下：①严格按照产品包装上的使用说明书上的推荐用量使用，不能盲目加大用量。②不能盲目混配农药。③避开中午高温时间用药，一般上午10点前、下午4点后用药。④对路用药，对某类药剂敏感的作物更应注意，例如：豆类蔬菜对铜制剂特别敏感，黄瓜等阔叶蔬菜对三唑类杀菌剂敏感等。

7. 黄瓜叶片大，还不结瓜，是怎么回事?

安丘的老周问：黄瓜叶片大，还不结瓜，是怎么回事?

（专家巩玉升）：哎呀这还用说嘛，明显是营养生长过盛了。

补救的办法你记好了：注意少用速效氮肥，喷施天达2116瓜茄果型加助壮素，30斤水对25毫升的天达2116，20毫升助壮素，7天一次，连喷2～3次。

8. 黄瓜地上部分长白毛、腐烂，还死了不少，想问问是什么病，该怎么防治?

济阳的老刘说，他家的黄瓜地上部分长白毛、腐烂，还死了不少，想问问是什么病，该怎么防治?

（专家巩玉升）：这可能是黄瓜疫病或者菌核病，区分方法：只有白毛的是疫病，有白毛并有菌核的就是菌核病。

防治疫病常用杀菌剂有：64%杀毒矾；72.2%霜霉威；72%克露；69%安克；58%雷多米尔或金立杀霉500～800倍液喷雾，以上农药任选一种与天达2116混配，交替使用，效果更佳，并对病株灌根、涂抹病部。防治菌核病常用杀菌剂有：40%施佳乐；50%速克灵；50%扑海因或菌核净500～1 500倍液喷雾并涂抹病部。

9. 大棚甜椒出现褐斑是怎么回事，该怎么治？

禹城的老丁问：大棚甜椒出现褐斑是怎么回事，该怎么治？

（专家巩玉升）：发生了甜椒褐斑病，甜椒褐斑病又叫甜椒斑点病、叶斑病。

症状：该病主要在叶部发生，病势扩大还会侵染叶柄和果梗。在叶片上，最初生出小白点，后逐渐形成周缘有黄褐色晕圈、边缘暗褐色的圆形或椭圆形的病斑。病势再发展，病斑扩大，内部呈清晰的轮纹状，其上产生分生孢子。通常病斑从下部叶片发生，而且大量落叶。叶柄、果梗处的病斑为暗褐色，呈不规则形。

病原：甜椒褐斑病，属真菌，半知菌类，暗梗孢科，砖隔孢亚科，尾孢霉属，辣椒灰星尾孢霉。

传播途径与发病条件：甜椒褐斑病菌以菌丝体和分生孢子在种子或病残体上越冬。靠分生孢子通过风、雨传播。发病的适宜温度为20～25℃，在高湿的条件下发病迅速。而且，在育苗期间易发生本病，苗床内会呈多发状态。

防治措施：

（1）已发病的茎叶会成为再侵染源，因此要及早摘掉焚烧或深埋。

（2）高湿是发生甜椒褐斑病的首要条件，故应合理密植，防止植株过密、灌水过多，注意通风排湿。

（3）当个别植株发病时，要及早摘除病部集中处理，随即喷洒药剂：可喷施叶无斑杀菌剂500～800倍液，或50%施保功1 000～1 200倍液喷雾防治。每周喷一次，连喷2～3次。

10. 西红柿上半截发黄发干，是怎么回事？

济阳的老付问：西红柿上半截发黄发干，是怎么回事？

（专家巩玉升）：也主要是生理性原因，根系不发达。建议多冲施促根、高钾型肥料，例如腐植酸高钾肥等，结合叶面喷施微量元素型叶面肥（叶面肥一般分为四类：①氮磷钾常量元素型；②微量元素型；③含氨基酸型；④腐植酸型），加强田间管理。

11. 甜瓜叶子长多大才好？

寿光的老董问：甜瓜叶子长多大才好？

（专家巩玉升）：哎呀，这个可没有严格的标准，叶子多大与品种和种植密度密切相关，你只要坚持住一个原则就行，那就是健壮不徒长。

12. 黄瓜受了病害，生长点长不出来，怎么办？

商河的老魏问：他家的黄瓜受了病害，生长点长不出来，怎么办？

（专家巩玉升）：黄瓜发生病害要及时对症用药防治。生长点长不出来主要原因是地温低、新生根稀少或土壤长时间水分不足、施肥量过大造成的。在持续低温、干旱、土壤溶液浓度过高的情况下，根系对水分和养分的吸收困难，长势衰弱，节间缩短，但花蕊继续生长，雌、雄花开到顶端，且由花芽封顶，俗称“花打顶”，在这种情况下很难结出商品瓜了。

避免和解决花打顶的措施：一是调控棚温，白天 25～28℃、夜间 15～20℃；二是适量浇水，做到不干旱、不过湿，可膜下小水灌溉，有条件的以滴灌最佳；三是随水冲施促根肥料，不要盲目过多地冲施化肥（特别是磷肥）；四是喷施天达 2116 和赤霉素，每亩用天达 2116 50 毫升加 75%赤霉素晶粉 0.5～1.5 克喷雾，隔 7 天一次。连喷 2～3 次。

13. 西红柿坐不了果，怎么办？

章丘的刘先生说：西红柿坐不了果，怎么办？

（专家巩玉升）：在寒冬和早春季节，为防止低温造成落花落果，每 10～15 天喷施一遍天达 2116；或用 20～30 毫克/升浓度的防落素药液喷花或蘸花；也可用保丰灵 1 粒胶囊药粉（0.4 克）对清水 600～1 000 克喷花或蘸花。为防止灰霉病的传播，在药液中应加入 0.1%速克灵。

14. 大棚西红柿到了中午，秧子就萎蔫，西红柿的颜色还发黄、不好看，想问问是什么原因？

德州的老孙说：他家的大棚西红柿到了中午，秧子就萎蔫，西红柿的颜色还发黄、不好看，想问问是什么原因？

（专家巩玉升）：我说老孙，你家西红柿，问题应该是出在了根上，新生根少、根系不发达，或者发生了根结线虫病都可能出现你说的情况。新生根少，主要原因是地温低，特别是当天气持续低温、突然升温时，萎蔫现象非常普遍。管理上要注意保暖，尽量不浇水，非浇不可时要小垄灌小水，并随水冲施促根肥料。根结线虫病是大棚蔬菜生产中发生普遍、令人头痛的一种病害，对病重的老棚区，我建议你在夏季用石灰氮，也就是氰氨化钙高温闷棚，土壤消毒。对发病较轻的棚，用 2%阿维菌素 1 000～1 500 倍液灌根就行了。

15. 西葫芦根部腐烂是怎么回事？

聊城的老张问：西葫芦根部腐烂是怎么回事？

（专家巩玉升）：一般是根腐病或化肥烧根造成，可使用天达恶霉灵或北京威而廉的复活 1 号防治。防治根腐病可用 98%天达恶霉灵原药 3 000 倍液（1 克原药兑水 3 公斤），或复活 1 号 500 倍液，灌根每株蔬菜根围浇灌 200～400 毫升稀释液。

如果是烧根就要及时灌水稀释盐分，并用复硝酚钠每亩 150～300 克或其他促根剂加含腐植酸类冲施肥冲施，促根早发。

16. 甜瓜栽上 10 来天了，可叶子还是伸展不好，有点萎缩，想问问究竟是怎么回事啊？

安丘的老刘说：他家的甜瓜栽上 10 来天了，可叶子还是伸展不好，有点萎缩，想问问究竟是怎么回事啊？

（专家巩玉升）：一般使用复硝酚钠类叶面肥或三唑类杀菌剂稀释倍数过低、浓度过大容易造成这种情况。可以用500倍天达2116溶液加适量赤霉素和细胞分裂素喷雾解除。

17. 西红柿出现了畸形果，还有开裂果，是怎么回事啊？

邹平的老李问他家西红柿出现了畸形果，还有开裂果，是怎么回事啊？

（专家巩玉升）：这是生理性病害，当花芽分化期遇长期低温时，很容易出现畸形果，所以要注意保温，尤其是夜间温度不能太低。如果苗期使用过多的氮肥，缺钙、缺硼，幼果开裂的情况也时有发生，你可以从苗期开始到果实采摘，每隔上10来天喷施一次天达2116或浇灌一些对水的牛奶、豆浆，能降低裂果的发生。

18. 西红柿叶片扭曲，得了什么病啊？

沂水的老高问：西红柿叶片扭曲，得了什么病啊？

（专家巩玉升）：我说老高啊，给你提个醒，你听好了，叶片扭曲一般发生在两个时期，一是在定植后第一穗花开花以前，这时候西红柿要开花结果了，正由营养生长期转向生殖生长期，激素水平比较高，叶片可能会出现扭曲的情况。另外，第三穗果以上的花穗点花之后，由于下部果实发育需要较多的营养，上面的叶片也会受影响，再就是点花激素浓度过大，叶片也会出现扭曲，你可千万别当成病毒病来治。注意加强营养、增加光照就可以了。

19. 大棚辣椒秧子旺，不挂果，甚至掉果，是怎么回事？

苍山的老焦打电话问：大棚辣椒秧子旺，不挂果，甚至掉果，是怎么回事？

（专家巩玉升）：哎呀老焦啊，肯定是你速效肥料使用过多，造成辣椒营养生长过旺了。

改善的办法，你听好了：赶快进行化控，用30斤水兑25毫升的天达2116一包，加助壮素20毫升叶面喷雾，7天一次，连喷2～3次。另外，以后还要注意少用速效肥料，听明白了吧？老焦啊，赶快照这个方儿试试吧！

20. 西红柿下部发黄、带死斑，怎么回事？还有就是西红柿叶子太密，能不能去掉些？

平度的老王问：西红柿下部发黄、带死斑，怎么回事？还有就是西红柿叶子太密，能不能去掉些？

（专家巩玉升）：西红柿发黄、带死斑可能就是因为密度过大、生长茂盛，空间郁蔽、通风透光性差造成的。你可以适当摘除底部老叶，并适当化控，抑制营养生长。老王啊，听明白了吧？祝愿你的西红柿越长越好啊！

21. 对付西红柿灰霉病，有没有快速有效的防治办法？

昌乐的老田想问问对付西红柿灰霉病，有没有快速有效的防治办法？

（专家巩玉升）：老田啊，用保丰灵或防落素喷花或蘸花时，为防止灰霉病的传播，最好在药液中加入0.1%的速克灵。田间管理要注意通风排湿，尽量降低空气湿度，避免灰霉病的发生。一旦出现，赶快用48%的立杀霉可湿性粉剂500倍液，或40%施佳乐悬浮剂1 000倍液叶面喷雾，将灰霉病的为害降到最低。

22. 大棚黄瓜、西红柿灰霉病怎么防治？

（专家巩玉升）：要做好以下几项工作：

（1）保持大棚空气流通，上午和傍晚各通风一次，每次时间0.5～1小时。

（2）灰霉病菌最宜生长温度是24～28℃，因此要尽量避开此温度段，大棚温度控制在20～24℃间，可抑制病害发生，再结合喷洒天达2116提高其抗病能力等其他综防措施，室内作物就不易染病。

（3）用坐果灵点花时，可混用800～1 000倍的速克灵和扑海因，这样，既可减少人工，又可防治灰霉病，坐果后须及时摘除开败的花冠，可以有效地防治灰霉病发生。

（4）一旦发生灰霉病时，用50%速克灵，或50%扑海因加天达2116，要注意交替和复配用药，以防止产生抗药性，提高防治效果。

23. 甜椒得了根腐病，很严重，都快死了，该怎么办？

（1）选用抗病品种，要先浸种：先用凉水预浸种子1～2小时，再用1%高锰酸钾溶液浸种20分钟，后用温水冲洗至中性后浸种；或用96%恶霉灵3 000倍液浸种30分钟，用清水洗净后浸种6小时。后用湿布包好，在30℃条件下催芽播种。再结合喷洒天达2116提高其抗病能力等其他综防措施，室内作物就不易染病。

（2）发病初期，用96%恶霉灵3 000倍液+天达2116 600倍液进行防治，每隔10天喷淋或灌根2～3次即可。同时结合叶面喷施天达2116 600倍液，促进根系尽快恢复。

（3）加强栽培管理。甜椒定植后，防止大水漫灌，及时中耕松土，增强土壤通透性，促进根部伤口愈合及根系发育。并要及时通风排湿，避免高温高湿。施有机肥要腐熟，用化肥要适量，避免烧根。及时清除病株，并要带出大棚，防止此病蔓延扩散。

24. 黄瓜、西葫芦病毒病怎么防治？

（专家巩玉升）：病毒病是一种侵染整个生育系统的病害，防治应采用选栽抗病品种或耐病品种为主、栽培防病为辅的综合防治措施。

（1）要培植壮苗，多施磷、钾肥，以提高植株的抗病性；其次要注意田间操作卫生，接触病菌以后要及时用肥皂将手洗净。

（2）做好病害的预防工作，特别是蚜虫的防治，尤其是苗期要防治蚜虫。当田间发生蚜虫时，可使用3%啶虫脒乳油1 000倍液进行防治。

（3）在发病初期，可喷施天达裕丰1 000倍液。在以上药液中混加天达2116 600倍液，抑制效果会更好。

25. 瓠瓜幼苗期的病害防治有哪些？

（专家巩玉升）：瓠瓜的苗期病害主有以下几种：猝倒病；立枯病；沤根。

（1）瓠瓜幼苗的猝倒病发生较为普遍，是目前瓠瓜苗期的主要病害，猝倒病在苗床上的症状是：幼苗被害后，茎基部出现水渍状（像开水烫过一样）病斑，病斑很快变成黄褐色；病部缢缩呈线状，病情迅速发展，幼苗折倒；发生严重时，苗尚未出土即已烂种烂芽；开始时只是个别苗发病，形成发病中心，向邻近的幼苗蔓延，引起成片的幼苗折倒；高湿条件下，病残体表面及附近的土壤上长出一层白色棉絮状的菌丝体。

（2）立枯病不仅为害小苗，而且为害大苗，一般发生时苗龄较大。受害幼苗基部产生椭圆形暗褐色的病斑，并有轮纹，前期病苗白天萎蔫，夜晚恢复，病斑逐渐凹陷。湿度大时可以看到淡褐色蛛丝状的霉状物。立枯病的病斑逐渐扩大后可绕茎一周，最后病部收缩干枯，叶片萎蔫不能恢复原状，幼苗干枯死亡。

以上两种病害的发生与苗床湿度有很大的关系，尤其是在低温同时光照不足时更易发生。在夏季则是在连阴天发生较重。

防治措施：①选用无病的土壤作为苗床土，如用旧土，应进行土壤消毒处理。每平方米苗床用30%苗菌敌5克，25%甲霜灵8克，98%恶霉灵2克，兑土或基质2～3千克，拌匀撒于苗床的表面。②种子消毒处理。③加强管理，播前一次浇足底水，出苗后尽量不浇水，浇水一定要在晴天进行，且不要大水漫灌；及时通风降湿，严防幼苗徒长；苗床要做好保温工作，白天不要低于20℃，阴天低温时，可松土提温降湿，阴天转晴后，要加强通风。④药剂防治：苗床有少数病苗时，立即拔除病苗，并进行喷药，可喷洒75%百菌清可湿性粉剂800～1 000倍液，或50%福美双500倍液，或25%甲霜灵600倍液，或72%克露1 000倍液，或72.2%普力克1 000倍液，每平方米100毫升进行防治。

（3）沤根主要由于土壤水分过多、根系呼吸不良造成的。尤其是在冬季发生更为严重。其表现为幼苗叶色变深，在中午时出现叶片萎蔫，幼苗停止生长，拔出后根系呈黄褐色，毛细根很少。

沤根是生理性病害，主要应采用降低苗床水分含量、增加土壤通气性来解决，可通过苗床松土和降湿提温来防止并减轻其危害。

26. 番茄容易出现的几种生理性病害有哪些？原因是什么？

（专家巩玉升）：（1）生长点停止生长。在苗期和成株期均可发病。苗期发病，两片子叶或几片真叶后没有生长点，群众俗称“没头苗”。成株期发病，第一或第二穗花后，生长点停止生长，有点类似“自封顶”，但花穗之间间隔3片、2片叶，而不是自封顶类型的间隔1～2片叶。发生的原因主要是苗期低温、高温（低于5℃，高于35℃）导致生理缺硼。苗期长势较弱的品种，发生的几率略高。

（2）花数少、弱花、小花或一整穗花没有出现，不易坐果。番茄花芽分化受环境条件影响较大，在花芽分化期，严重的低温寡照或35～40℃高温、植株的营养状差时，花芽分化会受到很大影响。影响最为严重时，花芽分化会停止。若第一穗花分化停止，就会出现主茎第十节出现第一穗花的现象；若只是第二穗花分化终止，就会出现第一穗花与第二穗花间隔5叶以上的特殊现象。影响严重时，就会分化出生活力很弱的花朵来，具体表现为花弱、花小、不坐果，用激素处理也坐不住果，个别坐住的果也不发育，形成豆果或僵果。

(3) 畸形果、扁形果、幼果开裂漏籽。2～6叶花芽分化期，夜温长期低于12℃，特别是长期处在5～8℃的状况下，极易出现畸形果。在苗期氮肥过多、缺钙、缺硼、徒长、点花过重的情况下发生几率偏重。在华北、中原一带，8月、9月播种的番茄，翌年春季出现的第一、二、三穗果果形好，容易点花，而第四、五穗，畸形果、裂果、漏籽果较多，原因就是第一、二、三穗花分化期（2～7叶）处在温度条件好的10月份，而第四、五穗花分化发育期处在十分严寒的12月份和1月份。以后的花，会随着花芽分化期温度、光照条件的改善，而逐渐好起来。另外，缺钙、缺硼也是形成幼果开裂的一个重要原因，从苗期开始直到果实采摘，每10～15天喷施或浇灌一次300倍牛奶、豆浆，对于降低幼果顶裂有重要作用。

(4) 果实偏小、僵果、豆果。主要原因：①定植缓苗后，第一水、肥浇得过早，营养生长过旺形成的，或者是第一次水、肥浇得过晚，营养生长过弱，第二、三穗果实的发育由于植株营养不足形成了小果或豆、僵果。②密度过大，肥力不足。越冬栽培每亩超过3 000～3 500株，由于冬季光照弱，光合积累少，容易形成小果。越冬栽培原则上每亩不超过2 500株。③没有实行换头整枝，第四、五穗果实偏小的，大多是由于第一至三层果实发育集中，导致第四、五层果实发育营养不足形成的。④畸形花点花时，为防止幼果顶裂，点花浓度降得过低，或点花过晚，致使激素不足，容易形成偶果或小果。⑤有些年份或季节，果实发育期光照过弱，温度较低，容易形成僵果或小果。

(5) 空洞果。形成空洞果有以下原因：①促进坐果的激素使用得过早，浓度过重。②第三、四层果实空洞的原因，大多是由于第一、二层果实发育较快，光合作用制造的养分不能满足第三、四层果实发育而形成的。建议换头整枝，加强肥水管理。③上部果实出现空洞果实大多是营养不足所致，应改善光照，加强水、肥、温度管理。④使用了果实膨大剂，但光照弱、温度低，植株的营养状况不能满足果实膨大的需要。⑤夜温过高，植株徒长，光合产物不能顺利地运输到果实中去，可引起果实空洞。

(6) 显网果（网纹果、网筋果）。绿果时，果肉网纹明显，成熟时果肉较软，果皮较薄，有时从外面可以以看到种子。原因是苗瘦弱老化，苗龄长，秧子弱，果实膨大期严重缺水。长势弱的品种，出现显网果的几率高。一旦出现显网果，较难恢复。

(7) 叶片发黄。叶肉发黄，叶脉仍然是绿色的，系生理缺镁造成。每年10月至翌年3月份低温阶段，由于地温低，根系的吸收功能受到影响，不能吸收镁可导致生理性缺镁。在植株坐果较多，根系衰老的情况下也容易出现生理缺镁。解决办法：叶面喷硫酸镁；坐果前增大叶面积，以增加根系生长量；提高土壤温度，促进根系吸收。一般来说，生理缺镁引起的叶片黄化，对果实发育影响不很大。

（8）叶片扭曲，蕨叶状。一般发生于两个时期：一个时期在定植后第一穗花开花以前，植株叶片扭曲，原因是番茄从营养生长向生殖生长过渡时促进坐果的内源激素水平比较高造成的。另一个时期多半发生在第三穗果实以上花穗点花后，上部叶片呈蕨叶状。其原因是下部果实发育需要较多的营养，而迫使上部叶片正常生长需要的营养倒流向下部果实，使叶片自身发育受到了影响，发育成扭曲状，也与点花激素浓度大有关，以上两种现象，切莫误认为是病毒病。解决办法：加强植株营养，增加光照，喷施叶面肥，冲施钾肥，降低点花激素浓度。

（9）果面部分变黄。夏季或冬季番茄果实，向阳光面或外面果面发黄，而背阴部或内面果面仍然是粉红的，这是由于温度过高、过低抑制番茄红素形成而造成的。番茄果实着色过程是叶绿素分解和番茄红素、类胡萝卜素形成的过程。20～30℃可形成番茄红素，高于30℃，在30～35℃；低于20℃，特别是气温降低到13～14℃，番茄红素合成已经停止，而类胡萝卜素合成还可进行。类胡萝卜素色泽是黄的，所以果面就会发黄。

27. 冬季棚室种植黄瓜九禁忌

（专家巩玉升）：（1）忌定植时集中施肥。各种化学肥料特别是氮肥，在高温潮湿时，会产生大量的有害气体，如集中施在定植沟内，会导致黄瓜烧根死苗。

（2）忌定植过深。现在瓜农都用嫁接苗进行生产，黄瓜嫁接是为了抗病，如果定植过深，黄瓜会生出再生根，失去嫁接作用，达不到嫁接防病的目的。

（3）忌阴雨雪天不揭草苫。人们往往认为阴、雨、雪天揭草苫，温室内温度会下降，因此不揭草苫。实际上不揭草苫温度只会慢慢下降，还会因黄瓜长期不见阳光，而造成生理紊乱，严重者还会出现死苗。

（4）忌冬季大量施氮肥。因氮肥遇水后在分解过程中，会使水温大幅度下降，促使地温降低，影响黄瓜秧正常生长。

（5）忌施用未腐熟的有机肥料。有机肥料遇高温后会很快发酵，在发酵过程中会产生大量的氨气，轻者分解温室内氮肥，重者能使温室内所有黄瓜苗中毒死亡。

（6）忌中午、傍晚喷药。中午喷药温室内温度太高，叶片水分蒸腾快，药物还没吸收，就晒干了，特别是锰锌类药，还会造成药害。傍晚喷药正好和中午相反，因喷药后没被黄瓜叶片完全吸收，就会因受潮而分解失效，达不到治疗目的。

（7）忌落秧过矮。一次性落秧过矮会使叶片受光减少，影响瓜秧正常生长。

（8）忌黄瓜与西红柿同棚栽培。因为黄瓜和西红柿在生长发育过程中所需的温度条件不同，并且它们的分泌物具有互相抑制生长发育的作用。

28. 甜椒烂苗，像被开水烫了一样，果实也有点烂，该怎么办呢？

济南的老张问：甜椒烂苗，像被开水烫了一样，果实也有点烂，该怎么办呢？

（专家王绍敏）：甜椒苗烂可能是细菌性引起的。防治方法是清除烂苗，然后喷施天达诺杀1 000倍液＋天达2116 800倍液，或氟哌酸600倍液＋天达2116 800倍液。

甜椒果实烂可能是果腐病。这种果腐病开始的时候在果面上产生褐色病斑，逐渐扩大，严重时扩展到小半个果实，这种病菌在甜椒开花的时候侵染。

所以防治这种病害要在甜椒开花时喷药，可选用60%百泰水分散粒剂1 500倍液，或25%凯润乳油3 000倍液。

29. 草莓处在产果期，叶子疯长，该怎么办？

青岛的王大嫂问：草莓处在产果期，叶子疯长，该怎么办？

（专家王绍敏）：土壤肥力较高，氮肥施用较多的大棚，匍匐茎生长相对较快，较多，相互争光夺肥，疯长。

解决办法：提前做好匍匐茎定向理蔓和打顶工作，同时控制好肥水，也可以采取断根断茎措施防疯长。草莓移栽后，定期喷施天达2116 800倍液，可以控制叶子疯长，提高坐果率。

30. 甜瓜点花之后，就开始腐烂，这是怎么回事？

潍坊的老刘问：甜瓜点花之后，就开始腐烂，这是怎么回事？

（专家王绍敏）：是甜瓜的灰霉病引起的。甜瓜花感染灰霉病菌后，花瓣变褐色，像水烫了似的。

防治方法：

（1）摘除病叶、病花、病果及黄叶，保持棚内干净。

（2）清洁棚面尘土，增强光照。

（3）加强通风换气管理，及时放风。

（4）注意保温，防止寒流侵袭，可以喷施天达2116 800倍液＋天达力佳1 000倍液。

（5）发病后适当控制浇水，防止湿度过高，减少棚顶滴水、叶面结露和叶缘吐水。

（6）适时晚放风，使棚温提高到33℃，这样病菌就不会再产生分生孢子，减少再次侵染。

（7）药剂防治：发病初期可以选用50%农利灵干悬浮剂1 000倍液，或50%凯泽干悬浮剂1 500倍液，或40%施佳乐悬浮剂1 000倍液，一般每隔7～10天喷一次，连续用2～3次。

另外要注意：为了防止产生抗药性，提高防效，提倡轮换、交换或者复配使用。喷药前要摘除病花、病叶、病果。

31. 西红柿茎上有白毛，从根部向上烂，是怎么回事？

德州的孙大姐问：西红柿茎上有白毛，从根部向上烂，是怎么回事？

（专家王绍敏）：这可能是由细菌引起的西红柿茎部腐烂，像西红柿溃疡病、西红柿细菌性髓部坏死病都会引起茎部变褐、腐烂。

防治的办法：

（1）播种时进行种子处理。

（2）发病后及时拔除病株，然后喷施天达诺杀1 000倍液＋天达2116 800倍液，或氟哌酸600倍液＋天达2116 800倍液。

32. 西红柿得了灰霉病，而且还很严重，该怎么办呢？

胶南的老王说，他家西红柿得了灰霉病，而且还很严重，该怎么办呢？

（专家王绍敏）：老王啊，听好了，你现在要赶快摘除病叶、病花、病果，保持棚内干净，加强通风管理，及时放风，适当控制浇水，防止湿度过大，同时注意保温，防止寒流侵袭。药剂防治：可以用50%农利灵1 000倍液，或50%凯泽1 500倍液，或40%施佳乐1 000倍液喷雾，7～10天一次，连喷2～3次。

33. 黄瓜棵茎部有白毛，从根部往上，发黏，之后就死了是怎么回事？

济阳的王先生问黄瓜棵茎部有白毛，从根部往上，发黏，之后就死了是怎么回事？

（专家王绍敏）：是菌核病引起的。开始在接近地面的茎部变色，像开水烫过，然后腐烂，并长出白色霉层。

防治方法：

（1）收获后及时深翻耕。

（2）采用高畦或者半高畦铺盖地膜栽培。

（3）合理密植，降低大棚湿度。

（4）施足腐熟基肥，合理施用氮肥，增施磷、钾肥，出苗后及时喷施天达2116 800倍液，提高黄瓜抵抗力。

（5）发病初期施用50%农利灵干悬浮剂1 000倍液，或50%凯泽干悬浮剂1 500倍液。喷药时附近的地面要喷到，一般7～8天喷药一次，连续防治3～4次，注意交替使用农药。

34. 西红柿苗移栽后发黄、不长、死棵是怎么回事？

商河的惠女士问西红柿苗移栽后发黄、不长、死棵是怎么回事？

（专家王绍敏）：药害、肥害、生理性病害、根腐病都可以引起西红柿苗发黄、死棵。出现这种情况后要及时提高地温，晴天棚温不要太高，同时喷施天达2116 800倍液＋96%天达恶霉灵粉剂3 000倍液，增强西红柿的抵抗力，防治根腐病。

35. 西红柿苗发黑、发粗、不长高是怎么回事？

枣庄的张先生问西红柿苗发黑、发粗、不长高是怎么回事？

（专家王绍敏）：可能是药害或肥害引起的，可以喷施 天达2116 800倍液＋天达力佳1 000倍液，增强西红柿的抵抗力。

36. 黄瓜叶梗上有脓状的液体，茎也烂了，是怎么回事？

潍坊的张先生黄瓜叶梗上有脓状的液体，茎也烂了，是怎么回事？

（专家王绍敏）：黄瓜细菌性枯萎病和黄瓜蔓枯病都可以引起烂茎。

黄瓜细菌性枯萎病症状：茎部受害处变细，病斑两端像开水烫过一样，发病部位以上的蔓和枝叶先萎蔫，不久全株死亡。剖开茎蔓用手挤，从横断面上溢出白色菌脓。

黄瓜蔓枯病症状：开始在茎蔓上产生椭圆形或梭形、白色病斑，溢出琥珀色的树脂胶状物，后期病茎干缩，纵裂呈乱麻状，有时长出许多小黑点。病害严重时茎节变黑、腐烂、折断。

解决办法：

黄瓜细菌性枯萎病：要加强田间管理，降低大棚湿度，去除田间病株，并喷洒天达 2116 800 倍液＋天达诺杀 1 000 倍液。

黄瓜蔓枯病：

（1）播种前进行种子消毒，用天达 2116 浸拌种型 200 倍液＋天达恶霉灵 96％粉剂 3 000 倍液浸种。

（2）要加强田间管理，降低大棚湿度，去除田间病株。

（3）发病初期喷洒翠贝 50％干悬浮剂 3 000 倍液，或百泰 60％可分散粒剂 1 500 倍液，或凯润 25％乳油 3 000 倍液，或施保功 50％可湿性粉剂 500 倍液，或苯醚甲环唑 10％可分散粒剂 1 500 倍液等，大棚温室可用 30％百菌清烟剂每亩 250 克熏烟，7～10 天施药一次，连续防治 2～3 次。

37. 樱桃小西红柿幼果得了灰霉病，落果，果上有黑斑，落在哪里，哪里就有黑毛，咨询用什么药治疗？

济阳的杨先生问樱桃小西红柿幼果得了灰霉病，落果，果上有黑斑，落在哪里，哪里就有黑毛，咨询用什么药治疗？

（专家王绍敏）：解决办法：

（1）摘除病叶、病花、病果及黄叶，保持棚内干净。

（2）清洁棚面尘土，增强光照。

（3）加强通风换气管理，及时放风。

（4）注意保温，防止寒流侵袭，可以喷施天达 2116 800 倍液＋天达力佳 1 000 倍液。

（5）适当控制浇水，防止湿度过高，减少棚顶滴水、叶面结露和叶缘吐水。

（6）药剂防治：发病初期可以选用 50％凯泽干悬浮剂 1 500 倍液，或 50％农利灵干悬浮剂 1 000 倍液，或 40％施佳乐悬浮剂 1 000 倍液等，一般每隔 7～10 天喷一次，连续用 2～3 次。

另外要注意：为了防止产生抗药性，提高防效，提倡轮换、交换或者复配使用。喷药前要摘除病花、病叶、病果。

38. 甜瓜栽上几天，晴天的时候苗就萎蔫，地下的根腐烂，用什么办法防治？

聊城的张先生问甜瓜栽上几天，晴天的时候苗就萎蔫，地下的根腐烂，用什么办法防治？

（专家王绍敏）：是根腐病引起的。表现为根系变褐色，腐烂，容易拔出来，最后叶片变黄，全株枯死。土壤温度低、湿度高容易发病。

防治方法：

（1）不要大水漫灌。

（2）注意提高地温，可喷施天达2116 800倍液＋天达力佳1 000倍液，提高甜瓜的抵抗力。

（3）发病初期及时挖除病株，并全棚灌根：用96％天达恶霉灵粉剂3 000倍液＋天达2116 1 000倍液，或60％百泰水分散粒剂1 500倍液＋天达2116 1 000倍液，连续防治2～3次。

39. 大棚辣椒坐不住果，花不等开完就落了，是什么原因？

潍坊的庄先生问大棚辣椒坐不住果，花不等开完就落了，是什么原因？

（专家王绍敏）：长时间的低温容易落花落果；白天大棚温度过高也可以引起落花；氮肥施用过多，植株徒长，也会引起落花；较长时间不灌水，土壤干旱，植株生长就会矮小，也会引起落花、落果。

解决办法：

（1）选用抗病、抗逆性强的优良品种。

（2）合理密植，合理施肥、灌溉，同时避免肥害、药害。

（3）大棚、温室要注意保温，夜间温度要在12℃以上。

（4）在西红柿苗期和移栽定植后各喷施一次天达2116 800倍液＋天达力佳1 000倍液，可增加西红柿的抵抗力，减少裂果。

40. 西红柿坐不住果，第一穗看着挺好的，可是第二穗却出现了开裂果，到了第三穗，就坐不住了，怎么办才好呢？

德州的老刘说，他家的西红柿坐不住果，第一穗看着挺好的，可是第二穗却出现了开裂果，到了第三穗，就坐不住了，怎么办才好呢？

（专家王绍敏）：老刘啊，你别着急，西红柿遇到长期低温就容易落花落果。尤其是在苗期花芽分化时，遇上低温或者肥害、药害，结果时就会出现畸形果。所以你记好了，要让西红柿长得好、坐果好，保温工作一定要抓好，特别是夜间温度，尽量保持在12℃以上。另外，在苗期和移栽定植后各喷施一次天达2116 800倍液＋天达力佳1 000倍液，也能增强西红柿的抵抗力，减少裂果。

41. 西葫芦坐瓜长到10厘米就不长了，并且还发黄烂掉了，想问问是怎么回事？

德州的老董说：他家的西葫芦坐瓜长到10厘米就不长了，并且还发黄烂掉了，想问问是怎么回事？

（专家王绍敏）：哎呀，你家的西葫芦我看是染上了灰霉病，它主要为害花和幼瓜，一开始花和幼瓜的蒂部像被开水烫了一样，然后渐渐变软，产生灰褐色霉层，随后病瓜会逐渐萎缩、腐烂。

防治的办法，你听好了：

（1）赶快摘除病叶、病花、病果，保持棚内干净。

(2) 适时晚放风，使棚温提升到33℃，减少病菌孢子的分生。

(3) 用50%农利灵1 000倍，或50%凯泽1 500倍液，或40%施佳乐1 000倍液喷雾，7～10天一次，连喷2～3次。老董啊，你快试试吧！

42. 黄瓜长到4、5个叶了，可是最近叶片上出现了黄白色的小点，想问问是怎么回事？

烟台的赤先生说，他家黄瓜长到4、5个叶了，可是最近叶片上出现了黄白色的小点，想问问是怎么回事？

(专家王绍敏)：哎，这位朋友，你听好了，这是由黄瓜细菌性叶枯病引起的，开始叶片上会出现圆形的、比较小的褪绿斑，然后逐渐扩大，形成圆形或多角形的褐斑。注意：这种病菌主要通过种子带菌传播，所以播种前你最好对种子进行药剂处理，一旦发病，赶快喷天达诺杀，或氟哌酸＋天达2116 。

43. 樱桃西红柿不坐果，是怎么回事？

青岛的老张问：樱桃西红柿不坐果，是怎么回事？

(专家王绍敏)：西红柿遇到长时间的低温，容易落花落果。解决的办法前边我说过了，关键是加强保温啊。

44. 西红柿苗秧发黄、叶子有黄斑是怎么回事？

济南的老张问：西红柿苗秧发黄、叶子有黄斑是怎么回事？

(专家王绍敏)：老张啊，根据你说的情况，我判断可能是缺镁引起的。西红柿缺了镁，一开始下部老叶会失绿，叶脉间出现黄化，以后逐渐向上部叶片扩展，形成黄斑。有机肥不足或偏施氮肥容易发生缺镁症，另外气温偏低也会影响西红柿对镁的吸收。

解决办法：

(1) 定植前多施有机肥。

(2) 发现有黄斑，立即补充含镁元素的肥料。

45. 西瓜移栽半个月了，长了有大半米，突然发生肥害，应该怎么办？

潍坊的老董说，他家的西瓜移栽半个月了，长了有大半米，突然发生肥害，应该怎么办？

(专家王绍敏)：我说老董啊，还等什么，赶快喷天达2116 800倍液＋天达力佳1 000倍液，7天左右一次，连喷2～3次，希望能尽早解除肥害，别误了西瓜的生长啊。

46. 种了3年的尖椒，每年春节以后，尖椒上就会长出黑斑，想问问这是怎么回事，该怎么防治呢？

聊城的老闫说：他种了3年的尖椒，每年春节以后，尖椒上就会长出黑斑，想问问这是怎么回事，该怎么防治呢？

（专家王绍敏）：老闫啊，辣椒上出现黑斑有这么几种可能：一种可能是辣椒炭疽病，开始果实上出现水烫样的褪绿斑，然后逐渐变成褐色、圆形的病斑。也可能是辣椒黑霉病，一开始发病部位颜色变浅，没有光泽，果面渐渐收缩，产生绿黑色或黑色霉毛。属于真菌性病害，要对付它们，得赶快喷50%翠贝5 000倍液，或60%百泰1 500倍液，或25%凯润乳油3 000倍液，7～10天一次，连喷2～3次。

另外，如果病害发生在辣椒快成熟的时候，病果上有暗绿色油渍状的病斑，逐渐变成褐色，大小在2～3厘米或更大，就是黑斑病，是由细菌引起的。药物防治可选用天达诺杀或氟哌酸＋天达2116 。听清了吗？老闫，根据我说的情况，你再仔细判断一下，对症下药吧。

47. 西红柿茎上有白毛，从根部向上烂，是怎么回事？

德州的孙大姐问：西红柿茎上有白毛，从根部向上烂，是怎么回事？

（专家王绍敏）：孙大姐你听好了，这可能是由细菌引起的西红柿茎部腐烂，像西红柿溃疡病、西红柿细菌性髓部坏死病都会引起茎部变褐、腐烂。防治的办法就是赶快拔除病株，用天达诺杀1 000倍液或氟哌酸600倍液，与天达2116一起喷洒。

48. 甜椒得了脐腐病，温度高时发病厉害。可是打了治脐腐病的药却不管用，茎部就像开水烫了一样，是怎么回事？

济南的老王说：他家甜椒得了脐腐病，温度高时发病厉害。可是打了治脐腐病的药却不管用，茎部就像开水烫了一样，是怎么回事？

（专家王绍敏）：老王啊，有病咱治，你别着急，听你说的这种情况，不像是脐腐病，倒像是由真菌引起的果腐病，一开始果面上有褐色的病斑，逐渐扩大，这种病菌往往在开花期侵染，要防治就必须选开花时喷药，可以用60%的百泰或者25%的凯润乳油。老王啊，快去抓药吧，希望你家的甜椒早日走出逆境，恢复健康！

49. 草莓从根部往上烂，还发黑，不知道是怎么回事啊？

潍坊的老刘说：他家草莓从根部往上烂，还发黑，不知道是怎么回事啊？

（专家王绍敏）：老刘啊，先别急，这可能是由草莓根腐病引起的，土壤温度低、湿度大容易发病。开始下部老叶边缘变成紫褐色，逐渐向上扩展，连根系也变褐、腐烂。

预防这种病，你千万记好了：

(1) 不能大水漫灌。

(2) 注意提高地温。

(3) 及时挖除病株，用96%的恶霉灵或百泰全棚浇灌，连续2～3次就可以了。

50. 甜椒烂苗，像被开水烫了一样，果实也有点烂，该怎么办呢？

济南的老张问：甜椒烂苗，像被开水烫了一样，果实也有点烂，该怎么办呢？

（专家王绍敏）：你听好了，你家的甜椒苗可能得了细菌性病害。赶快清除烂苗，然后用天达诺杀或氟哌酸，与天达 2116 一起喷施。至于甜椒果实腐烂可能是果腐病的为害，多在开花期侵染。所以防治起来要注意在开花期喷药，可以选 60％的百泰或 25％的凯润乳油。

51. 西红柿颜色不好看，花皮，是怎么回事呢？

济南的王大姐问：西红柿颜色不好看，花皮，是怎么回事呢？

（专家王绍敏）：我说王大姐，你别瞎猜了，这都是低温惹的祸啊。西红柿膨大着色时，最适宜的温度是 24℃。如果气温过低，持续时间又比较长，着色就会受影响。解决的办法当然是提高棚温了，争取白天将棚温保持在 24～30℃，夜间 15～17℃，地温在 15℃以上就可以了。你可以在大棚后墙上挂张反光幕，能改善光照条件。

52. 连阴天之后，西红柿苗萎蔫发黄，怎么回事？

潍坊的老李问：连阴天之后，西红柿苗萎蔫发黄，怎么回事？

（专家王绍敏）：老李啊，这主要是由地温低，持续时间比较长，减弱了西红柿的光合作用，造成植株生长缓慢，叶色变浅、变黄。你可得注意了，严重的时候，连根部也会变成锈褐色，甚至逐渐腐烂。预防的办法就是加强地温管理，不要大水漫灌，另外要及时疏枝疏花，维持良好的通风透光条件。一旦出现萎蔫发黄的症状，及时松土，同时喷天达 2116＋天达力佳，增强西红柿的抵抗力。

53. 黄瓜感染了灰霉病，而且还挺严重，该怎么来治呢？

济南的老魏说：黄瓜感染了灰霉病，而且还挺严重，该怎么来治呢？

（专家王绍敏）：还等什么，快记处方：

(1) 摘除病叶、病花、病果，保持棚内干净。

(2) 清洁棚面，增强光照。

(3) 适时晚放风，注意保温，把棚温提高到 33℃，能减少病菌的再次侵染。

(4) 适当控制浇水，防止湿度过高。

(5) 一旦发病，可以用 50％农利灵 1 000 倍液，或 50％凯泽 1 500 倍液，或 40％施佳乐 1 000倍液喷雾防治，7～10 天一次，连续 2～3 次。

54. 大棚西红柿得了灰霉病，怎么治？

沂水的老李问：大棚西红柿得了灰霉病，怎么治？

（专家孙培博）：清晨拉完苫子后，要立即开通风口，通风排湿。9 点后室内温度上升时，要关闭通风口，使室温提升到 32℃，下午 3 点后逐渐加大通风口，加速排湿，保持大棚内高温低湿。高温、低湿的生态环境条件，能控制灰霉病的发生发展。药物防治，可以选用速克灵、扑海因、农利灵、阿米西达等。

55. 大棚甜瓜，叶子从下往上黄叶怎么回事？

临沂老张打来电话说：他家的大棚甜瓜，叶子从下往上黄叶怎么回事？

（专家孙培博）：老张你可听好喽，这可能是霜霉病，也可能是细菌性角斑病，如果叶背面有霉毛，就是霜霉病，如果有隐约的菌痕、菌脓，则是细菌性角斑病。

还有一种可能，是生理性病害，一定要记住：棚温不要低于33℃。早晨拉帘子通风半小时左右，过3～4天之后，棚温控制在34℃，通过高温管理，根系生长发育好，才能不生病。听明白了吧？要是还有啥疑问，打门诊电话我再跟你好好说说。

56. 想在黄瓜上用天达2116，该怎么使用？

齐河观众问，他家想在黄瓜上用天达2116该怎么使用？

（专家孙培博）：注意，移栽前，喷一遍天达2116＋96％的恶霉灵；往地里移栽时再喷一遍，之后每半月打一次天达2116瓜茄果型，这样就能保证产量高、品质好。这位观众，您听明白了吗？祝愿你的黄瓜越种越好！

57. 西红柿得了青枯病、溃疡病，急得不得了，怎么办？

潍坊的朋友说，他家的西红柿得了青枯病、溃疡病，急得不得了，怎么办？

（专家孙培博）：有病咱治，你别着急啊，西红柿的这些毛病啊，都属于细菌性病害，要防治需要实行轮作并深翻土壤，增施有机肥、保得、免深耕等，促进根系生长；同时用氟哌酸、环丙沙星、消菌灵等药，也可以消灭病菌、增强抵抗力。

58. 黄瓜花打顶、番茄空洞果，怎么预防？

昌乐的一位仁兄，他家的黄瓜花打顶、番茄空洞果，怎么预防？

（专家孙培博）：这都是由于地温低、根系不发达、活性差、室内缺少二氧化碳造成的。还等啥，赶紧记处方，要预防这种情况，可以在定植时，用壮苗灵＋96％的恶霉灵灌根，注意把大棚温度控制在32～34℃，促进根系发育。再用天达果宝＋红糖和尿素，喷洒茎叶和幼果，每10～15天一次，连续喷洒3～5次，一般就能防治。明白了吧？

59. 很多西红柿品种是无限生长型，无限生长是不是就不需要控制长势了呢？

胶南的一位大棚种植户说，很多西红柿品种是无限生长型，无限生长是不是就不需要控制长势了呢？

（专家孙培博）：你的想像力够丰富，值得表扬！不过这么说可就犯了错误了，设施内西红柿生长高度应严格控制在1.5米以下，如果生长过高，下面叶片光照不足，就容易变黄，影响产量，所以您该控制就控制啊！控制好产量高，产量高多卖钱，多好的事啊！

60. 防治大棚作物病毒病有没有好办法?

泰安的老李问,防治大棚作物病毒病有没有好办法?

(专家孙培博):老李你可听好喽,处方很简单:天达2116+天达裕丰。现在杀菌剂在市场上品种不少,但这两种药搭配使用,表现非常好,你可以试试。好了,有什么不明白的,可以拨打门诊热线,我再给你详细说说。

61. 越夏西红柿在选择品种时,应该注意什么问题啊?

临沂的老张想问问:越夏西红柿在选择品种时,应该注意什么问题啊?

(专家孙培博):我说老张,选择西红柿品种,提醒你:

第一,看好包装说明,选择高抗病毒病、叶霉病、早晚疫病,并且耐热、耐湿的品种。

第二,要到正规的农资商店,购买通过国家审批的、有国家生产许可证的品种。

第三,购买时你要看清生产日期,尽量选择当年或者是去年生产的种子,以便保证能有较高的出芽率。

62. 想请教请教,越夏西红柿育苗有什么好技术?

孙老师,潍坊的老高还想请教请教,越夏西红柿育苗有什么好技术?

(专家孙培博):哎,老张,越夏西红柿育苗,我这里有一套办法,你可以试试:

(1)选择高燥、大雨之后无积水的地块,按南北方向整畦,畦宽1.2米左右,畦与畦之间留有60厘米宽的降温水沟,沟内灌满井水,气温高时,及时更换,维持苗床温度在30℃以下。

(2)畦底整平后,在苗床底部铺设1.5米宽的塑料薄膜,薄膜上铺5厘米厚的小石子或大粒沙子、碎煤渣,为了防止扎碎薄膜,可以垫上两层旧薄膜。石子铺好后用木版刮平,就可以在上面排放营养钵了。

(3)在苗床上方扎高80厘米、宽1.5米的弓形架,搭成拱棚,顶部覆盖宽2米的旧聚氯乙烯无滴膜,薄膜的两边和两端各缝接80厘米宽的防虫网,封闭拱棚,防止蚜虫、斑潜蝇、白粉虱等害虫进入。

我说老张啊,应该注意的是,幼苗根系长长以后,定植前需要挪动两次营养钵,以防止根系扎入沙层中,定植时影响缓苗速度。老张,祝愿你种西红柿能够财源广进啊!

63. 连续阴雨天后,遇上晴天,黄瓜、番茄等作物秧苗就出现萎蔫,这是什么原因?该怎样预防呢?

(专家孙培博):出现这种情况的原因是:

(1)长期阴雨天湿度大,诱发了根部病害,造成根系功能下降。

(2)长期处于高湿条件下,叶片蒸腾量小,遇到晴天环境突变,湿度下降、温度升高,叶片蒸腾量增大，作物一时不能适应，因而发生萎蔫，严重时还可能出现死秧。

预防方法是：

（1）晴天后，早晚要加大通风量，在上午10点前后缩小风口，控制温度在23℃左右，可以适当放下草帘遮荫，防止强光危害。

（2）喷洒600倍天达壮苗灵+6 000倍96%的恶霉灵+600倍氟哌酸药液，提高植株抗性和根系活性，防治真菌性和细菌性病害发生。

64. 西红柿果实不开个、不红是什么原因造成的？

（专家孙培博）：这种现象多由下列因素引起：

（1）氮肥施用过多，水分足，秧苗徒长，叶片肥大、遮光重，果实不见阳光，长个慢，上色难。

（2）氮肥多还会抑制根系对钾、钙、镁等肥料元素的吸收，诱发生理性筋腐果发生，果实着色不良。

植株高度超过160厘米，下部叶幕层光照弱，温度低，果实生长缓慢，不易着色。

预防方法：

（1）减少氮肥使用量，适当增施磷钾肥和微肥，坐果前控制灌水，防止秧苗徒长。

（2）浇水前2天结合喷药，植株喷洒2 000倍助壮素药液，预防叶片生长肥大，避免行间光照不足。

（3）严格控制植株高度在150厘米左右，防止下部光照恶化、温度偏低。

（4）科学使用天达2116，提高番茄抵抗低温、弱光的能力，增强叶片光合作用。

（5）适当疏叶，改善下部光照条件。

65. 为什么温室栽培的番茄、黄瓜等作物发根少、根浅根细、不发达？怎样做才能促其根系发达？

（专家孙培博）：原因是土壤温度低、热土层薄，土壤中缺氧造成的。因为瓜果类作物在露地条件下栽培，是春季播种、夏秋收获。进入夏季，气温高达30℃以上，有30余天的气温高达35℃左右，而阳光下大田中的温度比预报温度高2℃左右。露地条件下土温和气温基本一致，甚至高于气温，且变幅小，一昼夜中多在28～35℃。土温高，根系生长快，扎根深，根系发达，根深则叶茂、秧壮、果丰。

温室栽培，多数在25～28℃时开口通风，气温低，高温时间短，土壤温度低，土温要比气温低5～7℃，绝大多数时间土温低于18℃。加之不中耕松土，土壤缺氧，所以根系发育差。

解决方法：

（1）起高垄，覆地膜，提高土温，增加热土层厚度。

（2）白天不通气或尽量少通气，番茄不到33℃，黄瓜、茄子等不到35℃不要通气，积蓄热量，提高土温。

（3）科学使用天达 2116，促进根系发育、提高作物适应低温的能力。

（4）每 30～40 天在操作行中追施一次有机肥料，进行土壤松土，补充氧气，促进发根。

66. 大棚韭菜，叶梢刚开始有点发干，当时没在意，可后来竟慢慢发黄、最后烂掉了，这是怎么回事啊？

日照五莲的老吴说：他家的大棚韭菜，叶梢刚开始有点发干，当时没在意，可后来竟慢慢发黄、最后烂掉了，这是怎么回事啊？

（专家巩玉升）：老吴啊，根据你说的情况，我分析，这是韭菜灰霉病或者韭蛆为害造成的。灰霉病的发生，最初是在叶片上产生白色或浅灰褐色小斑点，由叶尖向下扩展，病斑呈梭形或椭圆形，严重时半叶甚至全叶枯焦。防治用药可选 48%天达毒死蜱叶干尖灵可湿性粉剂 500 倍液，或 40%施佳乐悬浮剂 1 000 倍液喷雾。至于韭蛆，那可是韭菜生产中的一个顽疾，目前无害化防治的最好办法就是使用防虫网，阻断害虫的传入。

67. 天达 2116 在大棚蔬菜种植当中，怎么使用效果才好？

青州的老孙这几天一直打电话问：天达 2116 在大棚蔬菜种植当中，怎么使用效果才好？

（专家巩玉升）：老孙，你记好了！咱们常说的天达 2116 是天达植物细胞稳态剂的简称，它是一种叶面肥，具有促进根系发达、促进茎叶生长、增强光合作用、增强作物抗逆力的作用。另外，还有改善果实品质和显著增产的作用。老百姓种地，最关心的就是抗病增产了，所以我闲话少说，重点说说它的使用方法。

（1）营养土调制消毒：每立方米营养土中搀入腐熟粪干 30～40 斤、草木灰 20 斤、98%天达恶霉灵原粉 2～3 克或者 50%多古灵可湿性粉剂、敌百虫 60 克，混合均匀使用。

（2）种子处理：用天达 2116 拌种型 200 倍液浸泡种子后捞出，再用 98%的恶霉灵 2 000 倍液与所需种子混拌均匀，阴干后播种。

（3）土壤病害防治：对付西瓜、黄瓜、甜瓜、西红柿等作物的枯萎病、茄子黄萎病、辣椒疫病，可以用 98%恶霉灵 3 000 倍液，加天达 2116 壮苗型 500 倍液，灌根，一棵浇灌 200～400 毫升就可以了。

（4）叶面喷施：在大棚菜上应用较多的是天达 2116 壮苗型和瓜茄果型，一般在苗床和定植后、坐果前，喷壮苗型，坐果后，喷瓜茄果型。一般不用单独喷施，当你防治病虫害的时候，可以在农药中加入一包天达 2116，10～15 天喷一次就可以了。

记下了吗，老孙？照我说的试试，保证能让你家的瓜菜根深叶茂身强体壮产量高。

68. 豆角长到半米以后，就开始发红、枯死，想问问这是怎么回事？为什么会这样呢？

济阳的老李说，他家的豆角长到半米以后，就开始发红、枯死，想问问这是怎么回事？为什么会这样呢？

（专家巩玉升）：老李啊，你说的症状很不完整啊，根、茎、叶是不是也有发病症状？这些你都没说明白，我只能初步诊断为真菌类病害，是红、褐斑病或炭疽病的一种，你最好在发病初期用75%的百菌清或70%的甲基硫菌灵喷雾防治。你先试试，要是还有什么问题，可以拨打门诊热线，我再和你详细说说。

69. 防治芹菜空心有什么好办法？

（专家巩玉升）：注意三个要素：

（1）品种选择：选用纯度高、质量好的实心芹菜优良品种，如四季西芹、百利西芹、文图拉、津南实芹1号、美国西芹等。

（2）栽培技术：选择富含有机质、保水保肥力强并且排灌条件好的地块种植。据测定，在肥水相同情况下，盐碱性强、较黏重、沙性大及病虫害严重的地方易发生空心病。棚室内栽培芹菜，白天气温在18～23℃，不要超过25℃，夜间13～18℃，不要低于10℃，地温以13～18℃为宜。底肥要施足，生长期追肥以速效氮肥为主，应及时追肥、浇水，不可脱肥，采取小水勤浇、薄肥勤施的措施。在旺盛生长期要不间断地供水供肥，每隔15～20天应追肥一次。赤霉素有促进芹菜生长的作用，但是只有在水肥供应充足、管理措施得当、芹菜本身比较粗壮时喷施，才能取得增产的作用。

（3）收获期：芹菜的收获期不明显，只要长成就应及时收获。如果收获期偏晚，叶柄老化，叶片制造营养物质能力下降，根系吸收能力减弱，这时会因老化、营养不足而使叶柄中的薄壁细胞破裂而形成空心现象。

70. 芸豆浇了一遍水，叶面上起了一层小白点，叶子还发黄发干，从地面1米高处往下落叶子，怎么回事？

齐河的老李问：芸豆浇了一遍水，叶面上起了一层小白点，叶子还发黄发干，从地面1米高处往下落叶子，怎么回事？

（专家王绍敏）：我说老李啊，叶片发黄、脱落可能是根系生长不好造成的，也可能和你冲施的肥料有关，另外，要是发生了根腐病也会出现这种情况。

现在要注意的是做好保温工作，同时用96%的恶霉灵＋天达2116灌根。至于叶面上起的小白点，白粉病和褐斑病都会引起小白点，发病严重时也能引起落叶，你这么描述有些简单，我不好准确判断啊。

71. 蔬菜生根瘤病怎样防治？

枣庄的李先生问蔬菜生根瘤病怎样防治？

（专家王绍敏）：您说的是不是根上形成大小不等瘤状物，白色、串状，根系发育不良、畸形，地上部植株生长缓慢，叶缘发黄或枯焦？这是根结线虫引起的病害。

防治方法：

(1) 选用无病土进行育苗。

(2) 移栽时发现病株及时剔除。

(3) 与葱、蒜、韭菜等蔬菜实行两年以上轮作。发病重的地块最好与禾本科作物轮作，水旱轮作效果最好。

(4) 温室大棚在夏季换茬时，深耕翻土25厘米以上，同时增施充分腐熟的有机肥；或把25厘米以内表层土全部换掉。

(5) 蔬菜收获后，及时清除病残根，深埋或烧毁，铲除田间杂草。

(6) 在夏季高温时，在大棚内撒施麦秸5厘米，再撒施过磷酸钙100千克左右，翻入地下，盖地膜，密闭大棚，使棚温高达70℃以上，土壤内10厘米深温度高达60℃左右，闭棚15～20天。

(7) 可以用溴甲烷、98%必速灭颗粒剂、石灰氮进行土壤消毒。

(8) 发病后用2%天达阿维菌素乳油1 500倍液灌根，每株灌根0.25千克。

72. 大棚芸豆苗根系不好，出来的苗，茎上有白毛，还腐烂，想问问究竟是怎么回事?

临沂的老王说：他家大棚芸豆苗根系不好，出来的苗，茎上有白毛，还腐烂，想问问究竟是怎么回事？

(专家王绍敏)：这位朋友，你听好了，这可能是由菌核病引起的。苗期发生菌核病，茎基部会变色，像被开水烫过一样，然后慢慢腐烂。在湿度大、密度大、偏施氮肥条件下，遇到冻害或肥害容易发病。

想预防，下面这几点你记好喽：

(1) 收获后及时深翻土壤。

(2) 合理密植，降低大棚湿度。

(3) 合理施用氮肥，增施磷、钾肥。

(4) 一旦发病，赶快喷50%农利灵或50%凯泽，幼苗连同附近地面一起喷到，七八天一次，连喷3～4次就可以了。

73. 大棚豆角得了怪病，叶片上出现红褐色、黑褐色、形状不规则的病斑，主根腐烂，下部叶片发黄，轻者减产，重者绝产，怎么办啊?

聊城东昌府区的村民打电话问，大棚豆角得了怪病，叶片上出现红褐色、黑褐色、形状不规则的病斑，主根腐烂，下部叶片发黄，轻者减产，重者绝产，怎么办啊？

(专家王绍敏)：乡亲们，特别是种植菜豆的注意了，主要是根腐病和轮纹病在作怪，防治办法请记好：菜豆根腐病发病初期用30%天达恶霉灵水剂3 000倍液+天达2116 1 000倍液，或60%百泰浇茎基部，每7～10天施一次药，连续2～3次。

轮纹病药剂防治：发病初期可选用50%翠贝5 000倍液，或60%百泰1 500倍液，或25%凯润乳油 3 000 倍液等，每隔 7～10 天一次，连续防治 2～3 次，管理方面施足底肥，增施磷、钾肥。

另外，细菌性病害的防治措施：发病初期用天达 2116 800 倍液＋天达诺杀 1 000 倍液，或泉程 600 倍液喷雾，每隔 7～10 天喷一次，连续防治 2～3 次。

74. 菠菜叶子发黄，怎么回事?

聊城的一个菜农说他家的菠菜叶子发黄，怎么回事?

（专家孙培博）：吆，这个原因可不好说，缺素或者冻害都会出现发黄的症状。如果缺素，办法就是补充微量元素。如果是冻害，方法就不用我说了，你得赶快想办法提高温度啊。

75. 大白菜病毒病是怎么回事？该怎么防治?

（专家张传义）：大白菜病毒病又叫“孤丁病”、“抽风病”，苗期发病，叶片皱缩，植株矮化成畸形。防治的方法，您记好了，用天达 2116 叶菜专用型 600 倍液＋天达裕丰 1 500 倍液＋20％病毒特可湿性粉剂 600 倍液＋3％天达啶虫脒 1 500 倍液，每 10 天喷洒一次，连续喷 3～5 次。另外要追施蔬菜类有机无机复混肥，加强肥水管理，促进植株健壮生长，增强抗病能力。祝愿大家的大白菜远离病毒病，越长越好，有个好收成!

76. 怎样防治大白菜软腐病?

（专家张传义）：大白菜软腐病又叫腐烂病，田间发病多从包心前期开始发生，一般是外叶基部先出现水渍状的淡黄色病斑，逐渐扩大呈黄褐色而腐烂。属于细菌性病害，多雨低温容易发病，另外黄条跳甲、菜蟾、菜粉蝶等害虫危害后造成伤口，也有利于病菌的侵入。

防治方法：

（1）施用生物型有机无机复混肥，利用有益菌杀灭土壤中的病菌，健体栽培，增强植株的抗病性。

（2）及时防治虫害（包括地下害虫）。

（3）从莲座期开始勤查病情，发现病株及时拔除，并用 300 倍福尔马林液浇灌病穴灭菌。

（4）发病初期，用天达 2116 叶菜专用型＋98％毒死蜱 1 500 倍液＋72％农用链霉素 3 000 倍液（或者是 20％龙克菌 600 倍液或 47％加瑞农 800 倍液）7 天一次，连喷 2～3 次。

77. 大棚蔬菜灰霉病怎样防治?

（专家张传义）：冬季来临，大棚蔬菜栽培因湿度大，灰霉病进入了高发期。是一种真菌性病害，病菌以菌核或菌丝体在土壤中及病残体上越冬。初次侵染几乎都来自土壤，属土传性病害。病菌发育最适温度为 18～23℃，低于 8℃或高于 30℃很难发病。

防治灰霉病，首先要利用大棚生产封闭的特点，创造一个高温低湿的环境，早 9 点后棚内温度上升加快时关闭通风口，使温度快速提升到 32℃，并尽力维持在各种蔬菜生长适温的上限，以高温降低棚内空气湿度，控制病害发生。下午 3 点后逐渐加大通风口加速排湿。覆盖草苫前，只要棚内温度不低于16℃就尽量加大通风口。低于16℃时，须及时关闭风口进行保温。另外要及时清除病源，摘除病花病果带出棚外深埋。

发病初要及时喷药防治：可用天达2116瓜茄果型600倍液＋50%天达腐霉利（或50%扑海因800～1 000倍液）隔7～10天一次，连喷2～3次，也可用40%百扑烟剂（百菌清和扑海因），或40%百速烟剂（百菌清和速克灵），或15%扑霉灵烟剂每亩每次350克，熏烟4～6小时，7天左右一次，连熏2～3次。

78. 菜苗栽进温室后，叶片变黑、干边、死苗、长时间不长、缺苗断垄、大小不一，是什么原因造成的？怎样预防？

（专家孙培博）：这是底肥施用量过多、特别是鸡粪施用量多引起的烧苗。目前多数温室底肥施用量，每亩施鸡粪都在5米^{3}左右，有的多达10～15米^3。1米^{3}鸡粪含纯氮32斤以上，5米^{3}的含氮量高达160斤以上，是1 000斤碳酸氢氨的含氮量，10米^{3}就是2 000斤碳酸氢铵。实际上温室土壤由于长期的大量施肥，土壤中各种肥料元素含量多数较高，底肥又施用了过多的粪肥，必然烧苗。

预防方法：底肥鸡粪施用量2～3米^{3}即可，速效氮素化肥不应再施，因为一是土壤不缺肥，二是各种作物苗期的吸肥量很少，底肥使用多了，有害无益。应该把大量的有机肥放在结果后分次追施，既节约用肥、减少投资，又能保障作物生长良好，高产优质。

79. 温室栽培蔬菜施用那么多的肥料为什么还会经常发生缺钙、缺钾、缺镁等生理性病害？

（专家孙培博）：发生原因：温室栽培蔬菜，施肥量是大田的3～5倍，土壤中各种肥料元素含量都比较高，土壤中并不缺素，为什么会发生多种缺素症？这是因为在温室中栽培蔬菜，措施不当造成的。

（1）土壤施用鸡粪太多，含氮量高，氮和钙、钾、镁等金属肥料元素产生拮抗作用，抑制了对钙、钾、镁等金属肥料元素的吸收。

（2）土壤温度低，加之多数管理者不进行耕锄松土，土壤长期缺氧，制约了根系发育，根系活性差，吸收能力低，有肥料吸收不了。

预防方法：

（1）减少鸡粪及速效氮肥的使用量，增施磷、钾肥和微量元素肥料。

（2）提高土壤温度，促进根系发育，提高根系的吸肥功能。

（3）使用天达2116促进发根，提高作物对各种不良因素的抗逆性能。

（4）结合操作行追施有机肥料，进行土壤松土，补充各种肥料元素和氧气，促进根系发育。

80. 大蒜被地下线虫整得挺惨，因为覆盖着地膜又没法灌根，这可怎么好呢？

聊城的老高说，他种的大蒜被地下线虫整得挺惨，因为覆盖着地膜又没法灌根，这可怎么好呢？

（专家巩玉升）：哎呀老高，别着急，有个好办法，你听好了：把喷雾器去掉喷头，将药液从茎基部直接注入。对于常发性地块，你记住，以后在定植、覆膜前一定要做好药剂处理，播种之后，还可以用2%的天达阿维菌素1 000～1 500倍液随垄浇灌，或者是用噻唑膦颗粒剂，每亩地3～4斤撒到沟里，然后覆土浇水。老高啊，做好预防工作，才能免受线虫欺负，你记住了吗？

81. 大蒜打什么叶面肥长得快？

金乡的老刘问：大蒜打什么叶面肥长得快？

（专家巩玉升）：哎呀老刘啊，想让大蒜长得快、长得好，这里有个方儿，你可听好了，用一桶水30斤对上25毫升的一包天达2116壮苗型，叶面喷施，7～10天喷一次，一次也就花个几块钱，就能让你家的大蒜苗壮成长啊。

82. 藕死苗死棵是怎么回事？

广饶的老刘说，他家的藕死苗死棵是怎么回事？

（专家巩玉升）：一般是发生了莲藕腐败病。防治莲藕腐败病要注意综合防治，具体措施如下：

（1）轮作：藕田与蔬菜、水稻轮作，最少隔2年再种莲藕，以创造一个好环境。

（2）选种：选用无病种藕。在种植前，一律用50%多菌灵或甲基托布津800倍液，再加75%百菌清可湿性粉剂800倍液喷雾，然后用塑料薄膜覆盖，闷种24小时，晾干后播种。

（3）施好肥：以腐熟人畜粪为主，早施、重施石灰，注意配合施用磷钾肥。

（4）除病株：生育期间一旦发现病株，应及时从健株旁切断，并将其带出田外烧毁。

（5）科学管水：严防有病源的水灌入田内。万一发现有病，适当深灌，降低地温，抑制病菌进一步繁殖。

（6）及时施药：发病期用50%多菌灵可湿性粉剂600倍液加75%百菌清600倍液喷洒，连喷2～3次，减轻或控制病害蔓延。

83. 怎样才能种好大蒜？

（专家巩玉升）：大蒜主要病虫害有细菌性叶枯病、腐烂病、紫斑病、根腐病、蒜蛆和根螨等。同时，还有一些因不适宜的栽培措施和气候条件（冬暖）导致的黄叶、烂根、死苗、面包蒜等。针对这些问题，建议你除选用优良品种、增施有机肥、合理施用复合肥之外，选用天达2116植物细胞膜稳态剂，搞好大蒜健身栽培，有针对性地选用农药，如恶霉灵、多抗霉素等，搞好病虫害的综合防治，是解决大蒜生产上的疑难问题，采取大蒜优质高的重要途径。

84. 大姜花皮是怎么回事？该怎么防治啊？

昌邑的韩大姐问大姜花皮是怎么回事？该怎么防治啊？

（专家王绍敏）：这位大姐，你说的花皮可能是根结线虫引起的大姜癞皮病，这种病在莱芜、安丘这些大姜产区发生比较重，线虫为害以后，姜块表皮会变得粗糙，像长了疮痂。

防治的办法，你听好了：

（1）与小麦等作物轮作，水旱轮作效果好。

（2）收获后，要及时清除病残根。

（3）用溴甲烷、98%必速灭或石灰氮土壤消毒。

（4）发病后可以用2%的阿维菌素乳油1 500倍液灌根。

85. 春季大蒜什么时候浇水好？土壤里有病菌怎么防治？

惠民的老黄问春季大蒜什么时候浇水好？土壤里有病菌怎么防治？

（专家王绍敏）：哎呀老黄，我跟你说，春季气温回升后，大蒜就进入了旺长期，对肥水的需求量也相应增加，你可以根据墒情在清明前后浇一次返青水，追一次肥，以后要经常保持地面湿润，在蒜薹收获前3～4天时停止浇水。

春季大蒜叶部的病害主要是紫斑病和叶枯病，你可以用60%百泰1 500倍液，或70%百菌清600倍液，或40%扑海因1 000倍液喷雾防治，7～10天喷一次，连喷3～4次。对付根部病害，可以用96%的恶霉灵＋天达2116灌根防治。

86. 大蒜根腐病苗黄、烂根有什么办法防治？

金乡的田先生问大蒜根腐病苗黄、烂根有什么办法防治？

（专家王绍敏）：大蒜细菌性软腐病、大蒜小菌核病、大蒜干腐病、大蒜根腐病等的几种病害都可以引起苗黄、烂根，建议清除病株，然后用天达诺杀1 000倍液＋百泰1 500倍液灌根，同时叶面喷施天达2116 800倍液。

87. 大蒜还没到收获的时候就死秧有什么办法？

聊城的梁先生问大蒜还没到收获的时候就死秧有什么办法？

（专家王绍敏）：大蒜细菌性软腐病、大蒜小菌核病、大蒜干腐病、大蒜根腐病等的几种病害都可以引起死棵，但症状不一样，解决的办法也不一样。我建议现在你清除病株，用天达诺杀1 000倍液＋百泰1 500倍液灌根，同时叶面喷施天达2116 800倍液。

88. 大棚芸豆苗根系不好，出来的苗，茎上有白毛，还腐烂，是怎么回事？

临沂的老王说：他家大棚芸豆苗根系不好，出来的苗，茎上有白毛，还腐烂，是怎么回事？

（专家王绍敏）：这位朋友，你听好了，这可能是由菌核病引起的。苗期发生菌核病，茎基部会变色，像被开水烫过一样，然后慢慢腐烂。在湿度大、密度大、偏施氮肥，遇到冻害或肥害的情况下容易发病。想预防，下面这几点你记好喽：

（1）收获后及时深翻土壤。

（2）合理密植，降低大棚湿度。

（3）合理施用氮肥，增施磷、钾肥。

（4）一旦发病，赶快喷50%农利灵或50%凯泽，幼苗连同附近地面一起喷到，7～8天一次，连喷3～4次就可以了。

89. 地瓜皮变黑，有些是存储以后变黑，有的在地里就变黑了，是怎么回事呢?

潍坊的寇大哥说，他家的地瓜皮变黑，有些是存储以后变黑，有的在地里就变黑了，是怎么回事呢?

（专家王绍敏）：我说寇大哥啊，这是地瓜黑痣病在作怪，是一种真菌性病害，温度高、湿度大有利于发病。它主要为害薯块的表层，开始表皮上只是些浅褐色小斑点，慢慢扩展成黑褐色的大病斑，严重时发病部位会硬化，产生细微龟裂。虽然地瓜再普通不过，可是种起来也不能马虎，以后你要记住：育苗要选无病种薯，采取起垄种植，雨后及时排水。另外，贮藏地瓜时也要注意通风降温。

90. 姜苗新生叶片扭曲不展是咋回事?该怎样防治?

莱芜的小高问：姜苗新生叶片扭曲不展是咋回事?该怎样防治?

（专家张传义）：姜苗新叶扭曲不展，俗称“挽辫子”，是由蓟马为害造成的。防治办法是在6月上中旬用天达2116（壮苗灵）600倍液+3%吡高氯乳油1 000倍液均匀喷雾。

另外大姜幼苗期供水不均匀、忽干忽湿也会造成植株生长不良，心叶扭曲不展。进入夏季，天气干热，土壤蒸发量大，耗水多，应适当增加浇水次数，经常保持土壤相对湿度在70%左右。

91. 花生叶片正面出现灰白色的斑点，有的底部叶片上有茶褐色斑块，是怎么回事?

文登的小于问：花生叶片正面出现灰白色的斑点，有的底部叶片上有茶褐色斑块，是怎么回事?

（专家张传义）：哎呀小于，你家的花生正遭受两种病害折磨呢。花生叶片上的灰白色斑点，是蓟马为害造成的，防治方法前面我也说过，赶快用天达2116壮苗灵600倍液+3%吡高氯乳油1 000倍液喷雾。

有的叶片上出现茶褐色病斑，是染上了褐斑病。防治方法是：用天达2116壮苗灵600倍液+50%多菌灵800倍液，或80%代森锰锌400倍液，或40%雅克8 000倍液喷雾，7天一遍，连喷2遍。祝愿你家的花生早日摆脱困境，恢复健康生长啊!

92. 山药叶子上生出了很多黄色或黄白色边缘不明显的病斑，然后逐渐扩大变成褐色，这是什么病，应该怎样防治?

沂源的小丁问：山药叶子上生出了很多黄色或黄白色边缘不明显的病斑，然后逐渐扩大变成褐色，这是什么病，应该怎样防治？

（专家张传义）：小丁，你听好了，这是山药白涩病，又叫山药叶枯病或斑纹病在作怪。多在高温多雨季节发生，氮肥施用过多也容易发病。你可以用天达 2116 壮苗灵 600 倍液＋天达恶霉灵 3 000 倍液＋80％代森锰锌 400 倍液喷雾防治，另外要注意追施生物型含硫有机无机复混肥，控制氮肥施用量，减少病害的发生。

93. 芋头的叶片正面出现了一些淡黄色的椭圆斑，后来又变成了褐色的圆斑，长势变弱了，想问问是怎么回事？

昌乐的小徐说他家芋头的叶片正面出现了一些淡黄色的椭圆斑，后来又变成了褐色的圆斑，长势变弱了，想问问是怎么回事？

（专家张传义）：我说小徐，我给你开个处方，赶快拿笔记记。这是芋头污斑病，由真菌感染造成的。防治办法：用 75％百菌清与 70％托布津按 1∶1 比例混合 1 000 倍液，加天达 2116 地下根茎专用型 600 倍液均匀喷雾，必要时加 0.2％中性洗衣粉增强黏着力。也可用 40％三唑酮＋50％多菌灵 800 倍液，7～10 天一次，连喷 3 次。另外还要注意避免偏施氮肥，忌高温灌满沟水。

94. 大姜叶片下垂，无光泽，由下而上变黄、叶缘卷缩是怎么回事？

潍坊的小王问：大姜叶片下垂，无光泽，由下而上变黄、叶缘卷缩是怎么回事？

（专家张传义）：这是大姜软腐病，也是老百姓常说的"姜瘟"，是一种细菌性病害，高温多雨，大水漫灌，田间积水，发病较重。

防治办法：应该在播种前晒姜种 5～7 天，然后用农用链霉素或新植霉素 2 000 倍液浸种 48 小时，或用 40％福尔马林 100 倍液，或者 20％噻菌酮 1 500 倍液浸种 6 小时。

发病初期可以用 20％龙克菌 500～600 倍液，或 77％多宁 600 倍液，或 72％农用硫酸链霉素 4 000 倍液＋天达 2116 壮苗灵 600 倍液灌根，每棵灌 200～500 毫升，7～10 天一次，连灌 3～4 次。

另外，轮作换茬是切断病菌传播的重要途径，尤其是对已发病的地块，最好间隔 3 年以上再种姜，前茬为粮食作物或葱蒜的地块最好。前茬一定避免种过西红柿、茄子、辣椒、土豆等作物，尤其是发生过青枯病的地块。

95. 花生、大豆发生了涝害，烂果、落荚、黄叶该怎么办好啊？

高密的老牟说，他家的花生、大豆发生了涝害，烂果、落荚、黄叶该怎么办好啊？

（专家苗吉信）：哎呀老牟，赶快叶面喷施天达 2116 花生豆类专用型 600 倍液＋0.5％磷酸二氢钾，间隔 3～5 天一次，连喷 2 次就能有效。还等什么，赶快试试吧。

96. 地瓜黑痣病该怎样防治？

禹城的小丁问：地瓜黑痣病该怎样防治？

（专家苗吉信）：我说小丁，防治地瓜黑痣病，这里有套综合的防治办法，你可听好了：

（1）轮作。

（2）选用抗病品种和无病种苗。

（3）高剪苗，用多菌灵浸苗。

（4）用96%恶霉灵灌穴杀菌栽植。

（5）叶面喷施天达2116健康栽培，用了这套办法，能抗病增产30%以上。

97. 花生死苗怎么回事？

文登的老宋问：花生死苗怎么回事？

（专家毕可政）：花生死苗主要是根腐病、茎腐病和青枯病造成的，防治根腐病、茎腐病可以用96%天达恶霉灵3 000倍液+天达2116 600倍液叶面喷雾或灌根，5～7天一次，连续防治2～3次。防治花生青枯病可以用72%农用硫酸链霉素4 000倍液+天达2116 600倍液喷雾，基本上就能解决这个问题了。

98. 花生网斑病该怎样防治啊？

临沂的老赵问：花生网斑病该怎样防治啊？

（专家毕可政）：随着覆膜花生面积的扩大，花生网斑病的发生越来越重，一旦发病，赶快用1.8%的天达裕丰1 000倍液，或70%代森锰锌600倍液，或50%菌成1 000倍液喷雾，3种药剂交替喷雾，10～15天一次，就能控制网斑病、叶斑病的为害。

99. 夏大豆食心虫什么时间防治好？该怎样防治？

夏大豆食心虫什么时间防治好？该怎样防治？

（专家毕可政）：大豆食心虫一年发生1代，防治时间一般掌握在大豆开花期，8月24～27日成虫高峰期喷药效果最好，常用的药剂是40%毒死蜱1 500倍液加2.5%高效氯氟氰菊酯1 500倍液混合喷雾，一次即可。

100. 对付花生疮痂病有什么好办法？

昌邑的老邢问：对付花生疮痂病有什么好办法？

（专家毕可政）：这几年花生疮痂病常有发生，防治的办法是用2%春雷霉素500倍液，或30%爱苗4 000倍液+天达2116壮苗灵600倍液混合喷雾，不但能控制疮痂病的为害，还能兼治后期的叶斑病。还有一点：喷爱苗还能控制花生的徒长呢，您记住了吗？

101. 西洋参立枯病和猝倒病应当怎样防治啊？

乳山的老于想问问：西洋参立枯病和猝倒病应当怎样防治啊？

（专家毕可政）：立枯病和猝倒病是西洋参1～2年生苗床常发的病害，可以在西洋参播种或移栽后，用奇多念 4 000 倍液加氨基酸液肥 1 000 倍液，每亩地喷 400～500 千克，能有效控制这两种病害。齐苗后如果发现有病株，赶快用 96％恶霉灵 3 000 倍液灌根，效果不错。

102. 防治潜叶蛾类，什么药剂效果好？

章丘的老韩想问问：防治潜叶蛾类，什么药剂效果好？

（专家毕可政）：哎老韩，我跟你说，25％的灭幼脲 3 号、5％的通脲 5 号、20％氟铃脲、2％的阿维菌素，防治潜叶蛾类最有效，并且这些药剂都属于生物农药，有抑制害虫幼虫蜕皮的功能，药效期长达 20～30 天，你可以把这几种药交替使用，以延缓害虫的抗药性。

103. 花生小叶病是怎么发生的？该如何防治啊？

青州的小陈问：花生小叶病是怎么发生的？该如何防治啊？

（专家毕可政）：花生小叶病又叫病毒病，不同的地块发病程度不一样，一般来说离三槐（就是刺槐、棉槐、国槐）较近、播种又较早的地块发生重。主要表现为病株矮小、长期萎缩不长、叶片厚、叶色浓绿、结果却是少而小，跟豆粒似的。

是不是这么回事啊，小陈？说起来，这种病是由蚜虫传播的，要治此病就要灭蚜，可以用 2.5％的高效氯氟氰菊酯 1 500 倍液，或 10％吡虫啉 3 000 倍液喷雾来防治。

104. 设施栽培的温度管理应该注意什么？

（专家孙培博）：在温室栽培中，温度要比露地高 2～3℃为宜，这是由温室的生态环境决定的。在露地，春天育苗，5～6 月开花结果，空气温度、土壤温度高达 35℃左右，甚至还要高，地温更高，高 2℃左右。只有高温度土壤，发根量大、根系生长活跃。而温室栽培恰恰相反，育苗在 8～9 月份，气温高、地温高。等开花结果时，地温却降下来了，像西红柿需要维持在 25～26℃，黄瓜维持在 28～32℃，而这时候土壤温度还达不到 20℃，在一天当中，有 17～18 小时低于 16℃，远远满足不了根系生长发育的需求，所以发根量小，根系活性差，影响产量提高。并且温室温度变化规律不同于大田，它随着高度的下降，越来越低，即便 2 米高的地方达到了 30℃，地面温度仍达不到 25℃，土壤温度不到 23℃，深层土壤温度就更低了。

解决办法：一是提高温度，像黄瓜，所需温度的上限是 32℃，西红柿，上限 30℃，在此基础上棚温分别提高 2～3℃，地温也能随之提高；二是喷天达 2116，抗低温防冻害，促进根系生长。

105. 为什么在严冬季节，温室的温度应该比作物的适宜温度上限再高 2℃？

（专家孙培博）：这是因为：

(1) 温室栽培进入寒冬后，白天土壤 5 厘米深处温度可比室内气温低 5～7℃，夜间比室内气温高 3～5℃，其温度变化范围在 13～26℃之间。一昼夜当中约有 20 小时左右的时间，土温低于 20℃，比瓜类、果菜类作物根系生长发育最适宜的土壤温度 23～34℃低 8～10℃。较低的土壤温度，不但不利于作物根系的生长发育，导致生根量少，根系吸收能力差，生理活性低，而且还会引起多种生理性病害的发生，甚至于烂根、死根，引起作物死亡。

而较高的土壤温度，能促进根系发育、增加生根量、提高根系活性、促进根系对水分和营养元素的吸收、转化和利用。从而达到促进作物地上部分的生长发育、提高作物产量、品质的目的。

因此，提高设施内的空气温度、维持较高的土壤温度，是设施蔬菜栽培成功与否的最为关键的技术措施。

（2）植物生理研究结果表明，在一定的温度范围内，光合速率随温度的升高而升高，采用较高温度管理，有利于提高作物的光合效能。

（3）光合速率随二氧化碳浓度的增加而增加，温室栽培中，因大量使用有机肥料，发酵分解释放出来的二氧化碳，不受室外空气流动的影响。

106. 西葫芦病毒病该怎么防治？

广饶的老宋打电话问：西葫芦病毒病该怎么防治？

（专家巩玉升）：我说老宋啊，你听好了，一旦发现了病毒病的痕迹，你别犹豫，赶快拔出病株，并喷施吡虫啉或扑虱灵等杀虫剂加祝丰、天达裕丰或病毒特、治病灵、病毒A等杀菌剂＋天达2116，防治蚜虫、烟粉虱等传播病毒；对于常发地块，最好的办法是定植之前给西葫芦罩上一层防虫网，阻止传毒媒介的进入，杜绝病毒病的发生。

107. 大棚黄瓜，茎节很短、叶子很绿，想问问这是怎么回事？

德州的老赵打来电话，说他家的大棚黄瓜，茎节很短、叶子很绿，想问问这是怎么回事？

（专家巩玉升）：我说老赵你得注意了，这可能是药害，使用复硝酚钠类叶面肥或者三唑类杀菌剂时，如果浓度过大就会出现你说的情况。挽救的办法是：赶快用500倍液的天达2116加适量赤霉素和细胞分裂素喷雾解除，得赶紧治疗。以后用药的时候，一定要看清用法和用量，不能随意加大用量，用多了会起反作用的。

108. 西红柿叶子不能伸展开，而且还萎蔫，到底是什么毛病啊？

济阳的老姜说，他家的西红柿叶子不能伸展开，而且还萎蔫，到底是什么毛病啊？

（专家巩玉升）：番茄叶子不能伸开可能是生理性卷叶病，当光照强、气温高、田间缺水时，番茄气孔关闭而出现生理性卷叶。管理中注意定植后抗旱炼苗，光照强、气温高时注意及时通风，并适当间隔放草帘遮光，有条件的就设置遮阳网，配方施肥做到供肥适时适量，喷施天达2116＋天达恶霉灵，采取壮苗生根等措施。萎蔫主要因为根系不发达、新生根少造成的，注意冲施促根肥料。一般含有复硝酚钠、赤霉素、萘乙酸等生长激素或速效腐植酸（黄腐酸、黑腐酸、硝基腐植酸等）的肥料对根系都有一定的促长作用，习惯通称为促根肥料，在深冬、早春和盛果期一般半月一次随浇水冲施，用量视不同肥料含量而定，一般每亩20～40千克。

所施肥料几乎全部留在设施内，其室内二氧化碳浓度显著高于室外，一般可维持在 800 厘米^3/米^3 左右。若再补施二氧化碳气肥，其浓度可高于 1 000 厘米^3/米^3。高浓度的二氧化碳，可显著提高作物的光合速率与光合适温，作物长得快、长得好。

温室栽培作物，因覆盖地膜，土壤水分蒸发量大幅度减少，土壤水分供应充足，从而加速了作物叶片的蒸腾作用，降低了叶片温度，其叶片温度，一般比空气温度低 3～5℃，即使空气温度明显高于光合适温 2～4℃，其叶片温度仍处在光合作用的适宜温度范围之内。

温室内，白天不同部位的空气温度与所处高度基本成正相关，特别是植株繁茂与较高时，由于叶幕层的遮荫作用，由生长点向地面测量，其温度下降梯度十分明显。一般地面温度可比生长点处的温度低 3～7℃，若作物生长点处的温度在 34℃左右，那么作物主体叶幕层的温度恰在 27～30℃之间，处于光合作用的最适宜温度范围内。

适宜的高温可显著降低空气的相对湿度，抑制病害的发生。病害的发生与空气湿度关系密切，绝大多数真菌性病害与细菌性病害，其发病条件都要求有较高的空气湿度和适宜的温度范围，若能把空气的相对湿度降至 70%左右时，大多数真菌类病害和细菌类病害都较难发生。尤其是在设施栽培条件下，为害最为严重的霜霉病与灰霉病，其发病条件都要求空气相对湿度高于 90%、最适宜温度范围为 15～25℃，而当设施温度高于 32℃、或更高些后，二者都难以发生。

鉴于以上原因，并经大量的生产实践证明，进入严冬季节后，温室栽培蔬菜，在增施有机肥料与补充施用二氧化碳气肥的条件下，其温度管理，应根据不同的蔬菜种类、不同的生育阶段（物候期）比所要求的最适宜温度范围的上限高 2～4℃进行调控。

109. 怎样做才能提高温室内的温度，有效地预防冷害、冻害发生？

（专家孙培博）：在严寒季节，低温特别是低夜温是温室生产的最不安全因素，是造成冷害、冻害，影响蔬菜生长发育的主要制约因素。如何增强作物的抗寒、抗冻害性能，提高设施内的温度，维持适宜的昼夜温差，是安全生产、获取高产高效的最基本条件。主要措施如下：

（1）建设一个外有保温保护层、内有完整的防寒沟、砖包复合孔穴墙体、内撑外压、结构合理、透光率高、增温快、保温性能良好的温室设施。

（2）提高作物自身的抗逆性和自我保护能力。使作物自身能够具有较强的抗寒、抗冻等抗逆性能。方法有：

第一，选用耐低温、抗逆能力强的品种。

第二，种子催芽时进行低温锻炼，提高幼苗对低温的适应能力。

第三，用天达 2116 灌根、涂茎、喷洒植株，提高作物自身的抗冷冻、耐低温的能力。

（3）起高垄畦栽培，冬季土壤温度低，需阳光辐射土壤表面和室内热空气通过土壤表面传导加热来提高土壤温度。土壤表面积大小，是影响土温高低的主要因素。高垄畦栽培，可显著增大土壤表面积，土壤吸收热量多，增温快，土温高，热土层厚，蓄积热量多。

（4）全面积覆盖地膜，能显著地提高土壤的温度和保水能力。

（5）严密封闭，消除孔隙散热。

（6）点火加温，温室内栽培作物，如果遇到强寒流袭击，室内夜间温度低于6℃时，则需进行室内点火加温，最好的加温方法是在设施内点燃沼气，每60～100米^{3}设一个沼气炉，通入沼气，并点燃使设施增温。

用沼气加温不但能够提高设施内的温度，而且还可以增加设施内空气中二氧化碳的浓度，能大幅度地提高作物的光合效率与产量。

如果没有沼气设备，可在傍晚采用炉火加温。用旧铁桶，打掉桶底，配上炉条，在桶内燃烧干木柴。注意！用炉火加温，其烟气当中含有少量的一氧化碳等有害气体，为避免有害气体超量，危害作物，及高温烘烤植株，操作时，须人工挑着炉子，在温室的操作道上走动燃烧，燃烧的时间不可超过30分钟，而且必须明火、足氧、充分燃烧，以防止有害气体超量，危害作物。

温室内适量、适时燃烧干木柴，不但能随即提高室内温度2～3℃，而且燃烧后产生的二氧化碳，具有温室效应，能减缓室内温度的下降，可使清晨时室内的最低温度提高2～3℃，翌日白天作物见光时，二氧化碳是光合作用的主要原料，有利于增强叶片的光合作用，促进产量、品质的提高。

（7）尽力提高白天室内温度，进入严冬季节以后，只要室内温度不高于作物适宜温度的上限3℃，白天就要严禁通风，使温度维持并稳定在较高的范围内，用高气温提高土壤温度，以高土壤温度、稳定夜间室内温度，预防低温危害。

（8）在温室的墙体外面增设保温层，方法如下：用普通农膜，或用温室换下的旧薄膜，经裁截加工成膜宽3米左右、膜长＝温室长度＋山墙长度的长幅。后将薄膜两端用熨斗加热，粘结成10厘米左右的缝筒，各插入3米长的毛竹，将其拉开、拉紧，包住后墙与山墙。两端的毛竹，下头扎入地面泥土中，入土深30厘米以上，上头以铁丝缠系，固定于山墙外沿处，薄膜底部边缘埋于墙外土内。然后在墙与薄膜之间的缝隙内填满碎草，厚度30厘米左右，再用泥土把薄膜上部边缘埋压于温室后坡上。

如此处理后，温室墙体外面有一层良好的保温层，墙体热量不再向外散发，夜晚寒冷时，墙体热量只向室内释放，可显著提高温室内的夜间温度，比不设保温层的温室夜间温度提高3～5℃。对稳定严寒时期的夜温，效果十分明显。

110. 温室蔬菜栽培，土壤施肥与露地环境条件下的土壤施肥有什么不同?

（专家孙培博）：现在施肥上存在的一个普遍问题是：基肥用得太多了，追肥靠化肥。这是不对的。一是温室封闭，氨气挥发不掉，危害植株，叶子干边，起斑点；二是土壤浓度大，危害根系，断垄、缺苗、烧苗；三是造成肥料大量浪费。

设施栽培中的土壤施肥，不同于露地环境条件下的土壤施肥。

（1）施肥的作用、目的都发生了明显的变化，露地条件下的土壤施肥是以供给作物对各种肥料元素的需求为主要目标，而设施栽培中的土壤施肥，除以上目标外，还担负着供给作物光合作用的主要原料——二氧化碳的任务。因为设施内空气中的二氧化碳难以从空气流通中得到补充，二氧化碳是否充足，成为制约设施内作物产量高低的首要因素。

（2）随着施肥目标的改变，施用肥料的种类必然随着改变。在露地条件下，有机肥料与各种速效化肥相比，肥效明显逊色。而在设施栽培中，不管是哪种速效化肥，都不能满足作物对二氧化碳的需求，而有机肥料施入土壤中后，经土壤微生物分解，却能源源不断地释放二氧化碳，因此有机肥料成为了设施栽培用肥的首选和必须。不论是基肥还是追肥都应施用有机肥料，以便满足作物对二氧化碳的需求。而各种速效化肥、特别是速效氮肥，只能适当配合有机肥料施用，且施用量必须严格控制，决不能施用过多，以免引起土壤盐渍化和发生氨害。

（3）施用方法不同。特别是作物栽种以后，不管是追施有机肥料还是追施化肥，都必须选择晴天上午进行，做到撒肥、掘翻、浇水、覆膜同步进行，而且操作的同时还须开启通风口。严禁阴天、下午进行追肥操作。否则追肥操作过程中挥发的氨气、水蒸气不能及时排除，会严重危害作物，室内湿度过高还可能诱发病害。追施速效化肥，还须事先溶解成水溶液，随水冲施，以便防止氮素不能及时被土壤溶液吸收，而挥发氨气。

111. 目前温室的施肥操作上，存在着哪些错误或不适当的做法？

（专家孙培博）：目前在节能温室的施肥操作上，普遍存在着以下错误的做法：

（1）化肥的施用量过多，有机肥的施用量偏少。多数菜农仍在沿用露天的管理技术管理温室蔬菜。他们没能认识到：温室内栽培蔬菜作物，生态环境发生了变化，制约产量高低的主要因素，已由肥料的科学施用，转化为温室温度是否合理、室内空气中二氧化碳含量是否充足！化肥对于这二者是不起作用的，而有机肥料不但能为作物提供各种肥料元素，更重要的是它能源源不断地释放二氧化碳、提高土壤温度。所以在温室内栽培蔬菜，必须以施用有机肥料为主。

（2）盲目地增大施肥量，尤其是氮肥施用量过多。甚至有的技术人员在制定技术方案时，竟强调每亩温室施用10米^{3}鸡粪＋100千克磷酸二铵＋100千克尿素＋100千克饼肥。部分菜农施肥时，还超过了这个施用量。

实际上，上基肥时，每亩用2～3米^{3}的畜禽粪＋200千克生物有机菌肥或饼肥就可以了，追肥也要以有机肥料为主，注意！必须结合追肥进行中耕松土，防止土壤缺氧，引起根系老化。

这样大的施肥量，不仅大幅度地提高了生产成本，造成了大量的浪费；更为严重的是：它极大地提高了土壤溶液浓度，碱化了土壤。作物定植后，轻者迟迟不发根，表现为叶片小、叶色浓深、生育迟缓，生长发育不整齐，断续死苗，缺苗断垄；严重时，会引起烧根、烧叶，甚至于大量死苗现象的发生。

此外土壤含氮过高，不但会引起作物旺长、推迟结果，诱发各种生理性病害，还会污染土壤、污染蔬菜产品。

（3）追肥操作时，不开启通风口，或是不能严格执行“撒肥、翻掘、浇水、覆膜同步进行”的技术规程，往往是先把整个或大部分设施的肥料撒上，后再去掘翻、浇水、覆膜。这样做的结果必然造成设施内氨气浓度过高，危害植株，轻者叶片边缘及叶尖干枯，中等受害者部分叶片干枯，严重者可使植株萎蔫死亡。同时还会造成设施内湿度过大，引起病害的发生与蔓延。

(4) 虽然基肥注意了施用有机肥料，但是追肥仍习惯以速效化肥为主。化肥只能提供几种有限的肥料元素，它不能解决二氧化碳供应问题，一旦设施内二氧化碳缺乏，光合效率下降，那么速效化肥追施得再多，也是毫无意义的！

设施蔬菜栽培，只有坚持以有机肥料为主，并且经常地追施有机肥料，才能为作物提供最全面的肥料供应；不断的满足作物光合作用对二氧化碳的需求；避免作物缺素症等生理性病害的发生；避免土壤盐渍化。是既经济又能增产增收的最佳途径。

112. 温室蔬菜栽培，怎样施用有机肥料？

(专家孙培博)：有机肥料有多种多样，人畜粪便、作物秸秆、杂草树叶、各种饼肥、沼气液渣、酒糟、醋糟等，都是良好的有机肥料。

在设施内施用基肥时，每亩土地，可用2～3米^{3}的畜禽粪＋200千克有机生物菌肥或饼肥，结合整地施入土壤内。

也可以结合整地，翻压切碎的植物秸秆、树叶等，每667米^{2}可翻压500千克左右，或鲜草1 500千克左右。为防止秸草发酵分解时夺取土壤中的氮元素，每50千克干草中，可掺加1～1.5千克碳酸氢铵，翻压后，灌透水，地面见干时再整畦。

追肥也应以有机肥料为主，一般在幼果迅速膨大期追施，特别是冬至前半月左右，气温、地温都将进入最寒冷时期，为提高地温和保障二氧化碳的供应，一定要在操作行中追施有机肥料，可一次性追施腐熟粪干2 000～2 500千克/亩，或腐熟粪稀2 500～3 000千克/亩。追肥必须严格执行开沟、撒粪、浇水、覆土、盖膜同步进行。整个操作过程要在晴天上午拉开通风口以后进行，严禁阴天或傍晚时间追肥！以免氨气危害作物和防止增高温室内的空气湿度，诱发病害。追肥也可以结合浇水进行，每次、每沟冲施腐熟畜禽粪5～7千克或腐熟饼肥1～1.5千克，每20～30天一次。

113. 在节能日光温室中栽培蔬菜，不论栽培哪种蔬菜，都会发生灰霉病，而且为害极为严重，难以防治，这些病害是否是同一种病？怎样防治？

(专家孙培博)：温室栽培蔬菜所发生的灰霉病是同一种病害，其病原菌都是 *Botrytis cinerea* Pers. 称灰葡萄孢，属半知菌亚门真菌。

灰霉病病菌可形成菌核在土壤中，或以菌丝、分生孢子在病残体上越冬。分生孢子随气流及雨水传播蔓延，农事操作也是重要的传播途径。

灰霉病初次侵染多来自土壤，也属土传性病害，但是灰霉病有其自身的独特规律，病菌发育最适宜温度为18～23℃，最低4℃，最高32℃，低于8℃、高于30℃很难发病。灰霉病对空气湿度要求高，只有在连续湿度达90%以上时，才易发病，在露地环境条件下极少发生，节能日光温室栽培蔬菜，因室内空气湿度高，才成为发生普遍、为害严重的主要病害。灰霉病病斑上生有大量的灰褐色霉菌，只要空气流动，病菌就可以大量的随风传播，进行再次侵染，温室内的人事活动是主要传播媒介。

要想有效地防治灰霉病，必须认真执行土传病害的综防措施，同时还必须搞好生态防治与及时清除病原工作。

在生态防治上要利用温室封闭的特点，创造一个高温、低湿的生态环境条件，控制灰霉病的发生与发展。温室夜间室内湿度多高于90%，清晨拉苫后，要随即开启通风口，通风排湿，降低室内湿度，并以较低温度控制病害发展。9点后室内温度上升加速时，关闭通风口，使室内温度快速提升至32℃（西葫芦可提升至30℃，黄瓜、西瓜、甜瓜可提升至33～34℃），并要尽力维持在32℃，以高温降低室内空气湿度和控制该病发生。下午3点后逐渐加大通风口，加速排湿；覆盖草苫前，只要室温不低于16℃，要尽量加大风口，若温度低于16℃，须及时关闭风口进行保温。放苫后，可于晚10点前后，再次从草苫的下面开启通风口，通风口开启的大小，以清晨室内温度不低于10℃（西葫芦不低于8℃）为限，在此条件下，风口尽量加大。只要如此调控室内温湿度，再结合喷洒天达2116提高其抗病能力等其他综防措施，室内作物就不易染病。

及时清除病原也是防治灰霉病的有效措施，操作时要身带塑料袋，发现有病果、病花时，立即用塑料袋套上后再摘除，并封闭袋口，带出室外深埋，严防病菌随风传播。栽培西葫芦、茄子时，坐果后须及时摘除开败的花冠，可以有效地防治灰霉病发生。

在化学防治上要注意交替和复配用药，以防止产生抗药性，提高防治效果。

114. 白粉病在节能温室蔬菜栽培中，发生普遍、为害严重，应该怎样进行防治?

（专家孙培博）：白粉病在节能温室蔬菜栽培中发生普遍，特别在黄瓜、西葫芦、甜瓜等瓜类作物上为害极为严重，在番茄、茄子和辣椒、甜椒上也经常发生。多数菜农反映，此病难以防治，只要发生，不论打什么药都极难消灭，最后不得不拔掉秧子。

实际上，白粉病不难防治，关键在于必须实行综合防治，防治措施必须科学。白粉病以闭囊壳随病残体在土壤中越冬，或以菌丝体和分生孢子在保护地中的寄主上越冬，分生孢子借气流或风雨传播，分生孢子萌发最适宜温度为20～25℃，限温为10～30℃，温度在16～24℃时发病最为严重。空气湿度对其不是制约条件，在25%的低湿度条件下也可发病，但是在适宜温度条件下，随着湿度的增高发病速度加快，湿度越高发病越重。发病湿度范围宽，是防治困难的主要原因。

防治白粉病必须严格实行“以防为主，综合防治”的植保方针，除全面落实土传病害的各项防治措施外，还须搞好生态防治与化学防治。

生态防治上要注意调节好室内温湿度，白天室内温度要维持在30℃以上，夜晚尽量使室内温度降至作物适宜温度的下限，最大限度地降低室内湿度，以高温低湿和低温低湿抑制分生孢子萌发，减少发病。如果栽培西葫芦，可把夜温降得更低些，只要清晨室内温度不低于6℃，可有效地防止分生孢子的萌发，而不会影响西葫芦的生长结瓜。

化学防治要及时用药，可选用：10%的世高2 000～3 000倍液，或15%粉锈宁1 500～2 000倍液，或30%爱苗乳油4 000～5 000倍液，或25%阿米西达悬浮剂1 500倍液，或40%福星6 000～7 000倍液，或12.5%特普唑2 500倍液，或30%特富灵1 500倍液，或70%甲基托布津800倍液，以上药液各与1 000倍天达2116配合一起使用，交替喷洒，每5～7天一次，连续3～4次，只要喷布细致周密，即可有效地防治白粉病为害。

115. 根结线虫病在节能温室中为害日趋严重，而农药对其防治效果比较差，应采取什么措施防治?

（专家孙培博）：根结线虫在土壤中以2龄幼虫和卵越冬，活虫体在离开寄主的情况下，可以存活1年，节能温室中栽培的蔬菜主要是葫芦科的瓜类、茄果类和豆类蔬菜，这些蔬菜种类，都是根结线虫的嗜性寄主，它可以连续地、不间断地繁殖为害，所以土壤中的根结线虫数量越来越多，加之多数菜农迷信农药、只重视化学防治，而化防对其效果并不理想，所以为害日趋严重。

防治根结线虫病，必须严格实行以防为主、综合防治的植保方针，着重抓好物理防治措施，配合化学防治，才能有效地预防其为害。

（1）根结线虫主要分布在3～10厘米的表层土壤内，15厘米以下的土壤中极少存有，该虫在55℃的温度条件下，经8～10分钟即可致死，利用这一特性，可在暑季换茬时，采取火烧、水淹和高温闷室等方法加以铲除。

（2）实行与大葱、大蒜的轮作与间作，每隔2年可栽种一茬大葱或大蒜，或在主栽蔬菜作物的株行间，间作蒜苗，蒜苗长成后，采取割韭菜的收获方法，留根再发，让其长期保留，可明显减轻根结线虫的为害，还可以减少其他病害的发生与发展，增加温室收入。

（3）土壤增施有机肥料、磷钾肥料和微量元素肥料，植株连续喷施天达2116，确保植株健壮，提高抗逆能力。

（4）幼苗定植时，结合浇水，穴浇2 000倍2%的天达阿维菌素，或2 000倍天达高效氯氟氰菊酯药液，每穴200～250毫升，或穴施10%粒满库颗粒剂，每亩5 000克，杀灭土壤中残留虫源。

以上措施全面执行可有效地控制根结线虫病的发生与为害。

116. 植物病毒病发生极为普遍，几乎所有的植物都可感染病毒病，例如：烟草花叶病毒病、各种瓜类病毒病、各种茄果类病毒病、豆类病毒病、十字花科病毒病、粮油作物病毒病、棉花病毒病及各种果树病毒病等等，发生广泛、为害严重，应该如何防治?

（专家孙培博）：病毒病是由植物病毒侵染引起的病害，主要症状表现为花叶（例如烟草花叶病毒、苹果花叶病毒等）、蕨叶（例如辣、甜椒蕨叶病毒、西瓜、黄瓜蕨叶病毒等）、条斑（例如番茄条斑病毒等）、锈果（例如苹果锈果病）、坏死（例如马铃薯病毒病）、皱缩畸形（例如大白菜病毒病）等。此外还有卷叶、巨芽、丛枝、矮化等症状。

植物病毒病借汁液接触传播，只要寄主有伤口，病毒即可侵入。蚜虫为害和人们的农事活动如嫁接、抹芽、移栽、锄地等都可引起病毒侵染，诱发病毒病。

天达2116＋天达裕丰，对预防病毒病、真菌性病害效果明显。试验、实践证明：不管是果树、茶桑、花卉，还是蔬菜、粮食、油料、烟草等作物，只要坚持数次喷洒600～1 000倍天达2116＋1 000～1 500倍天达裕丰药液，再配合其他综合防治措施，既能有效地防治病毒病的发生和蔓延，同时还可预防和治疗多种真菌性病害。

117. 细菌性病害种类多、发生普遍，如大白菜软腐病，姜瘟病，番茄溃疡病、番茄髓部坏死病，甜（辣）椒、番茄、茄子青枯病等细菌性病害，有什么好的防治办法？

（专家孙培博）：**姜瘟病的防治：**姜瘟病又称姜腐烂病，是目前各姜区发生普遍、并且为害极其严重的一种毁灭性病害 。发病地块，轻者损失10%～20%，重者损失可达50%以上。

(1) 症状与侵染循环。姜瘟病主要为害地下根茎和根部，亦可为害地上茎和叶片。地下茎（姜块）受害，初呈水渍状、黄褐色，后内部组织软化腐烂，挤压可流出污白色米水状汁液，有臭味。根部受害，呈淡黄褐色腐烂；地上茎受害呈暗紫色，内部组织变褐腐烂、倒伏；叶片受害，叶缘卷曲，叶色枯黄，后枯死。

重茬种植、高温多雨、地下害虫为害重的姜田发病重，土壤瘠薄、有机肥料不足、管理粗放、姜苗生长衰弱者发病则重。

(2) 近期实践证明：用天达2116＋天达多杀，结合其他防治措施，可以有效地防治姜瘟病。其综合防治措施如下：

A. 实行3年以上的轮作，防止土壤残留病菌传染。

B. 冬翻土壤，深耕不耙、熟化土壤，加深耕作层，减少土壤中病菌数量。

C. 结合整地打畦，增施有机肥料，配方施用氮、磷、钾肥和生物菌肥。每亩均匀撒施高锰酸钾0.5～0.7千克，杀灭土壤中残存病菌，减少病源。

D. 严格挑选姜种，后用500倍天达诺杀（或300倍氟哌酸）＋100倍天达2116浸泡姜种20～30分钟，杀灭姜种所带病菌，晾干后掰块，掰口蘸草木灰后播种。

E. 加强田间管理，姜畦畦面覆草，并及时适量追肥浇水，保持土壤湿润，促进植株健壮，提高抗病性能。

F. 贮种窖用500倍高锰酸钾或150倍甲醛溶液细致喷洒，严格消毒，彻底消灭窖内残存病菌后，再存放姜种。

G. 喷药防治：出苗后，幼苗3片叶时，喷洒一次800倍壮苗灵＋6 000倍96%天达恶霉灵药液，促进发根，提高姜苗的抗病性能，防止病害发生。以后每10～15天喷洒一次800倍根宝（地下根茎专用型天达2116）＋1 000倍天达诺杀药液，或800倍根宝＋600倍氟哌酸（或5 000倍爱苗乳油，或600倍环丙沙星，或500倍2%春雷霉素，或1 000倍50%消菌灵）药液，以上药液交替喷洒并灌根，促进姜苗健壮生长发育，提高抗病性能，防止病菌侵染。

H. 如果已经发病，应及时清除病株及根际土壤，后用800倍根宝＋1 000倍天达诺杀＋500倍2%春雷霉素药液，或800倍根宝＋600倍氟哌酸＋500倍2%春雷霉素药液，或800倍根宝＋600倍环丙沙星＋500倍2%春雷霉素药液，或＋600倍77%多宁＋500倍2%春雷霉素药液，或＋1 000倍50%消菌灵＋500倍2%春雷霉素药液交替喷洒姜田，并浇灌病苗周围姜苗，每5天一次，连续喷洒、浇灌2～3次扑灭之。

番茄青枯、溃疡、髓部坏死等细菌性病害的防治：

（1）症状与侵染循环。

A. 番茄青枯病，又名细菌性枯萎病，该病多在结果期开始发病，初时植株上部叶片萎蔫，继而下部叶片萎蔫，最后中部叶片萎蔫；初时白天萎蔫，夜晚恢复，2～3天后，不再恢复，植株枯萎死亡，但植株仍保持绿色；切开茎基部，维管束变褐，用手挤压，有乳白色黏液渗出。

番茄青枯病是由青枯假单孢杆菌（属细菌）侵染所致。病菌随病残体在土壤中越冬，借雨水和灌溉水传播。发病最适宜温度25～37℃，低于10℃、高于41℃停止发展，土壤含水量大于25%时，有利于病菌侵入，高温高湿时为害严重。此外，连作、低洼地、排水不良、土壤缺钙、缺磷，均有利于该病害发生。

B. 番茄溃疡病，多为成株染病，发病初期植株下部叶片向上纵卷，凋萎下垂，部分植株出现萎蔫，后期，病叶叶缘枯黄，叶脉间变黄，全叶变褐枯萎，但不脱落。茎部受害，生狭长条斑，扩展迅速，后期病斑开裂，茎秆增粗，产生大量气生根，髓部中空腐烂，有臭味散出，严重时植株枯死。

番茄溃疡病由棒状杆菌（属细菌）侵染致病。病菌最适宜生育温度为25～27℃，生长温度范围为1～33℃，高温、高湿、连作、排水不良利于该病流行。

C. 番茄细菌性髓部坏死病。该病近几年发生严重，初发病时嫩叶褪绿，严重时，植株上部叶片萎蔫，下部病茎变硬，表面生有黑色或褐色斑，纵剖病茎，髓部变褐色坏死，坏死部位多发生不定根，严重时植株枯萎死亡。

番茄细菌性髓部坏死病是由皱纹假单胞菌（属细菌）侵染致病，病菌初在番茄和苜蓿上存在，多在第一穗果膨大变绿的绿果期发病，温度低、光照不足、空气湿度高、栽植过密、氮肥施用偏多，发病严重。

（2）防治方法：须认真执行“预防为主，综合防治”的植保方针，抓好农业、生态和化学等综合防治措施。

A. 实行轮作，深翻改土，结合深翻，土壤喷施免深耕调理剂200毫升/亩；增施有机肥料、磷钾肥、微肥和生物菌肥；适量施用氮肥，改善土壤结构，提高保肥保水性能，促进根系发达，植株健壮。

B. 选用抗病品种，种子严格消毒，培育无菌壮苗。

C. 注意观察，发现少量发病植株，立即拔除深埋，后立即用500倍天达诺杀药液喷洒病穴，杀灭残留病菌。

D. 定植后，每 15 天左右喷洒一次 1∶1∶200 倍等量式波尔多液，进行保护，防止发病（注意！不要喷洒开放的花蕾和生长点）。

E. 每 10～15 天喷洒一次 800 倍果宝＋1 000 倍天达诺杀药液，或 800 倍果宝＋600 倍氟哌酸药液，或＋600 倍环丙沙星药液，或＋500 倍 2%春雷霉素药液，或 800 倍果宝＋1 000 倍 50%消菌灵药液，或 800 倍果宝＋600 倍 77%多宁药液，以上药液须与波尔多液间隔使用、交替喷洒，并灌根。

F. 如果已经发病，需用 800 倍果宝＋1 000 倍天达诺杀＋500 倍 2%春雷霉素药液，或 800 倍果宝＋600 倍氟哌酸＋500 倍 2%春雷霉素药液，或 800 倍果宝＋600 倍环丙沙星＋500 倍 2%春雷霉素药液，或 800 倍果宝＋1 000 倍 50%消菌灵＋500 倍 2%春雷霉素药液，或 800 倍果宝＋600 倍 77%多宁＋500 倍 2%春雷霉素药液。以上药液交替喷洒植株并灌根，每 3～5 天一次，连续喷洒 2～3 次扑灭之。

辣（甜）椒青枯病、软腐病、疮痂病的防治：

（1）症状与侵染循环：辣（甜）椒青枯病发病初期仅有个别枝条萎蔫，后扩展至整株，纵切茎部维管束为褐色，横切面有乳白色黏液溢出（别于枯萎病）。青枯病因青枯假单孢杆菌（和番茄青枯病属同一细菌）侵染所致，其侵染规律同番茄青枯病。

辣（甜）椒软腐病主要为害果实，发病初期生水渍状暗绿色斑，后变褐腐烂，有恶臭味；果肉腐烂，果皮变白，果实失水干缩。

软腐病是由胡萝卜软腐欧氏菌（软腐致病型细菌）侵染所致。病菌随病残体在土壤中越冬，成为翌年初侵染源。病菌借雨水、灌溉水传播，从伤口侵入。连阴雨天、地势低洼、管理粗放、虫害严重的地块发病重。

辣（甜）椒疮痂病主要为害叶片、果实和茎，幼苗染病，子叶上产生银白色水渍状小斑点，后变暗、凹陷，叶片脱落，严重时植株死亡。成株叶片染病，初生水渍状黄绿色小斑点，病斑近圆形或不规则形，边缘暗褐色，稍隆起，中部色浅，稍凹陷，表面粗糙像疮痂，有时病斑反面有黄褐色菌脓，受害严重时，病斑连片、破裂，最后叶片脱落，有时叶片成畸形。

果实染病，初生褐色隆起小点，后逐渐扩大成 1～3 毫米的稍隆起的近圆形或长圆形黑色疮痂斑，病斑边缘有裂口，有水浸状晕环，潮湿时，可溢出菌脓。茎部染病，生水渍状暗褐色条斑，病斑稍隆起，纵裂呈溃疡状疮痂斑。

疮痂病是由黄单孢杆菌（属细菌）侵染所致。该病菌附着种子表面越冬，也可随病残体在土壤中越冬，借风雨、灌溉水、农事活动传播。病菌最适宜发育温度为 27～30℃，最低 5℃，最高 40℃，高温多雨时发病重。地势低洼、排水不良、植株过密、生长衰弱时容易发病。

（2）防治方法：同番茄青枯病。

大白菜软腐病的防治：

（1）症状与侵染循环：大白菜软腐病从莲座期到包心期发生，发病后外叶萎蔫，菜心在晴天中午萎蔫，但早晚尚能恢复，几天后植株外叶平贴地面、心部或叶球外露，叶柄或根茎处髓组织腐烂，可流出灰褐色黏稠状物，后植株倒地腐烂。

大白菜软腐病病菌，可从菜帮基部伤口侵入，形成水渍状浸润区，病组织呈黏滑软腐状。病菌还可由叶柄或外部叶片边缘或心叶顶部伤口侵入，引起发病腐烂。

大白菜软腐病是由胡萝卜软腐欧文氏菌侵染引起，病菌借雨水、灌溉水、昆虫等传播，从伤口侵入，潜伏到维管束内，并通过维管束传至地上各部位，当开始包心遇到厌气性条件时才大量繁殖，引起发病。

（2）防治方法：

A. 实行轮作，尽可能地选择前茬种植小麦、玉米、水稻和豆科作物的田块种植大白菜，避免与茄科、葫芦科，尤其是十字花科蔬菜作物连作。

B. 选用抗病品种，如青杂改良 3 号、87－114、天津小麻叶、夏阳 303 等。

C. 起垄栽培，实行沟灌，严防大水漫灌。

D. 实行直播栽培，注意喷洒除草剂，不行中耕，及时喷药消灭地下和叶部害虫，尽量减少根部和叶片伤口，防止病菌借伤口侵染。

E. 适时喷洒天达 2116，提高植株抗病性。秧苗 3～4 片真叶时，喷洒一次 800 倍叶宝液，莲座期和包心期各喷洒 1～2 次 800 倍叶宝液。

F. 化学防治：植株 6～7 时，结合防治虫害，每 10～15 天喷洒一次 800 倍天达叶宝＋1 000倍天达诺杀＋1 500 倍 25％灭幼脲 3 号药液，或 800 倍天达叶宝＋600 倍氟哌酸＋4 000倍天达阿维菌素药液，或 800 倍天达叶宝＋600 倍环丙沙星＋2 000 倍天达虫酰肼药液，或 800倍天达叶宝＋500 倍 2％春雷霉素＋2 000 倍吡虫啉药液，或 800 倍天达叶宝＋600 倍 77％多宁＋4 000 倍天达阿维菌素药液。以上药液须间隔使用、交替喷洒，并灌根。

G. 如果已经发病，需拔除病株，并用 800 倍天达叶宝＋1 000 倍天达诺杀＋500 倍 2％春雷霉素（或 800 倍天达 2116＋600 倍氟哌酸＋500 倍 2％春雷霉素，或 800 倍天达 2116＋600 倍环丙沙星＋500 倍 2％春雷霉素，或 800 倍天达 2116＋600 倍 77％多宁＋500 倍 2％春雷霉素）药液，交替喷洒，每 3～5 天一次，连续喷洒 2～3 次扑灭之。

采用以上措施，不但能有效地防治大白菜软腐病及其他病害、虫害，而且还可提高大白菜的抗旱、抗涝、抗病等抗逆性能，改善白菜品质，增产 20％～40％。

黄瓜细菌性角斑病，细菌性缘枯病的防治：

（1）症状与侵染循环。黄瓜细菌性角斑病主要为害叶片，也可为害叶柄、卷须、果实和茎蔓。苗期至成株期均可受害。子叶染病，初呈水渍状、近圆形的凹形病斑，后变黄褐色，真叶染病，初为鲜绿色水渍状病斑，逐渐变淡褐色、灰褐色或黄褐色。病斑因受叶脉限制，成多角形。湿度大时，叶背病斑上可溢出乳白色细小浑浊水珠状菌脓，干后留白痕，病部质脆，有穿孔。茎部染病，成水渍状小点，沿瓜茎纵向扩展，呈条状，湿度大时，可溢出菌脓。严重时纵向开裂，呈水渍状腐烂，变褐枯干，表面残留白痕。瓜条染病初现水渍状小点，后扩展连片，病部溢出污白色菌脓，严重时变软腐烂。

黄瓜细菌性角斑病是由假单胞菌属细菌侵染所致。病菌借风雨传播，设施栽培棚膜滴水可加重此病为害。其发病适温为 24～28℃，低于 10℃，高于 30℃，发病受限，发病适宜湿度为

70%以上。空气湿度高于85%以上，特别在结露时发病重，病斑大，扩展快。

细菌性缘枯病，主要为害叶片，也可为害其他部位。叶片染病，多从叶缘周围开始，初在气孔附近产生水渍状小斑点，后迅速扩大成淡褐色不规则大斑，周围有晕圈，严重时病斑可迅速由叶缘向叶片中心扩展，湿度大时，并不溢出菌脓，干燥时病斑迅速失水，成淡褐色膜状。

细菌性缘枯病是由边缘假单细菌侵染所致，该病菌在湿度高、叶片大量结露时，发病重；设施栽培室内湿度达饱和状态维持的时间长，则发病严重。

(2) 防治方法：参照番茄青枯病等病害的综合防治。

菜豆细菌性疫病的防治：

(1) 症状与侵染循环：菜豆细菌性疫病主要侵染叶、茎蔓、豆荚和种子。幼苗出土后，子叶呈红褐色溃疡状，叶片染病，初生暗绿色油渍状小斑点，后逐渐扩大成不规则形，病斑变褐色，干枯变薄，半透明状，病斑周围有黄色晕圈，干燥时易破裂。严重时病斑相连，全叶枯干，似火烧一样，病叶一般不脱落。高温、高湿时，病叶可凋萎变黑。

茎部染病，病斑红褐色，稍凹陷，长条形龟裂。豆荚染病，呈暗绿色油渍状斑点，扩大后变红褐色，稍凹陷，呈不规则形。潮湿时，病斑上可产生黄色菌脓。

细菌性疫病是由黄单孢杆菌（属细菌）侵染所致。病菌主要在种子内越冬，也可随病残体在土壤中越冬。植株发病后产生菌脓，借风雨、昆虫传播。该病发病最适宜温度为30℃，高温高湿条件下，发病严重。

(2) 防治方法：参阅番茄青枯病等病害的综合防治。

备注：茄子青枯病、黄瓜青枯病等病害可参照上述作物有关病害的防治方法进行防治，其他各类细菌性病害皆可参照有关软腐病、溃疡病、细菌性角斑病的防治方法进行防治。

118. 目前在设施栽培中，缺素症等生理性病害频繁发生，为害严重，应如何防治？

(专家孙培博)：(1) 设施栽培中比较常见的缺素性生理病害：

A. 黄瓜缺镁症：植株中下部叶片叶脉间黄化，叶脉和叶缘有残留绿色，或出现断断续续、隐隐约约的绿环现象，严重时叶片自下而上逐渐枯死。

B. 黄瓜缺铁症：生长点新发叶片失绿，变为黄白色，严重缺铁时，上部叶片可全部变黄白色，叶片边缘出现坏死褐斑。

C. 黄瓜缺钙症：上部叶片明显缩小，叶脉黄化，叶脉稍凹陷，变黄绿色，叶片成菇形，有时上部叶片出现金边，近生长点叶片叶缘枯死。

D. 黄瓜缺硼症：生长点节间明显缩短，叶脉萎缩，叶片变小，叶缘反卷坏死，变褐色，幼瓜严重化瓜，多细腰瓜，瓜条上有褐色斑现象发生。

E. 番茄缺钙症：花期缺钙可发生顶裂果，幼果脐部及周围果皮开裂，胎座组织外翻，使幼果形成七翻八裂，十分难看。幼果膨大期缺钙，可形成脐腐果，俗称“黑膏药病”，发病初期在果脐附近出现黄褐色斑点，随病斑扩展，病斑变为褐色，向内凹陷、变硬，果实停止膨大，提早变红，果形变扁，果面少光泽，无食用价值。

F. 番茄缺钾症：番茄中下部叶片叶缘失绿黄化，黄化只限于叶缘。缺钾可严重影响幼果发育，降低果实品质，还可引发筋腐果等生理性病害发生。

G. 番茄缺镁症：番茄下部叶片普遍黄化，并由下往上发展，多因缺镁所致。缺镁时叶片失绿，叶绿素含量低，光合作用微弱，严重影响有机营养的积累，可造成大幅度减产。

(2) 经常发生的其他生理性病害：

A. 黄瓜"花打顶"（"顶头花"）现象：黄瓜植株顶端（生长点）着生多枚雌花，茎节缩短、变细，叶片明显变小，植株矮化、停止生长，对这种现象瓜农称之为"花打顶"或"顶头花"。

"花打顶"现象在节能温室黄瓜栽培中，发生极为频繁。黄瓜植株一旦形成"花打顶"，因雌花数量过多，营养竞争激烈，大多数雌花都得不到足够的营养物质，难以生长成龄瓜，既消耗了大量的营养物质，影响了植株的生长发育，引起植株更加衰弱，同时还会引起大量化瓜，造成产量急剧下降，大幅度减产。如不能及时调整，恢复营养生长旺势，不但产量上不去，而且植株的生命周期也会大大缩短。

B. 番茄筋腐果病：又叫条斑病或条腐病，是温室番茄经常发生，并为害比较严重的一种生理病害。其症状有两种类型：一是褐色筋腐，果面出现局部褐变，甚至出现坏死斑，果面凹凸不平，果肉僵硬，切开果肉可见维管束出现褐变坏死，发病处着色不良，有明显绿色或淡绿色斑；二是白型筋腐，多发生在果实皮部组织上，病部具有蜡样光泽，质硬，果肉似"糠心状"，病部着色不良。

C. 番茄空洞果：空洞果是温室番茄，特别是冬茬栽培中比较普遍发生的一种生理性病害。其症状是外观果实有棱，横断面成多角形，切开后可见明显的空腔。

D. 番茄畸形果：温室栽培经常发生的畸形果有大脐果、尖顶果、多心皮果等。

此外还有西瓜、甜瓜等瓜类缺素症；辣（甜）椒落叶症、落花症、茎叶卷缩症、畸形果症、缺素症；茄子畸形果（僵果）、缺素症；菜豆、豆角等豆类落花落荚症等。

(3) 发病原因：设施栽培中的缺素症，长期以来一直被公认为是土壤缺素引起。然而，在设施栽培中发生缺素症，并非是土壤缺素引起，而是因为地温低，土壤板结，土壤溶液浓度高、土壤中严重缺氧，发根量少，根系老化，活性低，生理功能失调，吸收肥水能力差等综合因素造成的。

实际情况是：设施栽培的施肥量，不论是有机肥，还是氮、磷、钾、微肥等速效化肥，其使用量都远远多于大田的施肥量，一般是大田施肥量的 3～4 倍；而设施栽培的浇水量，反而仅有大田降雨量＋浇水量的 1/2 左右。大田栽培在施肥量少、浇水量大、肥料流失重的情况下，并没发生、或很少发生缺素症！难道施肥量多、浇水量少、肥料流失轻的设施栽培的土壤，反而缺少肥料元素吗？恰恰相反，通过土壤化验得知，绝大多数设施土壤中各种肥料元素都明显偏多，土壤溶液浓度偏高。那么为什么设施作物还会频繁发生缺素症呢？

究其原因，是因为绝大多数的设施管理者，他们忽略了设施栽培的生态环境条件，已经不同于大田了。

首先，设施栽培一般白天 5 厘米深处的土壤温度可比室内空气温度低 5～7℃（大田土壤温度等于或高于空气温度），深层土壤温度更低。在这种情况下，绝大多数管理者们却在按大田要求，采取低温管理，调控室内温度在 25～28℃范围内。结果其土壤温度变化范围在 13～23℃。一昼夜当中约有 20 多小时的时间，土温低于 20℃，比瓜类、果菜类作物根系生长发育最适宜的土壤温度 28～34℃低 15℃左右。较低的土壤温度，不利于作物根系的生长发育，导致生根量少、根系吸收能力差、生理活性低，这不但会引起各种缺素症的发生，还会引起多种其他生理性病害的发生！甚至于烂根、死根，导致作物死亡。

第二，在设施栽培中，多数管理者仍然按照大田的管理方式，用速效化学肥料结合灌溉进行追肥，对土壤不进行中耕松土、或很少中耕，土壤板结、溶液浓度高、缺氧。如此恶劣的土壤条件，抑制了根系的呼吸作用和生理活性，根系老化，不发或很少发生新根，根系活性低，吸收能力差，这就必然诱发各种缺素症等生理性病害的发生。

(4) 防治方法：鉴于上述原因，在设施栽培中，维持较高土壤温度，创造适宜根系生长发育的环境条件，提高作物的耐低温性能和抗冻性能，促进根系发育，提高根系活性，是防治缺素症与生理性病害最为重要的技术措施。

另外，在定植蔬菜秧苗时，结合防治土传病害，要用 600～1 000 倍壮苗灵（抗旱壮苗型天达 2116）＋4 000～5 000 倍 96％的天达恶霉灵药液灌根，并喷洒植株，每株浇灌药液 100～150 毫升。此后再用 600～1 000 倍果宝（瓜茄果型天达 2116）＋1 000 倍天达利佳（或 200 倍红糖＋300 倍尿素）＋无公害防病用药液，细致喷布作物的茎叶、幼果。每 10～15 天一次，连续喷洒 3～5 次。

为提高设施内空气中的二氧化碳含量，增强光合作用，防止增高土壤溶液浓度。操作行内追肥，不应追施速效化学肥料，应该追施有机肥料。

119. 根治设施栽培中各种害虫的“绝招”。

（专家孙培博）：设施栽培封闭严密，只要在作物幼苗栽种之前，认真进行高温闷棚，设施通风口配置防虫网，定植前对秧苗细致喷药，彻底杀灭苗床害虫，做到净苗入棚，设施内不应该有害虫发生，可以不打任何杀虫药，而安全生产。但是目前设施内普遍发生白粉虱、蚜虫、美洲斑潜蝇等害虫，甚至还发生鳞翅目、鞘翅目等害虫。这些害虫多是从室外侵入设施内的，开始时，室内只有少量发生，没有引起管理者的重视，不注意防治，结果最后繁衍成灾。

为了彻底铲除设施虫害，必须坚持上述原则，设施的通风口应设置防虫网；秧苗定植前，实行高温闷棚，铲除虫源；定植时做到净苗入室；平时进出温室随手关门，封闭设施，就可以不再发生害虫为害。

如果秧苗定植后，发现有少量害虫时，要立即采取敌敌畏熏蒸，或灭蚜烟剂烟熏进行防治。熏蒸要每 5～7 天一次，连续 2 次，以便达到彻底铲除。

采用敌敌畏熏蒸法灭虫，在操作之前 1～2 天，设施内的作物，必须喷洒 600～1 000 倍天达 2116 药液，提高植株的抗逆性，特别是提高植株对高浓度敌敌畏气雾的抗御性能，防止熏蒸时，敌敌畏气雾损伤植株。

敌敌畏熏蒸方法消灭虫害，应改夜间低温时熏蒸为白天高温时熏蒸，延长熏蒸时间，提高防治效果。熏蒸应于晴天上午 9 时进行，一直持续到第二天拉帘时结束，然后开口通风换气，1～2 小时后方可进入设施，进行管理。这样操作，熏蒸时温度高，害虫呼吸作用强，吸入的药量多，持续时间长，杀虫彻底。如能在 5～7 天中连续进行 2 次，能把残留虫卵孵化的幼虫、虫蛹羽化的成虫，又随即消灭之，可不留后患，彻底解决。以后，只要设施通风口设置防虫网，进行操作时严格执行技术规程，可以保障设施内不喷杀虫剂，也不会有害虫发生。

敌敌畏熏蒸时，要注意观察设室内温度，中午高温时可以适当放下少量草帘遮荫，防止棚内温度过高，损伤作物。

此外，白粉虱对黄颜色有强烈趋性，可在棚内张挂黄色杀虫纸板诱杀之。方法：用黄色硬纸板，裁成 1 米×0.2 米的长条，涂上一层黏油（10 号机油加少许黄油调匀），每亩设施，均匀分散吊挂 30～35 条，杀虫纸板吊挂高度与植株同高度，可有效地消灭白粉虱成虫，减少发生。纸板粘满白粉虱后可再次涂油（每 7～10 天重涂一次）。

要特别注意！白粉虱、蚜虫、美洲斑潜蝇等害虫繁殖迅速，极易传播，每行政村或生产单位应该注意实行联防，同时操作，以便提高总体防治效果。

120. 温室墙体应该怎么建造?

（专家孙培博）：目前在墙体建设上出现两方面问题，一个是建设空心墙，从理论上讲，空心墙保温效果是不错的。但是作为温室建设的墙体，它不单纯是用来保温的，而且是用来蓄积热量的。空心墙因为体积小、容量小，所以蓄积的热量少。一旦遇到连阴天，它的热量就不足了，大棚温度也就低下来了。再一个就是温室建设当中，搞大、厚、宽土墙，有的搞到 3～4 米厚，把整个温室栽培面的土去掉 80 厘米深，这种建设更不合理。首先，浪费人力物力，造成无谓的花销。更大的问题是在温室中如果把熟土全部去掉，留下生土，就是 3 年也养不过来。肥力低就造成了减产。温室的土壤减掉之后，造成低洼，夏天雨季积水，会导致 3 个月左右的时间不能进行栽培。这样是得不偿失的。实际上温室的墙体，作为山东省来讲，1 米厚的墙就足够了，但是墙体不要弄得太厚，厚不一定保温效果强。因为热量传递，都是从热的地方向冷的地方传，墙体再厚，热量也不会单方向向温室里进，只往棚外出。因为棚外是凉的，棚内是热的，一天 24 小时都是棚内向棚外输出热量。厚墙只不过是传热慢一点、散热慢一点、保温效果好一点，但是它的热量蓄积得再多，棚内都用不上，因为都传走了。真正的墙体建设根本用不到盖大厚墙，应该盖实心墙，土墙最好，也可以里面垒一层砖墙，然后外面培上 80 厘米的土，但是墙体外面不管是山墙还是厚墙，一定要设上保温层。就是在墙体外面加上一些草，用玉米秸秆也好，麦秸也可以。把它封闭起来，然后用旧薄膜把大棚封起来，墙体外面要有一个保温层。由于薄膜和墙体之间加的一层柴火草，所以热量的交流就减少了，这样墙体的热量就不再外传了。

白天高温的时候蓄积的热量，夜间的时候全部向棚内窜，不再外传。这样不需要多厚的墙就能起到很好的效果。要更好的保温的话，最好是建蜂窝墙体，就是墙建好之后，在内墙每30～40厘米打一排土洞，每40厘米打一个，40厘米高打一排土洞，让墙体都有一个整体的吸热穴。

打洞的时候要斜着打，一米厚的墙要打80厘米。可以把水管磨尖，然后插到土里，在一头敲打打洞，最后留下来的一些穴洞。白天热空气进入穴洞，把整个墙体加热，墙体热了以后，外面有保温层，热量不外传。这样把热量蓄积起来，存起来，到晚上再把热量释放，到了连阴天再释放。这样可以保证温室的温度，遇到寒冷天气不至于造成冻害。所以墙体建设应该特别注意一定要设保温层，在墙外铺上草，草外盖上薄膜，这样整个墙体的热量就不再外传了，这样温室的保温效果就上去了。

121. 温室的采光面怎样建设?

（专家孙培博）：目前在温室采光面上有以下的几个问题：

第一，采光面的形状仍然沿用20世纪80年代末期的“一面坡形”，这样的形状极为不合理。一个是坡度小，透光率低。再一个压膜不按照压膜线压膜，结果造成风大的时候膜会刮起来，薄膜向上一鼓，就会吸进冷气，向下压，排出热气，结果把温度降下来了。第二，不抗压，像2007年正月十五的那场大雪压垮了不少大棚，这些塌的棚大都是这个形状的。

所以今后建采光面应该改，一定要建成大拱圆形，因为拱圆形一是抗压、二是拱圆形棚是用压膜线压膜，压膜线压膜能够压紧，这样刮风不会呼扇。而且在用压膜线压膜的时候应该压成波浪形的，波浪形的增加了采光面积。采光面积大，棚内光照条件好，温度就好。所以一定要改成大拱圆形。还有一个问题就是拉铁丝。目前多数大棚都是琴弦式的棚，这样就可以在骨架上拉上铁丝。但是目前拉铁丝是匀的，都是30厘米卷一根，从棚顶部到棚底部，这样会造成很大的浪费。拉铁丝不要拉多，顶部可以30厘米拉一根，拉个3～4根以后向下要改成40厘米拉一根，再拉2～3根就改成隔45、50厘米拉一根，到底部要60厘米。因为以后揭开草苫子，草苫子下面非常轻，不需要多的铁丝也能压住。只有顶部草苫子沉，所以顶部铁丝可以拉密一点。所以以后不用这么多的铁丝压棚。这么多铁丝一是投资大，造成浪费；二是会遮光；三是绑棚杆绑得多，有的50厘米绑一根，有的60厘米绑一根。绑棚杆绑得过多，一个是用料多，花钱多，造成了资金的浪费、用工的浪费，更重要的是一根竹竿要遮一个影，要遮阳光。所以说绑杆绑得越多，遮的阳光就越多，棚内的光照也就越少，就会导致温度的下降。

如果用机械卷草苫子，1米卷一根就够了。不要多绑，如果人工拉帘子，90厘米，顶多80厘米放一根竹竿就足够了。这样既减少了投资，又减少了用工，又使遮光现象减少。还有一个问题，如果绑棚膜杆的时候直接绑在钢丝上，会导致以后压膜压不下去。压到铁丝上，就会造成滴水，棚内一旦滴水，就要引起病害。

所以以后绑棚膜杆的时候要注意，绑的时候要让杆和铁丝之间垫上一个小木条，就是3～5厘米的木头段。最好是梧桐木杆，因为梧桐木杆里面有一个空心，在铁丝和棚膜杆之间垫上。绑的时候先用细铁丝把竹竿绑紧，绑好之后两个铁丝头要穿过木段中心的孔洞。穿下来以后，一定要用钳子把它拽紧，绑在钢丝上。这样把竹竿和钢丝之间垫高距离。将来棚膜压膜的时候，棚膜和钢丝之间的距离就加大到8～10厘米。

这样压膜就压不到铁丝上了。棚膜还能压得紧，而且压不到铁丝上不会磨损棚膜、不滴水，防风效果也好，并且透光率也显著提高。压膜的时候还要注意，棚的基部绝对不能和棚膜杆一般高，棚底要低于棚膜杆8～10厘米，这样压膜线可以压下去，棚膜的采光面就成了波浪形了。如果棚膜杆和基部一般高，压膜线压到棚底上，这样棚膜就压不紧。今后在建棚的时候要注意好这几个问题。

122. 温室的防寒沟怎样设置？

（专家孙培博）：建棚当中，防寒沟的设置是一种非常科学的方法。但是，目前我们绝大多数温室，或者不设防寒沟，或者设的防寒沟不合理。有的防寒沟在棚外设置，有的在前沿挖一个30厘米宽、40厘米深的沟填上草。结果设置之后经过人踩，就失去了防寒沟的作用。防寒沟应该设置成防寒排水调温沟。整个棚的四周都要设置。首先，前沿的防寒沟不应该设置在棚外，应该设置在大棚内。应该在棚的前沿，挖一道30～40厘米的沟，沟深40厘米，然后在沟底铺上旧薄膜，再用90厘米宽的双面的薄膜，是一个桶形的塑料农膜，把它从东到西铺上，这个薄膜就相当于是一个管子，在这个薄膜内灌上一管子水，沟下大半管水，沟上小半管水。

因为在白天温室里前沿的温度比温室的后半部、中部要高2～3℃，而到晚上前沿的温度要比后半部低3℃以上，这样就容易造成冻害。放上这一管水就有这么一个好处，它白天吸热，不会让棚内前沿的温度过高。到了晚上，这一管子水蓄积的能量特别多，就会放热，就让前半部的温度不低了，整个的棚温就提起来了。

再一个好处就是将来浇水的时候，抽这一管子水的话，浇的是温水，不会降低地温。防寒沟就应该在这个薄膜管的前面挖，并盖上厚厚的草，最后盖薄膜，并且在薄膜外面压土，这样就是在薄膜和管子之间放入草垫子。温室种植中，在大棚膜上会产生水膜，水流下来就会流到草中。草受潮之后会发酵，发酵就会释放出二氧化碳，对棚内既起到保温效果，又能给棚内提供植物进行光合作用所需要的二氧化碳，而且最大的一个好处就是，把前部土壤偏湿的问题解决了。原来的大棚都是前部薄膜直接盖到地上，结果从薄膜流下来的水，全部在前部土壤当中蓄积起来。导致前部土壤过湿，最后造成前部发生霜霉病、灰霉病、疫病发生。前部一发生病害，就会传染整个大棚。

另外山墙和棚的后半部也要设计防寒沟。这些防寒沟建成20厘米宽就可以了，30厘米深。全部要用麦糠或者麦秸填满，还要踩得瓷瓷实实的，不必盖薄膜。这个草的作用就是一个防止热量外传，一个最大的好处就是草可以吸潮，可以降低湿度，减少病害发生。同时吸潮能够发酵，能够释放二氧化碳，能够解决棚内二氧化碳不足的问题。所以以后设置防寒沟一定不能设在外面，要在棚里设，山墙、前沿都要设。

123. 怎样合理使用温室基肥？

（专家孙培博）：在温室施用基肥上面，目前全国性的施肥量太多。有的大棚一亩地施用

10 米^3 鸡粪，甚至于更多。有的施到 10 米^3 鸡粪还认为不够，还要施上几百斤饼肥，一二百斤生物菌肥，还要施上一袋子磷酸二铵，甚至其他肥料，复合肥什么的。我给大家算笔账，鸡粪的含氮量是 1.63%，1 米^3 鲜鸡粪接近 2 000 斤，1 米^3 鸡粪含纯氮量 32 斤多，碳酸氢铵的含氮量是 16%～17%，去掉损耗，一袋碳酸氢铵的含氮量就是 15 斤左右，两袋就是 30 来斤。你 1 亩地施上 10 米^3 鸡粪等于施了 2 000 斤碳酸氢铵。我们种地的都知道，2 000 斤碳酸氢铵施到地里，你的秧苗还长不长？好在我们有许多错误的做法给你帮了点忙，一个是鸡粪事先晒，晒鸡粪是一种极端错误的做法。因为鸡粪一晒，含氮量就会损失 50%以上，一是造成极大的浪费，再一个就是污染空气，鸡粪绝对不允许晒；再一个就是施上肥料之后浇大水，浇水导致肥料流失严重，鸡粪的含氮量又流失了一半，所以你虽然施了 10 米^3 鸡粪，但是经过一晒、一浇水就变成 2.5 米^3 了。

就这样你的苗子栽上之后也会造成很大的损失，鸡粪含量大的棚户都打电话，出问题都比较多，有的苗子栽上之后不长，还有的苗子干边、缺苗断垄、死棵、栽上 1 个月都不发根。这些就是因为肥料量过大造成烧根烧苗，挥发氨气伤害叶子。所以说施的肥料多了只有害处没有一点益处。温室栽培底肥一定不要多施，一亩地顶多使用 3 米^3 就够用的了。但是鸡粪不要晒。最好的方法是先把鸡粪和玉米秸掺和起来，因为鸡粪的含氮量偏高，通过玉米秸秆调整，可以让鸡粪均衡点，再一个要洒上生物菌肥，生物菌肥你可以洒多年、保得用生物菌肥进行沤制，沤的时候一层玉米秸、一层鸡粪。先把玉米秸铺到地上，再向上撒鲜鸡粪，鸡粪不向下漏之后，再铺玉米秸、再撒鲜鸡粪。这样做好之后隔三差五地向这上面喷洒奇多年。把生物菌接种上，然后外面盖上塑料薄膜。周围的土压严，这样也不怕下雨，氨气一点不挥发。20 天左右之后，鸡粪就全部变成生物菌肥了。这样施到土壤当中，虽然施的量不大，但是它的作用要比你用 10 米^3 鸡粪的效果还要好。

所以基肥以后施用要这样施，千万不要多施，因为作物的苗期在开花结果以前，消耗的肥料量非常少，像黄瓜、西红柿、茄子、辣椒这些温室主要作物在开花结果以前消耗的肥料量，仅仅占它一生中消耗肥料总量的 1/8～1/6，而温室栽培的作物生命期长，前期需要的肥料重量仅占它一生所消耗的肥料总量的 1/8。所以在苗期施用过多肥料，不但没有用，还有害处，所以基肥不应该多施。

124. 温室栽培如何进行追肥？

（专家孙培博）：在温室追肥上出现的问题更严重，绝大多数的棚户都在冲化肥、冲复合肥、冲磷酸二铵、冲尿素，还有花高价钱冲什么高钙高钾。在温室栽培当中，通过土壤化验也好，通过施肥情况了解也好，温室栽培不缺氮、磷、钾、钙、镁、硫、硼、铁、锌，土壤当中施肥量是大田施肥量的 10 倍，甚至 20 倍。

大田肥料施用这么少但是并不缺素，温室施用这么多的肥料怎么会缺素啊？所以，经过化验，温室栽培 3 年以上的土壤氮磷钾和中微量元素的含量都远远高于一般大田，有的是超标，对栽培并没有好处，而我们再不断地冲化肥，结果提高了土壤溶液的浓度，造成土壤板结，影响根系发育，这样就产生了坏的作用。所以有些地块种上十年八年不能种了，为什么？就是因为土壤盐碱化、土壤板结没法种了。温室里面缺的不是肥料元素，缺的是二氧化碳，因为不管哪种作物，它要开花、要结果所需要的营养物质，主要是碳和水的化合物，主要是糖，糖分利用根部吸收的肥料元素，再进一步转化成蛋白质、维生素、核糖核酸等一系列的高能物质，用来开花、用来结果、用来扎根长叶子。这些营养物质是作物利用阳光进行光合作用生产的，进行光合作用的主要原料是根部吸收的水和叶片通过呼吸作用吸收的二氧化碳，利用阳光在叶绿素的参与下合成变成糖分，那变成葡萄糖，之后再进一步转化，转化成一些复杂的营养物质，这个过程当中最重要的营养原料就是水和二氧化碳，并不是肥料元素。

在大田栽培作物并不缺二氧化碳，因为大田上下空气无限，左右空气无限，所以说在大田的二氧化碳量是取之不尽、用之不竭的。而温室栽培是封闭的，这一封闭拉起草苫子来，一见阳光叶片就开始工作，里面的二氧化碳用不了几十分钟就消耗得差不多了，如果不能及时地补充，温室就要停产。我们可以把温室看作是绿色的工厂，这个绿色工厂，它的原料是水、二氧化碳，如果二氧化碳供应不足等于工厂断了原料。工厂断了原料它能生产吗？所以温室栽培，二氧化碳供应是否充足，就决定了你温室栽培产量的高低，而恰恰我们会忽略这个问题。

所以今后温室栽培不应该冲施化肥，因为化肥不含有二氧化碳。你用得再多，对作物只有害处没有好处，那么温室追肥应该追什么？应该追粪。一个是浇水往里冲粪，再一个打沟定期往里追粪，就是有机肥料，像鸡粪、马粪、牛粪、羊粪、兔子粪、猪粪、大粪都是好的有机肥料。这些有机肥料施到土里让微生物分解发酵，可以释放氮、磷、钾、钙、镁、硫、硼、铁、锌等肥料元素，同时可以释放大量的二氧化碳。这些二氧化碳跑不掉，叶面吸收用来进行光合作用，用来生产糖分，所以棚里面追肥，应该追粪等有机肥料，不应该再追化肥了，什么高钙、高镁、高钾都不要追，复合肥也不要追，就是追鸡粪、牛粪、马粪、兔子粪、羊粪就行了。

作为温室追肥，有个现象不知道大家有没有注意，大田里的不管是茄子、黄瓜、辣椒、西红柿，拔出根来时又粗又长，根系特别发达。而温室栽培的拔出苗子来，根都非常细，又细又短又少。出现这个现象的主要原因有两个方面：一是温室的施肥量大了，土壤溶液浓度大了，造成了烧根，根扎不好；二是土壤温度低了。在夏天大田的土壤温度都是30℃以上。温室土壤温度高于20℃的时间很少，大量的时间在18℃以下，地温低加上土壤温度高，就扎不好根。还有一个突出的问题，就是在大家追肥当中，只要苗子栽上之后，盖上地膜就开始浇水冲化肥，浇水冲化肥结果造成土壤严重板结、土壤缺氧。因为根是活的，所以它需要呼吸，它要吸收氧气，你要总是浇水冲化肥，不中耕、不松土，导致土壤缺氧，根系呼吸受到抑制，就影响了根的活性，根容易老化。温室作物根细根小就是这三方面原因造成的。要解决的话一个是要提高土壤温度、一个是要不断地松土。通过打沟施有机肥料、通过追肥来解决。把地膜掀起来，然后撒上有机肥料，刨翻松土，使土和肥料掺起来，然后盖上地膜浇水。这样每40天进行一次，不断地补充有机肥料，使大棚不断地有二氧化碳，同时使土壤当中不缺氧气，这样根发育好了，根深叶茂，叶茂果丰。还应该注意，一次追肥不要追太多，打沟追肥一次只追1/5。

比如说第一次追肥追第一沟、第六沟、十一沟、十六沟，往下这么一直排列；到第二次追肥的时候，追第二沟、第七沟、第十二沟、十七沟，这样往下排。相隔时间少则 3 天，多则 60 天就可以。小两口一早晨起来，一亩地就追二分地，1 个小时就完成了，也不影响其他管理，而且效果特别好，不断有新的肥料追进去，棚内二氧化碳充足，光合作用就强了，并且也不断地松土，既解决了棚内二氧化碳的问题，又解决了土壤缺氧问题，所以追肥以后应该追有机肥料，有机肥料要打沟施，沟也可以浇水，浇水的同时也可以冲有机肥料，不管哪种粪肥都可以冲。

方法就是在灌水的时候水快灌到头了，剩下半米左右的时候把粪放在水槽里，然后用水冲着往里流。沟流满，你这一桶肥料流完，那就是恰到好处。冲鸡粪就应该用 7 米长的水沟冲 5～7 斤。牛马粪可以冲 8～10 斤，猪粪羊粪大粪可以冲到 6～8 斤，这样可以不断地冲，这样不但解决了土壤的氮磷钾等元素肥料问题，最大的问题就是解决了大棚的二氧化碳问题，二氧化碳充足了，光合作用强了，产量就高了。

特别要注意，不管是茄子、西红柿、辣椒、黄瓜，它的品质都是非常好，口感特别好，而且不会出现那些乱七八糟的病害，什么缺素，有机肥料里面全都有。所以通过冲粪，这些问题就都解决了。

提高肥料利用率促进扎根，一定要从苗期开始坚持喷洒天达 2116，别管是哪种苗，只要是庄稼苗，在苗期要喷洒抗寒壮苗型的天达 2116。喷上以后苗子的根系特别发达，吸水能力强。开花结果以后要喷洒瓜茄果型的，每 10 天到半个月喷一次就行了，接着打药进行，这么一喷以后，一个是提高自身的光合作用了，提高抗病性能，最大的一个好处就是促进扎根、提高吸水吸肥能力，吸水吸肥能力强了，苗子健壮了，既抗病又增产还优质，特别是喷过天达 2116 的，口感特别好吃，果面光亮，色彩鲜艳，含糖量高而且耐储运。

125. 温室栽培应怎样调控温度?

(专家孙培博)：在大棚温度管理上，目前是全国性的采用低温管理，黄瓜 28℃通气，西红柿 25℃通气，这种温度管理只有大棚栽培。在山东，夏季种植茄子、辣椒、西红柿等长得都非常好，温度是多少?

夏天山东除半岛以外，整个从潍坊向西的山东地区夏天的气温有 100 天左右的时间在 30℃以上，有 1 个多月的时间在 35℃以上，在这个温度条件下，作物长势很好，产量高，品质好，而且病害很少，为什么? 因为温度高，满足了作物对温度的需求，特别是夏天土壤温度高，夏天的土壤温度都在 30℃左右。茄果类、瓜类的根系发育最适合温度是 28～35℃。而我们温室栽培，由于采取低温管理，结果土壤温度难过 20℃。大家想想，冬天在温室内栽培，高温时间仅仅在 2 个小时左右，刚有点高温就开口通风了，把那点热气都放走了，结果土壤温度提不起来。土壤温度低，不扎根，根系发育差，活性低，吸收能力弱，作物就长不好。根是根本，根深才叶茂。

因为这种管理导致你的西红柿、茄子、辣椒都长不好。大家还要考虑到，在温室的温度变化的和大田不一样，大田是上下之间温度是一样的。特别是在一天 24 个小时有 20 个小时的温度在 30℃左右，低于 30℃以下的时间很短。而温室栽培高于 25℃的温度仅仅就是 2～3 个小时，而大量的时间都是低温，结果你就需要这点高温来释放热量了，你又把它开口放跑了。结果就造成温度管理上迟误。还有一个，在温室内上下之间温度差得很多。1.8 米高处达到 30℃，地面连 25℃都达不到。如果嫁苗高的话，地面温度连 23℃都达不到。下面茎叶部分的温度也就是 23℃左右。所以说温室内随着高度的降低，温度也跟着降低。

大田不存在这个问题，在外面 2 米高也 30℃，地面也 30℃。再一个温室由于上下温度的差异，挂温度计的地方 1.8 米高，假设达到 32℃，茎叶部分就是 0.5～1.2 米左右的部位，开花结果的叶片光合作用最强的部位恰好是 28～30℃之间，这是最好的温度，结果我们不到 26℃左右就通风了，就把热量放跑了，这样作物就长不好。今后在温室里调整温度大家要注意。一旦进入严寒季节以后，严格讲白天不要开口通风，尽量蓄积热量，提高地温，促进根系发育。什么时候开口通风呢？像黄瓜、西瓜、甜瓜、苦瓜、丝瓜这些瓜类温度达到 35℃，这个时候再开始通风，不到 35℃不要开口，开口要开小口，维持着 34℃左右的温度，不高于 35℃，不低于 33℃。生长点温度 33℃左右，而开花结果的部位正好是 30℃左右的温度，是生长最好的温度。土壤也可以比以前的方法提高 6～8℃的温度，以前 20℃都达不到，现在你可以达到 25℃，这样根就能发育好，茄子跟黄瓜低 1℃，辣椒、西红柿可以不到 32℃不要开口通气。即使温度上升了，开口也要开小口，维持着 30～32℃的温度。整个大棚温度高了，蓄积热量也多了，到了晚上地温高，它的热量多，作物也就不容易发生冻害。通风应该改成白天通风，改成晚上和清晨通风。清早起来拉起草苫子以后，先开口通风，大家不要怕，哪怕这时候掉 2℃的温度也不会对温室造成危害。

大家放心，因为这个时候湿度最高，如果你关上棚就容易诱发病害。开口把湿气排出去，棚内的作物就不得病。开口要开半个小时左右，然后关上风口提高温度。再一个什么时候开口通风？到傍黑天，太阳落山以前，打开风口降温，排湿气，然后盖草苫子，放下草苫子以后，通风口要开放，只要早晨起来棚内温度不低于 10℃，这个口一夜都要开着，而且口越大越好。早晨起来棚内温度只要不低于 8℃，口还要开着，但是要缩小点。一旦低于 8℃的话，晚上 10 点左右要关闭风口保温。

这样调整棚内的温度和湿度，就能让棚内的作物长好了，也不出毛病了。根是根本，土壤温度高才能发育根，所以只有高温提高土壤温度，这样才能促进整个秧苗发育。同时为了解决温度管理的问题，大家一定要注意：一定要按照我前面讲的喷洒天达 2116，因为喷洒天达 2116 以后，作物既能够抗高温，又能够防冻害耐低温，而且高抗病害。喷了天达 2116 经过高温管理，你的产量就上去了。

我可以告诉你，大棚的黄瓜、西红柿的亩产量是多少？我的学生在 1996 年就突破亩产 6 万斤、7 万斤。大家可能看到在《乡村季风》里面播的，一个青岛市朝阳区北城村的一个小伙子，他的大棚樱桃西红柿，半亩地，每年收益 2.5 万元，3 年以来不得任何病害，就使用的这种温度管理方法和我在前面讲的施用有机肥料不用化肥。

126. 如何合理调控温室的光照？

（专家孙培博）：目前在大棚光照管理上存在的问题也比较大，一个是不擦薄膜，用旧薄膜，结果采光面的薄膜是灰尘、草屑一片一片的，透光率低。本来薄膜的透光率仅仅有80%左右，如果薄膜一老化，加上灰尘、草屑覆盖，薄膜的透光率就降到50%左右、40%左右，大棚的光照弱，温度就要低，而且光合作用就要弱，产量就大幅度降低。

再一个问题就是拉揭草苫子不够及时，有的棚户早上起来太阳出来1个小时不拉苫子，有的太阳落山前1～2个小时把草苫子盖上了，还有的棚户下雪天不拉草苫子，结果连续3～4天不拉草苫子，这个影响就更大了，因为作物只要在黑暗状态就不能进行光合作用，但是它要进行呼吸作用，它要消耗营养物质，只要见阳光，哪怕温度低，就是在0～5℃的温度条件下，它照样进行生产，只是生产得弱点，光照弱，生产的能力低，光照强，生产能力强。所以我们一定要把薄膜擦得镜明瓦亮，让它透光率高，和灯泡一样，电压高灯泡就亮，透光弱就等于电压低，当然光合生产就要低了。如果薄膜镜明瓦亮，透光率高等于电压高，机器就要转得快，所以它的生产能力就强。

我们一定要勤快点，不允许薄膜上有草和灰尘存在，要经常擦薄膜，再一个一定要早拉草苫子，只要一出太阳就要把草苫子拉起来，晚上在太阳落山的时候再放下草苫子，只要白天别通气，土壤温度高了，就是晚放草苫子、早揭草苫子，棚温也不会低。这个大家放心，这个不会引起冻害。

但是你要是早放苫子、晚拉苫子，本来冬天时间就短，一天7～8个小时见阳光的时间。你早晨晚拉1个小时，晚上早盖1个小时，该工作8个小时你让它干6个小时的活，这6个小时的产量能有8个小时的产量高吗？所以今后大家千万注意，太阳一出山，要拉苫子；太阳落山以前不要落草苫子，这样延长见光时间，提高光合作用。

再一个棚内光照条件差异比较大。前部光照强，中部不如前部，而后面光照更弱。为了改变这个问题，我们要张挂反光膜，反光膜可以在后坡上挂，在后墙上挂，可以改善光照条件，有条件的，地面也要铺上反光膜，这样整个棚内的光照条件就改善了。还要注意架苗千万不要高，本身随着高度的下降，地面温度低，你架苗越高，遮荫越重，土壤温度越低，根系越发育不好。所以架苗要控制在1.5米左右，不准高于1.6米。这样既改善棚内的光照条件，又提高土壤的温度，光合作用就好了。

127. 温室灌溉应注意哪些事项？

（专家孙培博）：对于温室浇水问题，我想谈这么几点意见。目前在温室浇水上存在的突出问题浇水量次数偏少，一次性浇水偏大，有的种黄瓜半个月不浇甚至1个月不浇水，所以浇水就浇大水，大水漫灌。这样对黄瓜生长极为不利，冬天水是凉的，即使是井水温度也低，仅仅15℃左右，结果一浇水降低低温，板结土壤。而且造成肥料大量流失。在温室里栽培浇水一定要浇小水，一定要起高垄，M形高垄，两行起一个大垄，两行之间有一个小沟，往小沟内浇水，小沟的深度要比沟面的深度高出10～15厘米，小沟深10厘米左右，操作行的深度要达到25厘米左右，这样浇水在小沟浇水，浇满沟也不会造成浇水过多。正好一渗，渗到土壤中，把沟渗满，不会造成肥料流失，所以必须要浇小水，要勤浇，不允许忽干忽湿。目前西红柿的缺钙就是因为忽干忽湿造成的，西红柿的裂果也是因为忽干忽湿造成的。黄瓜尖嘴瓜细小瓜也是因为水肥不均匀造成的。所以大家一定要注意，一定要小水勤浇。

再一个问题就是一定要覆盖地膜，在地膜底下浇水，防止在浇水以后土壤水分蒸发，诱发棚内湿度高引起病害发生。浇水时间要注意一定要选择晴天的上午10点钟以前结束。因为早晨起来地温低，你浇水不至于降低地温，中午晒太阳温度就提起来了。中午、下午不允许浇水，阴天不允许浇水，因为阴天浇水你不能开口通风，导致湿气排不出去，造成棚内湿度高，会引发病害。

所以浇水一定要采取在地膜底下暗灌。哪怕是半夜起来浇水也要在10点钟以前浇完水。浇水的时候一定要开着通风口，排除湿气。还要注意的是要按我前面讲的在棚的前沿挖一条防寒沟，把农膜做成90厘米双面的桶放进去，灌上一桶水，晒上一天，水的温度就提起来了，将来浇水浇的就不是凉水了，就不会降低地温。特别要注意，平时栽培一浇水就大，水一大就必然诱发病害，降低地温，板结土壤。还有一定要起高垄，小行40厘米，中间的沟40厘米深，在小沟浇水，大行宽在80～90厘米宽，这是操作行。这个沟深要达到25厘米左右。还有就是浇水之前还要喷一遍防病药，防止浇水以后棚内湿度过高，引起病害发生。

128. 怎样预防温室冻害发生？

（专家孙培博）：关于大棚冻害问题我想谈的是，冬季栽培必然要存在寒流低温问题，一旦来了寒流，气温降到－10℃甚至－15℃，那么你的棚型不好、设置不好就要出现低温危害。

解决办法就是首先在棚型上加以改造，一个是把棚的采光面建造成拱形，薄膜压成波浪形，薄膜压紧之后不会呼扇，这样保温效果好，光亮多、温度高。再一个，棚的后坡、山墙、后墙都要覆上草，用20厘米左右的玉米秸或者其他草，然后在草外面用薄膜封闭起来，这样就形成了一层保温层，就等于给大棚穿上了一个小棉袄、穿上了一个大皮袄。这样后墙、后坡、山墙的热量就不再外传了。白天提高温度之后把热量存起来，到晚上或者低温的时候再释放热量来稳定棚温。再一个防寒沟一定要设置健全，按我前面讲的，棚的前面要设置出水防寒沟，有这一桶水，白天它蓄积热量，到晚上它向外放热量。

这样就稳定棚温，周围的墙体也要设置20厘米宽埋草的防寒沟，这样草也发酵，也释放热量，同时草可以断绝土壤热量外传，使棚内温度高。还有一个要注意：一定要起高垄，全面积覆盖地膜，因为起高垄之后增加了土壤的表面积，土壤吸收热量多，热土层厚，蓄积的热量多，这样到了降温的时候土壤温度的热量可以释放，来散热、来稳定棚温。这个非常重要。还有要把棚门改成双门，双门两个门的距离要达到1米左右，这样进棚的时候，外门打开，里门挡住，热气不会外出、冷气不会进入棚内。进了棚之后把外门关好，再开里门，这样可以防止冷热空气频繁交流，这样可以保证棚温。

除此以外还要喷洒天达2116，因为天达2116可以令所有作物提高抗寒能力，使作物耐低温、抗冻害。就是发生冻害，马上喷上天达2116也可以减轻冻害。所以你只要坚持使用天达2116，遇到冻害以后不出毛病。比如说今年正月十五的那场大雪、大风，烟台惠理的草莓棚被大风掀了顶，喷天达2116的没有事，不喷的苗子冻死了。喷天达2116的苗子救过来了。大连的大棚桃、大棚樱桃，也是正月十五那场大风把棚揭了，凡是喷洒天达2116的什么事没有。一个棚比上一年增收2万元。而没有喷洒的连叶片带果子加花全军覆没。所以大家一定要注意，天有不测风云，越冬栽培说降温就降温，一定要喷洒天达2116，防止低温来临的时候造成冻害，只要喷洒了就不怕了。

129. 温室病害主要有哪些？应该怎样防治？

（专家孙培博）：在温室病害防治上目前存在情况就是完全依靠农药。农药防治应该是维持生产离不了的。如果单纯是用农药处理病害的话那就错了。我们在温室病害防治上首先要了解病害发生的最基本的三个条件：第一必须要有病源；第二必须要有适宜发病的生态环境，像温度、湿度；第三必须植物生长衰弱。只有具备这三个条件，病害才能蔓延、发展。

首先是病源问题，而这个问题被大家忽略了。我不管走到哪个地方，都能在大棚外面看到病叶子、病秧子、病果都在外面堆着，实际上这种做法就是自己糟蹋自己。因为这些病叶子、病秧子、病果就在不断地散发病菌。当你走到这个地方以后，病菌就粘到你身上，你进到棚，这些病菌就被你带到棚内了，所以就造成病源到处蔓延。那么这个问题应该怎么样处理，实际上病叶子、病秧子、病果也是一种资源，是一种肥料资源，西红柿的秧子沤的肥料最适宜西红柿生长，黄瓜的秧子沤的肥料最适宜黄瓜的生长。以后我们应该在每家每户的外面盖一个肥料坑。挖个1米深的坑，大小3～4米^3，底下铺上塑料薄膜，然后倒上粪水，你只要有病叶子、病秧子、病果，就都放到肥料坑里面，上面用薄膜一盖，这样病菌散发不出来了，经过长期沤制、发酵以后，病菌也就被杀灭了。将来到下次换茬的时候就可以做肥料施入土中，就把废秧子变成肥料，既节约了成本又消灭了病源。所以这个问题大家要注意。

第二个问题就是环境条件，我们种小麦也好，种玉米也好，必须要有种子、适宜的温度和湿度才能出苗。湿度不够，干土种上什么它也不出苗，温度低了照样不出苗。病菌和玉米、小麦一个道理，我们大棚发生的几种主要病害，像灰霉病、霜霉病这种经常发生的病害，另外像细菌性角斑病、茎枯病、早疫病、晚疫病、菌核病，这些病害它最适宜的发病条件就是在20℃左右，气温高于15℃、低于25℃最适宜发病。一旦气温高于30℃以上，这些病害都不会发生，如果湿度达到90%以上，最低88%以上，这些病害才发生。如果把湿度降下来，降到80%以下也不会发生。所以我们在温室栽培，一个是要彻底消灭病源，再一个必须调整温度、调整湿度。这个按我前面讲的白天高温把温度提起来，不得病，而且降低湿度，到晚上开口通气，早晨开口通气把湿度降下来也不得病。这样就不给作物得病的条件。

第三个问题就是必须让秧苗健壮。庄稼苗和人一样也是生命，棒小伙子3年不吃药，5年不打针，十年八年不进医院的门，为什么？他身体健壮，免疫力强。庄稼苗不管是西红柿、黄瓜还是茄子、辣椒，只要是壮苗子，它同样不得病。所以说苗子一定要栽好，一定要壮苗，用天达 2116 喷洒秧苗要坚持每十天半个月喷洒一次，因为天达 2116 可以提高秧苗的免疫力，提高秧苗的抗病性能，这样它就很少得病。

130. 怎样防治温室细菌性病害?

（专家孙培博）：细菌性病害是由于细菌侵染植物引起的一种病害。最近这几年细菌性病害在温室内发生非常普遍，经常发生的有黄瓜的细菌性角斑病、软腐病、叶枯病、原枯病；在茄子上有青枯病、软腐病；辣椒、西红柿的青枯病、软腐病、髓部坏死症、溃疡病、疮痂病等。这些病害有一个最大的特点是，多数必须有伤口侵入，如果植物本身没有伤口，病菌很难侵入。而且病菌会侵入弱植株。植物本身生长比较健壮的情况下，病菌很难侵入。

目前由于连作问题，不管是土壤还是空气当中，细菌种类都比较多。特别是土壤传菌比较多，比如说青枯病这几年大量发生就是由土壤传染引起的。要防止这一类病害的发生，首先要注意以下这几个方面：

第一，①要培养壮苗，要求植株健壮；②不能有伤口；③要控制环境条件；④要实行化学防治，农药喷洒。培养壮株的问题目前往往引不起大家重视来。植物是有生命的，它和人是一样的，人的身体健壮了，就不得病。植物身体健壮了，它也不会得病。所以我们首先从育苗抓起，要培育壮苗。有了壮苗，细菌就难以侵染。再一个一定要注意减少伤口。育苗当中首先是移栽这一关，不能伤根。特别是现在我们有些不良的习惯，栽苗的时候用手按。一按这个土就造成断根，给根部造成伤口。还有上部土粒会伤害植物的嫩茎，就会形成伤口，伤口就会进入细菌，所以就容易引发细菌性病害，像溃疡病、青枯病、软腐病都由伤口引起的。

再一个就是虫害，虫害为害之后，不管在植物叶片上、花上、果上、茎秆上都会造成伤口，都为细菌开着大门。所以在防治上一定要注意减少伤口。除了把住移栽这一关，以后抹芽打杈，比如说西红柿需要经常抹芽，辣椒、茄子也需要抹芽，需要打杈。那么这时候一定要注意要选择晴天，中午前后温度高的时候伤口能及时愈合，这样就减少细菌性的侵入。

第三，就是必须保持植株生长健壮，要维持健壮的长势，就和人一样，身体健康，有细菌也侵入不了。这样就要加强肥水管理，就是不要大肥大水，因为大肥大水的情况下会造成徒长，徒长的植株并不健壮，要稳健管理，水肥要保证，不能大肥大水，要勤追肥要勤浇水，小水勤浇，小肥勤追，来维持植株健壮。维持植株健壮的一个最主要的方法就是一定要喷洒植株保健剂，比如说天达 2116、芸大 120、康凯、动力 2003 都是可以的。

特别是天达 2116，喷上之后能够促进植株扎根，根系发达了，根深叶茂，植株就健壮，再一个能够提高光合作用，植物生产的营养多了，植株就健壮。还有一点就是天达 2116 可以稳定细胞膜，植物都是由细胞组成的，只要细胞膜健全，植株就是健壮的。所以一定要坚持经常喷洒天达 2116，这样就会保持植株的健壮，就减少发病的几率。

万不得已的方法就是喷洒农药，作为细菌性病害以前用的农药，由于长期使用，像农用链霉素、克杀得，这种药品连续使用了十几年、二十几年，结果就造成了细菌的抗药性，基本上对细菌没有什么效果了，今后发生细菌性病害就要改用诺氟沙星、百痢停，就是专门治疗猪肝炎和痢疾的百痢停。用这种药进行防治效果就好了。诺氟沙星一般2.5%的稀释600倍。百痢停一般是水剂，一喷雾器掺进去15～20毫升就可以了，这个防治效果很好。防止细菌性病害一定要注意，因为细菌性病害一旦发展起来就是厉害的，所以打药的次数、间隔时间一定要短，一般间隔3天就要喷洒，一般是连续喷洒2～3次就可以把细菌性病害防治住了。像细菌性溃疡病、细菌性髓部坏死症，包括青枯病，只要你利用诺氟沙星和百痢停交替喷洒，再适当的添加天达2116，一般最多3遍药就可以把病治住。

131. 怎样防治温室病毒性病害？

（专家孙培博）：病毒性病害是因为病毒侵染作物引起的一种病害。目前属于大发展趋势。像辣椒病毒病，大田发病率几乎达到70%，严重地块甚至能达到80%以上。在大棚中也属于发展趋势。比如说黄瓜病毒病、辣椒病毒病，茄子、西红柿、西葫芦，病毒病发生都比较严重。

病毒病都有一个共同的特点，必须是植株弱的时候才容易侵染，再一个它需要通过伤口侵入，没有伤口也比较难以侵染。传染病毒的第三种方式就是蚜虫为害，因为蚜虫带病，只要蚜虫为害就会传染上病毒。第四种方式就是人体传播为害。比如说有的农户吸烟，烟草带病毒，手上带病毒了，你用手抹芽打杈就会把病毒传染到植株上。知道了这些，防治上大家以后就有数了，首先病毒有个特点，它不耐高温，一般能达到60℃以上的温度，时间长一点就可以把病毒杀死。

所以防治第一要抓高温闷棚土壤灭菌。在栽植以前，要利用暑季的高温时段把大棚封闭严密，然后把土壤刨起来，刨的时候不要打碎土坷垃。因为打碎坷垃，热量就达不到土壤深部去，有坷垃就能把热气传进土壤深部去，提高土温，然后利用太阳把土温提高到60℃左右，闷10天到半个月，这样土壤当中的病毒基本能杀灭90%以上，这样就减少土壤中病毒的残留，就减少病害发生。闷棚也可以防治其他病害，可以用4斤硫磺在棚内点燃，燃烧以后就变成了三氧化硫，三氧化硫具有强烈的氧化、杀菌作用，就可以把棚内残留的其他病菌、真菌性病菌、细菌性病菌消灭。这样就使你的棚内，不管是土壤，还是墙体，还是棚架都没有病菌。病菌残留的少，以后发病的几率就小。

土壤病菌种类很多，但是我们目前有一种好的方法，就是利用生物菌肥来抑制土壤中的有害病菌的繁育。当前在山东有这么几种，一个是多年生物菌肥，再一个是酵素菌、放线菌、侧孢菌等，这些菌作为生物菌肥施入土壤当中，它可以快速繁育。繁育之后就可以抑制土壤当中的青枯病，抑制病毒和其他病害的病菌的繁育。这样栽植下去就可以大大减少细菌性病害的发生。我再给大家介绍一个好的方法。就是在施肥以前的1个月，先把有机肥料用生物菌喷洒均匀。用奇多年一亩地50克就够了。把一亩地的肥料用奇多年生物菌拌上之后，用塑料薄膜盖起来进行发酵，通过发酵之后，整个这些肥料就都变成了生物菌肥。这样撒入土壤中就可以抑制并杀死土壤中的一些有害细菌，就等于给土壤消了毒。将来不管是青枯病还是其他的一些病害，像猝倒病、立枯病、软腐病都可以抑制，减少发生。

栽植上以后一定要注意，细菌和病毒同样是通过伤口传染的。一旦发生病毒性病害一定要尽快防治，因为病毒性病害一旦得上了，治疗是不好治的。我搞农业生产 40 多年了，只要作物得上病毒性病害，我还没有发现有能够治疗的。只有提前预防才能让作物不得病毒性病害。目前防治效果最好的就是天达 2116＋天达裕丰。2006 年我在大连，我们大家都知道，辣椒病毒病发生特别重，发病率高达 80%，大连的温室辣椒仅仅打了 3 遍天达 2116 加上天达裕丰，结果病毒病发生株率不足 5%。而不打天达 2116 的病毒病发生株率高达 40%以上。

所以病毒病的防治就要提前喷洒天达 2116 加天达裕丰，首先在苗期栽苗的时候，一定要用 1 500 倍的天达裕丰加上 600 倍的壮苗灵喷洒秧苗。换苗之后停 7～8 天，用天达裕丰加天达 2116 再喷一次，然后隔 10 天左右，就基本上可以保证作物病毒病发生极少。

132. 怎样防治温室土传性病害?

（专家孙培博）：土传性病害种类相当多，像目前发生最普遍的早疫病、晚疫病、细菌性病害、病毒性病害以及苗期的猝倒病、立枯病、叶斑病、炭疽病、白粉病、灰霉病等等，都是土壤传病。因为土壤当中存在大量的细菌、病毒和真菌，我们可以把这些统称为土传性病害。

在土传性病害的防治上，一定要注意综合防治。首先要搞好土壤消毒，把细菌消灭在土壤之中。我前面讲的，要高温闷棚，就是土壤消毒的一个比较好的方法。为了提高闷棚效果，提高杀菌效果，我可以给大家提个法，你在高温闷棚以前可以用火烧土壤。把地先刨起来，刨起来不要打碎坷垃，然后撒上大约 1 尺*厚的麦秸草，一段一段的，然后点燃，麦秸草点了火以后，只要不冒明火了，趁着草还红着的时候马上把草翻到地里去，这样一段一段的搞，这样一翻，整个的土温可以达到 90℃左右，不但可以把土壤当中的细菌性病害、真菌性病害、病毒性病害消灭，还可以从根本上杀死根结线虫。土壤消毒过后在种植的时候还要注意，一个是肥料，肥料带菌。所以说肥料必须事先发酵，发酵的方法就是使用生物菌肥，就是我前面讲的把生物菌买回来之后放到肥料里面发酵后，就可以作为生物菌肥施用，这样生物菌肥里面的有益菌就可以抑制并杀死土壤里面的有害菌，这样就把土传病害降到最低程度，甚至不发生。这是最好的方法。一旦发生病毒性病害，就要使用药物防治。关于药物防治的问题我会在下次给大家介绍。土传病害就要注意这些。

133. 怎样防治温室黄瓜霜霉病?

（专家孙培博）：用药物防治，你必须针对不同的病害采用不同的农药来进行防治，首先霜霉病发病很快，不用几天，就能让作物的叶子干枯。开始在大棚的前沿，在叶子上就会发现水渍状的小斑点，从正面要慢慢地变黄，然后就在叶子的背面出现灰褐色的霉层。发展严重了，整个叶片都会干枯。

---

* 尺为非法定计量单位，1 尺＝10 寸＝33.3 厘米。

这种病害大家必须要了解它，这种病害主要是通过空气传菌，这种病害病菌就在空气中大量存在，要防止首先要按照我前面讲的，要消灭病源，黄瓜秧子、黄瓜叶子、病瓜、病叶子千万不要往棚外面扔，一定要注意把它沤成肥料，把它放到积肥坑内，让它发酵，并且要在上面盖上薄膜，让病菌散发不出来。这样就减少病源。二是一定要了解，黄瓜霜霉病的发病条件，必须是弱植株，哪个瓜秧子弱，哪棵先得病。再一个它必须高湿度，空气湿度要达到90%以上，特别在有露水的情况下，起雾的情况下才会发病。再一个温度必须适宜，温度在15℃以上、25℃以下，最适宜发病，一旦温度超过30℃，基本不发病，超过32℃，也不会发病。温度低于5℃也不发病，但是低于5℃就对黄瓜生长不利了，所以我们在控制的时候一定要注意，按照我前面讲过的一定要注意调控温度。就是说白天温度要维持在32℃以上、35℃以下，这样作物不会得病，而且高温可以降低空气湿度，通气改成早晨起来通气、晚上通气，把夜间的湿度降下来。只要夜间湿度低于85%，就不会发生病害，就是有病菌它也感染不上。

要调整环境条件。还要维持黄瓜健壮的长势。要维持长势需要从两个方面着手，一个是肥水管理上要加强，特别要注意根外追肥，根外追肥要喷洒天达2116＋尿素＋红糖，这样来提高植株的健壮程度。这样一壶水＋红糖100克，＋尿素50～75克就可以，加1包天达2116，一般每10天到半个月喷一次，这样植株健壮了就不得病。还有一个，一定要调整瓜秧长势，就防止花打顶，防止坐瓜过多。你要注意观察黄瓜棵，如果是开花的瓜，生长点小于40厘米，就属于生长偏弱，如果长度大于50厘米，生长是偏强一点的，最好的方法就是在50厘米左右，这样瓜秧长势是正常的。所以要维持黄瓜生长点50厘米左右。那么怎么调整？黄瓜的瓜纽太多了，你想调整是不可能的，所以要经常打瓜纽，瓜纽过多会造成营养消耗，会引起生长减弱，不但不多结瓜，而且还会少结瓜，而且还容易诱发霜霉病，这样就需要勤摘瓜纽。你可以根据长势摘瓜纽，生长较弱的瓜，可以2节叶子留1个瓜，长势强的可以1个叶子留1个瓜，甚至留双瓜都行。但一旦长势偏弱了，一定要马上调整，由原来的1叶1瓜，改成3叶2瓜，最后减到2叶1瓜，这样就会减少病害发生。黄瓜一旦发生霜霉病了，这样就要用药了。

应该说现在药都是好药，关键是防治方法不对。只要你温度调整不上去，湿度调整不下来，打的药再多也没有用，所以在调整温度和湿度的前提下，喷药才有效。这些药的种类有：72.2%的普力克700～800倍液，或72%的克露700倍液，或霜疫力克700～800倍液，也可以用乙磷铝加上杀毒矾各500倍液，或者乙磷铝加上代森锰锌各500倍液，这样效果都不错的。千万要注意，每次浇水之前要先喷上药，就可以把叶片包起来，减少霜霉病发生。

134. 怎样防治温室灰霉病？

（专家孙培博）：在温室栽培当中发生最严重的病害就是灰霉病，灰霉病可以为害各种温室作物，不管是果树还是瓜类，还是茄果类，没有不发生的。因为灰霉病的寄主太多了，它可以寄生各种寄主。再一个它要求发病的条件：温度范围在15℃以上、26℃以下，空气湿度在88%以上。我们过去的温室管理恰恰满足了这个条件。

我搞温室以前，没听说过灰霉病，而且也没学过防治灰霉病，但是有了温室以后灰霉病大量发生了。不但在温室内发生，而且还传染到大田，就是因为温室为灰霉病创造了一个好的环境条件。结果造成病菌的群落越来越大。不但大田发生，而且葡萄、瓜类都会发生，损害相当严重，损失也很严重。

对于灰霉病的防治首先要清除病源，灰霉病的病源用肉眼就能看到：是一些灰色的毛，那就是它的菌体，你在温室中一走动，菌丝就会随空气飘起来，粘到叶片上，叶片得病，粘到果子上，果子得病。所以大家清除病源的时候，一定要提前预备一个塑料袋，摘下来以后顺手放到塑料袋内，把口一扎，防止病源蔓延，到棚外以后，一定要放进积肥坑里，把薄膜盖起来，防止病菌散发。

高温闷棚也是一个必需的措施。最根本的方法就是调整空气湿度和温度。因为温度高于30℃以上，基本不会发病，高于32℃就不会发病，所以白天一定要高温，通过高温来抑制病害侵染。夜间一定要降低湿度，夜间要开口通风，早晨也要开口通风。只要温度不低于10℃，什么危险也没有。白天土壤温度高了，墙体温度高了，怕夜间开点口通风，蓄积的热量多，也不会造成夜间温度过低，但是把湿度降下来了，湿度一降，病害就不会发生了，这是从根本上解决。一旦发生灰霉病了，大家要注意，这样就要喷药防治了，防治灰霉病的药种类也比较多，像老药多菌灵，现在因为抗药性所以现在不大用了，速克灵治疗灰霉病效果也很好，连续几年也有点抗药性了。

现在最好的药是阿米西达，还一个爱苗乳油，这个都比较好。但是不管哪种药都不要连续使用，一定要交替使用，而且要和天达2116配合使用，这样来提高防治效果。对于一些瓜类作物开完花之后，由于湿度过高，花容易腐烂，先得灰霉病。花上得了灰霉病，诱发果上得灰霉病，如果你事先把瓜和花揪掉，这个作物就不会得灰霉病。就是你少打药，甚至不打药也可以不得灰霉病。黄瓜、茄子都可以采取这个方法。当然在整个温度、湿度控制好的情况下可以不摘，但是在西葫芦上面你必须摘花。

135. 怎样防治温室根结线虫?

（专家孙培博）：目前在大棚里面发生最普遍，而且发生比较重的是根结线虫病。这种病是因为土壤里面有根结线虫侵染作物的根引起的。一旦侵染根系就会在根部出现米粒状小瘤。慢慢长大，大的会长到乒乓球大。一旦被根结线虫侵染，整个植株，不管是黄瓜秧子、茄子秧子都开始衰弱，最后会导致死亡。

现在发生非常普遍，特别是老温室，3～4年以上的，几乎都有根结线虫存在。但是老百姓目前有个错误的观点就是用农药灌根浇药，说句实话，这么多年用农药来防治的，没有能够彻底防治的。

目前防治效果最好的农药阿维菌素，它的防治效果仅仅70%左右，不彻底。从根本上防治根结线虫唯一的方法就是高温闷棚。因为根结线虫在土壤当中存在于土表15厘米之内，特别是12厘米以上的地方。15厘米以下就没有了，而且它的虫卵也好、虫子也好，只要土壤温度达到58℃，8分钟就死掉了。那么只要在夏季高温季节，先把土刨起来，不要打碎坷垃，然后进行高温闷棚，夏天高温闷棚，棚内气温可以达到70℃以上，土壤温度就可以达到60℃左右，时间一长就把根结线虫杀死了，这是最好的方法。

前面我讲过我的一个学生，棚种了8年，棚内就没有根结线虫，而其他的户，家家都有根结线虫。我的学生也没有用药，就使用的高温闷棚。他每年换茬的时候，在7月下旬都要进行高温闷棚，只要高温闷棚，就能够把根结线虫杀死，你为了提高效果的话，如果在高温闷棚以前，先把地刨起来，每隔1米撒上麦秸草，点燃之后把土翻下去，再把膜封闭严密，高温闷起来，这样效果更好。

136. 温室栽培西红柿应该注意哪些事项？

（专家孙培博）：在大棚西红柿栽培上，在搞好土、肥、水的管理和病虫害防治的前提下，要注意这么几项：第一要注意，一定要注意大苗移栽，一定要鲜蕾移栽，因为一旦使用鲜蕾移栽后，栽植的时候可以使用定向栽植，定向栽植的好处是，可以使花穗都朝操作行，因为操作行光照足，西红柿本身是绿色的，它含有叶绿素，它本身就能够生产营养，那它将来产量高、个大。再一个蘸花也好、打药也好，冲着操作行都非常方便。将来采果前，果实见光好，红得也就好，所以它品质好。所以一定要注意要培养大苗，使花朝向操作行。

第二个注意事项就是大苗栽植的时候，苗子要高，一定要实行卧栽。就是以花穗为准，使花穗离地20厘米高，其余的茎秆全部埋到土壤当中，这样茎秆自身就能发根，这样可以使根系特别发达，将来苗子壮、高。卧栽要注意一个问题，一定不能栽深，根系还要浅，让它倒在土里就行。那么生长点这头要往北，这样就直接抬起头来了。这样以后大棚里面非常整齐，20厘米高都是果，管理也好管理，而且将来产量高，棵也不会多高。如果将来棵高了，将来必然产量低，这样为丰产打下一个好的基础。

第三个问题栽上以后一定要控苗，特别是栽上以后千万不要浇水，因为一旦浇水，秧苗就要旺长，长粗长大叶子。光照条件一旦恶化，就会让西红柿秧苗长个大个子、结个小果子，产量就低。所以一定要控制水，不坐果，第一穗果不坐齐，不长到山楂核桃大，不能浇水。找到够山楂核桃大了，在浇水之前要喷防病杀菌药加上多硝唑，或者加上助长素，控制秧苗，不让它猛长，窜起秧子来。防止秧苗的叶片过大，遮光造成棚内光照条件恶化，引起减产。

第四个注意事项，抹芽打杈必须及时。西红柿每个叶节都要放个杈子，这个杈子长的速度非常快。几天就可以长很大。开始消耗有机营养，长大了它才制造营养，所以整个生长过程中它是消耗营养，长得越大消耗营养越多。留下它来是个废物，所以它要影响光照条件，所以必须抹掉。并且是抹得越早越好，在它几厘米高的时候就把它抹掉。因为在这个时候它很细，抹去之后伤口非常小，不会对整个茎秆造成损害。如果杈子长大了、长粗了，一抹一个大伤口，将来就容易感染疫病、感染灰霉病。而且伤口还要流伤流液造成营养损失。所以说抹芽打杈必须及时，不能拖。大家还要注意抹芽要选择晴天、中午以后打。因为温度高了，伤口愈合得快，它不会得病。

第五个问题，西红柿栽培一年要一打杈，不要换杈。这一打杈可以在棚内生长 10 个月到 11 个月，可以结多少穗果？可以结 18～20 穗果。一亩地可以拿多少产量？可以拿 7 万斤以上。大家可以算个账，一穗果 1.5 斤，结到 20 穗果是 30 斤，你就可以拿 27 斤产量，这一棵拿到 27 斤产量，一亩地在 3 000～3 200 棵，大家算算，97 万斤以上。但是你一打杈秧子必然高，秧子高就要及时打顶。就是每三四个果打一次顶，然后在顶穗果下半部和中穗果的上半部之间留一个外杈，这个外茬继续留三穗果。打顶要注意，顶穗果上面要留 2 片叶子。打顶之后再留杈，这样反复进行。

如果你不打顶，西红柿营养生长过强，将来长的秧子高，底穗果膨大得慢，结果就导致秧子窜的高，就会恶化西红柿的光照条件和温度条件，没有好处。所以你通过一打顶，抑制了营养生长，底穗果膨大得快，熟得早，早摘果子早落秧，落秧后，秧子矮了，光照条件、温度条件都得以改善。改善后生长就好了。在落秧中，已开始吊秧的时候大家要注意，吊秧的绳一定要 4 米左右，不能少于 3.5 米。因为将来西红柿的秧子就是 3.5～4.5 米。把秧子吊好，拴到吊秧线上之后，吊秧线的铁丝不要高，要 1.8 米高，这样操作便利，如果高了，你够不到啊，上面要系活扣。这样落秧的时候把绳子一拉，秧子就落下来了，要落绳不动秧子。如果你一个一个向下摘的话，这就麻烦了，要伤果，要伤叶子，甚至让果都落掉了。两口子差不多用 1 个小时就能把这一亩的操作完了。但是落秧要注意，每两行一个组，东边的行可以往南倒，西边的行可以往北倒。两头的一个往东倒一个往西倒，这样正好形成一个圈。这样摘完果子以后就可以落秧。西红柿还有一个摘叶子的问题，现在有些人把基部的叶子全部摘光了，留下 2 穗果，甚至 3 穗果。西红柿一个是靠果进行光合作用产生营养，主要还是靠上下 3 片叶子，通过光合作用生产的营养物质，供这个果生长。如果你把叶片都摘了，就等于把它绿色工厂的地基砸了，车间撤了，就没有供它营养的了。

所以摘叶子，一定要采完果实以后摘叶子。同时还要保证在顶穗果下面要有 1 片叶子到 2 片叶子，这样将来果大、产量高。摘叶子也要注意要在晴天中午以后摘，这样伤口愈合得快。还有一条就是西红柿蘸花，西红柿蘸花是一个很繁琐的问题，目前蘸花上存在很多错误的做法：一个是浓度过高，浓度过高会造成生理性病害，就是顶部叶片发生绝叶，大家都当成病毒病了。这不是病毒病，这是一种药害，这就是因为你蘸花的 2,4－D 也好、防落素也好、丰产灵也好，对它进行刺激，所以形成了一种绝叶。所以浓度一定要适宜，不要高浓度，要把浓度降下来，按照它说明的浓度还要多加点水。再一个高温期间不要蘸花，蘸花温度一定要在 25℃以下、18℃以上进行蘸花。同时还要注意不要 1 个花也蘸、2 个花也蘸，一定开够 4 朵花一块蘸，这样蘸花的好处是果长得一般大，一块成熟，为你采收管理都带来了方便。大家不要害怕果实坐不住，我教你个招，每天早晨起来，用棍子敲打铁丝，铁丝一震荡，这个西红柿秧子就要震动，花一震动就授上粉了，只要授上粉就落不了花。这样既省工，产量又好，而且采收容易，一块采收。还有在栽苗的时候一定要注意，因为西红柿苗子容易发病，一定要用恶霉灵加上天达 2116，恶霉灵 3 000 倍液，天达 2116 壮苗灵 600 倍液，连苗子加上营养土块一块喷洒，然后再栽植以后就会有效防止筋腐病、根腐病以及后期病害的发生。

137. 温室栽培黄瓜应该注意哪些事项?

(专家孙培博):温室黄瓜栽培,首先黄瓜育苗大家千万要注意,不要在温室里面育苗,要在温室外面建设小拱棚育苗,拱棚的高度1.5米左右,宽度5米左右,要根据你苗子数量来定。

作为越冬栽培黄瓜,最好的季节是在8月下旬,9月初育苗。因为这个时间气温较高,如果在大棚育苗的话温度降不下来,苗子必然徒长,苗子弱,病害重。这样的小拱棚遮荫也方便,管理也方便,特别是调温非常方便。这个时候需要降温,不需要升温。第二点就是在嫁接育苗时候的断根问题。目前存在的问题是断根偏晚,有的半个月才断根,有的甚至20天才断根,还有的不断根,这都是错误的。断根越晚,黄瓜根长得越粗,而黄瓜根粗,截口愈合不好,将来黄瓜苗越弱。断根的最佳时间是嫁接以后7～10天,不能超过10天。断根的时候大家要注意,断根以前一定要先喷上一遍防病的药,加上天达2116,因为你断根的时候都要浇水,防止霜霉病发生,所以要先打上药,然后再浇水,浇水的同时断根。这样保证苗子存活率在95%以上。第三个问题,黄瓜栽植的时候也要注意,虽然黄瓜嫁接了,不得黄瓜枯萎病,但是黄瓜的顶部容易得蔓枯病,因为嫁接点有伤口,伤口最容易感染病菌得蔓枯病,最后造成死秧子、死棵。所以在栽植的时候一定要先喷一遍天达2116+恶霉灵,喷过以后,在吊瓜之后用300倍的代森锰锌药液,或者是300的杀毒矾药液,用刷子在整个茎秆上涂上药,也可以用喷雾器,光喷茎秆。这样就可以保证以后不得蔓枯病,使苗子一直生长,不会出现死苗的情况。

黄瓜在大棚栽培中是处于短日照管理,往往是雌花过多。农民朋友有的还打一试灵、乙烯利,这些东西都会增加雌花数量,没有什么好处,所以在育苗当中,不要再用乙烯利、增瓜灵、一试灵等等。只要喷洒天达2116就会让花和瓜都坐住了。以后浇水要勤浇,小水勤浇。黄瓜在生长过程中最容易出现的问题就是花打顶,容易出现化瓜,化瓜是必然的,因为瓜纽太多,它不可能坐住,一个瓜3～4个纽。这个就需要在管理的过程中及时把瓜纽摘掉。瓜纽摘得越早越好。这样就可以控制花打顶现象,防止减产。还要控制秧苗的高度在14节以内。因为黄瓜超过15节叶,叶子就老化了,就没有用了。多余的叶片要及时摘掉,摘叶的时候也要在晴天,中午的时候摘。然后落秧,这个吊秧线要达到6米长,落秧不要落黄瓜秧,要落线,就地转个圈落秧就行,这个就与西红柿不一样了。

138. 温室栽培茄子应该注意哪些事项?

(专家孙培博):大棚茄子栽培大家一定要注意,在育苗上要下功夫,栽植的前期下功夫,因为茄子花分长柱花、中柱花和短柱花。茄子一旦出现短柱花,那开了花一定坐不住茄子,中柱花在营养好的情况下还能坐住茄子。

出现长柱花还是短柱花主要是根据茄子的营养情况,所以在苗期育苗的时候,一定要进行分苗来抑制营养生长，促进花芽分化。一般茄子第一遍长出苗以后，一旦出现 2 片窄叶的时候，要进行分苗，因为在出现 2 片窄叶的时候出现花芽分化，通过分苗抑制营养生长，让它根系发育的好，让它改善营养，花芽分化就会好了。

在苗期管理当中，一定要控水，千万不要造成苗子徒长，苗子徒长，营养生长过旺，就要造成短柱花多，长柱花少，导致坐果率低。栽上苗子以后，要控水，不要浇大水，浇小水促进根系发达，这样就抑制营养生长，这样花芽分化好，将来长柱花多，结果好。栽上苗后，在喷药的时候，大家千万要注意，为了让它以后打个好基础，一定要用天达 2116，第一遍用壮苗灵加上恶霉灵，一定要加红糖、加尿素。一喷雾器 30 斤水，加 2 两红糖，加 1 包天达 2116，加上 1 两尿素，这样喷洒之后，茄子特别健壮，叶片厚，光合作用制造的营养物质多，花芽分化得好，将来都是长柱花，都坐住了。隔 10 天左右再打一次，壮苗灵＋红糖＋尿素，这个时候要单独打一遍磷酸二氢钾。整个坐茄子以前，要求打上 2 遍磷酸二氢钾，这样就为茄子花芽分化打了一个很好的基础。为了提高春节以前茄子的产量，温室栽培茄子需要密植，1 亩地栽 2 000 棵。2 000 棵你不要害怕，第一个我留着门茄，就是第一个茄子，我门茄就有 2 000 个，就比你 600 棵多了 3 倍多的茄子。一分杈，到第二层的茄子我也都留着，我就可以收 4 000 个茄子，光这两层我就有 6 000 个茄子。再往上长，出了 4 个茄子我都留下，但是在这一层往上不要留多余的杈了。因为茄子是 1 个杈分化成 2 个杈，2 个杈分化成 4 个杈，4 个杈分化成 8 个杈。长到 4 个的时候，会分出 8 个杈，在温室栽培中，就把这 4 个以上多出来的杈掐掉，只留 4 个杈。这样从第三层开始，上面都是 4 个一层、4 个一层。这样栽植就可以让产量成倍的提高。还有个方法，其他的我不采，我只采门茄，这样门茄往上的我可以不摘，这样一棵茄子上我可以维持有 10 个茄子。因为要用 2,4－D 蘸花的，所以它不会结籽，长得再大、时间再长它不老。我就可以到腊月二十四左右一次性全摘下来，这样我一次性摘 10 个茄子，一个茄子 1 斤多，我一次就可以在一棵上摘 10 斤左右的茄子，这个时候的茄子价格最高。1 斤茄子 2 块钱，你赚的钱一下子就上去了。其他的还要注意，以后茄子不能长得高于 1.8 米，一旦高了以后一定要往下减，让下面的茬再重新往上长。你可以让秧苗长 1 年到 2 年都没问题。

139. 苹果树根茎腐烂，怎么回事？

昌邑的老张说他家的苹果树根茎腐烂，怎么回事？

（专家张云茂）：近期苹果白绢病发病很厉害，主要症状就是根茎腐烂。我看你家的苹果树恐怕是受到它的侵害了，得赶快将病皮刮除，露出新皮，用 100 倍的天达恶霉灵加 50 倍天达 2116 消毒杀菌，隔上 10 天，再涂一次。

140. 对付苹果绵蚜，有什么好办法？

沂源的小高问：对付苹果绵蚜，有什么好办法？

（专家张云茂）：想消灭苹果绵蚜，你试试这个法儿：5 月 15～20 日，用 40％氧乐果，在苹果树干中部进行涂环，宽度10～15厘米，老树最好是将树皮刮至露白露绿，将1斤氧乐果加1斤天达2116、加1斤水，涂上就行，小树不用刮皮，直接涂上便可。此法既经济，效果又好。另外，到8月中旬可再喷一次天达毒死蜱1 400倍液。听明白了吧？

141. 苹果苦痘病该怎么防治啊？

烟台的老李问：苹果苦痘病该怎么防治啊？

（专家张云茂）：对付苹果苦痘病，一定要增施有机肥，适当减少氨肥的施用量。你可以在3月份到5月份期间追一次硅钙肥，用量可以去年的产量，每50千克果追1～2千克肥就可以；另外树下追肥要和树上用药结合起来，套袋前喷2～3次氨钙堡500倍液，解袋后再喷一次；剪枝时不要大杀大砍，严禁环剥中干，掌握了这几点，就能减少苦痘病的发生。

142. 苹果得了小叶病，该怎么防治啊？

栖霞的小王问：苹果得了小叶病，该怎么防治啊？

（专家张云茂）：苹果小叶病这几年发生比较普遍，它能影响花芽的形成，严重影响苹果的产量。

防治办法，你听好了：在发芽之前，你最好给发病植株每株追施硫酸锌1斤左右，在花芽露红时，再喷天达2116 1 000倍液＋锌堡500倍液基本就可以了。

143. 他家的果树花叶，该怎么办啊？

龙口的老夏说：他家的果树花叶，该怎么办啊？

（专家张云茂）：花叶病是在叶片上形成黄色斑块和小斑点，影响花芽的分化和光合作用，属于病毒病害。对于发病严重的植株，你得赶紧根部浇灌天达2116 1 500倍液，每株灌40千克，花露红期喷一遍天达2116 1 000倍液，5月上旬末再喷一次就可以了。

144. 苹果黄叶是怎么回事啊？

胶南的老张问：苹果黄叶是怎么回事啊？

（专家张云茂）：苹果黄叶，一般是缺了铁，主要表现为：叶脉发绿，叶肉发黄。

防治方法是：对发病植株每株追施硫酸亚铁1千克，发芽时喷硫酸亚铁100倍液＋天达2116 1 000倍液。

145. 苹果树一到七八月份就开始落叶，有些年份到了9月，叶子就落了一半，应当怎么防治？

烟台的老高说，他家的苹果树一到七八月份就开始落叶，有些年份到了9月，叶子就落了一半，应当怎么防治？

（专家张云茂）：老高啊，我跟你说，苹果叶片常见的病害有以下几种：圆斑病、灰斑病、褐斑病和轮斑病，其中最严重的是褐斑病。一般5月份以后，特别是7、8月份降雨比较多，果园郁闭、通风透光条件差、湿度大时，发病严重。

防治措施你听好了：在果树发芽时喷5%的石硫合剂，5月中旬喷罗克1 200倍液+天达2116 1 000倍液，6月中旬苹果套完袋后再喷波尔多液1∶2.5∶200倍液，这次波尔多液，一定要抢在汛期到来之前喷上，这是很关键的一次药剂，到7月中旬、8月中旬再各喷一次。当病菌大量侵染时，一定要及时喷罗克1 200倍液+天达2116 1 000倍液，与波尔多液交替使用。

146. 对付苹果红蜘蛛，有什么好办法？

青州的小许问：对付苹果红蜘蛛，有什么好办法？

（专家张云茂）：我说小许啊，苹果树上的红蜘蛛一般分为四种：苹果红蜘蛛、山楂红蜘蛛、苜蓿红蜘蛛和二斑叶螨（也叫白蜘蛛）。以苹果红蜘蛛、山楂红蜘蛛和白蜘蛛为主。

防治措施是：发芽时喷5%的石硫合剂，在4月上旬、5月下旬各喷一次打螨利1 500倍液和天达阿维菌素2 000倍液。

147. 苹果腐烂病该怎么防治？

日照的老杨问：苹果腐烂病该怎么防治？

（专家张云茂）：苹果腐烂病又叫臭皮病，是苹果树上的主要病害，防治不当会使整个树枝烂掉，严重时，甚至整棵树都会死亡，发病的原因主要是树体营养不良、结果过多、负载量过大造成的。

老杨啊，防治苹果腐烂病的最佳时机是在果实采收之后，具体的防治措施，你听好了：

（1）要加强肥水管理，特别是果实采收后，要喂好月子肥，浇好坐月子水。适当增加磷、钾肥的使用量，提高树体抗病能力。

（2）冬季结合刮老翘皮，检查有没有病斑，一旦发现要彻底刮除，然后用腐迪1～4倍液+天达2116 20倍液涂抹，一次性治愈。发芽前喷园艺清300倍液消灭越冬病菌。

148. 柿子树连年不坐果是怎么回事，应当采取什么措施？

问：老张，我家的柿子树连年不坐果是怎么回事，应当采取什么措施？

（专家张云茂）：柿子不坐果有3个原因：

（1）授粉不良。

（2）树体旺长。

（3）后期由于柿板蚧的为害造成落果。

为了增加柿子坐果率，应采取下列措施：

（1）适当减少氮肥的使用量，防止旺长。

（2）柿子开花露黄时进行开甲。

（3）花期使用壁蜂授粉或者人工授粉，在花芽萌动期喷天达2116（果树专用）600倍液，增加坐果率。

(4) 在柿板蚧发生期喷绿云绵贝800倍液，消灭柿板蚧。

149. 樱桃每年表光不好，色泽不鲜艳，有没有什么办法，提高果实的表光？

问：老张，我的樱桃每年表光不好，色泽不鲜艳，有没有什么办法，提高果实的表光？

(专家张云茂)：建议你在樱桃谢花后连续喷3次天达2116 1 000倍液＋牛奶100倍液每次间隔8～10天，牛奶要先发酵再喷，这样你的樱桃表光好，着色好，色泽鲜艳，并能提前成熟3～5天，商品价值高。

150. 葡萄谢花后落果相当严重，有没有好办法防止落果？

问：张老师，我家的葡萄谢花后落果相当严重，有没有好办法防止落果？

(专家张云茂)：在葡萄开花前喷一次1 000倍的天达2116药液，花期喷硼砂300倍液，谢花后再喷一次1 000倍的天达2116药液，不但坐果率高，而且果个大。

151. 苹果红蜘蛛和白蜘蛛发生比较严重，应当怎么防治呢？

潍坊的老魏说，这几年他家果园里的苹果红蜘蛛和白蜘蛛发生比较严重，应当怎么防治呢？

(专家张云茂)：老魏啊，赶快喷天达阿维菌素3 000倍液，或绿云打螨利4 000倍液＋碳酸氢铵200倍液，一般一年当中，在5月中旬喷一次就可以了。

152. 巴梨每年都有铁头病，这是怎么回事，有什么防治的好办法啊？

昌邑的小徐问：他家的巴梨每年都有铁头病，这是怎么回事，有什么防治的好办法啊？

(专家张云茂)：我说小徐，你听好了，巴梨铁头病其实就是缺钙症，防治办法说来也简单，记住：在5月份每棵梨树追施1.5～2千克硅钙肥，在生长季节喷3～4次绿云氨钙堡500倍液就行了。

153. 桃小食心虫该怎么防治啊？

阳信的小赵问：桃小食心虫该怎么防治啊？

(专家张云茂)：我说小赵啊，要防治桃小食心虫，你得从早春就开始着手：

(1) 早春要筛挖树干周围的土，消灭越冬茧。

(2) 5月中旬以后，降中雨之后可以在树冠下喷1 000倍的速灭杀丁药液，消灭出土幼虫。

(3) 5月中旬以后挂桃小性诱芯，根据每天诱杀的成虫数量，来决定喷药的时间，在蛾的盛期，也就是幼虫孵化初期进行喷药防治，喷桃小灵乳油1 000倍液即可。

154. 苹果园每年小卷叶蛾都很多，用什么药剂在什么时间防治好呢？

胶南的老刘说，他家的苹果园每年小卷叶蛾都很多，用什么药剂在什么时间防治好呢？

（专家张云茂）：老刘啊，苹果小卷叶蛾一般应该在5月中旬防治第一代幼虫，具体的防治方法，你听好了：在5月中旬放赤眼蜂，每亩地放5～6贴，也可以喷天达虫酰肼1 000倍液，9月中旬再喷一次，消灭3代幼虫就可以了。

155. 中华寿桃穿孔病相当严重，怎么防治？

问：我家的中华寿桃穿孔病相当严重，怎么防治？

（专家张云茂）：中华寿桃细菌性穿孔病，在山东省发生相当普遍，严重影响了果品质量。

防治措施：在发芽前喷5波美度的石硫合剂，谢花后到套袋前连喷3次我国台湾省生产的净果净1 500倍液和天达2116 1 000倍液的混合液（间隔7～8天），便可有效地控制穿孔病的发生。

156. 苹果园每年褐斑病发生比较严重，怎么防治？

问：我的苹果园每年褐斑病发生比较严重，怎么防治？

（专家张云茂）：苹果褐斑病的防治时间重点放在5月中下旬和汛期，建议在5月中下旬喷一次天达2116 1 000倍液＋罗克1 200倍液或扑菌灵800倍液，6月20号左右，在汛期到来之前喷1∶2.5∶200倍的波尔多液，7月中旬、8月中旬再各喷一次，便可有效地控制褐斑病的发生。

157. 梨园里叶片上有黄色的斑点，叶正面有黄色的斑块并且油光光的，叶背面有土黄色霉污，严重的长3～5根长3～5毫米的须状病毛，这是什么病，怎么防治？

问：老张，我的大梨园里叶片上有黄色的斑点，叶正面有黄色的斑块并且油光光的，叶背面有土黄色霉污，严重的长3～5根长3～5毫米的须状病毛，这是什么病，怎么防治？

（专家张云茂）：这是赤星病，是由锈壁虱为害而造成的，果园周围有栽植的松柏树最容易造成此病的大量发生。

防治方法是：

（1）在梨树萌芽时喷5波美度的石硫合剂。

（2）大梨谢花后，在5月中旬喷800倍的粉锈宁药液，加天达2116 1 000倍液，便可有效地控制此病的发生。

158. 梨园里每年梨木虱发生比较严重，很难防治，请问有什么妙方？

问：张老师，我的大梨园里每年梨木虱发生比较严重，很难防治，请问有什么妙方？

（专家张云茂）：请你在大梨花芽露白期喷5波美度的石硫合剂，5月中下旬喷一次2%天达阿维菌素3 000倍液和3%天达啶虫脒2 000倍液加200倍的碳酸氢铵，治的既干净又彻底。

159. 防治苹果潜叶蛾，有什么好方法吗？

昌邑的老付问：防治苹果潜叶蛾，有什么好方法吗？

（专家张云茂）：哎呀，老付，要对付苹果潜叶蛾，你最好在发芽前喷一遍。在 5 月上旬、5 月中下旬和 8 月下旬分别喷一次天达灭幼脲 1 500 倍液。记好了吗？如果有什么问题，你可以拨打门诊热线，我再和你仔细谈谈。

160. 苹果皴皮怎么预防啊？

临沂的老周问：苹果皴皮怎么预防啊？

（专家张云茂）：要防止苹果皴皮，一定要合理浇水防止干旱。另外，在苹果套袋之前、解袋之后，喷药时还应注意以下几点：

（1）东北风、西北风超过 4 级要停止喷药，因为风力超过 4 级喷药容易造成皴皮。

（2）套袋前喷药时可以加入 100 倍的牛奶、1 000 倍的天达 2116。

（3）解袋后再喷一遍牛奶和天达 2116，能保证 20 天内不皴皮。

（4）杀菌剂和杀虫剂混合的种类不要太多、浓度不要太大，避免灼伤果皮，从而减少皴皮的发生。

161. 葡萄霜霉病该怎么防治啊？

高密的老于想问问葡萄霜霉病该怎么防治啊？

（专家张云茂）：老于啊，葡萄霜霉病主要为害叶片，严重的会为害枝蔓，发病时可喷天达 2116 1 000 倍液加天达恶霉灵 1 000 倍液。另外，乙磷铝 250 倍液加天达 2116 的防治效果也不错。

162. 桃树的根部长瘤，怎样防治？

临沂沂水的丁先生问：桃树的根部长瘤，怎样防治？

（专家张云茂）：丁先生，桃树的根部长瘤一般有两种病害：

桃树根癌病

症状：肿瘤多发生在表土下根茎部和主根与侧根连接处或接穗和砧木愈合的地方。瘤体椭圆形或不规则形，大小不一，表面粗糙不平。树体衰弱，严重时整株死亡。

防治方法：禁止从病区调入苗木。

（1）加强管理，增强树势，提高抗病能力，增施酸性肥料，抑制其扩散。

（2）扒土晾根，降低土壤湿度，独立浇水，控制发展和传播。

（3）切除或刮掉病瘤，伤口用 2%402 杀菌剂消毒，根茎周围替换无病土。

（4）树盘消毒，用 50%多菌灵可湿粉 200 倍液浇灌树盘。

根腐线虫病

症状：肿瘤多发生在吸收营养的须根上，瘤体表面相对平滑，新生根大量减少或坏死，树势衰弱，产量和品质降低。

防治方法：

（1）选择抗病砧木。

（2）园内间作非线虫寄主植物的草，如高羊茅草、多早生黑麦草等，减少其他杂草生长。

（3）增施有机肥，防止土壤过干，以减少为害。

（4）施用10%力满库颗粒剂杀虫，每亩施用5千克。

163. 桃树上出现白粉虱该怎样防治？

肥城的小郑问：桃树上出现白粉虱该怎样防治？

（专家毕可政）：小郑啊，我建议你用2%天达阿维菌素3 000倍液+2.5%高效氯氟氰菊酯1 500倍液，对正反叶面、树体及周围作物、杂草均匀喷雾，间隔5～7天一次，连喷3～4次，就能消灭虫害。

164. 葡萄霜霉病怎样防治？

蓬莱的老郑问，葡萄霜霉病怎样防治？

（专家毕可政）：对付霜霉病，你可以用25%金雷多米尔800倍液、58%甲霜灵锰锌500倍液、25%甲霜灵800倍液+天达2116果树专用型600倍液，防效显著。

165. 防治桃小、梨小食心虫有哪些好的药剂？

肥城的小郑问：防治桃小、梨小食心虫有哪些好的药剂？

（专家毕可政）：要防治这两种虫害，我建议你用灭幼脲跟桃小灵或者是农地乐混用，除虫效果好，药效期长，而且可以跟波尔多液现对现用。

166. 苹果脱袋时明明看起来很好，怎么脱袋后没几天果面就出现了裂纹、红点？表面不光，影响了果品质量，就卖不上高价，这该如何是好？

最近有不少果农来电询问：苹果脱袋时明明看起来很好，怎么脱袋后没几天果面就出现了裂纹、红点？表面不光，影响了果品质量，就卖不上高价，这该如何是好？

（专家张文瑞）：哎，各位果农朋友您听好了，这是外部环境条件改变所致，果实长期套在袋内享受保护，细皮嫩肉的，脱袋之后突然暴露在外面，风吹日晒的，一时难以适应，从而出现了裂纹、红点等生理性伤害。

要避免这种情况，建议你在苹果脱袋后，马上喷600倍的天达2116药液，提高套袋果的抗逆性，减轻红点病和果皮裂纹的发生，并且能显著促进果实着色，提高果肉含糖量。

167. 玉米有些没结棒子，想问问是怎么回事，有什么防治办法？

潍坊的老夏说，去年他种的玉米有些没结棒子，想问问是怎么回事，有什么防治办法？

（专家张传义）：这可能是得了粗缩病，俗称“万年青”、“小老头”，是一种病毒病，在套种地块发病较重。是由蚜虫、飞虱、蓟马等害虫刺吸带病毒的小麦、杂草后再飞到玉米上取食引起的，在玉米的幼苗期，也就是7叶前容易感病。发病早的往往就不出果穗，不结棒子，重病地块能减产20%～50%。

防治的办法你听好了：在玉米2～3叶时，用天达2116壮苗灵600倍液＋20%病毒特800倍液＋3%天达啶虫脒1 000～1 500倍液或40%雅克8 000倍液均匀喷雾，10天一遍，连喷2～3遍。老王啊，希望你今年提前预防，有个好收成！

168. 玉米不长个，植株矮小，怎么回事？

（专家张传义）：这是一种病毒病，在套种地里发病较重。是由蚜虫、飞虱、蓟马等害虫刺吸带病毒的小麦、杂草后再飞到玉米上取食引起的，在玉米的幼苗期，也就是7叶前容易感病。发病早的往往就不出果穗，不结棒子，重病地块能减产20%～50%。

防治的办法你听好了：在玉米2～3叶时，用天达2116壮苗灵600倍液＋20%病毒特800倍液＋3%天达啶虫脒1 000～1 500倍液或40%雅克8 000倍液均匀喷雾，10天一遍，连喷2～3遍。

169. 稻瘟病该怎样防治啊？

莒县的老王问：稻瘟病该怎样防治啊？

（专家苗吉信）：哎，我说老王，对付稻瘟病，药剂防治可以用75%三环唑30克/亩，或2%春雷霉素90克/亩，或40%稻瘟灵100克/亩，或40%异稻瘟净125克/亩，这几种药剂按照说明书对水，并分别加入天达2116粮食专用型600倍液喷雾，效果不错。

170. 棉花发生肥害，蕾铃脱落、黄叶怎么办？

章丘的老高问，棉花发生肥害，蕾铃脱落、黄叶怎么办？

（专家苗吉信）：哎呀老高，还等什么，一是赶快浇水稀释化肥浓度，二是叶面喷施天达2116壮苗专用型恢复生长，保蕾保铃，控害增收。

171. 棉花枯、黄萎病怎么治？

潍坊、德州棉民问，棉花枯、黄萎病怎么治？

（专家苗吉信）：用96%的恶霉灵3 000倍液＋天达2116棉花专用型600倍液，对整个棉田喷雾，抑制枯、黄萎病发展，对发病植株用96%恶霉灵6 000倍液＋天达2116壮苗专用600倍液灌根，每株灌药液250克，对重病、死亡植株及时拔除深埋，棉穴用氯化苦，或96%恶霉灵灭菌处理。

172. 对付玉米穗上的金龟子，有什么好办法？

聊城的小张问：对付玉米穗上的金龟子，有什么好办法？

（专家苗吉信）：对付金龟子，一你可以动手捕捉，二可以用药剂防治，在玉米灌浆期用2%天达阿维菌素3 000倍液＋2.5%高效氯氟氰菊酯1 500倍液，间隔5～7天喷一次，连喷

2次。

173. 玉米大小叶斑病该怎样防治啊?

聊城的老周问:玉米大小叶斑病该怎样防治啊?

(专家毕可政):我说老周啊,防治这种病,应从施肥上抓起,玉米播种时亩施50千克龙珠生物肥,在玉米8叶期,用20%三唑酮1 500倍液+70%代森锰锌600倍液+2.5%高效氯氟氰菊酯1 500倍液+600倍天达2116壮苗灵药液喷雾就可以了。

174. 水稻稻纵卷叶螟兴风作浪,老百姓着急上火,怎么办呢?

大伙儿注意了,近几天我们频频接到水稻方面的咨询电话,水稻稻纵卷叶螟兴风作浪,老百姓着急上火,怎么办呢?

(专家张传义):您听好了:用天达2116粮食专用型+48%毒化蜱1 000倍液或者是0.2%甲维盐,或杀确爽4号1 000～1 500倍液均匀喷雾。下午4点后、上午9点前喷药好,如果想兼治稻飞虱,可以用天达2116粮食专用型600倍液+48%毒死蜱1 000倍液+40%雅克3 000倍液均匀喷雾。

175. 专家提示今年怎样种植小麦?

(专家张传义):今年小麦播种普遍偏晚,冬前积温不足,苗小、苗弱,根系发育差,分蘖少,将对小麦产量造成严重影响。

我建议:小麦3叶期至封冻前及时划锄,提高地温,旺苗要控制水肥、蹲苗、镇压,弱苗应及时追肥,叶面喷施天达2116壮苗灵+96%恶霉灵,能壮苗生根促分蘖,抗寒、抗旱,同时还能兼防小麦白粉病、根腐病、全蚀病,为穗多穗大、丰产丰收奠定基础。听好了吗?祝愿大家伙的小麦明年获得大丰收啊!

《乡村超市》
专题文稿
Zhuantiwengao
建筑玻璃贴膜

前言：俗话说，好孩儿有好娘，好种子多打粮。对一个种庄稼的普通农民来说，种子就是他们一年的希望。有了好种子，明年的收成才有保证。可是，目前偏偏就有那么一些不法商贩卖假种子坑害善良的普通百姓。济南商河县白桥镇的段守东就是因为买了假棉种而受害。

深秋送暖

——齐鲁农资公助平台在行动

眼下正是秋收播种的大好时节，更是咱老百姓一年中最高兴的时候，一分耕耘一分收获，辛苦了一年，在这时候也该好好地享受一下收获的喜悦了。可是，前几天家住商河县白桥乡段集村的段守东夫妇来到了咱们栏目，找到小超说了件让人挺伤心的事。

我们在现场听到商河县白桥乡段集村的段守东夫妇说："就指望这点地啊，别的地方咱又没有地，没种玉米啥的，就光指望着这点棉花了，指望着这点棉花能多卖点钱，谁寻思招虫子了。"

上面说话的就是段守东，已经是快50的人了，原来家里种着速生杨，因为孩子要上高中用钱多，所以就把家里8亩多的地都改种了棉花。可没想到的是，种出的棉花被虫子吃得成了筛子网。看着这几乎绝产的棉花，段大哥含着眼泪向我们道出了事情的经过："我是今年春天2月份种的棉花，菜园子那边买的这个种子。买了10袋，种了8亩。才出来的时候挺好，长着长着就坏了，发现上头有虫子了。一看人家那个没有虫子，咱这个有虫子，就快打药吧，打着打着就晚了，打不下来了。咱不知道是种子的事还是其他的问题。"

看着自家棉花地里的虫子越来越多，段守东夫妇心里就别提有多急了。夫妇俩哪敢怠慢，能想到的法子、能打的药都用上了，可是换回来的却是虫子没死多少，自己的肩膀都给累肿了。

“累得一看到喷雾器就害怕，喷雾器一上肩膀就肿。最少 24 桶水，最多 30 多桶子，按药的说明 7 天打一遍，我 2 天打一遍。累死啊，真了不得。”段守东夫妇说。

也真是难为坏了他们两口子了，谁摊上这事也够受的。不过让段守东夫妇纳闷的是，都用的是好药，怎么会不管用呢？同样是种棉花，为什么周围邻居的就好好的呢？这让他们怀疑到了种子身上。

“人家的都不招虫子，咱这个却要打药灭虫，打来打去就是打不下来，打到最后咱想也别打了，人家那个就是不招虫子的品种。寻思找找卖种子的吧，一找他还挺好，答复得挺好。到今天可好了，人家也不包赔了。人家说你爱咋着咋着吧，你爱上哪告哪告去”，听段守东这么一说，咱也替守东鸣不平，这种子是一年收成的保证，卖这样的种子，给老百姓造成的损失可想而知。

段守东还说：“一亩地最少的得损失 300 斤，顶多收 200 斤啊。具体算一下账，按 3 块钱一斤的话，损失也得上万块钱。”

万数块钱对一般的农户而言可不是个小数，辛辛苦苦种地不就是为了这些吗？有了损失总得找地方说理吧，让段守东庆幸的是，他还留着买种子时的收据、袋子和种子。咽不下这口气的段守东夫妇，就带着这些两次赶往济南，寻求有关部门的帮助，在这期间，两口子找到了我们《乡村超市》栏目，寻求我们的帮助。

段守东激动地说：“见到小超了，回来我就喝酒了，想着今天可没白来。心里可算是踏实了。小超老师打电话给我说今天要来，小孩说今天可能下中雨，我想着今天可别下雨。”

我们《乡村超市》得知情况以后，迅速联合齐鲁农资公助平台的成员单位金秋种业，他们派人和我们一起，带着专家赶往现场，了解段守东棉花地的实际情况。

农艺师栗红梅说：“我分析，一个原因是他这个棉花品种抗虫性可能要差一些，再一个他是连年种杨树，周围也有杨树，可能会造成一些影响。这只是我粗浅的分析。但是还不好判断。”

经专家这么一说咱明白了，造成段守东的棉花现在这种情况，并不能肯定都是由种子造成的，可能还有多方面的原因。但是不管怎样，我们还是希望老百姓在买种的时候引起重视，不是有句话常说吗“不怕一万就怕万一”。

农艺师栗红梅接着说：“农民朋友在购买棉种的时候，第一要看外包装，看他的生产厂家；再一个是看审定编号、检疫编号；再一个就是生产年限，比如说 2007 年种的，应该是 2006 年 10 月的；再一个搞棉种的有好多袋子上有防伪电话的，购买的时候，如果拨通电话，可问清确实是真种子；再就是留好种子和发票，这样对自己是一个保护。”

段守东不仅得到了专家的建议，而且作为齐鲁农资公助平台成员的山东金秋种业也为他免费送来了优质的棉种，这次金秋种业给守东送来了 6 袋价值 200 多元的鑫秋 1 号，这可是被评为中国名牌产品的棉种，我说守东啊，你就放心大胆地种吧！有了免费棉种，至少不再为明年买棉种而发愁了，同时人家金秋种业还留下了守东的地址和电话，等到来年帮助守东一起把棉花种好发家致富。

德州夏津金秋种业公司给段守东夫妇送来了优质棉种，“我们金秋种业得知你家的情况，特意给你们送来了我们公司自己优质的棉种。”

段守东夫妇激动地说：“感谢你们，感谢《农资超市》感谢小超，谢谢农科频道。”

“我们金秋种业作为齐鲁农资公助平台的一员，会和《乡村超市》一块儿，到最需要帮助的地方去帮助农民朋友，这是我们应该做的”，金秋种业的工作人员这样说。

在现场，守东拿着免费的棉种，一直在说着感谢的话，其实我说守东啊，你不用那么客气，《乡村超市》主要就是为老百姓办事的，能帮你的我们一定尽力而为！今年的损失看来是在所难免了，不过有了我们齐鲁农资公助平台送来的优质免费棉种，真的希望段守东明年能种出好的棉花，少一些烦恼，多一些欣慰。来年的这个时候我们还会再到守东的地里看看，到那时候，希望面对我们摄像机镜头的，是一张挂满丰收喜悦的笑脸。

后语：能为百姓做点实事，是我们《乡村超市》栏目义不容辞的责任。农民是处在社会的最下层的群体，是最需要帮助的。我们帮还帮不过来，有些人还去坑害他们，这些人真是忘本了。在这里我们再郑重地提醒咱们的农民朋友，买种子一定要到正规的地方去买，留好了发票和袋子，最好是留下一点种子，这样就算是出现了什么问题都有证据，不是吗？

《乡村超市》手拉手 真心真意为百姓

前言：寿光的李君大姐前不久到栏目组说连续两年买到假种子，想让我们的小超帮她买到真种子，听到此事小超也表示尽量帮助李大姐买到好的胡萝卜种。经过我们多方联系，终于为李君大姐找到了好的胡萝卜种，并马上送到了李君大姐的家里。

家住寿光的李君大姐，她前两年因为都买了假胡萝卜种，被坑苦了，前段时间不辞辛苦专程从寿光跑到济南，想让我们栏目帮她买到优质的胡萝卜种。这期节目播出之后，很多人打来电话对她的遭遇表示同情，有位青岛经销胡萝卜种的观众，看完节目后立即打来电话，表示愿意免费把优质的胡萝卜种给她送上门去，这份真情让人感动。我们齐鲁农资公助平台，虽然没有胡萝卜种，但也要尽一份力，一块儿为她送去免费的化肥。

当我们驱车赶到寿光市化龙镇李君家的时候，她已经早早地等在了门口。一见我们，赶忙迎了上来。李君大姐有些激动地说："听说要给自己送种子，晚上就睡不着觉了，眼里带着泪就是睡不着了，今天早上怕人家看了家里脏，屋子都打扫了好几遍，盼着来呢。"

李大姐的心情咱能体会，用她的话说就是盼星星，盼月亮，终于盼到我们来了。不过不知道李大姐从我们栏目回来以后，自己买到胡萝卜种了吗？

李大姐说："自己去买没买到，不敢买了，害怕再买到假的。"

说句实在话，现在的李大姐被假种子折腾的，那真是"一朝被蛇咬，十年怕井绳"啊，哪还敢再去买！这次我们去，目的就是给李大姐送好种子。要说起来，咱首先得感谢青岛的一个热心人，优质的胡萝卜种，是他们免费赠送给李君的。

青岛五丰果菜发展有限公司的任希江说："我们通过《乡村超市》看到李大姐连续两年买到假胡萝卜种，因为自己是卖胡萝卜种的，就应该卖给李大姐的，让她获得应有的收益。我这次共带了 9 亩地的种子，6 罐常规种子，一亩地用一罐就行，还有杂交种。常规的 50 块钱一罐，杂交的 150 元一罐，一共是 6 罐迎春红，最好的杂交种 11 月份才能下来，到时候再带一亩地的孟德尔杂交种，总共给 10 亩地的，这次带的总共 2 000 多块钱。"2 000 多块钱，说来也不是个小数，白白送出去，难道一点都不心疼吗？

青岛五丰果菜发展有限公司的任希江接着说："送这么多不心疼，作为种子公司有责任帮助她。"

说得多好啊，当李君大姐双手接过这 2 000 多块钱的种子，嘴里念叨的除了感谢、还是感谢啊。

李大姐手抱种子哭着说："很感谢，无亲无故，不认不识地上俺的门送种子。"

任希江说："不用客气，只要你种好了我们就高兴。"

是啊，只要明年李大姐您能种好了，我们就很欣慰了，毕竟我们的帮助就是想看到您的笑脸。在这里，我们也要感谢为我们免费提供种子的青岛五丰果菜发展有限公司，也是因为他们的一颗爱心，才有了李大姐手中的种子。除了种子以外，咱们栏目还特意联系到了齐鲁农资公助平台的成员单位蔡伦中科肥料有限责任公司，为李大姐免费提供了明年的肥料。

来自寿光蔡伦中科肥料有限责任公司的李跃忠说："这次我们带来了一共5袋肥料，400多块钱。我们通过《乡村超市》看到李大姐需要帮助，作为齐鲁农资公助平台的一员，有责任、有义务帮助她。胡萝卜不仅需要好的种子，也需要好的肥料。"

有了种子，还送来了免费的肥料，李大姐别提有多高兴了，抬着百十斤的肥料也觉不着累了。

在现场，记者问李大姐抬着肥料累不累。李大姐连声说不累，就是高兴，有好种子、好肥料，种出来的胡萝卜一定好。

种地不仅需要农资，也需要经验和技术啊，为了让李君大姐明年辛苦的劳动有个好收成，我们给她送去总价值3 000元左右农资的同时，还给她带去了种地的经验。

任希江还给李大姐介绍了胡萝卜的种植方法：少施氮肥，不要浇水太多，合理密植。

最后两家企业还记下了李大姐的电话，准备随时和李大姐联系，愿意为李大姐提供技术上的支持，这可真是打着灯笼都找不着的好事啊。

李大姐这时候说："小超说话算话，很信任小超，为百姓帮了很大的忙，谢谢！"

为了表示感谢，李大姐说着就想把自己家里的韭菜塞给我们。我们是来帮助李大姐的，哪能要她的东西。看给我们送韭菜不行后，又掏出几百元就要往我们记者手里硬塞。

我说李大姐你这是干啥呢？我们帮你可不是为了图什么！最后在我们即将离开的时候，李大姐紧紧地握着我们的手，一个劲地说谢谢。只是一个小小的赠送，换来的却是一个深深的感激。

李大姐说："等胡萝卜种出来再去电视台找小超，帮这么大的忙，我得好好谢谢他，给他弄个旗。"

这又是送韭菜、又是塞钱的，最后还要给小超弄个什么旗，我想应该是锦旗吧。嘀嘀，这就不用了吧，我说李大姐你也别这么客气了，这些都是我们应该做的，为了百姓的好生活也是我们栏目宗旨不是吗？这次我们总共送去了价值3 000多块钱的农资，就是希望李大姐能种好地，明年有个好的收成我们也就很欣慰了。最后人家还提醒李大姐再去买种子的时候要注意。

任希江建议：种子要到正规厂家去买，不能光图便宜。

后语：老百姓多不容易，辛辛苦苦一年，图的就是一个收成。可是又是因为这假种子而造成了损失，心疼啊！在我们去李君大姐家送农资的时候，李大姐眼里一直含着眼泪，我知道这是一份感激，更是对我们栏目的一份信任，我突然觉得能尽我们的一点微薄之力帮助需要帮助的百姓是一件多么光荣的事情。在这里，笔者也希望看到我们文章的朋友，伸出你的温暖的手，去为你身边需要帮助的人做点什么，哪怕只是一声问候，也是对他们的一点安慰。

农药打假在行动

前言：现如今农民朋友种地种大棚，去问问，有哪几个不用农药的。而且因为连年用药，害虫和病菌的抗药性也在不断增强，用的药也是越来越多。农药的用量在不断增加，很多不法商贩也看到了这里面的巨大利益，制造假冒伪劣农药来赚取更多的利润，坑害老百姓。同时，执法机构也没有闲着，始终一如既往地为了消灭地下农药生产窝点而努力。

前不久我们得到消息，济南历城区的农业监察大队查获一个制造假冒伪劣农药的黑窝点，嘿，一听咱高兴啊！打得好！咱们的记者也不敢拖延，立刻出发去给您打探一下假农药的情况。

当我们的记者冒雨赶到现场的时候，您猜怎么着，狡猾的造假分子听到消息，一溜烟儿跑了。可跑了和尚跑不了庙，人跑了留下了这些假农药。其实这个黑窝点很早就被监察人员盯上了，昼夜蹲点足足盯了好几个月，才把它给挖出来，那么他们到底是怎么来制造假农药的呢?

大家可以看到这是个四合院，东边、北边还有西边都有房子，在院子里大家可以看到这大概有 30 个左右的大桶，这些大桶是用来装农药混配所需要的原药用的，而在这个院的角落，还看到了很多大缸，据工作人员介绍，这些大缸也是用来混配农药用的——这里就是他们具体的生产车间了。

看看这个造假的黑窝点，生产车间、包装车间、仓库一应俱全，看起来还真像那么回事。不过假的永远都真不了，他们生产的假农药往往是有效含量很低或者根本没有有效含量，农民朋友万一用了这些药，轻的耽误防病治害的时机，重的还会造成药害。监察人员现场把大门一锁，留下的假农药全都没收，这个造假点算是彻底歇菜！

您瞧瞧这些制造假农药的人多可恶吧，不过话说到这，小超倒是有些想不明白了。你想啊，这世界这么大，无论是大生意还是小生意，无论你是开起大饭店还是路边卖红薯，这合法经营、合法挣钱的事那是很多很多，为什么偏偏搞起了这假农药坑农害农呢？非但挣不着钱，而且是良心难安啊。在这里，小超要奉劝从事这行的人，所谓天网恢恢、疏而不漏，甭拿老百姓开涮，骗老百姓就等于骗自己啊，不过小超在这里也得提醒乡亲们，以后咱再买农药的时候，你还得看仔细了，今天也请专家给你介绍一下买农药的时候如何辨真假：第一，购买农药的时候，要去当地比较可靠的农药经销商那里去买。第二，购买一种农药的时候，首先要看它的包装，是否三证俱全，农药登记证、生产聘用证书或者是生产许可证。第三，购买一种农药，要从外观来看看，可湿性粉剂，你看看是不是均匀的、松散的颗粒，没有结块；乳油你看它是不是一个均相的液体；悬浮剂你看看是不是有沉淀。来自山东省农业厅农药鉴定所的肖斌介绍。

说到这，农民朋友问了，老百姓不是火眼金睛，那些以假乱真的农药，我们看不出来，买回来不就坏了吗？

肖斌接着说："农民朋友买农药的时候，一定要留下经销商给你开具的发票，如果它不给你开，你要求他开。再一个，农民朋友在使用完农药之后，一定要把瓶子保留好，以备以后作为一个证据使用。"

后语：乡亲们注意了，这里我们向您公布山东省农药打假的投诉电话，另外还有肥料和种子的投诉电话，打假维权，您可记好了。

山东省农药打假举报电话：0531－82355230

山东省种子质量打假投诉：0531－82359029

肥料投诉电话省质监热线：12365

专家教你巧辨肥

前言：肥料种类千千万，好坏真假难分辨，百姓买肥困惑多。别急，且看下面专家教您巧辨肥。

乡亲们大家好，欢迎来到《中邮天达·农资超市》。说起来现在这正是播种施肥的大忙季节，也是这肥料的销售旺季。越是到了这个时候，咱老百姓也越关心如何买到放心肥料，近期也有农民朋友打电话来询问这方面的事情，那么今天《农资超市》就请来了一位专家，给咱说道说道，为咱家里买肥、用肥指点迷津。

我们栏目接到来自郓城的热心观众打来的电话，说他家种的麦子现在都返青了，该追肥了，寻思着去买点化肥，不过现在市场上化肥品种太多了，而且假的到处都是，他根本就分不清真假，问能不能教他识别肥料的办法？

您的电话打得真是时候，我们今天的节目刚好请了一位肥料方面的专家，专门来教教咱农民朋友鉴别化肥，那您还是听听专家的吧！

专家简介：杨力，山东省农业科学院土壤肥料研究所研究员，主编《作物营养与施肥》丛书，对作物专用肥料、粮食高产肥料、蔬菜施肥等颇有研究。

杨力研究员说："目前咱们经常在市面见到的，也就是农民经常用到的化肥，有单元素肥料，有双元素肥料，复混肥料、复合肥料、掺混肥料，还有最近这两年推出来的缓控释肥料以及叶面肥料、液体肥料、冲施肥料，另外还有一个有机无机复混肥、有机肥料，还有生物有机肥料。"

听专家一说，看来市场上的化肥种类还真是不少，可是现在市场上这劣质的肥料也是满天飞，万一农民朋友要是买到了劣质的化肥，一年的辛苦不就都泡汤了吗？所以买肥料就成了农民朋友的心头病。怎么才能分清肥料的好与坏呢？

杨力接着说："农民朋友在选择肥料的时候，首先要看它的包装，标识是不是规范，比较规范的包装就是一个要有产品的名称、生产许可证号、生产厂址等等这几个内容是必须要标注的，再一个你看产品名称的标注是不是规范，像我们在市场上见到的磷酸三铵这是一种不规范的标识。再就是看它的生产厂点，是不是明细，打个比方讲，山东省寿光市杨庄乡，你不能直接去山东杨庄乡吧。"

除了人家说的以上几点之外，另外还要注意看包装上是否有产品标准和营养含量的比例，因为这些内容国家有关部门都有严格规定，缺少哪一项都是不合格的。可说起来看包装固然重要，不过也有的假冒伪劣的化肥同样有以假乱真的包装，单看这一项也并不能完全分清楚，那就得把每一类肥料拿出来逐个而论了。

杨力介绍说："从产品外观上来看，好比说固体的复混肥、复合肥料，它是一种圆形的颗粒，而且大小比较均匀，不添加颜色的，应该是灰白色。有的企业把它添加上一些颜色。再进一步去鉴别的方法，就好比说高浓度的复混肥，好比 40%以上含量或者 45%以上含量的高浓度复混肥，泡在一个水杯里边，假设它的不溶物量比较大，占的比例比较大，你就可以判定它的养分含量达不到要求。”

您可听清了，把复合肥放在水里，溶解后看残渣的量，唉，这个办法真是不错，那这个办法能否用来鉴别控释肥呢？

杨力接着介绍说：“控释肥料它外面应该有一层包膜的，你把它泡到水里以后，它总有一部分颗粒是不溶解的，但它永远是一种颗粒状，不溶解，时间长了达到它的释放期以后，它会有一个空壳浮在水面上。”

农民朋友可看清楚了，控释肥外面的包膜是不会溶解的，因为就是由它来控制肥料的释放速度，它要是没了，那里面包的肥料马上就会溶解，那这就是不合格的控释肥。如果把有机无机复混肥溶在水里又会看到什么呢？

杨力说：“利用作物秸秆、农业废弃物或者家畜粪便发酵好了以后生产的这种有机无机复混肥料，溶解以后应该有非常明显的有机成分在里边，一些有机物料你可以看得到，但是像咱们有些味精厂的下脚料、味精厂的废液生产的这种有机无机复混肥，溶解以后它会是一种均匀的溶液。”

唉，除了学会这些简单方便的小办法来鉴别肥料的好坏外，专家还提醒农民朋友在购买肥料的时候，一定要买正规的、信誉比较好的企业生产的产品。

杨力：“到一些正规的销售渠道或一些网络，信誉度比较好的渠道来购买，比如说邮政物流的三农服务站，还可以去在当地的农业部门购买结合国家测土配方施肥针对当地开发的配方肥料。”

俗话说：“庄稼一枝花，全靠肥当家”。好化肥不能少，庄稼地里离不了；假化肥惹烦恼，巧妙分辨办法好。很希望大家能够学会分辨真假化肥的办法，用火眼金睛来分辨好肥料，使假化肥没有立足之地。在这里还要告诉乡亲们一件事，那就是万一您买到了假肥料也不用害怕，可以拨打山东省质监局的质监热线 12365 进行投诉，还有质监部门为咱做主。

后语：以上给您介绍的都是一些很简单的辨别肥料真假好坏的办法。其实，要说起怎么去鉴别肥料，那还真的很复杂，也只有专业的技术人员用专业的仪器才能检验肥料的好坏，对于我们普通的农民朋友来说难度还是很大。所以，在这里再提醒您一下，甭管是买什么农资产品，最好都是到信誉好、大型的农资店去买。如果没有大型的，那就到您信得过的或是经常去的地方买。买回来留好发票和实物，这样出了事还可以找地方说理。否则万一买到了假的，您只能哑巴吃黄连——有苦说不出了。

农资打假12365在行动

前言：农民种地很辛苦，劣质肥料把心堵，质量部门来打假，黑心企业全查处。

近日，一位枣庄的农民朋友打电话反映，购买潍坊某企业生产的复合肥料发现有氮、磷、钾含量不符合标准的现象，含量偏低，虽不是纯正的假冒伪劣，但也影响到老百姓种地的收成。服务三农，维护老百姓的利益是大事，于是山东省质量技术监督局质检热线 12365 接到投诉后，立即委托潍坊市质量技术监督局到该肥料企业进行了检查。稽查人员到达该企业后，立即展开取样工作，在需要检查的肥料里按规定在 10 袋化肥里分别提取了样品。

潍坊市质量技术监督局的工作人员介绍：“我们接到省局电话以后，立即到该企业进行调查、取样，然后对所查化肥进行化验。”

稽查人员把这些提取的样品带回潍坊质量技术监督局，由技术人员进行取样、化验、分析，进行各项养分含量的提取比对，检验结果是否符合国家标准，都会即时反馈给投诉农户和企业。

潍坊市质量监督局稽查局副局长谭洪亮说：“如果发现有不符合标准的现象，我们会按规定对该企业进行严肃处理。”

后语：您瞧，对于质检部门来说，老百姓的事不是小事，这一系列的检查和维权，都是一个投诉电话引出的故事，有了质检热线 12365，咱老百姓的心里也就有了底，有了说话的地方。那么质检热线到底是怎么回事？今天再给你介绍介绍，12365 是全国质检系统受理打假举报、质量申诉的专用服务电话号码，它的含义是在一年的 12 月的 365 天中，质检部门天天为您服务。为方便群众举报，山东省质量监督局设立了“12365 质监热线”指挥中心，17 个市技术监督局设立了热线受理服务中心，各县质量监督局设立了热线服务中心，现在 12365 质监热线每天 24 小时有人值班，广大农民朋友遇到有产品质量问题时，可以通过拨打热线电话进行投诉。

买农资“三要三不要”

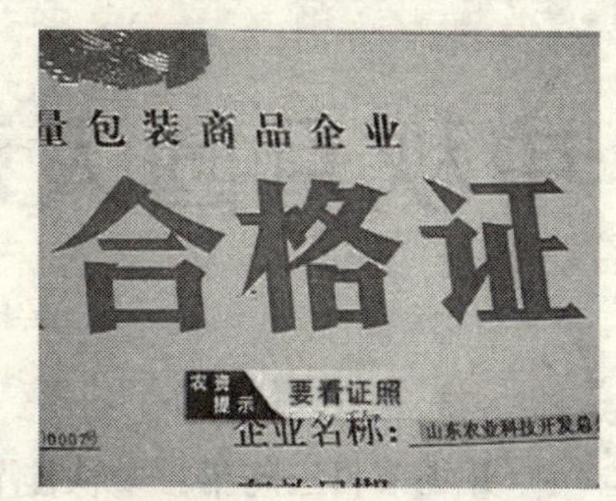

前几天出门采访，在田间地头和咱乡亲们聊天，我就问了，现在咱老百姓买农资最怕什么，好家伙，话音未落，大家伙就异口同声地说怕什么？怕买到假农资，那是赔了夫人又折兵，花了钱还没效益。也确实，现在的农资市场，你像化肥、农药、种子是品种繁多，鱼龙混杂，由李鬼来充李逵，不过咱也别怕，今天“农资百事通”就给您介绍几个买农资的好办法。

马上要开始春耕了，《农资超市》提醒大家买农资不能听忽悠，咱老百姓一定要做到“三要三不要”。

第一就是要看证照。在买农资的时候首先一定要看清所购买商品以及经销农资的商店证照是否齐全，一定要到有经营资格、经营证、许可证等等证照齐全、经营规范、信誉良好的合法农资经销商店购买，与之对应的就是不要购买流动商贩的农资，和到无证经营的农资店购买农资。

第二要看标签。咱老百姓买农资的时候一定要认真查看产品包装和标签标识上的登记证号、批准证号、产品名称、生产厂家、厂址、生产日期、有限期等说明事项，更要注意产品合格证，与之对应的，不要单方面听厂家宣传忽悠，而不检查上面所说的内容，对于上面所说的内容没有标记的，无论说得多好，建议您最好把它拒之门外。

第三就是购买农资要留相关票据。咱老百姓在购买农资的时候，一定要向厂家或者经销者索要销售凭证，最好是要有发票，并连同产品包装、标签等物品妥善保存好，以备出现质量问题时作为索要赔偿的依据。不要接受未注明品种、名称、数量、价格的字条或者收据。

有了以上的“三要三不要”，便有了火眼金睛，一般的假农资便无处藏身了。另外咱老百姓一定要科学地使用农资产品，在使用前一定要详细地阅读产品说明书，弄清使用方法，当农资产品出现质量问题时，不要延误时机，要及时到当地农业部门组织鉴定评估损失，并携带相关单据，向质量监督部门投诉举报，维护咱自己的合法权益，当然也可以给我们《农资超市》的农资热线 0531－82612369 打电话，咱把假农资曝光，让它们无藏身之地。

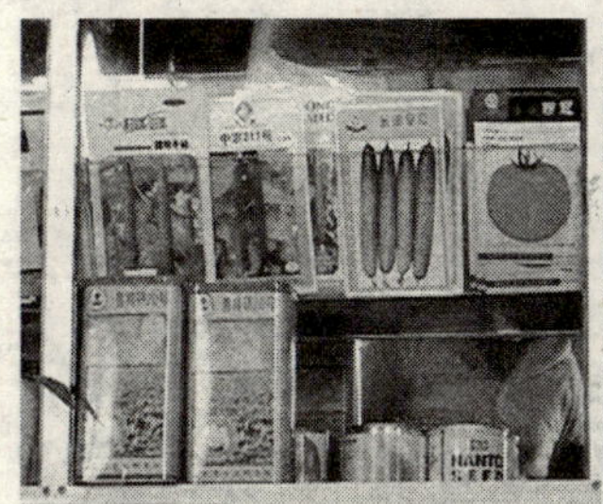

中秋月圆人**欢笑**，党的惠农**政策好**

***　***　***　***

开场节目三句半：中秋佳节已来到，周村商城人欢笑，戏台前面广场上，热闹。热闹。真热闹，这里边有道道儿，农业补贴政策好，说到做到。有良种，有机械，家畜补贴政策好，真好。好好好，啥好？农业补贴政策好，还是党的政策好。哎！还是党的政策好！

主持人：还是党的政策好，各位大姐，说得很好，来！大家伙掌声再鼓励一下。我问问，大家伙说的是什么呀？

周村旱码头戏剧社 社员：

三句半！

主持人：我问的不是三句半，我问的是三句半里面主要唱的是什么？

周村旱码头戏剧社 社员：农业补贴！

主持人：说到农业补贴四个字，我问问四位大姐，家里还种地吗？

周村旱码头戏剧社 社员：种地！

主持人：种地的话对农业补贴四个字关心不关心？

周村旱码头戏剧社 社员：关心！

主持人：那我问问这位大姐，您知道什么叫农业补贴吗？

周村旱码头戏剧社 社员：不知道！

主持人：您那？

周村旱码头戏剧社 社员：不知道！

主持人：您知道农业补贴怎么补？到哪里补，补多少钱吗？

周村旱码头戏剧社 社员：不知道！

主持人：看来四位大姐唱得不错，但具体事说不清。那么没关系，今天我来给你解决这个问题，咱们的节目给你说一说，三句半唱得不错，大家伙掌声再欢迎一下，回头咱再听。

主持人：刚才四位大姐说得不错，那么今天咱们《乡村超市》栏目到的地方呢，是周村古商城，大家伙今天聚在这儿有一个目的，就是给大家伙说一说农业补贴到底是怎么回事。

主持人：来，各位，我问大家伙一个问题，现在是什么时候？

观众：中秋佳节！

主持人：那在节目开始之前，闲话少说，先让各位品尝一下月饼。开头那位帅哥，这个月饼的味道怎么样？

观众：不错！

主持人：不错，月饼是什么做的呀？

观众：月饼？面做的呗！

主持人：面做的。那么面是什么做的呢？

观众：小麦！

主持人：小麦做的。小麦是如何得来啊？

观众：从地里种出来的呗！

主持人：从地里种出来，这老百姓需要什么啊？

观众：需要种子呗！

主持人：需要种子。我再补充一句，老百姓不但需要种子，而且需要良种。那么今天咱的节目，通过这么一个月饼，也给大家伙首先说一说这良种补贴的事儿。说到良种补贴啊，咱就不得不找到一个地方，那就是山东省财政厅农业处，下面咱们就请出今天的访谈嘉宾，来自山东省财政厅农业处的副处长，王昱东。王处长你好！

山东省财政厅农业处副处长 王昱东：你好！

主持人：这中秋佳节的好日子，来到周村古商城，心情怎么样？

王昱东：非常好啊！

主持人：非常好啊？咱这儿也放着四个月饼，您也品尝一下？

王昱东：月饼就不品尝了吧！我们这次来主要是说一下良种补贴的问题，咱就别客气了！

主持人：好！说不客气我还真就不客气了！当头第一个问题，王处长，什么叫良种补贴？

王昱东：简单地说，就是国家对农民在农业生产过程中购买和使用农业良种，给予一定补贴，这样一项惠农的政策。

主持人：良种补贴里面到底是补贴的什么种类？

王昱东：目前在山东省实施的良种补贴，主要是两大类7个品种，第一大类是农作物良种补贴，主要是小麦、玉米和棉花。第二类是畜牧良种补贴，主要是奶牛、肉牛、肉羊和生猪。

主持人：这良种补贴已经涵盖了老百姓生产生活的很多部分，那我想问问王处长，咱们国家为什么要搞良种补贴，搞这个良种补贴对老百姓到底有哪些好处？

王昱东：国家实施良种补贴政策，主要是为了鼓励和引导农民群众在生产中科学种田，尽可能地使用优良品种，提高农产品的质量和效益。进而促进农业增效、农民增收。

主持人：那这样一补贴的话，肯定要花很多的钱，我想替电视机前的农民朋友问问您，就是这些钱咱山东省的每一位农户都能受用吗？

王昱东：目前还不是每个农户都人人有份，我们现在实行的还是特惠制，主要是在部分主产区组织实施。

主持人：一个普通的老百姓，该如何才能拿到这种补贴？

王昱东：目前农作物良种是按播种面积进行补贴的。其中小麦、玉米的补贴标准每亩是10元钱，棉花每亩补贴15元。家畜良种是按养殖户购买良种的价格进行补贴。其中比如说购买冻精细管补贴呢，一般是不超过市场价格的50%，直接购买家畜良种补贴呢，一般不超过市场价格的30%。比如说购买一支荷斯坦奶牛的冻精细管，国家是按每支15元的标准进行补贴，如果购买一头鲁西黄牛或者是渤海黑牛，国家给予1 000元的补贴。

主持人：照您这么一说，这老百姓种地啊、生产啊都会降低自己的成本，得到一定的补贴。那么到底是怎么补贴，下面我们通过一个小片子，到桓台去看一看。

播音：眼前这位啊就是家住桓台县邢家镇的宗学贤，他种小麦很多年，以前为了能买到保真优质的种子，他可没少跑了腿，以前去哪儿买种子他都不放心，总是怕有假的种子，自从国家对小麦良种进行补贴，宗大哥就没再为了买种子发过愁。

桓台县邢家镇邢家村宗学贤：现在有了良种补贴，种子站对种子加强了管理。我增加了效益，小麦的产量也提高了。

播音：这小麦良种补贴，是咱国家为了咱老百姓减负增产、提高种粮积极性所做的统一补贴，提供给咱老百姓的都是优质的包衣种子。哎！您问了，我需要哪些手续才能买到国家补贴的小麦良种啊？您别急，这过程宗大哥告诉您。

宗学贤：拿着村委里开的良种卡，来到种子站，来到收款处交上款之后，他开好单子，再到领种子那里去领种子。

播音：这购买手续您看明白了吗？是不是很简单就能买到国家补贴的小麦良种啊？在现场我们还碰到了不少前来购买良种的农户，他们也都是很积极地来购买种子。

桓台县农民：这样的种子种出的小麦多卖钱，送到面粉厂，每斤多卖3分钱。多卖钱心里高兴，很高兴！党的政策好！

主持人：看完刚才的小片子，在这里要告诉大家伙一个好消息，刚才片子里的那个桓台的农民宗学贤，也来到了咱们节目的现场。学贤，在哪里啊？学贤，家里种了几亩小麦啊？

宗学贤：我家里种了2亩半小麦。没有补贴的时候，国家没有这个政策的时候，种子很杂乱，比较乱，随便到哪都能买，买来以后出苗不齐，产量受影响很大，国家有了这个小麦良种补贴，我们感觉很实惠了，一亩地是16斤，国家给补助加上10块钱，是合21块钱。去掉这个10块钱，我们个人一斤种子才花7毛多钱，

主持人：那么接受这种良种补贴的好政策已经几年了？

宗学贤：两年了。

主持人：那这个心情是不是一年更比一年好啊？

宗学贤：是啊！一年更比一年好啊！

主持人：去年相对于前年你没有进行良种补贴的时候，你这2亩半地的成本，减少了

多少？

宗学贤：相差得不少啊！相差得有二三成。

主持人：这老百姓有句话啊，这省下的就是赚的，那么在你来讲，是不是国家给你补贴了，就是自己多挣钱了？

宗学贤：是是是！是啊！

主持人：那么今年2亩半的小麦挣了多少钱？

宗学贤：整个收入增加二至三成，200多块钱。

主持人：今年这个良种补贴你是通过什么样的过程取得的呢？

宗学贤：镇农委统一下达的指标，下达到村里，村里再下达到各户，你需要种什么种子，有个小麦卡，你拿着那个卡到种子站去领种子。种子站里的种子已经用包衣剂全部都给你拌好了。

主持人：您觉着走的这个过程难不难？复不复杂？

宗学贤：不复杂，挺好！

主持人：那么这样的话种地是不是越来越有劲啊？

宗学贤：是啊，越来越有劲啊！

主持人：越来越有劲！好，在场的各位，咱把掌声送给他。祝学贤啊这地是越种越好，年年大丰收！

宗学贤：谢谢！谢谢！

主持人：这样我想让您说一说，（有了良种补贴）农户在种地的过程中，有几个好处？

桓台县财政局 于良国：首先最直观的是每亩地能减少10块钱的投入。第二从种子质量上和品质上，都是非常好的。再一方面统一供种之后，种子都是经过种衣剂包衣的，包衣之后减少了病虫害的发生。

主持人：总之这良种补贴对农民来说，是好处多多啊！下面大家伙用掌声，咱再请旱码头戏剧社的高大姐，给咱来上一段。

快板书：周村旱码头戏剧社 高良秀：

种小麦，忙种田，最怕种子有危险。

种到地里不发芽，毁了一年好生产。

如今有了好政策，良种补贴到身边。

压低价格惠百姓，保证质量能过关。

买的都是放心种，种到地里心喜欢。

良种补贴就是好，多亏了党的好领导。

多亏了党的好领导！

主持人：下面我想再问一下王处长，咱们通过什么样的措施，来确保种子的质量？

山东省财政厅农业处副处长 王昱东：第一是实行补贴品种的专家推介制，择优推荐了已经通过相关品种审定或质量认证，而且是品质好、产量高、市场竞争力强的优质专用良种。第二是实行全省的统一招标，确定供种企业。

第三是实行四公开的公示制度，主要是在项目区以村为单位，将补贴农户、补贴数量、补贴金额、供种价格进行公示，向每个农户发放供种卡，接受社会和群众监督。通过这样几项措施，今年使得我们全省小麦的良种平均价格 1 块 3 毛 5，玉米种每斤只有 3 块 3，杂交棉的棉种每斤是 30.35 元，常规棉的棉种每斤只有 8 块 4，明显低于市场价格。在这个基础上，农民群众按照政府补贴后的差价购买良种，每年就可以为项目区的农民节约 4 亿元资金。

主持人：那我相信通过这样的一个评判制度和评判标准，一些假种子、不好的种子、一些坑蒙拐骗的坏种子，它们就无法进入这个流通的市场。是不是？

王昱东：是！

主持人：那么老百姓买到的良种补贴的种子都是有质量保证的，是不是？

王昱东：对，没问题！

主持人：我该通过什么样的过程、什么样的渠道，来获得良种补贴呢？

王昱东：每年年初，农作物良种的补贴项目区，有关的政府部门，要向社会公布补贴政策。农民朋友可以到村委会报名，村委会将你的情况进行核实，并在全村进行公示，没有什么异议，你就可以在村委会的组织下，按照补贴后的价格向供种企业支付差价款进行购种。第二种情况就是申请家畜良种补贴的养殖户，可以直接向县里的畜牧、财政部门报名。经过资格审查和公示，没有异议的养殖户可以与县里的畜牧部门签订家畜良种补贴合同，或进行配种的时候，按照合同规定，支付扣除财政补贴款后的差价款就可以了，这样良种补贴的资金不直接发放给农户，由财政系统和公众企业直接进行结算。

主持人：下面我们还请来了山东金秋种业的代表，咱们企业今年有几个品种被列入良种补贴？

山东金秋种业 张友秋：2007 年是一个品种，鲁棉研 18。

主持人：想加入良种补贴企业的行列，是不是对你们的要求很高啊？

张友秋：首先这个品种必须是经过国审或者省审的，而且目前在市场上是比较有先进性的，比如说丰产性、抗虫、抗病，有比较优势的品种。第二种子企业必须是农业部注册的，而且是有转基因生产经营许可证的企业才能进入。

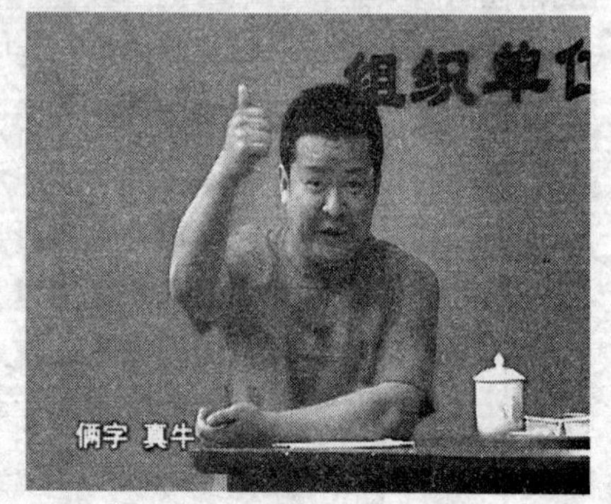

主持人：今天听说您也带来了自己的良种补贴对象，是不是？

张友秋：对！

主持人：他是来自哪里的？

张友秋：来自夏津县孙家窑村的支部书记

主持人：孙书记，问问您，您这村里有多少户人？

夏津县孙家窑村 孙兰秀：俺村里是 950（户）。

主持人：种棉花的有多少？

孙兰秀：种棉花的百分之百。

主持人：受到棉花的良种补贴之后，村里人在买棉种的时候能省多少钱？

孙兰秀：从种子这方面，原来的鲁棉研 18，1 千克卖到 36（元）。有了良种补贴，1 千克才仅仅收 2 块 5 毛钱。

主持人：原来是多少钱？

孙兰秀：36（元）。

主持人：现在呢？

孙兰秀：2.5 元！

主持人：2 块 5？一个 36，一个 2 块 5，这样是不是村里人特别高兴啊？

孙兰秀：特别高兴！

主持人：小小的种子是好是坏，咱用眼睛看不出来，只有放在地里才知道，但是知道的时候一般都晚了。

孙兰秀：就晚了！就晚了农时了！

主持人：现在有了良种补贴，农民在买种子的时候，心里踏实吗？

孙兰秀：很踏实！原来经营种子的也比较多，这里面有些是假冒的。现在是通过政府这一块儿把关很严，通过一年实践，群众确实很放心。

主持人：还来了一位村民？

孙兰秀：还来了一位村民。

主持人：家里种着几亩棉花？

农民：种着 5 亩棉花。

主持人：原来没有良种补贴的时候，买种子心里踏实吗？

农民：不踏实！就是串村买，小贩卖种子，买来种出来以后，不是死棵就是不抗虫。

主持人：所以您那时候买种子，心里也是咚咚直跳是吧？

农民：对对对！

主持人：那现在呢？

农民：现在踏实了。

主持人：刚才听人家一说，有了良种补贴，这买种子心里啊，就是踏实。心里有好多话想给电视机前的观众朋友们说一说，但是时间有限不能让他再说了。但是呢，来自周村旱码头戏剧社的高大姐，还有一段等着给咱们听听。来！大家伙掌声欢迎一下。

快板书：周村旱码头戏剧社 高良秀：

说棉花道棉花，我种棉花发了家，

抗虫害保产量，优良品种顶呱呱，

说良种有补贴，国家帮咱把钱拿，

少投入，多种棉，百姓放心来种田。

百姓放心来种田！

主持人：咱们国家为什么要去实施这种农机补贴政策？

山东省财政厅农业处副处长 王昱东：国家之所以实施农机购置补贴政策，主要原因是因为我们国家的农业机械化水平还很低，为加快推进农业机械化进程，调动农民购买农业机械的积极性，提高农业综合生产能力，促进农业增产增效、农民节本增收，国家于 2004 年出台了农机购置补贴政策，对农民以及直接从事农业生产的农机服务组织购买农业机械进行补贴。

主持人：那听您一说，这农机补贴也是个好事。但是说到农机补贴呢，我觉得这农机的范畴很广啊！又是大型拖拉机、小型拖拉机、手扶拖拉机等，品种很多。那么是不是所有的农机品种，都会享受农机补贴呢？

王昱东：这个问题相信很多的农民朋友也非常关心。确切地说，目前不是所有类型的农机具都能够享受到补贴，也不是所有的农机生产厂家生产的产品都能够享受到补贴。

主持人：哪些农机产品受咱的补贴？

王昱东：今年省级以上的财政补贴资金主要是补贴七大类 22 种农机具。基本涵盖了种植、耕作、植保、收获等农业生产的主要环节和领域。每年具体补贴什么样的农机具，农民朋友可以到当地的农机部门或者是农机购置补贴的现场去进行咨询。

主持人：如果能够享受补贴的话，那每台机器咱能够补多少钱？

王昱东：山东省财政对农民购买农业机械是按照不超过购机价格 30%的标准，就是单机不超过 3 万元，进行补贴。比如说农民要购买一台 3 万块钱的机械，只需要向供货商支付 2.1 万块钱，其余的 9 000 块钱，由省财政直接和农机供货厂家进行结算。

主持人：话题说到这，下面咱就到桓台去看一看，发生在桓台的关于农机补贴的故事。

播音：您听听，一台十几万元的机械，刘友肖只用了 9 万多就买了下来，用村里话说那就是“我说友肖啊，您可是占了大便宜”，不过人家刘友肖也说，农机补贴政策可不光是给我自己的，大家都可以申请啊。

淄博桓台邢家镇波扎村 刘友肖：定好合同以后，时间不长就把机器开回家，一点也耽误不了使用。

播音：听他说着不复杂，那么到底该怎么才能申请农机补贴呢？

桓台县农机推广站 胡瑞华：老百姓可以到镇政府和乡镇农机站申请，拿着介绍信和自己的身份证，然后到农机局推广站报名。四五月份的时候开始报名，机手到七八月份提机。跟机手签署合同之后，机手拿着合同，到厂家提货购机。

播音：刘友肖的联合收割机，可不是白忙活，也真正地给他带来了实惠。

山东巨明机械有限公司 高涛：在秋收作业期间，我们 24 小时为用户提供服务，三包服务车辆，三包服务配件，发送到相关地区，在作业期间，我们还要对机手进行技术培训。用户有疑难问题，我们都服务到田间地头。

播音：农机补贴政策不但让老百姓得到了实惠，同时受用的还有厂家。

高涛：自从国家实施购机补贴这项惠农政策以来，我们企业在新产品推广、新产品开发、销售方面取得了优异的成绩。各项工作包括数量比去年同期翻了一番。

播音：现在咱们讲究科学种田，其实发展农用机械化也是科学种田的组成部分，农机补贴政策正好迎合农民需求，快速推进发展进程，调动农民购买农机的积极性，提高农业综合生产能力，促进农业增产增效、农民节本增收。

主持人：看完刚才的片子，我来问问咱们桓台在农机补贴这一块，现在发展到了什么样的一个情况？

桓台县农机局 高让：小麦生产已经实现了全过程的机械化，当地政府为了发展玉米综合机械化水平，从 1997 年开始对农民购置农业机械相继出台了一些补贴政策。

主持人：今年有哪几款机械列入农补的范畴？

高让：大型拖拉机、玉米联合收割机、玉米秸秆饲料还田机、青贮饲料机，再一个就是小麦免耕播种机。

主持人：我想购得一台农机具，而这个农机具又是恰恰在农补范畴之内的，我该如何走这条路？

高让：这个程序也很简单，就是农民拿着自己的身份证，到村委开一个证明信，然后到农机部门去报上个名，农机部门根据补贴计划，核实一下农民的身份，确定补贴名额以后，就通知农民，签一个农机补贴合同，在家等着接机器就是了。

主持人：在家等着接机器就是了？是咱们要把机器送到他家吗？

高让：短的时候 10～20 天，机器就来了。不过长呢就 1 个来月，顶多 2 个月，机器就送到农民的家里了，很方便，很直接。

主持人：机器买得以后，直接送到家门，可谓是服务到家啊！我觉得咱老百姓花了钱了，你如何来保证所买得的机械质量过关呢？

山东省财政厅农业处副处长 王昱东：每年年初，山东省都会通过政府采购方式，确定年度的补贴机具目录。农民朋友可按照目录所列的机具类型、生产厂家、性能参数、质量标准、销售现价和补贴金额进行对比挑选，申请自己合适的补贴机具。

主持人：咱们山东省的每一位老百姓，通过什么样的渠道和过程来获得农机补助呢？

王昱东：每年 3 月份左右，省、市、县各级农机和财政部门都将逐级公布农机补贴的政策。山东省财政厅和山东省农机办还会在《大众日报》上刊登《致农民朋友们的一封信》，向社会公布当年农机购置补贴的范围、标准、机具类型以及申请的程序等。有意向的农民朋友可以留意相关的政策，及时向当地县级农机部门提出补贴申请。县级农机部门收到老百姓的补贴申请以后，将认真地进行核实，并向社会公示。经过公示没有异议以后，就可以签订购机合同，您就可以到指定的供货地点购买您中意的农机了。

主持人：现在话题说到这儿，相信电视机前的您啊，对于农机补贴相关的知识和信息有了一定的了解，其实不单咱了解，而且来自旱码头戏剧社的高大姐依然也很了解，因为人家有话说呢！

快板书：周村旱码头戏剧社 高良秀：

拖拉机哒哒哒，帮咱种地力量大。

购农机投资大，农民想买买不下。

买不下有办法，国家补贴解决它。

促进农业大发展，实现农业机械化。

农机补贴政策好，百姓心里乐开花，乐开花！

播音：有意申请农机补贴的农户您听好了，我们在这儿给您详细说说补贴的程序。第一，每年的3月份左右，省、市、县各级农机和财政部门都将逐级公布农机购置补贴政策，这时候要注意当地农机管理部门和乡镇政府的公示栏，还有宣传媒体。第二，按照规定的时间、程序到指定地点报名，并从《补贴产品目录》中选择所要购置的机具类型。第三，这时候县级农机部门会对相关的申请进行审核，并向社会公示。公示无异议后您还需要和相关部门签订《购置补贴合同》，并预付部分机具款。走过这些程序，最后您就可以到指定的供货地点购买您中意的农机了。在这里我们一定告诉您相关的咨询电话：山东省农机办咨询与监督电话：0531-83199612；山东省农机产品质量投诉站电话：0531-88521315。

主持人：关于保险，我觉着大家伙都不陌生，什么人身保险、养老保险等等。但是咱今天说得却是和家里圈里养的猪啊、马啊、牛啊有关系。这个保险还真是挺稀罕。那么什么是农业保险？怎么去保险？这保险之后又有什么好处？

山东省财政厅农业处副处长 王昱东：从概念上讲，农业保险就是农业生产者，以支付小额保险费为代价，把农业生产过程中的灾害损失，转嫁到保险公司的一种政策设计。简单地讲，农业保险就是以农作物和家畜家禽为保险对象的一种保险业务。其政策性主要体现在三个方面：第一，政策性农业保险是由政府出面组织推动的。第二，政府对农民参保给予保费补贴，对保险公司开展农业保险业务给予经营费用补贴。第三，政府还要组织有关部门开展减灾防灾的工作。尽最大可能为农户和保险公司减少灾害损失。

主持人：咱们国家为什么要推行这种政策性农业保险呢？

王昱东：它主要是想通过国家政策的扶持和推动，解决过去农民保不起、保险公司赔不起的这个问题。调动农民参加保险的积极性，调动保险公司经营保险的积极性。然后推动整个的农业保险能够健康顺利，可持续发展。

主持人：那么农民参加这种政策性保险，他有哪些好处？

王昱东：第一，农业保险可以为农民转移和降低农业生产风险。减少农业灾害损失。

第二，可以为农民提供灾害的损失补偿，减少收入的波动，迅速恢复生产和生活。

第三，可以改善农民的经济地位和贷款条件。

主持人：它的范围是覆盖到全社会吗？

王昱东：今年山东省又进一步扩大了范围，把政策性农业保险的试点范围扩大到了全省

20个县。这样使每个市，都有一个试点县。

主持人：这样说到农业保险的好处，下面就跟随我们的镜头，一起走进章丘绣惠镇，看看那里农业保险发生了什么样的故事？

播音：今年入夏以来，山东省的降雨量普遍增高，而且大风天气也很多。导致了部分农作物发生倒伏、生病等情况。家住章丘市绣惠镇耿家村的刘森家里的小麦就倒了一亩多。哎！我说刘大哥，您家的小麦倒了，你咋不难过呢？

章丘市绣惠镇耿家村 刘森：今年春天，我们村的村主任宣传小麦入保险这个事，我就入了，抱着试试看的目的，一亩地入了2块5毛钱，我一共入了3亩地。今年（小麦）倒了，人家保险公司赔了我400块钱。

播音：小麦有了保险，那咱老百姓种小麦就不用害怕有灾害啦。小麦保险这么好，办理的手续是不是很繁杂呢？

刘森：不复杂！一点也不复杂！

人保财险公司章丘支公司韩旭：首先要填一份投保单，写明投保人的姓名、家庭住址、身份证号码及所投保的小麦的亩数。

主持人：看完了片子，咱们也邀请到了来自章丘的农民朋友，来！

刘森：今年春天，我们村委宣传个人出2块5毛钱，政府出2块5毛钱，就可加入小麦保险。

主持人：是一亩地吗？

刘森：一亩地。

主持人：一亩地2块5？这2块5毛钱对你来说多还是少？

刘森：这2块5毛钱是很平常的一件事了。

主持人：买上一支糖葫芦。

刘森：哎，对！

主持人：买上一支糖葫芦的钱，就能给自己家里的一亩地小麦入了保险。

刘森：对对对！

主持人：您觉得这件事值吗？

刘森：好啊！值啊！

主持人：值在哪里？

刘森：我入了保险，在5月20号晚上，下了一场雨，刮风，我的小麦就倒了。我就及时地向村委会汇报了，赔了我400块钱，人家赔了我400块钱，这样我没有损失。原来的时候，咱就听天由命啊！

主持人：靠天吃饭！

刘森：对！

主持人：咱希望是风调雨顺！

刘森：对对！

主持人：万一哪一天风不调雨不顺，咱就没招是不是？

刘森：对对对！

主持人：咱现在有了保险了，心里是不是踏实了？

刘森：是啊！3亩地投入了7块5，得了400元！

主持人：400，我想问问您啊，是真的吗？

刘森：是真的！

主持人：没有骗我吧？

刘森：没有骗你！今年咱尝到甜头了，明年我这6亩多地都入。

主持人：我觉得最值钱的就是您有了这种保险意识。

刘森：对对！我的左邻右舍都知道了，他们以后都想入！

主持人：我们也祝愿，在农业保险的保护下，您种地安安全全、年年丰产！农民有了政策性农业保险，从你的角度来看，有几大好处？

章丘市财政局工作人员：降低了广大农民在生产过程当中自然灾害和其他意外灾害给他们带来的风险和损失，他们是受灾不受损。通过农业保险，我感觉，以后农业生产都是风调雨顺了。

主持人：这句话说得非常好！话题说到这儿，咱再有请咱的女一号，来自旱码头戏剧社的高大姐给咱上一段！

快板书：周村古商城旱码头 高良秀：

竹板打，响连天，各位观众听我言，

人活着要吃饭，生活离不开米和面，

五谷杂粮都齐全，当属小麦最为先，

种小麦，有风险，靠天吃饭不保险，

靠政策，靠保险，靠着政府想着咱，

不怕灾，不怕旱，不怕困难来捣蛋，

如今政策就是好，多亏了党的好领导。

多亏了党的好领导！

主持人：下面我想问一问王处长，这政策性农业保险好是好，那是不是包括了所有的方方面面呢？

山东省财政厅农业处副处长 王昱东：主要是小麦、玉米、棉花、蔬菜、苹果、西瓜、蜜桃、奶牛、黄牛还有肉鸭。另外从2007年的9月份开始，山东省又开始了能繁母猪的保险业务。

主持人：给猪上保险？

王昱东：对！

主持人：这个事听起来倒也新鲜，那我想再问问王处长，现在政策性农业保险，它的保险责任有哪些？咱能不能举个例子来说一说？

王昱东：由于不同的农产品，可能遇到的自然灾害不同，因此相应的保险责任也不一样，每一个险种的具体保险责任，都会在农民与保险公司签订的保险合同上一一列出来，当然农民朋友也可以事先去保险公司或保险公司的代办点咨询一下，如果以刚才提到能繁母猪保险为例，它的保险责任是比较宽泛的，主要是保险合同上列的重大病害、自然灾害、意外事故这三种因素引起的能繁母猪直接死亡带来的损失，保险公司都可以赔付。重大病害主要有猪瘟、猪蓝耳病、口蹄疫等等，自然灾害包括台风、龙卷风、暴雨、雷击、冰雹等等，意外事故包括泥石流、山体滑坡、火灾等等都在保险范围。

主持人：那看来政策性农业保险，它所保的范围还是比较宽泛的，下面我想问问咱们国家在这种保险方面补贴的标准是多少？在某些方面是不是有特殊照顾的呀？

王昱东：今年山东省开展的政策性农业保险保费补贴是这样安排的：种植业，国家是按50%的比例进行补贴；养殖业，国家是按40%的比例进行补贴，但是这里面有特例，今年像刚才说的能繁母猪的保费补贴，标准要高一些。养猪户如果自愿参加能繁母猪的保险，政府是按80%的比例进行补贴，也就是说，每头能繁母猪的保费目前我们安排的是60元，保险额是1 000块钱，保费由政府负担，48块钱。养猪户只需交纳12块钱。一旦发生一些保险责任内的死亡，每头母猪可以赔偿1 000块钱。

主持人：咱们的政策性农业保险到底有哪些范围？

王昱东：这两年我们的政策性保险还处于试点阶段，还处于起步阶段，2006年我们是按照政府运作、市场推动、财政补贴、农民自愿的原则，选择在章丘、寿光、临清三个县，开展了省级政策性农业保险试点。

主持人：这话题说到这儿，咱再跟随咱的镜头，走进章丘去看一看一头奶牛和农业保险的故事。

播音：奶牛甲：哎！听说了么？前一阵儿老白得了心肌炎走了，把它主人疼得啊。哎，我说，你不害怕么？还吃这么香！奶牛乙：怕啥？俺主人给俺投了保险了。

播音：嗬，这保险都投到牛身上了，您听着新鲜吧？家住章丘市高官寨镇的李观云就给自家的奶牛投了这么一份保。

章丘市高官寨镇魏化林村 李观云：以前咱没入保险的时候。死了牛就是自己的损失。后来咱没想到政策叫入保险，我通过入了保险以后，我这牛又出现了一个突然得了心肌炎的。死了，这不人家给赔了，赔了6 000块钱。

播音：这李大哥说，当时还真算是“防患于未然”，要不是有了这份保险，估计自己就像是哑巴吃黄连——有苦说不出啊！我说李大哥啊，咱这奶牛入保险了，你自己肯定也入保险了吧？

李观云：我自己没入啊，原来咱这个意识差！

播音：嘿，李大哥这是自己不投保，自家牛先保啊！这么好的保险，是不是得很贵呢？

李观云：不贵！一点都不贵！每头牛是交300块钱，咱农户只交180元，那个120元是政府给补贴了，这个事挺好。

主持人：看完了片子，咱今天也把奶牛的主人请到了现场，家里养了几头奶牛啊？

李观云：4头！

主持人：4头？都给奶牛入保险了吗？

李观云：入了！

主持人：入了？自己入保险了吗？

李观云：我自己还没有入保险，原来咱没有这个意识。

主持人：为什么不先给自己入上保险？先给奶牛入了保险呢？

李观云：原来这个奶牛（死了），我不是受到损失了吗？

主持人：心疼了？

李观云：心疼了！先给这个奶牛入上保险了。

主持人：原来没入保险的时候养奶牛，是不是天天晚上有时候睡不着觉怕它的病啊？

李观云：光怕得病，怕它死啊！

主持人：怕它突然之间就没了？

李观云：就是害怕啊！

主持人：那么这两头牛是不是发生了一些故事啊？

李观云：我入了（保险）以后，它突然就在挤奶厅里发病了，心肌炎，就死了。保险公司去了个人看了看，待了不几天，就把这钱送到我家了。

主持人：这头牛赔了你多少钱？

李观云：赔了6 000元。

主持人：你为这头牛入保险花了多少钱？

李观云：我一共花了300块钱，300块钱我交上了180元。

主持人：你觉得这种事可能会发生吗？

李观云：没寻思发生这种事啊！给了6 000块钱，我又买下了一头牛。

主持人：又买了一头牛？

李观云：又买了一头牛。

主持人：现在感觉到农业保险好不好？

李观云：好啊！

主持人：刚才听人家一说啊，给牛入保险，俩字！真牛！古语里面有句话，家趁万贯，带毛的不算。保险公司我觉得你真就够大胆，怎么敢给它们入这种保险呢？

人保财险公司章丘支公司 韩旭：主持人说得非常对，入保险我们有一定的条款，包括雷击、自然灾害、暴风暴雨，还有些非传染性的疾病，只有在我们条款规定的范围之内出现意外，我们才能包赔的。

主持人：多长时间你们才能够赔付？

韩旭：城区以内，我们半小时内到达现场，要是乡镇附近，我们1个小时内到达现场，在第一时间看完现场以后，整理赔案的话，应该在1周以内赔付完毕。

主持人：希望更多的老百姓来入农业保险是不是？

韩旭：对对！是。

主持人：趁着掌声一落，咱再次有请周村旱码头戏剧社的高大姐为咱来上一段。

快板书：周村旱码头戏剧社 高良秀：

竹板打，哗啦响，我把奶牛讲一讲，

养奶牛不简单，这里边有风险，

感冒发烧带传染，把牛养好挺麻烦，

说麻烦不麻烦，现在养牛有保险，

养牛农户千千万，有了保险心坦然，

心坦然。

主持人：王处长，刚才听完了他们讲的，我想问一问，假如我是一个普通的老百姓，我想参加投保，我该通过什么样的渠道和程序去参加。

山东省财政厅农业处副处长 王昱东：首先要向县里的有关部门，像农业部门、畜牧部门咨询一下。第一，你所在的县是不是开展了政策性农业保险；第二，开展政策性农业保险的险种，是不是符合你要投保的品种；第三，还要了解一下，政策性农业保险由哪家公司来承保，然后你就可以到这家保险公司，去具体咨询一些保险的条款。如果你想投保的话，那就要和保险公司签订保险单，交纳你应该承担的那一部分保费，你就算正式投保了。

主持人：说保险，说给人入保险咱能理解，可是现在这保险，却走进了农家，走进了猪圈、羊圈还有牛圈，这事儿说起来倒是也挺新鲜。从这里面我能体会到，现在农村在发生着翻天覆地的变化。过去一提农民，人家都这样："嘿，农民。"为啥啊？嫌你没文化，嫌你穷呗。可是现在农民一直在发生着变化，农村也在发生着变化，新农村建设是日日常新，村里的经济在变，人的精神在变，现在农民也在变，现在一见农民是"嗨，您是农民呐！"

主持人：这掌声一落啊，现在咱们《乡村超市》中秋节特别节目也算是接近了尾声，在这里小超代表全体栏目的工作人员，祝电视机前的乡亲们，中秋节快乐，合家团圆！

快板书：周村旱码头戏剧社 高良秀：

农科频道真是好，农民兄弟离不了，

来到天下第一村，特别节目暖人心，

说农补，话保险，为了你的好生产，

中秋佳节祝福你，年年致富日日新，

和谐社会大家庭，建设咱们的新农村。

建设咱们的新农村！

农交会上看农机

前言：一年一度的中国国际农产品交易会又开幕了，本届农交会的主题是"绿色农业·和谐农村"。共有 1 536 家企业参展，参展产品包括高新农业技术成果、无公害食品等 3 000 多个品种，共有 300 家国际采购商前来参展和洽谈。在本届农交会上除了农产品外，农机具也是一大亮点，很多大厂商也拿出了自己的看家机型，不仅展示了自己的实力，同时也吸引了很多参观者。

2007 年 10 月第五届中国国际农产品交易会在济南召开，我们的记者扛起机器也去替大伙儿寻"宝"了，还别说，这展会上是熙熙攘攘、农展品琳琅满目啊，单是好玩又实用的农机产品，我们的记者就发现了不少。到底有哪些好东西？今天就一一跟您说道说道。

本届农交会的主题是"绿色农业·和谐农村"，来自全国各地、好玩好看好吃的东西真让人应接不暇啊。咱今天不说别的，先来逛逛这农机展区，什么拖拉机、收割机、播种机，还有多功能的小农机，各式各样是应有尽有。就在这次展会上我们发现了我们曾经采访的老熟人：多功能田园管理机，外号"变形金刚小农机"：中耕、悬耕、开沟、起垄……样样都能拿得起、放得下。嘿，人不可貌相，海水不可斗量，它一出马，一个能顶好几个，怪不得庄户人看见它就拔不开眼啦，不过咱得替大伙儿问问，这东西好归好，价钱怎么样呢？

来自潍坊海林机械有限公司的徐文虎介绍说："以我们这台机器为例，5 300 多元，国家补贴 1 600 元，老百姓只花 3 000多元就可以购到手。"

吆，花上 3 000 多元，变形金刚开回家，这农机补贴的好政策还真是落到了庄户人的心坎里。话说回来，谁都有个手紧的时候，要这样您还觉得有负担，也不妨找几个朋友合伙来买，除了自己家用，也可以对外出租啊！

哎，说到小，也真巧，就在这农机展区里，小个子农机还真是扎了堆儿，刚说完变形金刚小农机，一种超小型稻麦联合收割机又把记者吸引了过去。

瞧，旁边的图片里就是刚才说的超小型稻麦联合收割机。超小型，这不比不知道，一比吓一跳，您见过这么小的收割机吗？嘿嘿，虽然这位块头不大，可也是麻雀虽小、五脏俱全。

浙江四方集团公司的参展工作人员说："这是个小型的水稻、小麦联合收割机，您别看它样子小，功能挺齐全的，这个跟大收割机没什么两样，小麦从这里进去以后，从这边就出来。这个收割机适合我们山东套种地块的特点，家家户户可以买来自己收割。”

还别说，要是在套种的小地块里，这小家伙闪转腾挪、轻巧灵便，干起活来没准还真不含糊。

据浙江四方集团公司人员介绍，这个小型收割机工作效率 1 个小时可以割到 1.5 亩到 2 亩地，如果套种地块的话，效率更加高，可到 2～3 亩。它还有一个区别大收割机的优点，就是双层收割，上边一把刀，下边还有一把刀，下边这把刀就是把麦茬、稻草割掉以后，麦茬、稻草离地比较短，利于农民耕作。

呵，想得还挺周到，看得我都有点心痒痒，想上去试驾一把了，不过就是担心水平不行，不知道它听不听我指挥啊？

“这个小收割机操作很简单”，浙江四方集团公司人员说：“只要会开拖拉机的，上去以后就可以操作，这个柴油机启动以后，人上去一拉离合器，一挂挡，这个收割机就可以走了，可以左右转向，捏这个转向左，捏这个转向右，还有上下割刀，上割刀一压，割台就可以往上，还可以往下，基本上一个人就可以操作了。”

忘了最关键的，这东西是不错，价格是不是也合咱的心意啊？

浙江四方集团公司人员介绍说：“市场价是 1.8 万元左右。明年有望进入小型联合收割机补贴，价格更加实惠了。”

怎么样，这超小型稻麦联合收割机不错吧？别看它块头小，本事却不小，可谓四两拨千斤啊。不过话又说回来，这小有小的妙处，大也有大的好处，热闹的农机展上，自然少不了大型联合收割机的身影，瞧，巨无霸来了。

来自山东时风（集团）聊城农业装备有限公司的李德龙介绍说：“ 我身后这个大家伙是本次展会最大的农机，也就是这次展会重量级的农机。”

您再好好看看图片，这东西是不是够大？人家还有个非同凡响的名字，叫“超人”，够形象吧？它不光个头大，一身的绝活也是十分了得。

李德龙说：“现在配置的是玉米割台，它与其他玉米收割机最大的不同在于它直接收获的是籽粒，减少了中间环节，减少了劳动强度。”

什么？收获玉米时，竟然边收割边脱粒，这么先进！嘿，这真是省时、省工又省力。不仅如此，据说人家还是个多面手呢。

“这是一种多功能的联合收割机，在每年的夏季收小麦、水稻，只要换个割台就可收这两样。不光能收获这几样，换上大的割台，能收获大豆籽粒，连葵花都可收获。”李德龙这样说。

听听，它可不是四肢发达、头脑简单的家伙，这一身的本事，足以让人敬它三分，佩服佩服！

李德龙接着介绍：“别看是个大家伙，它换割台非常方便，我们这个悬挂装置简便可靠，换起来又迅速，一个小麦水稻割台5分钟就能换好。”

瞧瞧瞧瞧，人家虽然是个庞然大物，可这身子骨还挺灵便的，说换就换。不过光一个“大”还不行，老百姓更关心的还是工作效率。

李德龙说：“它的效率每小时在12亩以上，适合于东北和西北，也就是农场和生产建设兵团大面积地块。如此巨大的机器，它的全套配置倒不贵。26万～27万之间，是局部省份农机补贴范围之内的。”

看来这么大的家伙，只有在更广阔的空间里才能让它抻胳膊蹬腿了，小地方它怕是伸展不开啊。说到这里，下面还有个庞然大物等着你呢。

中国第一拖拉机股份有限公司的苏文超介绍说：“这个是我们来参展的180马力*的东方红四驱拖拉机，是目前国内马力最大的拖拉机。我看到身后这个轱辘也挺大的，上去比比，您有多高，我有1.73米，真是不低。”

呵，不看别的，光看这车轱辘就有一人高，您说不是怪物是个啥？这说稀罕也稀罕，别看人家是个拖拉机，配置一点都不低。

苏文超说：“虽然看着很大，但是这里面操作很方便，整个方向盘全液压转向，方向盘可调，座椅全部是真皮的，高低前后都能调整，还可以带空调。”

看人家这配置，可称得上是拖拉机中的大奔驰了，乡亲们在它里面干起活来可就舒服多了。装备倒是不错，不过它都有啥真本事呢？

苏文超介绍说：“它主要是用于犁地，包括耙地带一些免耕播种机复式作业，工作效率比80马力的效率要提高5倍以上。”

超大的功率、豪华的配置，这个巨型的擎天柱价格应该不菲吧？

苏文超介绍说：“价格在国内来说是最高的，38万多吧。但是和国外同类型的产品比起来，要便宜很多，国外同马力的大约在70万～80万元左右。”

这个拖拉机是在农机补贴范围之内的。有些省份按国家规定是按30%补贴，就是10多万元，也就是说这个拖拉机20多万元就可以买到。

这一个个巨无霸，看着过瘾吧？感兴趣的话，开回家试试。哈哈，开个玩笑，这可不是个小数，要买还真得掂量掂量。哎，看完了这个大家伙，我们的记者又扛起摄像机，开始寻找下一个目标。吆，那边怎么有个机器长出了鼻子？于经理，我看到你旁边的这个收割机和别的收割机不大一样，长了个长长的鼻子，这个鼻子是做什么用的？

来自山东荣成海山机械制造有限公司的于江介绍说：“这是个秸秆抛掷器，我们这个机子和传统的不大一样，它是茎、穗兼收型的，它首先通过底下的割刀把玉米秆割断，割断以后把玉米秆输送到这个刀箱里，把这个玉米秆切成2～3厘米的小块，然后通过下面这个鼓风机，

* 马力为非法定计量单位，1马力=735.5瓦。

直接输送到这个抛掷器，抛掷出来以后直接用车回收。”

原来这家伙是一台茎、穗兼收型的联合收割机，长长的鼻子为的就是抛送秸秆。传统收割机是把玉米秸秆打碎还田，而这家伙不仅可以还田，而且能回收利用，一举两得。虽说多了一道工序，可是效率也不低呢。

于江说：“效率一般每小时3～6亩地。”

既方便，实用效率也不低，就是不知道价格上老百姓能接受的起吗？

于江接着介绍：“这个收割机既可以单卖，也可配套拖拉机卖，单卖在3.5万元左右，国家补贴20%～30%，实际到农民手里2.4万元左右吧。”

老百姓种地种田提高效率，机械化是大方向，今天在展会上看到有这么多好的机器设备，小超希望它们能早日走到父老乡亲身边，帮助大伙儿发展生产。今天说的是农机，在这里小超捎带脚给大伙儿介绍一个好棉种。

农交会德州展厅负责人韩立军介绍说：“这次我们参加全国农交会，重点推出金秋种业的棉花品种，金秋种业这个品种，它的育种和经营都代表了我们德州的最高水平，在山东也位居前列，这个鑫秋2号刚刚获得国家名牌称号，这个在农产品领域也是寥寥无几。”

中国名牌，这在种子领域里还真不多见，只有经过国家审定，然后用户都满意才能得到这个称号，这里面凝结着很多人的智慧和汗水。您肯定要问了，这样的棉种贵不贵，怎么买呢？

韩立军说：“老百姓如果想买这个优质棉种的话，可以参加国家的良种补贴，像这种品种，在市场上一斤20多块钱，国家每亩地补贴15元，群众只要花几块钱就行了。”

说农机，道棉种，有了国家补贴的好政策，大家伙儿可以放开手脚把地种了。说了这么多，咱今天的特别节目到这里也就结束了。最后还是那句话，《乡村超市》的精彩节目将刊登在近期出版的《农村大众》上。

后语：随着国家实力的不断增强，许多种类的农机具也应用在了农业生产中，不像以前能看到个拖拉机就已经很不错了。现在，什么联合收割机、播种机、插秧机等等一些半自动或是全自动的农机具也走入了寻常百姓家，给农民朋友的生产带来了巨大的方便。同时国家农机补贴政策的实施，也让更多的农户买得起了。这很能说明国家对农业、农村、农民的重视程度。我们也有理由相信，今后国家在三农领域的扶持力度和政策倾向会越来越大，百姓的未来非常光明。

变形金刚小农机

前言：锄禾日当午，汗滴禾下土。这句古诗描写的就是我国广大劳动人民辛勤耕作的真实情景。种地之前，一个必不可少的工作就是耕地，大多数农民朋友用的就是锄头，一个人头顶烈日、汗如雨下地锄地，非常辛苦。不过有人却在别人锄地干活的时候，在一边悠闲地抽着烟，为什么不着急，因为他有一个好帮手。什么好帮手可以让他这样放心？别着急，往下看。

XIAONONGJI

在现场我们看到山东省临朐大关镇后唐河村任乐胜扛着锄头到地里干活。同村的邢方国却在一边悠哉地抽着烟。

任乐胜说："这都几点了还不干活去。"

邢方国说："不急不急，你先去吧。"

别人忙着去干活，他却在这儿不慌不忙地抽着烟，还说不急，这究竟是怎么回事呢？

邢方国说："以前的时候在家里刨地，一天一个人刨不到1亩地呀，累得是浑身疼呀，去年我看到电视上有个潍坊产的佳力牌的机器，买了试试吧，没想到一用，真很好用。"

嗬，怪不得人家邢方国不着急呢，原来一天用锄头翻不了1亩地，现在人家邢方国用上了佳力田园管理机，一天能耕4～5亩，工作效率提高了可不少。那么到底是怎样提高效率？咱让这变形金刚小农机给咱露一手。

邢方国乐呵呵地说："从我买了这个机器，一天刨十来亩地呀。"

任乐胜说："我怎么看着没什么似的，也就打打沟，也就刨刨地，别的还有什么用处。"

看来任乐胜对邢方国用的这种小农机还有点不服气，但人家说的也不错呀，除了耕地还有其他本事吗？

邢方国介绍说："中耕、旋耕、打沟、开沟、起垄、除草，反正多功能的。"

听人家介绍佳力田园管理机的用途有很多，比如说中耕、深耕、悬耕、起垄、开沟、覆土等等十几种功能，这真是变形金刚小农机，多种功能真神奇，省时省工又省力，方便操作没问题。

“特别在杨树空里种，什么角度也能使呀。”邢方国说。

任乐胜说：“我看确实不错，我干一天活，弄个 1 亩 8 分地，累得腿疼腰酸，我看这个小机器，一天能耕 10 来亩地，我这来得早还不如它使那个刨刨。”

这下确实服了，那是心服口服，看来这变形金刚小农机，还真称得上是“农机中的战斗机”啊！说起来，这种变形金刚小农机是通过更换不同的作业轮来达到不同的作业效果。而且一个人就可以完成，它的扶手设计是 360 度的，因此不管是在杨树套种的空行里还是在大棚里，根据不同的角度来调节，没有死角。说了半天，佳力田园管理机的工作原理是什么呢?

潍坊市海林机械有限公司的王健介绍说：“是由发动机生产动力，通过皮带传送到变速箱，而变速箱再通过齿轮的变速，再到达机器下面的中耕刀，这样中耕刀才能旋转，进行正常工作。”

佳力田园管理机是通过发动机输出动力，使得机器正常工作。那么它的价格老百姓能接受吗?

王健说：“机器的销售价格在 3 100 元到 1 万多元不等，所以我希望农民朋友购买产品的时候，根据自己不同的需求配备不同的农机具。”

邢方国说：“当时买着有点贵，5 000 块钱是贵，但是算起账来一点也不贵，把自己的地耕完以后，空余时间给别人耕耕地，不到 2 个月，就能把机器的钱全挣回来。”

大家都知道要想汽车跑，油料少不了，可有的车费油，自然使用成本就上去了。这种小农机也得加油，那么它的油耗量大不大呢?

王健介绍说：“这个机器应该说是比较省油的，柴油机的话，耕作 1 个小时不到 1 升油，汽油机更加省油，耕作 1 个小时仅为 0.8 升油。”

虽然佳力田园管理机操作方便，但老百姓在使用过程当中还有什么需要注意的地方吗?

“这机器是由锰钢做成的，比较坚硬，所以我希望农民朋友买回去以后，详细阅读说明书，不要因为违规操作而造成不必要的麻烦。”王健接着介绍。

怎么样，看完了片子，您是不是也想弄上一台这样的变形金刚小农机，让它成为您的左膀右臂呢? 如果您感觉在价格上压力大的话，小超在这里倒是有个办法，您可以联合村里的几个人合伙购买，解决了资金压力，大家伙一块使用，还可以对外出租，不仅方便了自己还能出租挣点钱呢！小超当然只是建议，买不买还得您自己拿主意。

后语：变形金刚小农机，用着方便，省时省力。不管地里的什么活，通过更换不同的作业轮都可以达到标准要求。但是在这里给大伙提个建议：机器虽好，但是价格还是有些高，因此您可以和村里比较要好的邻居，几个人一起合伙买，或者是村里买上几台，供大家伙使用。这样既能减少投入，又能用上方便快捷的小农机。不过话说回来，找谁合伙买是你的事儿，咱只是提个建议，您要是买来为了谁多用谁少用的再闹了矛盾，那就不好了。最后给大家说一句，解放劳动力，解决大问题，开拓新思想，发展新农业，争做领头人，说不定就从你开始。

菜博会上看农资

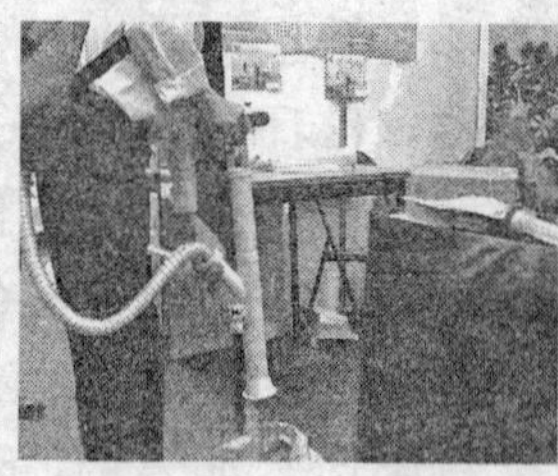

前言：乡亲们大家好，欢迎来到《中邮天达·农资超市》，人间4月正是草长莺飞，菜乡寿光又迎来了一次农业盛会。这不，第八届寿光国际蔬菜博览会又热热闹闹地开张了，咱们《农资超市》的记者也扛着机器挤进了菜博会，现如今这菜博会的内容可谓是包罗万象，您还别说，就在这菜博会上，咱们的记者还真是给大家找到了很多既实用又有意思的农资产品，那么到底有什么好玩好看的呢？菜博会上看农资，好玩好看很有戏，这里有太阳能的杀虫器，还有那变形金刚小农机，有固体液体的有机肥，有会喘气的喷雾器。您瞧瞧，茄子能生多胞胎，大棚有招能防晒，打药就加481，还有那神奇的大棚农膜缝纫机。嘿，精彩尽在《农资超市》特别节目“菜博会上看农资”。

今年寿光蔬菜博览会的主题依然是绿色、科技、未来，展厅里可以说的上是灯光璀璨、精彩纷呈啊。在农资产品方面那依然是亮点多多。不说别的，先给您介绍一个洗脸盆。嗨，说农资您说什么洗脸盆啊？您可别小看这个洗脸盆这家伙，打眼一看不知道的还以为就是家里摆放的洗脸盆，其实人家可是一种太阳能的杀虫器，用发明人的话来说，这东西相当于昆虫的夜总会。唉吆，没想到昆虫也有夜总会啊，其中道理还是让发明人来给咱说说。

太阳能杀虫器发明人梁朝巍介绍说：“它叫太阳能智能灭虫器，主要是灭农作物的各种各样的害虫，长得有点像农村的洗脸盆。”

说话的这位名叫梁朝巍，要是听错了还以为是那位港台明星梁朝伟呢，这梁朝巍来自深圳，虽然不会像明星一样演戏，但要说起和害虫打交道那倒是个老手，人家用了5年的时间，研究出了面前的这种环保型太阳能杀虫器，这种机器白天吸收太阳能再转化成电能，晚上便开始杀害虫了。

梁朝巍说：“这种灯产生的光源是越远看上去越亮，而且这种虫对这种光很趋光，一接近，虫就像喝醉酒一样栽倒在水里边淹死。”

那么这种太阳能杀虫器，充一次电能用多长时间呢？

梁朝巍介绍说：“这个太阳能电池板一天蓄的电可以够3天时间用，如果阳光非常猛烈的话，可以用1周。”

说到这里您问了，太阳能太阳能，有太阳才有能源，要是碰上连续阴天，那不就没招了吗？

梁朝巍说：“两用的，有太阳的时候就用太阳，好好利用上天的能源，没太阳的时候，用我们的电充电就行。”

那么这种杀虫器能用在什么地方呢？

梁朝巍回答说：“这种是用在大棚里的，通常卖400块到500块左右，这个寿命可以用到7年。在大田里使用，这样一个灭虫器可以控制 5 亩到 10 亩地的范围，相当于 6 000 米^2 的范围。”

听老梁一说，这种太阳能杀虫器不用电只用光，不喷药还能杀虫，真是绿色环保啊。可要想庄稼种得好，光杀虫也不行，得给庄稼吃饭，得有好的肥料。这不，话音未落，一种来自蔬菜之乡的肥料奥格特有机肥就又登台亮相了。

负责奥格特有机肥技术指导的刘明杰说：“这是我们蔡伦中科产的活性有机肥，这个是有机无机复混肥，庄稼愿吃什么就吃什么，吃了以后长得快、结果多、产量高，这是真正的全营养套餐，缺什么补什么。”

作物的全营养套餐，吹啥牛？能有多全，还真就是作物的满汉全席吗？人家一看咱不信，您瞧，把宝贝都抱出来了。

刘明杰介绍说：“哎呀，这可是个好东西啊，有铁、硼、锰、锌、镁、铜、钼等多种微量元素，是全元素肥料，营养比较全。”

除了有机肥，人家还有看家绝活，您瞧，后台还放着 3 袋庄稼地的“速溶咖啡”。

刘明杰说：“相当于人没事了以后喝咖啡，这个补果补得快，这个长叶长得好，这个在大棚里施冲上就见效。”

要说到喷肥呢，就得使用喷雾器，可要说起用喷雾器喷药，那也是个头疼事。您想啊，好几十斤在身上背着，这边打药，这边还得不停地加压，时间一长，腰酸胳膊疼啊，不过别着急，就在菜博会上，咱的记者就用自己的慧眼，发现了一种会喘气的电动喷雾器。

松果喷雾器展台负责人汪俊说：“学赵本山的小品：提臀、收腹、45 度角，这样太辛苦了，你看我们的电动喷雾器，不需要来回压，我们有一个电动开关，一打开就可以工作了，这样就节省了体力。”

看到这个喷雾器就想起了赵本山在小品里给果树喷农药的场景，不过这种喷雾器和他使用的那种可有大区别。

汪俊说：“从这里加上水，在下边打开开关，抽上水来就可以喷了。”

人家说这种电动喷雾器最大的特点就是喷药的速度快啊，并且还节省体力。

汪俊说：“解决了老百姓用手摇这么辛苦的动作，因为摇的时候承受的力是很大的，这个力又压到自己的肩上来了，所以有的农户肩都经常擦伤了，用我们这个，就没有擦伤的可能了。”

除了这种背着的，人家还有一种手提的。

汪俊说：“你看我提着它就能跑。这个喷雾器还会喘气，从进水管进去，水从这边出来，不就像人喘气一样嘛，压力大，用的工作时间长，充一次电可以喷到 2 000 斤水，我背着的这种，充一次电可以喷到 700～800 斤水。”

电动喷雾器不错，省时、省工、省力，那价钱怎么样呢？

汪俊回答说：“我身上背着的这个喷雾器菜博会营销期间优惠价是 290 元，平时 320 元，手提式的我们现在在会场上的优惠价是 530 元，平时的价钱是 580 元。”

喷雾器有了电，省工、省力又省钱，电钮一开，喷雾自来，一个字——方便！两个字——

相当方便，开个玩笑啊。不过背上这种会喘气的电动喷雾器去喷药，一定是效率提高。不过话说回来，打药的效率是提高了，那么有没有能让药效提高的产品呢？有啊，您听这句话“硕丰481致富比高招，打药就加481”，下面再跟我们到菜博会上去见识一种来自天府之国四川的科技产品——硕丰481。

硕丰481硕丰481，这481到底是什么呢？

成都新朝阳公司总经理杜文明介绍说：“481是在液相色谱测定中，我们在检测这个物质的时候，它的峰值是481，它是一个科技的名字叫481。”

听听概念挺有意思，那为什么打药就用硕丰481呢？

杜文明介绍说：“打药就加481，增加作物的激素，加上481以后，它的抗病能力提高了，病也就少多了。它本身不可能提高药效，但是它是通过提高作物的这种抗病能力提高了药效。”

硕丰481除了能够提高药效，说起其他好处也是不少：苗期、结果期、膨大期都可使用，能提高种子发芽率，能够使作物提前成熟，可听人家说使用硕丰481的好处，还是能提高产量并且能够提高作物的品质，同时还能增加作物的抗病性，好处不少，那么价格怎么样呢？

杜文明回答说：“我们今天是很便宜的价格，每桶水就在1块钱左右。”

听人家一说，这种来自天府之国的硕丰481还是一种科技产品，在咱齐鲁大地上也有个好口号呢。

“硕丰481，致富比高招。”这个口号太好了，这是《乡村季风》提出来的，我们也想跟《乡村季风》一起成长，一块为农民服务，光靠勤劳致富是不行的，要科技致富。

嘿，“硕丰481，致富比高招。”比就比个高招，在菜博会上可以说是八仙过海，各显其能。这不，就有人说，如果有足够多的农膜，他可以给地球穿上“衣裳”。这人是谁，他可是咱们栏目的老朋友了。到底是怎么回事，咱接着往下看。

说到的这位老朋友其实是就咱《农资超市》栏目曾经采访过的“大棚农膜缝纫机”，人家在今年的菜博会上也设了个展位，您瞧人家宣传的口气挺大——“神奇的大棚农膜缝纫机，带水也能粘”！嘿，带水真的也能粘吗？告诉您不但带水能粘，而且带土也能粘。吆喝，真是话越说越大，牛越吹越高了！那么到底行不行呢？耳听为虚，眼见为实啊。您瞧，为了证明一下，趁着菜博会的热闹劲，人家在外面广场上就拉开了场子。

现场的参观者问：“有土能粘吗？多少沾上点脏东西呢？”

工作人员说：“没问题，一点也没问题。”

您瞧，人家给提出了要求，要是下象棋这叫一个“将军”啊，可人家说，咱不怕，下面就来真格的！

工作人员说：“你去弄点土。”

记者打岔说：“拿脚踩踩！”

工作人员说：“我找个有土的。”

工作人员在现场粘农膜。

在现场记者：“这上边的指纹是谁的？你的！刚才做的实验，你现在实验实验，看沾上了没有，来，大家伙数着一二三，让他拽拽，看拽断了没有？”

参观者说：“拽不断！拽不断！行了，行了，能粘住！”

记者说：“原来有土你还不相信！”

参观者说：“再试试有水的！”

嘿，有土也能粘，看来这大棚农膜缝纫机本事还真是不小，不过现场的乡亲们还是不依不饶啊，有土没问题，那再用水来试试。

参观者喝了一口矿泉水说：“是水，是水！”

记者调侃地说说：“是水，不会是酒吧！”

参观者：“不是！”

现场工作人员粘带水的农膜。

记者问：“现在你看看有没有沾上？撕一撕！”

带水、带土都能粘，大家伙都不信现在都看了，都信了吧？

参观者：“信了！”

记者：“咱刚才的承诺是什么啊？”

参观者兴奋地鼓起掌来。

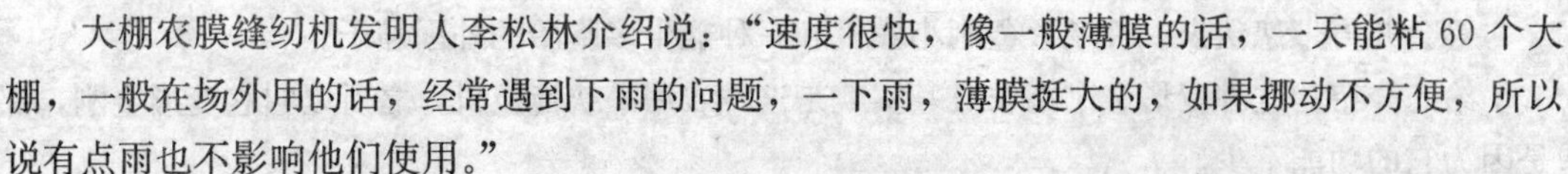

大棚农膜缝纫机发明人李松林介绍说：“速度很快，像一般薄膜的话，一天能粘 60 个大棚，一般在场外用的话，经常遇到下雨的问题，一下雨，薄膜挺大的，如果挪动不方便，所以说有点雨也不影响他们使用。”

有水带土都能粘，看来这大棚农膜缝纫机还真是挺神奇，不过这家伙的价格怎么样呢？

潍坊远东自动化公司总经理刘春霞介绍说：“有好几个规格，3 000 元到 6 700 元不等，价格和它的快慢都有关系。”

记者问：“这个能粘多大？”

刘春霞回答说：“只要你有足够长的农膜，能给地球穿层衣服。”

嗬，如果农膜足够长，能给地球穿衣裳，口气不小，口气不小啊。可还有一个口气也挺大，人家说你给大棚做衣裳，我给大棚能喷防晒霜。唉吆，防晒霜一般都是女孩子才用，怎么现在大棚也赶时髦用上了呢？

今天给您说的大棚防晒霜其实是这种看起来有点像牛奶的东西。

大棚防晒霜展位负责人说：“这就是我们从韩国进口的大棚降温喷雾剂，主要是代替遮阳网用的，喷到大棚薄膜上起一个降温的作用。”

说起使用挺特别，使用这种大棚防晒霜就像喷农药。

大棚防晒霜展位负责人说：“我们一次喷完之后，有效期可以有 3～4 个月的时间，喷过之后，下雨或者刮风都没有关系，没有影响。”

那么这种大棚防晒霜和传统的遮阳网比起来，到底有什么优势呢？

大棚防晒霜展位负责人介绍说：“它跟遮阳网比的话，遮阳网就是纯粹的把阳光遮住，有些植物需要光合作用，需要阳光，挡住之后就没有办法进行光合作用了，影响到作物的生长，我们这个产品的好处就是阳光可以透过，但是温度不会升高，这是跟遮阳网最本质的区别。”

有了大棚防晒霜，大棚内是降温又透光。可听乡亲们说，现在种地比较烦人的还是施肥问题，一到忙的时候，在地里弯腰施肥，时间一长，一个字就是累。那么有没有用来施肥的好产品呢？您还别说，就在展厅里，咱还真就发现了一种会下蛋的施肥器。

“这是由施肥枪、管子、背包组成”，负责人说。

那么这种施肥器到底怎么来工作呢？

负责人回答说：“往下压，肥料就自动流到底部了，就压到土壤里了，它就跟下蛋一样咯嗒一下一压，肥料就进到土壤里了，形象地比喻它就像一个会下蛋的科技产品。”

那么这种会下蛋的施肥器到底有什么好处呢？

负责人介绍说：“它不会浪费肥料，不像以往的撒肥，肥料要挥发和流失，它把肥料全部运到根部，让作物充分吸收，它省力不用弯腰，不用刨土，而且不会把作物的根部烧伤。”

听人家一说，好处真不少，那么价钱贵不贵？

负责人介绍说：“按照全国统一零售价钱，118元一台，能使用4～5年，不贵啊。”

您瞧这位倒是很干脆，直接掏钱就买了一个。

买施肥器人：“带回老家，让我们大棚户都看看。”

等会儿再带您认识一种变形金刚小农机和一种能生多胞胎的外国茄子。

给您介绍的这种变形金刚小农机其实就是这种农用手扶拖拉机，之所以叫它变形金刚，那是因为它的功能不少。

展位负责人介绍：“喷药、开沟、培土、旋耕，还有起垄、覆膜、施肥都有。”

记者问：“老百姓平常地里的活都可以干了？”

展位负责人回答：“都可以干。”

那么这种小农机，使用起来是不是方便呢？

展位负责人说：“发动机一启动，动力传过来，一摁离合，一加油门，这个变形金刚就启动了。嗒嗒嗒，这样，太快了，1个小时作业1～3亩地。”

看这家伙长的挺壮，看来价格不便宜吧。

展位负责人介绍说：“7马力的、10马力的、7.5马力的都有，有4 000元的、5 000元的、9 000元的都有。”

说完了农机咱再说说茄子，嗨，茄子有什么好说的，有啊，您瞧面前的这种茄子名叫布朗，人家能生多胞胎。

瑞克斯旺展位工作人员给我们介绍：“我们这个品种产量高，从目前这个植株来看，这个品种双秆整枝，一共坐了30多个果，名字叫布朗，代号叫10－707，连续坐果能力强，属于多胞胎类型的。”

那么这种能生多胞胎的茄子种植起来贵不贵啊？

瑞克斯旺展位工作人员说：“咱们的种子是6毛钱一粒，一亩地投资大约在1 000块钱到1 500块钱左右，收益正常的话，一亩地在3万块钱左右。”

说起种子，瑞克斯旺这个展台倒是挺丰富，除了这种能生多胞胎的布朗茄子，人家还有满身黄色的黄彩椒，还有挂满枝的西红柿，还有让您一看就想咬上一口的迷你小黄瓜，要是您今年想种个好品种，倒是可以到这里来选选。

乡亲们，不知道在片子里您是否寻找到了适合自己的农资产品，有什么问题可以直接拨打咱的《农资超市》热线进行咨询。好的，今天的节目就到这里，咱们明天同一时间再见！

后语：菜博会上看农资，名优产品汇这里，好肥好药好种子，增收增产帮助您。

灌了“浆”的大棚膜

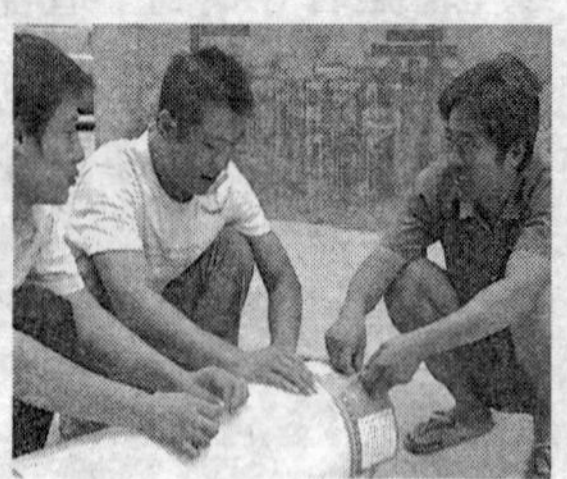

前言：现如今大棚菜发展的是越来越红火，而建好大棚是种好大棚等的第一步。谈起大棚，最主要的就是大棚农膜了。从刚开始发展大棚时用的普通塑料纸，到现在防雾、防消流滴的大棚膜的广泛应用，都说明了大棚菜的广阔未来。

天气越来越凉，一到这个季节，种大棚的农民朋友又该考虑着换棚膜了。这一说起换棚膜，大家伙也有人唠叨开了，这年年换棚膜，咋就找不到一个称心如意的棚膜呢？哎，话说到这，青州朱良镇的一位农民朋友就有话说了：“我家的棚膜就很争气，用起来很方便。不信您就来这儿瞧瞧?”哟嗬，还挺牛，既然他都这么说了，咱还等啥，赶紧去看看吧。

刚才说的徐建设，家住青州市朱良镇朱良东村，今年 30 来岁，和其他大棚户一样，以前他也总为找不到中意的棚膜而犯愁。不过就在 2006 年，当地的一家企业找到了他，想请他试验一种刚刚研制成功的新型棚膜。

徐建设说：“当时徐经理来找俺，要俺在当地给他做个试验，看看棚膜到底是孬还是好，自己心里有数。他在我们村的信誉相当高，所以我们也挺相信他的。”

说句不好听的，替别人做试验，好坏难料，就是再信得过，自个儿也得掂量掂量不是？要是万一出现问题，一茬的收成可就难保了。

徐建设接着说：“刚开始用的时候，心里也是有种不放心的感觉。”

可是令徐建设万万没想到的是，自己试验的这个棚膜竟然会让他刮目相看。

徐建设说：“用了一段时间以后，觉得他这个棚膜比别人棚膜要好点。所以我们用的人就都放心了，心里也比较踏实了。”

说到这儿啊，这徐建设心里算是有了底。可是光说这棚膜棚膜的，那这棚膜到底是何方高手？我们还不知道呢！下面我们就和你好好拉一拉。

徐建设试验的是一种新型灌浆 EVA 棚膜。嘿，这名字有点新鲜，灌浆，那不成了是给大棚膜喝了汤？

青州鲁冠塑料厂的徐磊介绍说：“灌浆就是棚膜的一种生产工艺，就是在普通长寿膜或是 EVA 膜的基础上，在内壁上喷涂了一层硅胶类化学物质。”

嘿，还真让您给蒙对了，人家就是给大棚膜喝了汤，不过这可不是一般的汤，简直是一支强身剂啊，普通棚膜喝了它，立马功力大增，从士兵摇身一变就成了将军，解决了消雾、消流滴期短的问题。

徐磊说："目前市场上一般棚膜的消雾期流滴期一般在2～3个月，最长的也就4～6个月，而经过灌浆处理的棚膜它可以达到终生无雾，流滴期可以达到8个月以上。"

咱种大棚的都知道，冬天怕的就是棚膜有雾、滴水，要是长期这样，大棚收益肯定好不了。

徐建设说："雾气上了叶子之后，叶子就开始生黑点，很容易烂叶子，一烂叶子就不供果了，果型长得就不好了，就卖不了好价钱了。"

现在的徐建设再也不为这事担心了，为啥？让灌浆膜和普通棚膜较量一下，你就明白了。

我们在现场普通棚膜和灌浆膜比较，灌浆膜消雾、消流滴效果明显强于普通棚膜。

徐建设说："刚开始上的时候，两三天还不算很干的时候还有点小露水珠。晒了两三天之后，就再也没有了，就见不到露水了，一点也没有。"

徐磊这时解释道："棚内无雾的话，棚内的透光性能就非常好，导致了两个结果：一是棚内早晨升温特别快，另一个就是棚内光照特别好，非常有利于作物的生长。"

这光照好，温度高，作物自然是铆足了劲地长，徐建设看在眼里，美在心里。

徐建设美滋滋地说："我的菜长得很好，在我们这里我也是数第一，茄子在我这里更是别提了，也是第一，菜椒到市场上去比人家一斤多卖5分钱，茄子也是抢手货"。

嘿，因为消雾、消流滴期长还真让徐建设尝到了甜头。可听说这种灌了浆的棚膜好处还不光是这些呢！不但灌了浆，而且原料里还有秘密武器呢！

徐磊介绍说："另外加入了一种美国进口的茂金属和韩国进口的EVA土层。加入茂金属主要作用是增加棚膜的韧性拉力。"

在现场有几人撑着棚膜，徐建设站上去测试它的拉力。

记者问他："好，试着怎么样？"

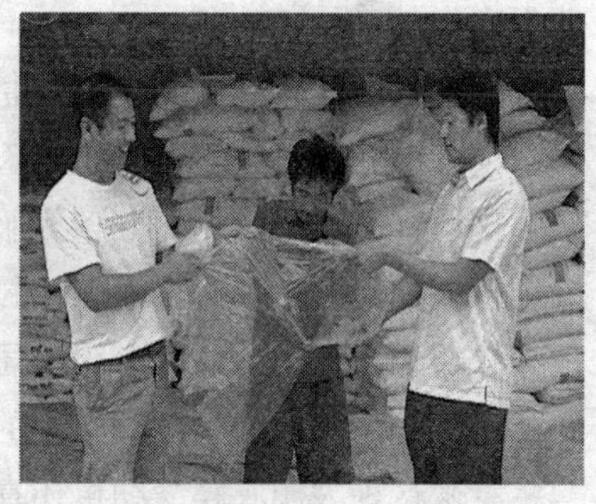

徐建设说："中！这膜很结实啊！"

记者又问："在上面走走，再走走！你把手放开试试。感觉怎么样？"

徐建设走两步连说："行行行！没得说，这棚膜的质量直接没得说！"

独特的工艺，再加上秘密武器的加入，练就了新棚膜一身过人的本事，不过话说回来，咱还得问问，它的使用寿命怎么样？要是用不到一年就风化了，那多可惜啊。

徐建设感慨地说："我种棚7年了，7年当中一般的普通膜到六七月份就自动风化了，使上灌浆膜到现在也没变样，咱们这个灌浆EVA棚膜寿命可达到12个月以上。"

嘿，带您认识了徐建设，同时带您认识了一种灌了浆的棚膜。据说呢，这种灌浆的棚膜跟大棚农膜价钱方面也相差不大，如果今年扣大棚的话，大伙儿也不妨调查调查。

后语：在采访大棚膜的时候了解到，大棚种植户对大棚膜非常在乎，可以说大棚用上了好的棚膜就意味着来年大棚有了收益。如果是劣质的棚膜，消雾、消流滴期短，甚至不行，就会对大棚内的作物造成毁灭性的影响。所以，从某种意义上说，好的大棚膜就决定了来年的收成。

大棚农膜缝纫机

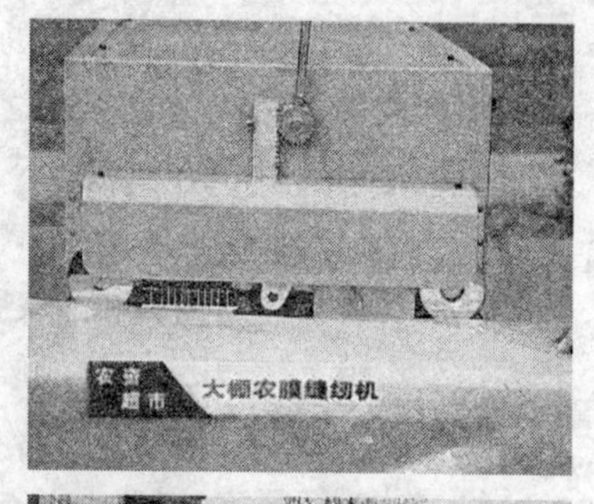

前言：大棚农膜上大棚，长短宽窄各不同，有了它来做裁缝，农膜自然有了型，今天的农资大展台给您介绍一种大棚农膜缝纫机。

为咱老百姓买农资牵线搭桥，为咱农资企业卖农资出谋划策，乡亲们大家好，欢迎来到《乡村季风·农资超市》。

都知道寿光是蔬菜大棚的天下，可种大棚就必须要使用农膜，所以农膜销售在寿光也是遍布各地，可寿光稻田的农资经销商老冯还有他的媳妇告诉我们，现在在寿光买农膜，如果不懂其中的奥妙，你就是把农膜放到店里也不会有人来买，这就怪了，老百姓买农膜他需要，农资店里又有农膜，这有供有求，产品也不错，为什么还就没人买呢？

寿光稻田农资经销商的老冯说："他就是不了解其中的奥妙。"

记者问："这个奥妙在哪里啊？"

老冯说："就是少了个粘膜机，你没有粘膜机，它粘不起来，他买回去的薄膜没法用啊。非得有个粘膜机不行。"

好家伙，原来其中的奥妙就是在这种机器上，您还别说，咱老百姓种大棚所需要的农膜长短宽窄各不相同，有了这台机器，来买农膜，接着就按自己的要求在这台机器上直接制作完成，这还真是连买带做，一条龙服务啊。其实这种机器名叫大棚农膜粘贴机，看起来好像就是缝纫机一样，所以也有个比较乡村的名字，就叫大棚农膜缝纫机。

潍坊远东自动化仪表有限公司李松林说："一般的话，上边的放风口在这个位置一道，在底下还有一道。这个是穿钢丝用的。一般的棚都是离不开这个东西。"

看来这种大棚农膜缝纫机还真是咱老百姓扣棚过程中不可缺少的一部分，要说起这种机器的详细情况，还得从刚才说话的大棚农膜缝纫机的发明人李松林说起。

2001 年李松林看到别人用传统的方式替大棚种植户来粘贴大棚农膜，使用的工具也是比较传统，一种是用脚来操作的土机器，另一种就更简单，就直接把家里的电烙铁拿出来，像熨布一样把大棚农膜粘起来，这一下就是 2 毛，一下就是 2 毛，就这样，这活还是干不完，松林一想如果要是有台能够粘贴农膜的机器那该多好，那这效益可就大了去了。

喜爱倒腾机械的李松林说干就干，终于在 2003 年自己梦想中的大棚缝纫机出炉了，这种机器一经问世，现在已经基本代替了原来的那些传统的方法。人家李松林还给这种大棚缝纫机总结了四大优点：第一个优点毫无疑问，那就是代替了传统方式，大大提高了工作效率。

李松林接着说："像100米长的大棚的话，一天能粘合大约在60个大棚左右，每分钟的话大约在15米，有的时候快了，也可以达到20米。"

看来速度还真是不慢，不过粘东西咱知道，一般不能有水，一有水就不好粘了，可下雨的时候不少，那农膜上有水那是常有的事，可人家告诉我，这点完全不用担心，别说没水，就是农膜上全是水，这种大棚农膜缝纫机也照样能粘，呀呵，真是这样吗？

在现场我们往农膜上倒水，然后开始粘贴。

呵，还真是挺厉害！粘是粘上了，可是粘得结实吗？如果粘得不结实，还是一场空啊，如果不结实，等扣到大棚上，一踩就坏，那不就坑了咱老百姓啊？到底结不结实，咱今天再来做个实验。

现场进行实验，几个人一起来拉，或者再上去人踩，还真是挺结实。

速度快、不怕水还挺结实，听人家说，不但具备以上的优势，在两张农膜粘和起来以后，还不会影响原有农膜的质量，不会影响原有农膜的透光度和消雾流滴的作用。看着这种机器是挺带劲，那么在使用方面方不方便呢？

李松林说道："使用是非常简单的。这样从这里进去，从这里出来，就是成品了。"

这种大棚缝纫机看起来还真是挺方便，但这种机器现在来看还不是太适合个体的大棚种植户来购买，相对来说比较适合销售农膜的经销商来购买，好为购买农膜的大棚种植户提供方便。

寿光农膜经销商说："俺这里忙的时候，就像赶集似的。这两边全是粘膜的、买膜的，天天这个样"。

潍坊远东自动化仪表有限公司的冯春霞说："价钱一般从3 000元到6 700元，价格不等。"

大棚农膜缝纫机，让宽度有限的农膜可以无限延展，记得有位著名的科学家说过，如果给他一个杠杆，他可以撬起地球，可人家大棚农膜缝纫机的发明人也说，如果现在有足够多的农膜，他也可以用他的机器把农膜连起来给地球穿上衣裳，这真是"心有多大，舞台就有多大"。

后语：使用这种大棚农膜缝纫机的时候，一定要注意两点：一是温度，如果温度不够则无法把棚膜粘合在一起，如果温度过高则会烧坏棚膜；二是速度，要根据棚膜的粘合程度调节速度；三是要注意操作安全，因为大棚农膜缝纫机是用转轮和履带通过高温挤压把棚膜粘合在一起的，所以注意手不能离得太近，避免挤伤、烫伤。

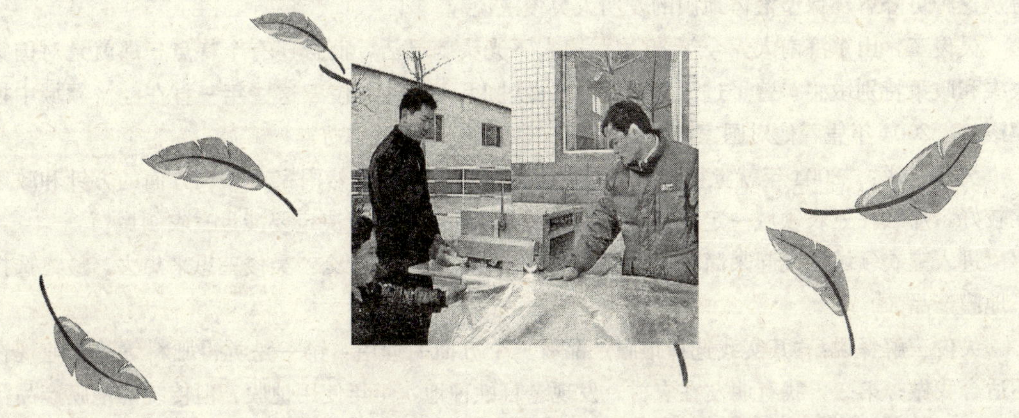

无形的肥料地膜

前言：花生地里一喷洒，无形地膜就形成，增温、保墒有奇效，本来是垃圾，降解后却成了肥料，请一起来认识吴俊三和他的新产品——可降解环保型液体地膜。

乡亲们大家好，欢迎您来到《乡村季风·农资超市》，2006年的清明时分，山东沂南县马站镇大水场村的4位农民“吃了一顿螃蟹。”您别误会，这“螃蟹”可不是真螃蟹，而是他们尝试了一件别人根本不敢尝试的事情：那就是在自家的花生地里用上了一种新型的地膜。您说了，不就是地膜吗？还有什么不敢尝试的啊。可这种地膜却不同于咱传统塑料布的地膜产品，它在地里基本上是看不见也摸不着，把地膜化有形为无形，您想想，要是心里没数您敢用吗？

对于庄稼人来说，一年的收成可是件大事儿。沂南马店镇的这几位村民，也在敢用与不敢用之间徘徊了许久，如果这种新地膜效果好，那当然是万事大吉；可如果不好，那面临的就是自己今年的花生减产或者绝产，那是赔了夫人又折兵。让他们这样挠头的根源就是这种液体，说是液体其实是一种新型的液体地膜。

山东沂南县马站镇大水场村村民朱由乐说：“这是种液体地膜，是种新产品，可我们从来没见过啊，用下去万一不行怎么办？那这一年就白折腾了，所以开始还是不敢用，我们在一起商量了很长时间，后来慢慢地觉得也该尝试一下。”

就这样他们几个舍弃了传统塑料地膜，冒着冷汗大胆改用了这种液体地膜。他们成了大水场村第一个“吃螃蟹的人”，“螃蟹”是吃了，可在背后看着的却是村里无数双眼睛。这“螃蟹”到底好吃不好吃？这种新型的液体农膜用在花生地里到底好使不好使？要得到答案，咱还得从这种可降解环保型液体地膜的发明人吴俊三说起。

吴俊三，山东济南人，今年39岁，这人不光头脑灵活，而且还有个特点，那就是对国家大事和政策特别敏感，曾干过汽车销售，也做过IT人才的吴俊三这些年一直在经济领域中摸爬滚打。2004年凭着他对国家政策的理解，觉得挣钱的机会来了。

吴俊三说：“2004年就觉得国家对三农方面特别照顾，既然国家对三农方面的方针和政策比较好，那么在三农领域一定就有好的发展，所以那一年我就决定要涉足三农领域。”

进入三农领域，说起来简单，做起来可不容易，进来干什么？吴俊三思来想去，最终选择了地膜产品。

吴俊三解释说：“其实我选择地膜产品有三个方面的理由：第一是觉得肥料等等行业现在不适合我做；第二，我有朋友在农村，发现老百姓种地，年年使用地膜，但传统的地膜产品污染又很大，感觉如果有个无污染的地膜会很有市场；第三，这里面还有一个核心竞争力的问题。污染大，就得找到没有污染的产品，但这种产品现在在市场上基本没有，要想占领市场就得自己研发新产品，这样才行。”

自己搞研发，老吴同志，您没发烧吧？放下IT搞农业，这跨度也忒大了点，没有一丁点农业知识您怎么搞科研？嘿，这吴俊三还真就憋上了这股子劲儿，从2004年开始，人家买资料、弄书籍，一边学习一边研究，甭说别的，就从2004—2006这两年的时间，光吴俊三查阅的资料要存在电脑里那得4个G。哎，这么比喻比较抽象，就这么给您说吧，一架飞机所有的技术资料那够复杂了吧，要是保存起来，用一张光盘足够。可吴俊三这两年查阅的资料要保存起来，却至少需要7张光盘。就凭着这股子劲头，老吴慢慢地由一个IT人才，变成了一位地膜专家。

吴俊三说：“那时候看的资料真可以说是不计其数，后来慢慢地就对地膜越来越了解。才开始的时候对于老百姓用地膜也不认识，人家种地怎么用？什么时候用？一次用多少？都不清楚，解决这些事就开始进村，基本上是每天都进村，不进村就打电话，一天最多的时候能给村里打几十个电话。了解的多了，单凭自己是不行的，后来就和济南大学的专家合作进了实验室，一起搞研发。”

要说这吴俊三还真有本事，搞研发不但找到了高校支持，而且还请来了4名博士、8名硕士还有一位高级工程师。这下可好，强大的研发队伍成了一支强心剂，从2005年冬天到2006年春天的3个多月，吴俊三干脆就把家搬进了实验室，用他自己的话说，也不知道经过了多少次失败，反正一直就在这些瓶瓶罐罐中来回打拼。日夜的付出终得到回报。2006年2月中旬，老吴第一次把自己研制的地膜产品喷洒在了地上。初试牛刀，他心里也是噔噔直跳，最后检测结果没有成功，增温的效果显现出来，但保水的效果却远远不行。

吴俊三说：“当时也算是成功了一半，传统的地膜有两大功效，一个是增温，一个是保墒，也就是保持水分，第一次试验的结果，只是增温的效果达到了，但保水的效果还不明显，后来就改变了研究方向，主要针对保水方面下功夫了，从2006年的3月初一直到3月底，接近1个月的时间，我又一次喷洒试验，一天测4次，每过3个小时就测一次，每过72小时就测一次保水效果，这次试验成功了，地膜也算是成了。”

产品成了，但吴俊三还有一个坎，那就是大田实验，需要得到大田种植的数据才能具有更强的说服力。然而谁又能冒险去尝试这种新产品？谁能帮这个忙？吴俊三想到的头号人物便是家住沂南县马店镇的老岳父，于是便发生了咱片子开头的那段故事，那么吴俊三的这种新型液体地膜的大田试验到底能不能成功？结果又是什么呢？

今年清明时分，沂南县马店镇的这几亩花生地里第一次用上了吴俊三的新型地膜，试验开始了，老吴害怕了，为什么？万一大田实验不成功，就会失去老百姓的信任，那么就预示着前期的付出彻底打了水漂，要说心情那真是“十五个吊桶一起打水”，怎么讲？“七上八下”啊！

吴俊三庆幸地说：“当时咱们给农户签订了合同，如果好了，没问题，如果不好减产或者绝产了，我来全部赔付。那时就怕试验不成功，后来我岳父打电话，说下雨了，怕把地膜给冲了，我说晴天了吗？他说还没有，等到晴天后，我岳父又打电话来，说地膜没有问题，这一点证明，这种液体地膜是不怕下雨的。半个月后，结果出来了，和传统的地膜相比较有了明显的三个优势，一个是出苗齐，长得大；一个是病虫害少，比传统的能减少20%～30%；第三个就是叶片厚、秆粗、根系发达。”

呵，总算是成了，一切都用事实来说话，大水场村丘恩继家用液体地膜的花生地，产量是出奇的好。

沂南县马站镇大水场村村民邱恩继说：“使用传统的塑料地膜一墩也就是两棵，每棵花生结果最多的35个，少的20个左右，而使用了这种液体地膜以后，多的超过了40个，少的也在25个左右，产量很高。”

这下可好，吴俊三的可降解环保型液体地膜，由大家怀疑的对象，一下子成了香饽饽，开始使用的时候村民有一个担心，那就是生怕用了减产，可现在村民们还有一个担心，那就是明年想再用，却担心买不到。这下可乐坏了吴俊三，人家还掰着手指头总结出了产品的五大优势。

吴俊三介绍说：“这个产品的名字叫复合可降解环保型液体地膜，它有五大优势，第一大优势就是增温保墒，现在来看这种新型地膜的增温保墒效果要比传统的好的多，传统地膜一般保温在1～4℃，而这种新型地膜保温一般在1～6℃，这个温度就可以使苗子更好的生长。第二个优势是用起来省工省力并且不受地形限制，因为传统的地膜铺设很麻烦，需要3个人一起铺设，3个人操作一般一天能铺2亩地，而咱这种新型地膜，只需要一个人和一个喷雾器，一个人一天就可以铺膜一亩地。另外，传统的地膜铺上以后，必须要人工操作开封才行，有的时候苗子生长速度不一样更麻烦，而新型的地膜，根本不用管，苗子便可以自己出土。”

呵，优势说了不少，其实这种新型地膜最大的优势在于绿色环保可降解，同时降解后还能变成肥料。

这种液体地膜和传统的地膜比起来差别很大，那么在价钱和使用方面是不是能够让咱老百姓接受呢？

吴俊三说：“价钱要比传统的地膜还要便宜，现在一般传统的地膜每一卷为660米长，能铺设1亩2分地，每亩地所投入的货币为55～65块钱，而新型的地膜每亩地需要大约50块钱就足够了，使用方面很简单，只需要一个人和一个20升的喷雾器就行了，均匀的喷洒在地面上，地膜就铺设好了。”

一个人一台喷雾器，一天就能铺一亩地膜，铺膜成了喷膜，听起来挺稀罕。其实啊这种复合可降解环保型液体地膜，并不是真正的塑料膜，而是喷洒后在地面形成的一层颜色发深的硬土层，这层膜看不见也摸不着，可它却能出色的完成保墒保温的任务。更重要的是它还能避免“白色污染”，传统塑料地膜要降解，据资料显示，也需要 300～500 年，可吴俊三的液体地膜降解过程只需要 3 个月，3 个月和 300 年，那差距可是相当的大，并且降解后还能变成肥料，真是一举多得。

另外啊我再给你说个消息，因为这种液体肥料地膜，它的原材料是咱乡村里常见的秸秆，人家吴俊三说，如果电视机前的乡亲们愿意，可以用自家没用的秸秆来换他这种地膜新产品，嘿，这事不错啊。

乡亲们，如果您要想得到这种地膜的详细资料，可以直接拨打发明者吴俊三的电话，也可以拨打我们栏目的农资热线 0531－82612369 进行咨询，咱也希望这种新型的液体地膜能够更多的应用到咱老百姓的实际生产中。

后语：看完上边的文章，对可降解的液体地膜也有了初步了解，最后再给大家总结一下液体地膜正确的使用方法。

正确的使用方法是：平整土地，尽量消除大坷垃。将液体地膜原液用纱布过滤后，兑水 3～5倍，用喷雾器均匀地喷洒地面。如果使用面积较小，可将原液过滤，兑水 5～10 倍，用喷壶均匀喷洒地面即可。喷后尽量避免践踏和铲趟。大田使用建议每亩 50 千克。

再访
液体地膜发明人
吴俊三

前言：年初的时候，我们节目对吴俊三和他的液体地膜进行过报道。节目播出之后，就有络绎不绝的电话打到栏目组咨询有关液体地膜的相关情况。这不，我们再一次联系吴俊三，让他说说他的液体地膜。

记者：俊三呀，我记得年初你来过我们的节目，那是什么时候?

吴：我记得是今年元旦过后吧。

记者：节目播出以后效果怎么样?

吴：效果非常好，非常火，最多一天接100多个电话，有时候忙得连饭也吃不上。

记者：那这么火，为什么没有直接销售，我觉得2007年很平静呀?

吴：我们把产品正规化，成立了公司，进行专业化的运营，让产品成为合法的产品，不是黑产品。

记者：那么现在液体地膜经过正规化生产之后，和以前有什么区别吗?

吴：没有什么区别，就是我们的产品有了自己的牌子叫“蚨润牌”，名字叫“满地宝”。

记者：那么现在2007年作物收获基本结束，请问在这一年的时间里，您都干什么去了?

吴：总的讲做了三件事：一是今年公司斥资100多万在潍坊建成投产年产能力2万吨生产线一条，把技术转化为产品，让广大农民能使用上我们的产品。二是继续进行了更大范围的大田实验和示范，技术服务到村，让老百姓充分认识我们的技术和产品。今年试验区域达13省、自治区、直辖市，包括：山东、新疆、内蒙古、甘肃、青海、宁夏、黑龙江、吉林、辽宁、河南、河北、江苏、安徽。山东省内示范范围近100个县，作物种类接近20种，包括：花生、棉花、玉米、西瓜、马铃薯、甘薯、山药、黄烟、大姜、大豆、芋头、甘草、樱桃、苹果、油菜、黄瓜、萝卜、西葫芦等。三是现在我们注册了商标：“蚨润牌”，产品名称是：“满地宝”。

记者：那么现在这个蚨润满地宝液体地膜和以前有区别吗?

吴：没有太大区别，产品的主要原料是作物秸秆，在一定条件下将作物秸秆中的木质素、纤维素、多糖分离开，再重新进行组合，当然里面有很多技术方面的处理，如使各种组分分离得更完全、增加亲水功能基团等。

记者：讲得太专业老百姓听不大明白，那么能说说液体地膜主要的功能有哪些？

吴：液体地膜它有五大功效：

第一就是绿色环保。产品的主要原料是作物秸秆，不含重金属和致病性化工原料，经过2～3个月的降解诱导期后开始降解为腐植酸类有机肥，降解的最终产物是二氧化碳和水，长期使用可改良土壤，从而根除“白色污染”。

第二增温保墒，促使作物增产。产品的主要成分是由秸秆中的木质素、纤维素、多糖等天然高分子经高科技手段组合成的一种新型高分子材料，这种新型高分子上具有很多亲水基团，能够有效捕捉土壤向空气中蒸发、扩散的水分子，因而能够抑制水分蒸发以及由此产生的热量散失，从而起到增温保墒的作用；另一方面，产品经喷雾器喷施到地面形成一层黑褐色土膜，能吸收更多的热量，从而增加作物生长需要的有效积温、提高作物产量、改善作物品质，能够替代传统使用的塑料地膜，增温幅度1～6℃；水分抑制蒸发率20%，大田测产结果：与塑料地膜覆盖相比，增产最多可达近6%。

第三具有多重功效。既有塑料地膜增温保墒保苗的作用，又能与化肥、农药形成络合、螯合物，延长肥效、药效，是良好的肥料和农药增效剂；此外降解的中间产物具有较强的粘附能力，可将土壤黏结成土壤团粒，提高土壤的毛细管作用，改善土壤通透性，是良好的土壤改良剂。

第四透气透水，改善作物生长环境。使用可降解液体地膜后在土壤表面形成一层有机高分子土膜，能透气透水，雨量较小时水分能渗透到膜下，保证作物生长需要；不同于塑料地膜严重阻隔土壤与大气热量和水分平衡，造成温度过高引起的作物早衰而减产。

第五省工省时。用普通喷雾器喷施造膜，可将农药、除草剂搀混到产品中一起使用，从而提高劳动效率、降低劳动强度，节省劳动力；此外作物出苗时不用人工放苗引苗。作物收获后不用回收。我们做过实验，与使用塑料地膜相比，用工量只有15%～20%。

记者：说了半天液体地膜的好处，那它到底是什么样，如何使用呢？

吴：液体地膜看上去像是家里吃的酱油，黑色黏稠的液体，方法就是按照4～6倍的比例兑水稀释，用喷雾器直接喷到作物垄上就行，大约2～3个小时以后，在地面就会形成一层黑褐色的土膜。

记者：那么液体地膜在作物上的使用效果怎么样呢？

吴：我们在研究过程中一直强调采取严谨的科学态度，没有经过我们试验的作物，我们不建议老百姓使用，没有数据的我们不说，有数据的我们尽量保守，我想我们的研发和推广团队是一个对老百姓负责的团队。

2007年公司做了一下试推广，推广使用面积5万多亩，重点进行了花生大田试验。山东作为全国花生的主产区，在种植技术方面一直走在国内前列。2007年山东全省种植面积可能超过1 500万亩，有的县种植面积超过50万亩，个别县达到60万亩，对我们来说，是个非常大的市场。另一方面，我们的产品最早就是在花生上做的大田试验，对产品的使用效果我们比较有底。事实上在2006年的花生大田实验中，使用满地宝可降解液体地膜覆盖的比塑料地膜覆盖的产量就有明显的增产效果，但我们对外宣传上做了一定程度的保留。在2007年的大田实验中仍然有非常明显的增产效果，据我们统计：临沭使用满地宝可降解液体地膜覆盖的花生比塑料地膜覆盖百粒重高5%以上；莒县寨里河乡试验结果：满地宝覆盖的花生比塑料地膜覆盖的结果数多22%；平度张戈庄实验结果：同一品种采取同样的田间，满地宝覆盖的花生亩产量达到1 011斤，塑料地膜覆盖的亩产量只有不到700斤，增产接近50%，这远远超出我们的预期。根据有关专家在临沂的田间预测，比塑料地膜覆盖增产15%以上，这是很大的一个提高，山东省花生平均亩产量600斤，使用满地宝覆盖后可增产90斤以上，今年花生的收购价格上涨，有的地区达到3.5元/斤，每亩可直接增加农民收入300多元。

我们还在其他作物上做了一些实验和示范，比如棉花，山东是棉花种植大省，常年播种面积1 400多万亩，对我们的产品来说是个很大的市场。我们今年在部分地区做了一些实验，商河县贾庄镇铁匠村韩付军使用满地宝覆盖的棉花比塑料地膜覆盖的亩产量增加70多斤，高唐、临清等地的实验结果也达到了我们预期的效果。今年籽棉收购价格3.1元/斤，每亩可增加农民直接收入200多元。

在黄烟上我们也做了一些定性和定量实验，使用满地宝覆盖替代塑料地膜后，黄烟落黄好、产量高，大的烟叶达到110厘米，而塑料地膜覆盖的，大的只有60厘米，烤出的烟叶品质好，据烟叶收购站的验级员讲，等级比塑料地膜覆盖的高4～5个等级，每级差异1元多，单品质就可以增加收入500多元/亩，再考虑产量因素，每亩可增加直接经济收入1 000多元。大姜同样是山东省安丘、莱芜等地的传统经济作物，今年我们在莱芜做了一些大田试验，使用满地宝覆盖的大姜进行纵向对比，总体看亩产增加20%左右，杨庄镇陈许村的徐国明2006年使用塑料地膜覆盖，亩产量在6 000斤以下，今年的液体地膜生姜可突破每亩7 600斤。方下镇方北村的魏传树，共种了1.5亩地的生姜，完全以液体地膜覆盖，以同样的种植密度和施肥量，同样是一块地，去年亩产5 000斤，今年亩产量达到6 500斤。今年莱芜大姜的市场收购价格1.2元，每亩可增加直接经济收入1 000多元。

在玉米等作物上也做了一些试验，即墨在春玉米上做了一下试验，比露地种植早出苗3～5天；平度在夏玉米上做的实验，满地宝覆盖的与露地种植的相比，一个是没有秃尖，再就是颗粒饱满，按照农业专家的看法，增产幅度在20%以上。

上面都是讲的直接经济收入，还有一个很重要的问题，满地宝系列可降解。液体地膜使用起来用工量只有塑料地膜的15%～20%，换句话说就是与使用塑料地膜相比，每亩能减少4～5个用工，按照山东省统计局公布的“上半年农民现金收入2 700元”计算，每亩地可节省60元以上，也就是说增加间接收入60元/亩以上。

另外，在不同地区、不同作物上的定量试验将会在2008年开展，现在我们与山东省农业技术推广总站等权威科研单位在进行深入合作。

记者：那在试验和示范过程中有没有出现效果不理想的情况？

吴：有，这种情况确实存在，我们得辩证地看，有几方面的问题需要说明：一是改变老百姓的种植习惯很难，花生适期晚播，棉花适期早播是农业专家多年的实践经验，但有相当一部分老百姓没有认识到这个问题，有的地方花生种植时间比正常播种提前了接近1个月，在4月初就开始播种，使用满地宝覆盖后出苗时间长，这给老百姓造成很大的心理负担，感觉满地宝不行，有的甚至都不敢去自己的地里看，究竟自己的庄稼是什么样自己不知道。有的老百姓说与塑料地膜覆盖相比出苗晚 2 天，这是正常的，并不影响作物的产量。棉花种植时间在起风以后，今年高唐县有几户农民使用了我们的满地宝覆盖棉花，6 月份给我们打电话说效果不理想，可能会造成减产，我跟我们的推广人员到现场观察，实际的情况不是电话里说的那样，没有旺长现象，从苗高到果枝数等一切生理指标都在健壮合理状态下，原因是这家农户让周围的邻居说的心里没底了。

尤其值得注意的是：满地宝这种产品可以把农药搀混到里面一起使用，有的农户为了省事，把整个地面全都覆盖了，这样一来，可能会造成土壤表面全封闭，导致作物根系缺氧而影响效果，严重的可能会造成减产。今年花生种植期间，我们在即墨给老百姓做示范，我们把垄沟空出来，只喷垄上，结果老百姓自己操作的时候又把垄沟里补喷一下，好在不是黏重土质，否则可能会影响产量。

还有一个非常重要的问题，我们的产品特性就是抑制作物早衰，塑料地膜覆盖的花生整个植株已经老化了，而使用满地宝覆盖的仍然非常茂盛。有的试验户做过比较，收获时间相差 5 天的话，后收的产量能提高 10%左右。在以后的推广过程中我们会建议老百姓在收获时间上改变一下以前的习惯。

记者：那您下一步有哪些打算呢？

吴：总的来说下一步也是做好三件事：第一是建设更大规模的生产基地，实现科技成果产业化；继续加大产品推广力度，做好目前的产品招商工作，让更多的父老乡亲能够了解和使用我们的产品。我们正在日照建设年产能力 10 万吨的生产基地，项目达产后可满足 400 万亩作物地膜覆盖需求。这个生产基地建成后将会是世界上规模最大、生产工艺最先进、技术最成熟的一条生产线。第二是做好产品应用成果鉴定，这个工作在年底前完成，根据科研查新结果看，目前国内还没有一个有完整资料的成果，我们已经走在最前面，这当然是我们的动力，更是压力。第三件事是进行更为深入的科学研究，申报成立“国家可降解液体地膜工程技术中心”，进一步改进生产工艺并针对不同作物进行配方优化。使满地宝使用效果比塑料地膜覆盖更加优异，并把满地宝覆盖比塑料地膜覆盖优异的作用机理搞清楚，当然这需要全社会的支持，也会是一个长期工作。

另外，我们还准备发起成立液体地膜行业协会，规范行业技术标准，防止劣质的和不成熟的液体地膜技术和产品流入市场，给农民兄弟造成不必要的损失。

后语：液体地膜使用起来简单方面，一个人就可以完成以前使用塑料地膜时 3～4 个人的工作。液体地膜正确的使用方法：①在播种花生时可适期晚播，棉花可适期早播。②将满地宝液体地膜喷洒在作物垄上，垄间要留有一定空间，避免全部喷洒造成土壤封闭，使作物根部缺氧。③使用塑料地膜使土壤全封闭，作物易早衰，使用满地宝液体地膜不同，在作物收获时可适当晚收几天。最后提醒大家需要注意的一点是，液体地膜附着在地面以后，虽透气透水，一般的小雨没有问题，如果遇到大雨暴雨，天气放晴以后要及时补喷一遍。

会下雨的大棚

前言：种大棚，要浇地，总是费劲又费力，韩国技术水胶管，解决灌溉大问题，寿光菜农刘恩志，他家的大棚会下雨。

乡亲们大家好，欢迎来到今天的《乡村季风·农资超市》。从今儿开始咱《农资超市》就和大家见面了，以后咱的任务就是为咱老百姓买农资出谋划策，为咱农资企业卖农资牵线搭桥。现在的天是越来越冷了，还有朋友问我哪最暖和，其实最暖和的地方莫过于咱老百姓的大棚里。说起来这种大棚也不容易，光浇水拉着管子提着桶，一天下来就腰酸背疼。可山东寿光的刘恩志却没这个烦恼，因为他家有一个会下雨的大棚。他家的大棚会下雨？这会下雨的大棚又是怎么回事？为了解开其中奥妙，前几天我就一头扎进了刘家大棚体验了一把。

主持人体验现场，拎水桶，拿手瓢，拉水管，浇水……

主持人放下水桶擦汗说："热啊！"一个字"累"啊，今天算是体会到了，甭说别的，就是光这浇水一件事，就让我腰酸背疼腿抽筋，还能体验桑拿的滋味，浇水啊浇水，要是现在能下一场雨，那我不就解脱了吗？

刘恩志说："想下雨，这事不难，我家的大棚能下雨！"

什么？你家的大棚能下雨？吹牛吧。下不下雨那可是老天爷管的事儿，要说人工降雨也是有天气条件，再说了就是外面下雨，这大棚里也不会有雨啊，你家大棚能下雨？忽悠！

刘恩志说："我不是忽悠，走，跟我瞧瞧去！"

说话的这位名叫刘恩志，是寿光抬头镇的一位普通菜农，俗话说"没有金刚钻，不揽瓷器活儿"，他家大棚能下雨，他既然能说出这话，难道真有这种奇怪的事？

在现场刘打开开关：你瞧着，大约1分来钟就要下雨了……

呵，说下雨还真下雨。刘恩志说，其实他能让大棚下雨，是用了一种韩国的灌溉设备，名叫微喷水胶管。过去刘恩志大棚浇水也是采用传统的浇水方式，也是累呀，一天下来腰酸背疼不说，浇水的效果还不是太理想。就在今年的寿光蔬菜博览会上，恩志看到了这种能让大棚下雨的韩国灌溉设备，当时就非常感兴趣，后来经过考察，便在自家的大棚里安装了一套，这下可好，不但改变了传统的浇水方式，而且还让自家的大棚随时呼风唤雨。

现在大棚的外面是阳光灿烂，大棚内却是细雨连绵，在我看来，天底下最好的灌溉方式其实就是自然的下雨，雨又分成好多种，有暴雨、小雨，有疾风骤雨，还有清风柔雨，像我身边的这种雨，其实最适合灌溉，可这些雨确实是通过一种设备，在大棚中人工降雨，那么这种能让大棚下雨的设备到底是什么东西？又是通过什么样的方式让温暖的大棚天天细雨连绵呢？

崔国善说："这种设备来自韩国，名称叫做微喷水胶管，英文名叫 water-fly，翻译过来是'飞来的水'的意思，我把这种产品的关键词定位在'喷灌带'上，这种产品很早之前就从韩国引入到中国，这种设备特别适合使用在大棚中，可以彻底改变温室大棚现在比较传统的灌溉方式。"

听人家这么一说全都明白了，大棚会下雨的奥妙也就此解开，再细细看看刘恩志家的大棚，这种设备便隐藏在大棚的边角处，不仔细看还真就看不出来，那么这种设备又是怎么形成雨的呢？利用的又是什么样的原理呢？

韩国信农株式会社中国办事处的崔国善解释说："取的是地下水，抽上来以后，通过蓄水池沉淀，再通过这个过滤器以后进入到施肥系统，下一次就进入到主管道了。"

瞧这种东西，您能不能猜出来是干什么用的？远看扁扁的，像是一张黑色的纸，其实呢，这个东西便是用来制作大棚下雨的管子，而且在这上面还有无数个小孔，用肉眼是很难看出来的，水通过这样的小孔喷射出来，摇身一变便成了蒙蒙细雨。把这种黑色的水胶管往大棚中这么一铺，咱家大棚便有了下雨的功能，另外，这种设备的优点可不止这些。

崔国善介绍说："优点是省时、省工、省力、省电。跟自然下雨一样，下雨的时候浇水是非常均匀的，改变了老百姓平常传统的灌溉模式，像过去的大漫灌就既费时又费水。"

寿光菜农刘恩志说："自从用了这种设备，我感觉最大的优势便是解放了我的劳动力，原来，一天浇水下来，腰酸背疼，现在好了，只用简单的几个动作，便完成了整个浇水的过程，喷水很匀，只用 20 分钟就能完成。"

大棚会下雨，棚外是阳光，棚内是雨露，就这样，阳光与雨露在这里得到完美的结合，刘恩志便在会下雨的大棚中，在"人为的风调雨顺"中收获着方便和效益，棚外还是阳光灿烂，棚内却可以细雨连绵，形成独立的降雨环境，不但这样，每当要浇水的时候，刘恩志便把肥料添加到这套设备的施肥系统中，这样在下雨浇水的过程中，不但完成了灌溉，而且同时还给农作物施加了肥料，真是一举多得！

崔国善说："据植物的需水量不同，孔径有大有小，比如说像育苗，它的孔径非常小而且非常密，像茄果类、膜下灌溉的，孔径是不同的。"

听说这种设备还可以依据不同的种植品种对水量的要求，而有针对性地设计适合品种喜好的"灌溉自助餐"，喜欢水的拉不下，不喜水的作物它也撑不着。

崔国善说："对于不同的作物，我们设计了不同的管子，不同的管子就有不同的出水量，都是按照作物对水的需求量来设计的，这样有利于水量的调节和作物生长，并且非常节水。"

大棚下了雨，灌溉解问题，看来这种韩国技术的灌溉设备还真给咱国内的大棚种植户带来了方便，听说这种微喷灌溉设备，不但适合单户的大棚种植户，而且比较适合规模比较大的育苗大棚使用。

刘恩志说："使用方面并不复杂，用这个管子接到主管道上，喷水大小就是你掌握，拧开关就可以了。"

崔国善说："按50米的大棚计算的话，低射和高射都算起来不到1千块钱，而且使用寿命很长。耐老化程度可以达到5年时间。"

淋雨的时候倒是不少，但在大棚中淋雨还真是不多见，突然很喜欢在温室大棚里被雨淋的感觉，其实这是在体验一种科技的力量，更喜欢的是这种科技改变了传统的大棚灌溉模式，给咱更多的大棚种植户带来了方便。如果您觉得天天浇水太累，不妨可以来尝试一下打着伞给大棚轻松灌溉的感觉。

后语：使用大棚水胶管方便省力，但是还要注意喷灌需要设备和管材量比较大，基础投资较高，因此要充分考虑种植作物的经济效益。同时在使用过程当中，一定注意棚内湿度，避免因湿度过大造成不必要的病害。

前言：小小开关真神奇，一拧下去草苫起，省时省工又省力，且看大棚长臂猿，金鹏卷帘机。

为咱老百姓买农资出谋划策，为咱农资企业卖农资牵线搭桥，乡亲们大家好，欢迎来到今天的《乡村季风·农资超市》。

说到大棚保温和光照，咱很自然就想起了大棚上的草苫子，日出开棚，日落收棚，咱老百姓天天站在大棚上，用那根绳子来回收放草苫子，说起来那也是咱乡村里最熟悉的情景。真可谓“日出而作，日落而息”!

哎，可寿光市朱家峪村的大棚种植户朱乐文却没有这么忙活，早晨9：00，正是寿光朱家峪村的那片大棚区忙着拉草苫子争阳光的时候，大家都忙的热乎，可朱乐文却不急不躁、不慌不忙的走到自家的大棚前，悠闲的点上了一棵烟……

在现场朱乐文用打火机点上一根烟，深吸一口，吐出的烟圈在空中慢慢散开。他打开收音机，声音出现，把收音机放在大棚墙体上。

现在是上午9点，今天的天也不错，按点来说啊，这正是咱大棚种植户一天之中拉开草苫子、让大棚享受阳光的时候。可是啊，寿光市朱家峪村的朱乐文就自己坐在大棚上不急不慌的抽着根烟，还听着收音机。这不就是咱村里常说的懒汉吗?

记者问他：“你不着急吗?”

朱乐文说：“我不着急。”

记者问他：“不着急?”

朱乐文说：“因为啊，我有绝招。另外我还有法宝。”

记者问：“我看从大棚开始起，一直到拉起来，用不了多长时间，是吧?”

朱乐文说：“用了有七八分钟。这个就是我说的大棚卷帘机——金鹏卷帘机。”

记者问：“你这里都卷完了。”

朱乐文说：“现在卷完了。”

记者说：“那边还在干，还在拉呢。”

一语道破天机，乐文悠闲自在的根源就是这种大棚卷帘机，说起来拉草苫子是种大棚一个必不可少的工作，倒是不费什么脑力，但却是纯粹的体力劳动。

大棚种植户介绍说：“拉草苫子的劳动非常劳累，这一个大棚拉过来得1个多小时。”

话说，拉一天草苫子不难，难的是天天拉草苫子，那才叫累，就是因为受不了这种累，乐文在2000年就在自家的大棚上安装上了这种长着长长胳膊的大棚卷帘机，别说还真是方便了很多。

朱乐文说："他们和我同样长的大棚，拉起来，时间需要1个多小时。现在我只需要7～8分钟的时间，就可以拉起来了。"

大棚菜要想种好，温度、光照很重要，收放草苫子，由原来的1个小时变成了现在的几分钟，快速的收放其实也为大棚种植赢得了更多的阳光，这好像就是和阳光赛跑的过程。

和阳光赛跑的过程，不过也不能小看这几分钟，这么给您说，一个100米的大棚，光草苫子的重量就在8～9吨，如果碰上阴雨天，这草苫子的重量，再加上雨水的重量，就能达到10吨乃至十几吨，短短的几分钟就能让十几吨的草苫子在大棚上收放自如，那用的可不是小力气，力气足够了，那么大棚上的草苫子可以使用双层厚的，这样就有利于晚间保温。

寿光市金鹏大棚卷帘机厂的朱金继介绍说："用上卷帘机，和人工拉草帘子相比，100米的大棚就能节省出2个小时的时间，这样一天算下来，1个月就增加了60个小时的光照时间。"

朱乐文说："60个小时就相当于我们冬天10天的时间。也就是说他们一个月见30天的阳光，我等于就见了40天的阳光。光照时间长了，黄瓜的产量就高了，另外，品质也上去了，我就能卖高价。我就能比不用卷帘机的，每斤多卖几毛钱"。

一年四季，天气变化无常，每当遇到这种突如其来的风雨天气，咱大棚种植户都是往大棚上面跑，干啥去？那还用说，赶紧放草苫子啊，这时候，朱乐文却总是与人相反，他往大棚里面跑，因为他的草苫子在您刚爬上大棚的时候电钮一拧，早已经放好了，这一上一下、一拉一按之间，充分证明了大棚卷帘机在突如其来恶劣天气下的迅速应变能力。

朱金继说："就是跟着太阳走，出来太阳就可以拉起来。下午没了太阳了，就可以放下来。"

朱乐文说："在去年的时候，我一天可以拉到5次。他们去年有很多黄瓜死棵的，就是因为雨雪天气，连阴天造成的。我安上大棚卷帘机以后，死棵现象一棵没有。"

一个电机、一个支架、一根管子，简单的组合却有着不简单的效益，大棚卷帘机看上去简单，不知道安装和使用起来是否也一样方便呢，能不能让农民朋友方便快捷地使用呢？

朱金继说："100米的大棚，用3个人，1.5个小时，就可以安装好。"

记者说："就在你手里控制。"

朱金继说："对，连小孩都能干。"

好处不少，使用方便，那么价钱方面怎么样，咱普通的大棚种植户能接受吗？在使用方面是不是成本很高呢？

朱金继介绍说："具体的价钱，100米的大棚，就是4 500～5 000元多一点。"

朱乐文说："我算了一笔账啊，我这一年比不用卷帘机的能多摘 2 000 多斤菜。打个比方，一般的价格，1.5 元一斤，2 000 多斤我就多卖 3 000～4 000 块钱。就是以后你不用大棚，不用了，因为用的材料、卷杆都是铁管。就是以后卖废铁，也能卖 1 000～2 000 元钱，很好。"

长长的大棚卷帘机的支架，仿佛是一个长臂猿的手臂，就是这条长手臂天天让大棚上的草苫子很方便地起了又落、落了又起。一个大棚卷帘机，不但给大棚种植户带来了方便，同时还带来了效益。金鹏大棚卷帘机的老朱倒也爽快，他倒有个愿望，他说，不一定非要咱老百姓使用他的产品，但他倒是希望更多的大棚种植户使用这种科技。

后语：你觉得怎么样？这大棚卷帘机不错吧。就这么一根支架、一根钢管，重达十几吨的草苫子就卷起来、放下去，看上去是那么轻松自如。如果电视机前的农民朋友家里也种着大棚，您是不是想买一台呢？生产大棚卷帘机的厂家不少，牌子也比较多，但您不管购买哪一种品牌的卷帘机，都应该注意以下几个方面：

第一是看两证。正规的生产厂家应该有产品质量合格证、产品标准登记证和产品技术专利证。

第二是看名牌。合格的卷帘机在机器的名牌上标明厂家名称、产品名称、联系电话、产品型号、生产批准号、重量、出厂日期以及使用安全说明。

第三是看使用率。看哪种品牌的产品使用率高。用的人多了，自然就是好产品。

第四是看口碑。向使用卷帘机的农民朋友了解了解其产品的质量，比如用了几年了？出现过什么故障没有？使用过的朋友认为好，这是最重要的。

第五是看产品。如果有条件，最好到生产厂家去，看看有没正规的生产厂房，仓库里有没有您要购买的同类产品，以防遇到"皮包公司"。

第六是看服务。好的产品、正规的生产厂家，都会有一支专业的售后服务队伍。

使用大棚卷帘机，操作简单，方便快捷，在使用过程当中您也要注意以下两点：一是使用过程当中一定要详细阅读产品说明书，严格遵守操作规程，避免出现意外情况发生；二是定期检查支架、横杆有无螺丝松动情况，如有问题及时与厂家联系进行维修。

前言：这戏里唱得好：黄脸的典韦，白脸的曹操，黑脸的张飞叫喳喳。一提到张飞大家伙联想到的就是一个字：黑。对，就是黑，黑脸、黑胡子，晚上出来黑得一呲牙能把你吓一跳！这不，最近在淄博临淄采访时听说在地膜界里也出了一个“黑脸张飞”，嘿，这地膜里的黑张飞？这是什么意思？这黑地膜又到底是怎么个黑法呢？

地膜里的“黑张飞”

淄博市众意塑料制品有限公司的周元刚说：“黑地膜主要是用线型低密度聚乙烯和黑色木料经吹塑工艺生产而成，它的全称应该是叫聚乙烯黑色地面覆盖膜，就是老百姓俗称的黑地膜。”

原来所说的黑地膜也和张飞一样，有一张黑黑的脸，而且制作材料也是黑色的，那真是从里黑到外啊，可看看咱用了多年的传统地膜，再看看这黑乎乎的黑脸地膜，老百姓能接受吗？

淄博市临淄区皇城镇北羊村王银泰说：“从2000年开始用的这个黑地膜，用的时候还不放心，还做了做试验，在这种棚里使了一半黑地膜，使了一半无滴的蓝地膜，用蓝地膜的作物节长，用黑地膜的节短、叶片绿。”

经过这么一试验，地膜里的“黑张飞”这回可是大显身手了一把，不过虽然用了之后，可以使作物长得壮实、长得好看，这也不是什么特别之处啊。它能像《三国演义》里的黑张飞一样，有那么大的本事吗？

周元刚说：“黑地膜有遮光的作用，杂草见不到，能够抑制杂草的生长。”

黑色地膜能除草，这事倒是有意思，咱都知道，传统的地膜一般都没有除草的功能，撒上种子，苗子是出来了，最后杂草也随之而来，一句话，烦人啊。没想到，地膜改了颜色，就解决了这个问题，黑地膜能除草，这倒是给咱的后期管理省了不少劲。

王银泰又说：“ 原先盖蓝地膜的时候，光在地里头拔草，现在盖上这种地膜以后根本不用拔草，光在那儿玩就行了。”

别人拔草我光玩，嘿，这都是沾了这黑脸地膜的光啊，原来这黑地膜最大的本事就是除草啊，看着是薄薄的地膜，但它也能像《三国演义》里的黑张飞一样取杂草首级如探囊取物啊。不过在这里我又有了疑问，盖上黑地膜，杂草见不到阳光，不能生长。可按着这个原理，盖上黑地膜以后，草是不长了，那苗子也同时被盖上了，见不了阳光，不也和杂草一样，一起被消灭了吗？

淄博市临淄区皇城镇北羊村王银泰说："一般都是先育出苗来，这是二次种植，育苗的时候不用黑地膜，育出苗来以后，移栽的时候，栽上以后覆盖上黑地膜，接着就抠出苗来了，你如果不抠出来，太阳一照，底下的都坏了。"

周元刚解释说："当苗一发芽以后要及时放苗。"

听人家一说，咱就明白了，大棚种植都是栽苗子，使用这种黑地膜看来没有问题，既能护苗又能除草，好处不少。需要提醒的就是，大田种植棉花、花生都是播种种植，这时您就得注意等幼苗出土后及时放苗，这样才能使作物正常生长，那么这种黑地膜保温保墒的效果怎么样呢？

周元刚回答说："黑色地膜具有吸热的作用，能够吸收大量的热，把棚内的温度提高，但是另一方面，因为黑色地面覆盖膜还有遮光作用，导致它的背面温度相对来说要低一些，因此在大田使用的时候，应该注意这个问题。"

看来，这种黑地膜的优点和不足是并存的，因为遮光，天热的时候降低了土壤温度；还是因为遮光，在天冷时不会有流滴，也就相对能提高温度。既然黑地膜有这么大的本事，这黑脸张飞的身价一定不便宜吧。

周元刚说："5 千克的一卷黑地膜，大约是 70 块钱左右，大约能铺 2～2.5 亩。"

王银泰说："贵，它和蓝地膜一样的钱，我这个大棚用了 30 来块钱。"

价格和传统的地膜区别不是太大，听说在铺设管理和使用方面也没有什么区别，会使用传统地膜就会使用这种黑色地膜。在使用范围上也和传统地膜一样，无论在大棚里，还是在大田棉花、花生种植上都可以应用。

张飞吃豆芽小菜一碟，黑地膜除草也不难。咱家的地里请来黑脸张飞，铺上这种黑地膜，地膜换了模样，您就不用为杂草发愁了，那么在今年的种植中，你是不是也想尝试使用一下这种黑色的除草地膜呢？

后语：黑色地膜夏季高温时用于除草降温，还可用于某些蔬菜作物的软化栽培。黑色地膜透光率只有1%～3%，热辐射只有30%～40%。由于它几乎不透光，杂草不能发芽和进行光合作用，因而除草效果显著。黑色地膜在阳光照射下，本身增温快、湿度高，但传给土壤的热量较少，故增温作用不如透明膜，夏季白天还有降温作用。使用时将其平铺于地面，让作物露出膜外，也可平铺于作物行间。

大棚防晒霜

前言：现在随着大棚种植技术的不断发展成熟，一些和大棚相关的产品也跟着发展了起来，像大棚农膜、大棚架、大棚遮阳网等等。谈到大棚遮阳网，就要说到大棚降温。作物在冬暖式大棚里生长，最适宜的生长温度是25℃，高了就会阻碍作物的生长，而且高温下病害也会增加，所以大棚种植户都会采取很多措施来给大棚降温。随着科技的发展，一些高科技的降温产品也应用在了大棚上，下面要说的就是一种像酸奶一样的降温剂。

接下来我就带乡亲们一起逛逛改版之后的《乡村超市·农资店》，《农资店》最主要的目的就是给你推荐优质的农资产品，同时也给生产优质农资的企业提供一个说话的地方。那么今天咱给大家介绍点什么呢？说起来现在的天够热，爱美的女孩子总是喜欢在脸上、身上涂点防晒霜，就怕把皮肤晒黑了！说到这，寿光的一位菜农桑自勇也说话了：“哎，涂防晒霜可不是女孩子的专利，我也涂。”咳！我说桑大哥，你说你个大老爷们，涂个什么防晒霜啊，人家桑自勇说，别误会，不是我涂，而是给我的蔬菜大棚涂。

家住寿光市文家街道桑家村的桑自勇是个勤快人，有事没事的时候就喜欢捣鼓他的两个西红柿大棚。不仅如此，只要市面上出来了新鲜玩意儿，他也喜欢在自家的大棚上试试。您瞧，一大早，桑自勇就在自家的大棚上忙活着喷东西，上去一问，才知道人家喷的是一种大棚降温剂，是去年从寿光菜博会上淘来的，桑自勇还给这种降温剂起了个好听的名，美其名曰“大棚防晒霜”。

寿光市文家街道桑家村的桑自勇说：“我去年从菜博会上发现这个‘申卡特’，就买回来用上了。去年使着很好，今年第二年，我又开始使这个‘申卡特’。”

人家说的这种大棚降温剂，瞧它的样子，打眼一看，不知道的还以为是常喝的酸奶呢，不过您可别小瞧了这白白的液体，它的作用可是不小。

上海万信贸易有限公司的王刚介绍说：“我们这个产品，就是夏天的时候，可以起到一个降温的作用。可以把棚内的温度控制在适合作物生长的范围内。”

桑自勇说：“夏天棚内温度将近40℃，用上咱这个‘申卡特’，一般在30℃，28～29℃。”

一般情况，菜农给大棚降温有两招，一个遮阳网，一个是往大棚上泼泥。不过遮阳网虽然是挡住了阳光，但是当光线弱的时候还得收起来，天天收天天放，麻烦！泼泥的办法更讨厌，万一碰上一场雨，瞬间就能冲得干干净净，这些事，桑自勇可是深有体会。

桑自勇又说："收上去了，出了太阳了，快来盖上，盖上了一会儿又下雨了。"

麻烦不说，关键是坏情绪，整天没别事就光弄这个了。不过自打桑自勇用了这种被称为大棚防晒霜的降温剂，用老百姓的话说，那是"太棒了"!

王刚说："省时省工，它一次喷洒可以长期有效，3～4个月有效期。"

有效期还真是不短，不过听说这种大棚防晒霜更拿手的是喷上之后不怕雨淋。当这种降温剂喷到大棚农膜上以后，很快就在农膜上形成了一层保护层，从而起到遮光降温的作用，降温是好事，也有观众问了，遮住阳光温度倒是降温了，可棚里的作物没有阳光也不行啊。

王刚说："在有效降温的同时，保证了可见光可以有效透过，不像传统的遮阳网一样，阻挡了阳光，影响了作物生长。"

桑自勇说："使上'申卡特'以后，种的西红柿拔节短，叶子茎秆粗壮。"

说起来这种大棚防晒霜比较适合种植大棚菜的农户使用，适应性比较广，对大棚农膜的质量以及大棚面积的大小方面没有要求。大棚防晒霜这个概念说起来倒是有些稀罕，那么这东西的价格怎么样？贵不贵？

桑自勇介绍说："用这个'申卡特'我感觉不贵，100米的棚花200多块钱，用遮阳网要花六七百块钱"。

王刚也说个产品使用很方便。它是按照1∶10的比例与水混合，放在普通喷雾器里喷就可以了。

遮阳网改成了防晒霜，同样是降温，形式却变了样，不知道今天《农资店》里看到这种大棚专用降温剂，您喜不喜欢，希望咱家的大棚今年夏天有个凉爽的好身体。

后语：从目前看来，使用能替代遮阳网的这种大棚降温剂是以后大棚降温发展的趋势。纵观目前市场上，类似的大棚降温剂种类还不是很多，但是种类不多就不能说明没有假冒伪劣的产品混杂在里面。所以大棚种植户在购买的时候一定要仔细，认准了才能买，毕竟这也是一笔不小的开支。

不用农药的**杀虫武器**

前言：老百姓种庄稼不容易，忙活一阵子先把种子种到地里，等长出苗来事儿也跟着来了，单说这防虫害，就是个麻烦活儿，您说这讨厌的害虫一拨儿一拨的，啥时候是个头儿啊？叫谁谁受得了。

家住寿光纪台镇的李昌德也说了，以前为治虫子，他一天到晚没少背着喷雾器打药，累得浑身疼不说，关键是麻烦，没完没了啊。不过今年情况却大有不同，没用多打药，轻轻松松他就把害虫给制服了。嘿，这李昌德，莫不是找到了什么秘密武器？这事儿还得从今年春天说起。

家住寿光纪台镇李家村的李昌德，是个老实勤快的庄稼人，家里种着 4 亩小麦，和多数人一样，最让他头疼的就是背着喷雾器在地里一遍一遍地打药，有时候他也琢磨，对付这可恶的虫子，有没有更好的方法呢？说来也巧，就在 2007 年菜博会上，还真让他撞见了一个宝。

李昌德说："种了一辈子的地，年年打药，为害虫很犯愁，前几天到菜博会上看到这个新产品，这个杀虫器，也不知道管用不管用，买回来试试。"

李昌德虽说是个老实人，但是接受起新鲜事物来也不含糊，一旦发现了对自己有用的高科技产品，他也不肯错过，这好用不好用，试了才知道啊。

李昌德说："试了半个月，效果挺好。"

听李昌德这么一说，看来这太阳能智能灭虫器还真是中了他的意。哎，说到这儿，这太阳能智能灭虫器又是太阳能啊又是智能啊，这到底是个啥玩意儿呢？

来自寿光市蔬菜局的高级农艺师文延年说："太阳能智能灭虫器由这几部分组成：一是太阳能电池板；二是微处理器，再就是蓄电池，诱虫灯还有洗脸盆这几部分组成。太阳能智能灭虫器就是利用昆虫的趋光性，然后诱杀昆虫。"

听人家这么一说咱明白了，原来这个灭虫器就是利用了昆虫的趋光性来诱杀害虫的。不过市面上类似的东西咱也见过不少，不知道这个和别的有什么区别吗？

富巍盛科技有限公司的李忠介绍说："我们这个灭虫器与传统的黑光灯有本质的区别，这种灭虫器有一个特制的灯泡，这种灯泡是通过对它的光波、波长、光色进行了综合调节，适用于大多数害虫，当害虫靠近了灯泡以后，灯泡的波长会与害虫的翅膀震动产生共振现象，使昆虫瞬间丧失飞行能力，落入下面这个塑料盆的水中来达到灭虫的效果。”

听听，虽说都是杀虫，可它与传统的灭虫器还真有点不太一样，不过说一千道一万，咱老百姓最关心的还是它的杀虫效果，不知道它在这点上表现如何呢？

文延年说：“我们在寿光搞了几个点的试验，通过这几个点的试验看来，晚上开灯以后，白天去看看，塑料盆里虫子很多，看来杀虫效果不错。”

不但杀虫效果不凡，人家的名字里提到了太阳能和智能，这也是它的一大亮点。

文延年说：“这个灭虫器采用的能源是太阳能，不像以前的黑光灯一样，是用电、用油，这个可以节能，白天太阳能电池板为蓄电池自动充电，然后诱虫灯晚上自动开启灭虫。”

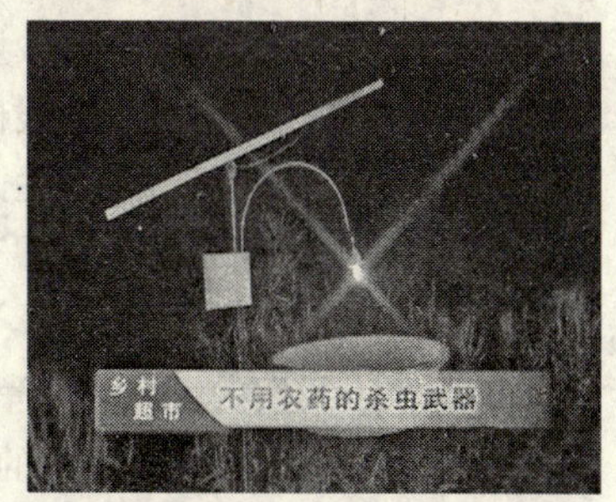

吆，还是全自动的！白天吸收太阳能自动充电，晚上再自动亮起来杀虫，这可省了咱的事儿，把这家伙请进庄稼地咱就不用管了。不过也有人要问了，既然它利用的是太阳能，万一碰上阴天下雨的可怎么充电啊？

文延年又说：“咱上边这个太阳能电池板，只要是好天，一充电可以连续使用2～3天，如果遇上连阴天，连阴四五天的话，可以人工充电。”

嘿！想得还挺周到，真是处处体现了人性化啊。不过咱们也别光顾着说它的作用了，关键还是知道怎么用好它。

文延年说：“这个灭虫器主要是杀灭虫子的成虫，一般在成虫还没产卵之前捕杀比较好。这个杀虫器的使用半径，一般大型的5亩地使用一个就完全可以，小型的一般2～3亩地使用一个就可以。”

嘿，东西虽小可管辖的面积倒真不小，看来大伙儿以后在消灭害虫的时候不妨考虑考虑请它帮忙，这话又说回来，效果好咱当然高兴，可不知道它的价格怎么样呢？

李忠介绍说：“这个太阳能灭虫器的使用成本还是比较低的，它有大型和小型的，小型的只有500～600块钱一台，可以控制2～3亩地，使用寿命可以达到10年的话，每年直接成本也就50～60元，平均每天不到2毛钱。”

今天给您介绍了一种太阳能智能灭虫器，用的是太阳能，杀的是咱庄稼地里的害虫，另外人家这全自动也给咱省了不少麻烦。不仅如此，有了它咱还少打不少农药呢，省了工夫、省了钱，这不就等于是赚了钱吗？要是条件合适，您也不妨试上一试。

后语：太阳能智能灭虫器这又是一种太阳能产品，瞧瞧，现在咱们不得不佩服科技的进步给生产和生活带来的影响。现在都是提倡绿色无公害食品，过多的使用农药必然会造成作物农药残留超标，所以使用无残留农药甚至不使用农药生产的蔬菜，才是以后大力提倡的，这也是农业可持续发展需要努力做的。

瞧！人家这山药

前言：随着科技知识在农业领域的不断普及，科学种田已经深入人心。很多农户都把科学种田作为自己种地的秘诀。我们在采访中经常碰到谁家的玉米高产了、谁家的苹果超级大了等等新鲜事，而这些新鲜事的主人公很多都是当地的种植能手，都是当地有名的科技户，因为他们依靠科学、相信科学才取得了这些成绩。

前不久，我们的记者去菏泽单县采访，正赶上当地的农户在收获山药。哎，听说在这些山药种植户当中，有个叫朱生臣的，人家种出的山药又粗又长，有的甚至都比人高。咗嚎，比人还高？这是真的吗？

在现场有个十几岁的小女孩抱着山药比高，伸出胳膊来比粗。

记者问："几岁了？"

小女孩回答说："10岁。"

记者又问："10岁，你有多高啊？"

"1.4米。"小女孩回答。

记者再问："你看你旁边竖着的山药比你高吧？"

小女孩说："比俺高。"

当我们来到地头的时候，朱生臣正在地里干活，他今年30打零，家住菏泽单县莱河镇徐海村，家里的3亩多地都种了山药。刚才咱们瞧见的山药就是人家种的。这会儿正好赶上山药收获，人家正雇着十几个人在地里帮他挖山药呢！瞧瞧人家的山药，又粗又长又整齐，那真叫个喜人啊！这不，听说朱生臣种的山药长得好，大伙也都想来瞧瞧，看个热闹。

记者在现场问大伙人家的山药长得怎么样啊？大伙都说不错、确实不孬。

记者问："哎，朱大哥，你这山药长这么好，敢保证地里边的棵棵都这么大吗？"

朱生臣回答："棵棵都这么大。"

记者说："是吗？""要不信再刨一棵"，朱生臣说。

这朱生臣还真够自信的，也难怪，山药长得好，这心里的底气自然不就足了吗。不过让人觉得奇怪的是，朱生臣今年才是第二年种山药，对一个经验还不是很丰富的山药种植户来说，为啥会种得这么好呢？难到人家有窍门不成？

朱生臣说："你看看（这棵）大不大？"

记者回答："确实不小。"

朱生臣说："也没什么窍门，我也是才种了两年山药，都是听农艺师的，什么时候追肥、施药，打天达 2116 都是他们告诉我的。你看这个是用过天达 2116 的。这个就是没打过天达 2116 的。"

听人家一说咱彻底明白了，原来人家种山药施肥用药是听了专家的指点，而且在山药上用上了天达 2116。

记者问："朱大哥我听说你这 3 亩多地还有一小块没有喷天达 2116，为什么？"

朱生臣回答："因为是第一年使用这个药，做一个试验，做个对比。"

呵，这朱生臣看起来还挺有心眼的，不放心人家这天达 2116，就留了块地自己做起了对比试验，可这得出来的结果，大家一看也就知道了。

以前在节目中我们也经常介绍天达 2116，知道它在很多作物上都有不错的效果，可在山药上用天达 2116，真正能起到哪些作用呢，我们还是来听听专家的。

中级农艺师单世秋介绍说："有三大好处：第一个呢，就是增加山药植物体的抗性；第二大好处呢，就是增加了叶子的功能期，延长了叶片的寿命；第三大好处就是增产优质。"

咱庄户人都知道，突发的恶劣环境是造成作物减产绝产的重要因素。而天达 2116 就像是山药的强身剂，山药喝上了它，抵抗力增强了，这身体自然而然就棒了。

朱生臣说：没用天达 2116 的山药已经枯死了，枯死得很早，打过天达 2116 的山药叶子现在还很青。

嘿，瞧瞧，人家这就叫身体倍儿棒，吃嘛嘛香。让山药身体强壮的同时，再多吃点好东西，这长势、产量那还不蹦着高的往上蹿啊？

单世秋说："天达 2116 用在山药上，一般能增产 30％左右。老百姓是认可的。"

朱生臣这时说："现在我再给大家称称，看这个大家伙有多重？"

记者问："多重？"

"15 斤，"他说。

现场多人品尝山药，都说好吃。

嘿，这帮人吃得可够香的，看得我都想来上一口了。看来朱生臣真是尝到了天达 2116 的甜头，不过这好东西也不能光让他一人得了，要大家分享才行。

单世秋说："在山药一生中，一般要喷 3～4 次天达 2116，第一次在展叶期，一般的稀释浓度是800倍；第二次喷的时间，一般掌握在6月20日至7月20日之间，这个时候正是山药根条下扎的时候；第三遍是在8月20号前后，这时候是山药的膨大期，要连喷2次，间隔15天。”

光知道怎么用也不行，老百姓最关心的还是能不能赚到钱，山药上用天达2116是不是划得来呢？

朱生臣说：“我今年打天达2116，3亩地花了20多块钱。今年增产了3 000多斤。市场价是1.4块一斤，一亩地增产4 000来块钱。”

瞧瞧这朱生臣手捧山药的高兴样，就知道人家今年又赚了。

朱生臣手捧山药说：“心里美滋滋的。”

最后人家朱生臣和专家还有几点种山药的经验要跟大家伙说说呢。

朱生臣：“甭管是买药、买肥料，要到正规店去买。我的天达2116就是从邮政局买的，买得放心。”

单世秋说：“天达2116也不是万能的。像这一户，他种的山药很好，并不是说，完全归功于天达2116，应该还有好的种子，好的管理方法，加上天达2116的作用，综合起来，才能获得这么高的产量。”

石莲子村的选择

前言：现如今，科学技术在突飞猛进地发展，同时国家还设立了很多大型的科技攻关工程，鼓励科技创新，比如影响力巨大的国家“863”计划。因为这些措施的推动，应用在农业方面的科技成果也越来越多。天达2116就是国家“863”计划的产物，经过多年的推广，深受广大农民朋友的欢迎，我今天就给你说说用过天达2116之后，农民朋友的反馈。

前不久咱们的记者到莒南采访，恰巧碰上莒南石莲子村的大集，乡村的大集就是热闹，车来车往人流如织。不过，在乡村大集的旁边还有更热闹的地方。你看……

在现场有七八个村民正在三农服务站买天达2116。

“大家伙围着这是在干啥呢?”“买天达2116呢。今天正赶上石莲子集，也是花生结荚期，所以大家就都来买了。”“你们用着感觉怎么样?”“用着不好能来买吗?”

上面说话的这几位都是莒南石莲子村的村民，家里都种着几亩花生，现在也到了该打药的时候了。这不，大伙都自发地来买天达2116了。为啥大家一起都买?用村里人的话说，这种叶面肥和石莲子村的关系，那就一个字：“铁”啊。

莒南县石莲子镇石莲子村村支书刘庆友说：“我们村总共485户，1 500口人。主要经济作物是花生。我们村现在在花生上用天达2116的已经达到了95%以上。”

不说不知道，一说吓一跳，莒南石莲子村在花生上使用天达2116的户已经达到了95%，基本上是全村都用，嗨，真是佩服！不过话又说回来，那么这种产品哪来的这么大的魅力把大伙迷成这样?

刘庆友又说：“我们村用天达2116关键是看中了它的效果，效果实在是好。打上之后，不但能促进生长，还能抗病防病，还能够解除肥害和除草剂药害。增产增收那是自然的。”

村民甲：“我用了天达2116以后花生长得壮。”

村民乙：“叶子发绿。”

村民丙：“没有瘪粒的。”

村民丁：“效果确实好。”

原来这谜底全在效果上。不过话说回来，现在天达 2116 在石莲子村这么火，但一开也不是一帆风顺的，那也是经过了实实在在的试验。一种新农药、新技术想进村，就得经过试验，可那时候大伙对天达 2116 还不熟悉，你看着我，我看着你，谁愿意去做这心里没底的试验啊，可石莲子村的张春德就敢于冒这个险。

莒南县石莲子镇石莲子村张春德说："邮政局来推广天达 2116，我也不太相信，刚开始也是抱着试试看的心态，要了两包。打了一小块地，结果效果真不错。"

刘庆友说："我们推广的时候也挺困难，刚开始群众都不认可。我们就找了 10 几户，我们告诉他们说不收费。你用了效果好的话，你再把钱送过来。用了之后，效果确实比较好，他们一传十、十传百就传开了。"

俗话说得好："撑死胆大的，饿死胆小的"，张春德硬着头皮做了石莲子村第一个吃螃蟹的人，可连他也没有想到这只"螃蟹"味道好极了，用上之后效果会这么好，左邻右舍也都看在了眼里。

张春德这时说："我们村的刘永杰上我家去了四趟，问我天达 2116 效果的事。"

张春德说到的刘永杰，也是石莲子村村民。家里种着三亩花生，刘永杰倒是心眼多，眼盯着张春德做试验，为了知道天达 2116 到底好不好，三番五次地找张春德问效果。

刘永杰说："当时，我也想用天达 2116，我上张春德家问过四次。我是怕花冤枉钱。上他地里看了以后，效果比我们不用天达 2116 的确实好。从那以后我就年年都用天达 2116。"

自打那时开始，村里的大部分农户开始使用天达 2116，主要是用在花生种植上，您还别说，这一用还真给石莲子村带来了不少实惠。

张春德说："用了天达 2116，最低一亩地也得 600 斤的产量。"

刘永杰说："我们的花生没有独粒，剥出花生米来以后，粒度大，颜色好。"

有句俗话说得好"群众的眼睛是雪亮的"。从石莲子村的实际情况，咱也能看出点门道，那就是产品好不好，得用效果说话。说到这，很多人就会问，我说小超啊，你又给他们做广告吧，其实我说啊，广告广告广而告之，没有什么不好，咱们的栏目就是打假扶优，给您推荐优质的农资产品。对于坏东西我们坚决要打，毫不留情；对于好产品我们也会大力扶持，引导优质农资产品进村，让老百姓使用后得到实惠，就是我们最大的心愿。

刘庆友感慨地说："好的产品能叫群众受益，如果不叫他受益的话，咱在心里也过意不去。"

花生病虫害 防治三喷雾

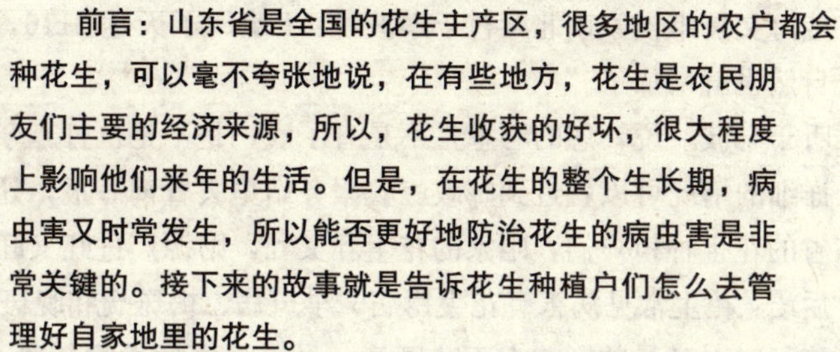

前言：山东省是全国的花生主产区，很多地区的农户都会种花生，可以毫不夸张地说，在有些地方，花生是农民朋友们主要的经济来源，所以，花生收获的好坏，很大程度上影响他们来年的生活。但是，在花生的整个生长期，病虫害又时常发生，所以能否更好地防治花生的病虫害是非常关键的。接下来的故事就是告诉花生种植户们怎么去管理好自家地里的花生。

说起来，现在山东省大部分地区的花生已经出苗了，好事啊，看见苗就看见了收获。不过，这苗一出来，花生病虫害也随之而来。但是，家住威海文登市侯家镇北廒村的于学波家的花生地却很少有病虫害发生，而且年年高产，这又是为什么呢？

威海文登市侯家镇北廒村的于学波说："我的花生亩产量都在700多斤，而其他人家的一般产量都是在550～600斤。"

说话的这位就是文登市侯家镇北廒村的于学波。他从2002年开始搞有机花生种植，种出来的花生都是远销日本。今年他种的250亩花生长势又是一片大好。唉，这可奇怪了，为什么他种的花生就很少得病，而且还能高产呢？

于学波说："主要是一年喷施3遍药，在喷药的同时配上了天达2116。"

一年3遍药，有绝招。他这也是听了高人的指点。难怪他的花生能长得这么好呢！有观众问了，那俺也想知道这3遍药到底是哪3遍？唉，您别急，让咱的专家来告诉您。

第一次在花生齐苗后。每亩用96%天达恶霉灵10克+2.5%高效氯氟氰菊酯40毫升（或3%啶虫脒40毫升）+天达2116（壮苗专用）50克（2袋），兑水30千克喷雾，可以有效防治根腐病，同时兼治花生病毒病。

第二次在花生生长中期（初花期），胶东地区一般是6月下旬。亩用1.8%天达裕丰50克（或70%代森锰锌50克）+2.5%高效氯氟氰菊酯50毫升+天达2116（花生豆类专用）50克（两袋），兑水30千克喷雾，可以防治花生网斑病等，还可以预防棉铃虫和蚜虫。

第三次在花生结荚期（7月下旬）。亩用50%多菌灵（或70%代森锰锌75克）+天达2116（花生豆类专用）75克（3袋），兑水45千克喷雾。但是花生在这个时期有时候也可以出现棉铃虫，一般情况下，在百墩有虫300头以下不用加杀虫剂。如果300头以上，可加2.5%高效氯氟氰菊酯60毫升结合喷药防虫。

唉，三次都加上天达2116，那么天达2116使用在花生地里，真的会有这么好的效果吗？

我还真是不太信。

中国农业下乡专家团特聘专家毕可政说："如果你不信的话，你可以在你的花生田里拿出几行来不喷，其余的都喷一下，这样赶到秋后，你就可以在自己的地里看到喷与不喷的差别。"

威海文登市侯家镇北廒村于学波说："使用了天达 2116，花生的品质好了，产量也高了，收入自然也就增加了。"

听于学波一说，您的心里是不是有了底，是不是也打算今年在自家的花生地里喷上 3 遍药呢，详细的情况可以就近到邮政三农服务站里去查询海报，处方都在上面。小超在这里祝愿咱山东省的花生种植户们，咱家的花生壮又壮，财源广进旺又旺！

后语：花生常见病害有花生锈病、早斑病、褐斑病和晚斑病等为害叶部的真菌病害。花生锈病流行时对产量的影响大于叶斑病。早、晚斑病发病较晚，对植株生长发育的影响是慢性的，由于花生已进入成熟期，很易忽视它的为害。部分集中产区，花生青枯病和根结线虫病也很严重。合理轮作是有效的防治方法。一般用轮作换茬、抗病育种、精选种子、加强管理、注意排水等综合性措施防治。

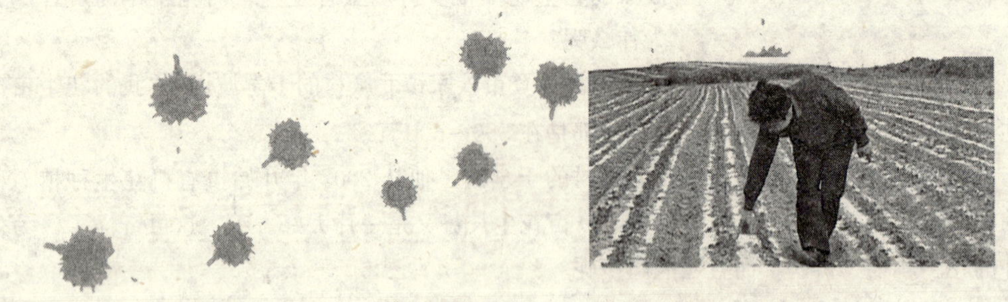

不用不知道 用了离不了——朱永华巧种花生

前言：长年种花生的农民朋友都知道，要在以前，花生的亩产量能达到300～400斤就算是不错了。而现在随着新型肥料和调节剂的应用，亩产1 000斤也不是很稀奇了。

现在正是咱们山东大面积收获花生的时节，看着大伙儿的花生高产丰收，连我们都替您高兴。不过要说这最高兴的，还得数招远市辛庄镇的朱永华。

家住招远市辛庄镇马埠村的朱永华，是个勤快能干的人儿，家里除了种着1亩7分地的花生外，还有几亩玉米和葡萄。平时，有事没事她就喜欢到地里捣鼓，甭管哪块地，都让她捣鼓得那叫一个利索。去年秋天收完花生一过秤，连她自己都吃了一惊，她种的花生亩产居然高达1 000多斤，这可是前所未有的事儿啊！

招远市辛庄镇马埠村朱永华说："我觉得在村里这应该是第一，我的花生亩产1 200斤。"

和往年一样的施肥，一样的管理，花生亩产却上了1 200斤。这不仅让朱永华坐上了全村第一的位子，更让种了二十几年花生的她喜出望外。哎，说到这大家肯定要问了，都是种花生，可俺的施肥再多，管理再上心，顶多也就亩产几百斤，怎么也到不了她那个数啊？她是不是有什么好办法没说啊？嘿，还真让您说着了，人家花生长得好可是经过高人指点的。

朱永华说："去年我是用的天达2116，经张老师介绍推荐的，他说在花生上用天达2116效果挺好的，让我试试看。"

嘿，这一试不打紧，结果就出现了她做梦都不敢想的亩产1 200斤！

朱永华："真是以前想都不敢想的事，用了天达2116，真让我尝到了甜头。"

尝到甜头的朱永华心里别提有多美了。这不，今年她又接着用上了天达2116。用她的话说，就是"不用不知道，用了离不了"啊。不过话说到这儿，咱还得补充几句，今年招远种花生的朋友都知道，播种的前期是干旱少雨，可到了后期却又频频下雨，这又旱又涝的，花生还能高产吗？

朱永华说："打了天达2116以后花生不招蜜虫子，要是天气干旱了，还挺抗旱的；雨水多了，还挺抗涝的。我觉得今年花生打了天达2116，亩产1 000斤没问题。"

从朱永华对自家花生的自信里，可以看出今年她的花生准又丰收了。丰收自然是好，不过咱老百姓关心的也不光是产量，品质好那才是真的好，不知道天达2116在这方面的效果怎么样？

朱永华回答："打了天达2116的花生单仁果少，双仁果多，籽粒饱满，含油高。"

在现场朱永华拔花生与邻居家比较。

朱永华说："你看我家的花生长得多好，净两个仁的，比较均匀。我给你拔邻居没打 2116 的，你看看，你看他家这个就没喷 2116，确实是不如我们家长得好。"

通过朱永华种出的大花生，咱们也大致了解了天达 2116 的效果，不过，您要想把它用在花生上的好处都一一地弄清楚，咱还得请专家来详细说说。

《乡村超市》专家顾问团专家张云茂说："通过这几年大田试验情况来看，种花生使用天达 2116，主要有以下五大作用：第一特抗干旱；第二对花生叶斑病有明显的防治效果；第三就是抗旱抗涝；再一个就是驱避蚜虫，只要在初花期喷施天达 2116，花生基本上不会生蚜虫；第五个作用就是增产，一般的情况来看，一亩地增产 200～300 斤花生不成问题。"

看来天达 2116 在花生上的作用还真不少，难怪朱永华家的花生能有这么好的收成。可话又说回来了，光知道好还不行，真正会用它、用好它才是增产增收的关键。

张云茂说："在花生上用天达 2116 一年当中要喷三次：第一次在 5 月下旬，5 月下旬就是花生的初花期；第二次是在 6 月 15 日左右，此时喷效果最好；第三次是在 7 月下旬 8 月上旬，这个时间雨量比较多，喷上天达 2116，它的明显效果就是花生的叶斑病基本上不用再喷其他的杀菌剂来防治。"

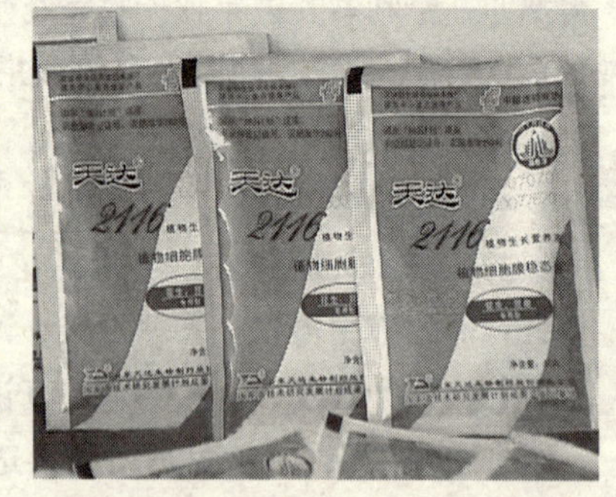

也正是因为朱永华切切实实按照专家说的去做了，才有了今天的好收成。换句话说，让她得到实惠的不只是天达 2116，虚心听取专家的建议也是获益的原因之一。说到这，您问了，这天达 2116 好归好，可价格怎么样，咱老百姓能接受得起吗？

朱永华说："花生整个生长期一亩地只用 15 块钱就行了，去年一亩地增加了 500 斤产量，一斤 2 块钱，500 斤就是 1 000块，花十几块钱能增收 1 000 块，那么谁不干！"

实实在在的效益明摆着，谁看了谁不眼馋啊？这不，今年不光是朱永华，村里很多用了天达 2116 的乡亲也都尝到了甜头，要带着我们的记者去看一看呢！

招远市辛庄镇马埠村冯其章说："你看看我的花生，双仁的多，今年的产量我琢磨着一亩地怎么着也得收 1 000 斤以上。"

后语：天达 2116 在花生上使用确实能带来增产的效果，但是像朱永华家的花生高产也并不全都是天达 2116 的作用，只有和平时的田间管理结合起来才能取得这么好的产量。所以在这里我们提醒广大农户，市面上的很多农资产品都有增产增效的作用，可是也不能因为有了它们而放松了田间的管理。

大棚里的液体小太阳

前些日子咱山东省内一直大雾连绵，让人着急，特别是让咱大棚种植户着急，为什么？因为大雾天气太阳出不来，就没有光照，没有光照，大棚内的作物就不能进行正常的光合作用，就会出现疫病。作物上的叶面干枯，上面有黑点、黄点，最终直接影响产量。有人说了，咱老百姓种地就是靠天吃饭，这老天爷不给太阳脸，咱有什么办法啊？不过淄博市临淄区皇城镇崖付村的村民王士中却不信这个邪，这“兵来将挡，水来土掩”，为了对付光照不足，他请来了一位特别的帮手，您瞧，士中的大棚里就来了送货的人。

“老王在吗?”

“在，谁啊。”

“邮政局的。”

“进来吧。”

“送来了，送来了，5 包。”

“谢谢啊，多少钱啊?”

“12.5 块。”

嘿，原来来的是位邮政局的邮递员，可奇怪的是，这邮政局的邮递员送进大棚的不是书信，而是一种植物使用的叶面肥，邮递员为啥不送信而送起了肥料？这邮递员送的肥料到底是什么？王士中又到底用它来干什么呢？

2003 年淄博市临淄区崖付村的村民王士中便和温室大棚结下了不解之缘。今年老王在自家的大棚里种了 1 亩 2 分地的西葫芦，前些日子咱山东省包括临淄一直持续的大雾天气，让王士中很是担心，生怕自己大棚里这一亩多的西葫芦光合作用不好而影响产量，所以他就买了一种能够帮助作物进行光合作用的叶面肥，也就是邮递员送来的这种产品，它的名字名叫天达 2116。

在弱光的条件下，这种天达 2116，会促进作物进行正常的光合作用，虽然前些日子连续五六天的大雾天气，但并没有给老王的大棚西葫芦造成多大的伤害。老王说，阳光好，光合作用好；阳光不好，用天达 2116 也照样能进行光合作用，天达 2116 就好比是液体小太阳。

淄博临淄区皇城镇崖付村王士中说：“我打了天达 2116，这西葫芦一点伤害也没受到。”

王士中从 2003 年便开始使用天达 2116，别看老王本人长得瘦，但老王的大棚却让他的钱包越来越胖。老王说，这也多亏了天达 2116 帮了他的忙，因为用了天达 2116，他的大棚菜不但产量高，而且质量好。

高级农艺师曹永强说："蔬菜，特别是大棚蔬菜，施用了天达 2116 能增产 20%～30%。"

大棚菜用了天达 2116 除了产量高，抗低温、防冻害也是它的优点。特别是在大冷的天里，喷施了天达 2116 就好像给农作物穿上了一层衣裳，能够保证作物在大冷天里也能暖暖和和地度过寒冬。有了好的光合作用和良好的温度保证，作物果实的品质也自然错不了，这好品质就体现在老王的西葫芦果实色泽鲜亮、果实饱满、外形好看上。一句话，人家老王家大棚里种出来的西葫芦就是比别人家的长得帅，在市场上当然就受到特别的宠爱。

高级农艺师丁世龙说："老王的西葫芦在市场疲软的时候，会优先卖出，在市场价格好的时候，它的价格比别人的高 1 毛到 2 毛钱。"

多卖钱还不算，听说天达 2116 还能促进果实提早成熟。

于世龙说："提早成熟 5～7 天，还能够延长收获期、延长结果期。"

片子演到这，我得给您说段评书：说这位武林高手他突然之间舌尖一顶上牙膛，一股丹田汇元气，元气惯于双臂，再由双臂惯于双掌，啪，一掌打出去，那家伙，具有相当的威力，有威力也就是说好东西需要集中到一点才能爆发，咱老百姓种大棚也是这样，都希望能让更多的营养都集中在作物的果实上那才好，不然秧子长得再高再大再旺，没有果实那也是一场空。唉，这天达 2116 就有这种功效。

于世龙说："农作物使用天达 2116 之后，棵子、叶面、叶子就基本处于平衡状态。而且营养呢，好钢用在刀刃上，全部用到果实上去了。所以说果实产量就高。"

在弱光条件下，能够促进光合作用，增产同时还能提高果实品质，天达 2116 确实给王士中的 1 亩 2 分大棚西葫芦带来不少效益和实惠，可这天达 2116 使用起来是不是很复杂呢？

于世龙说："很简单。一袋 25 克对一喷雾器水，一喷雾器水 15 斤。然后喷施就可以了。但是喷施有个技术，必须重点喷施作物叶子反面。"

一个喷雾器、一袋天达 2116，扛起喷雾器，就能把它喷施在整个大棚里，可以说这是一种比较简单的使用方法。专家告诉我们，大约 15 天左右喷施一次，就能达到很好的效果。并且在喷施天达 2116 的时候，还可以配合其他的药物一起使用。那么天达 2116 在价钱方面咱老百姓能否接受呢？

曹永强说："一般一亩地大棚用 30 袋足够。也就是 75 块钱"。

淄博市临淄区皇城镇崖付村王士中说："老百姓不能说瞎话呀，就是收入在 3 万块钱左右啊。"

记者问："这样的收入，再考虑到天达 2116 的前期投入，感觉怎么样？"

王士中说："这投入一点儿也不高呀。"

山东中邮物流有限责任公司王世春说："老百姓在购买天达系列产品的时候，可以通过这么几种方式：一个是，村里面有邮政三农服务站了，可以在邮政三农服务站就近购买。村里没有邮政三农服务站的呢，可以打电话到我们邮政支局。那么，上午接到电话，下午就可以配送到农民手里去。"

山东天达生物制药股份有限公司张世家董事长说道："邮政更重要的一点是，它不敢卖假货啊。因为它卖假货，和别人就不一样了，它是跑得了和尚，跑不了庙啊。农民向它买，买的就是一个放心。"

孟庆涛的西红柿长寿

今天小超用说书的形式给你讲个故事，这折扇一开，故事自来！话说在广阔的齐鲁大地上，种植大棚西红柿的菜农不在少数，可能让大棚西红柿连续3年不得病的人那是打着灯笼也难找啊。哎，可俗话说一山更比一山高，强中自有强中手啊，话说到这里，青岛有位仁兄发话了，“怎么难找？我就是一个，从2004年一直到现在，我的大棚西红柿3年不得病，并且还是连续6年重茬。”吆喝，连续6年重茬还3年不得病，真是吹牛不拿税啊！说话的这位名叫孟庆涛，是青岛的一位普通菜农。那么他说的到底是真还是假？来来来，随我一起到他家大棚探个究竟！

孟庆涛今年30多岁，青岛市城阳区北城村村民，别看人长得身高马大，但性格有些内向，平时不爱说话，可种植大棚西红柿，他却是高手中的高手，在当地那也是小有名气。庆涛从2000年开始和温室大棚打交道，摸索其中道理，这不，从2004年一直到现在，他种植的大棚西红柿连续3年没得病，这事对大棚种植户来说简直就是不可能完成的任务啊！

高级农艺师孙培博说：“从2004年到2007年三年没有病害，很少有这种现象，这是真的。他连续6年种植西红柿，3年以来没得什么病。”

3年没得病还是6年连续重茬，这简直就是奇迹，可这个奇迹就是让这位性格有些腼腆的孟庆涛给实现了，难道这孟庆涛有什么特异功能不成，这其中的原因到底是什么呢？

孙培博说：“他从2004年以来一直坚持使用天达2116，天达2116提高了植株本身的抗病性能。”

听人家这么一说，咱就明白了，原来庆涛家的西红柿是使用了天达2116。听庆涛说，他之所以在2004年使用这种天达2116，那是听了老师的话，这位老师就是刚才在片子里说话的那位高级农艺师孙培博。

孟庆涛说：“用了天达2116之后，大棚西红柿比没用的明显看着好。”

说起来孟庆涛的这位老师孙培博，他也是咱《农资超市》专家顾问团的资深专家，按常理来说种植西红柿从定植开始，生长7个月大部分就该拔秧子了，可庆涛家的西红柿，7个月了，照样长得很旺盛。用他的话说，我家的秧子就是长寿啊。

孙培博说：“去年7月10号育的苗，栽上，到现在7个月了。你看这花这叶片。整个秧子现在已经有4米多长了，这在别的棚是不可思议的。在咱这个棚实现了”。

用上天达2116再加上好管理，秧子长得壮，生长期又长，这产量就自然高。

孟庆涛说："产量高、产量往上走，5个月收获将近8 000斤，别人的也就是4 000～5 000斤，超出一半。"

您瞧瞧，同样是种西红柿，光产量就比别人的高出近一半。我不禁就问了："同是种大棚，这差别咋就这么大呢？"可庆涛说，这才哪到哪儿啊，光是产量高，要产出的全是歪果病果，那也白搭，除了产量高，在品质方面那也是响当当。

孙培博说："因为使用了天达2116，它的果子色泽鲜艳，口感特别好，特别好吃。它的价格比别人的每斤要高5～6毛钱，有时候高出1块钱，比人家高1块钱，还好卖。"

孟庆涛说："价钱比人家多出1块钱，我的还是照样买，不愁卖，只要是买了我的就不再买别人的了。"

您听听，只要是买了我的就不再买别人的了，这是吹牛还是实话啊，不过庆涛种出的西红柿品质好那倒是真事，听说土大棚里的西红柿最终都上了青岛大超市的货架，这样一来自然给庆涛带来了不少效益。

孟庆涛说："收入方面，现在已经卖了16 000元了，其他的大棚也就是10 000元，今年一个棚突破25 000元有把握。"

孟庆涛对象说："一个棚25 000多元，我家共种了5个大棚，一年就是十几万啊，高兴啊！"

两口子，5个西红柿大棚，一个大棚一年2万多元，5个大棚一年十几万，挣了钱，孟庆涛也鸟枪换了炮，摩托也换了车。

在现场孟庆涛开车走了。

您看看，马达一响，油门一加，这就踏上了致富奔小康的路程。咱乡亲们要都是像孟庆涛这样，那不就都奔了小康了吗！可庆涛说，种地其实也不易，要想产量高、品质好、效益满意，在大棚管理方面也得下功夫，那么庆涛的窍门又是什么呢？

一进孟庆涛的大棚，最显眼的除了西红柿苗子，再就是苗子和苗子之间的玉米秸秆，嘿，为什么把没用的秸秆搬进大棚，又为什么又把秸秆都铺在地上，其实这就是孟庆涛的一个窍门。

孙培博说："这么做最大的好处就是，它吸潮以后，再发酵、分解，释放二氧化碳。提高了棚内的二氧化碳浓度，光合作用强了，产量高了。那么到后来呢，拔了秧子正好一沤，它也烂得差不多了，施到土里就是肥料，秸秆还田。既减少了投资，又提高效益。"

当没用的秸秆变成了大棚地毯，再加上使用的天达2116，孟庆涛算是如鱼得水，那您问了，秸秆那玩意便宜，谁家都有，现在就可以搬进大棚。可这天达2116贵不贵，咱能用的起吗？

孟庆涛说："市场上价格差不多，用了以后感觉，一点也不贵啊，使用起来还很方便，可以和其他的农药一起使用，没有副作用。"

价格便宜还没有副作用，天达2116真是不错，可西红柿长得好，全是天达2116的功劳吗？

孙培博解释说："不能这么说，必须实事求是地讲。天达2116是个好东西，但它不是万能的，它必须配上合理的管理。只有合理的管理，再配上好的产品天达2116，才能取得高效益。"

孙老汉种彩椒无招胜有招

欢迎来到《中邮天达·农资超市》，今天小超带您去蔬菜之乡——寿光转上一转。蔬菜之乡，人家绝非空有虚名，那里不仅蔬菜的品种多、质量高，种大棚菜的人也是一百单八将，各有各的招。要说人家种菜的本事，真值得大伙儿好好学习，这不，今天咱就给您请来了一位。

眼前这位精神矍铄的老汉名叫孙法忠，是寿光市寒桥镇北亓疃村的一位普通菜农，看他整天笑呵呵的，有啥高兴事？嘿，人逢喜事精神爽呗！

孙法忠笑呵呵地说："我今年 58 岁了，从年轻的时候就种地，现在种反季节果树，有两个棚的杏，一个棚的彩椒，我这是老来乐，抱着孙子玩着棚，日子过得很舒心。"

吆，这孙法忠有福气啊，既享天伦之乐，又享受着劳动的喜悦，这日子那叫一个舒心。我说孙大叔，你这又是种杏又是种彩椒的，忙得过来吗？现在杏儿咱是赶不上了，满眼都是彩椒啊。

孙法忠说："原来种黄瓜，大棚菜需要轮作，打前年我种上彩椒，彩椒的效益不错，种植有难处。我要种就种有难度的、效益高的菜，一般的我也不愿意种。"

哟呵，难度一般的还不愿意种，你这是知难而进啊。我说孙大叔你这是河马打哈欠——口气不小呀，要种就种有难度的菜。话说回来，啥菜不都是播种、施肥、精心管理侍弄出来的，种彩椒效益是不错，可你说的难度在哪儿呀？别是信口说说吧。

孙法忠说："种珍稀品种菜在管理上有一定难度，得注意几项，最重要的就是这个菜出口，一定要无公害管理，使无公害的农药，天达 2116 就是很好的叶肥。"

寿光市农业局植保站高级农艺师巩玉升介绍说："在坐果前，咱一般推荐使用壮苗型的天达 2116，因为辣椒丰产不丰产，关键是前期培育壮苗，打上天达 2116 以后，彩椒茎秆生长得比较粗壮，叶片比较肥厚，比较浓绿，避免一些弱苗、黄苗，为丰产打下一个好的基础。到了坐果以后，我们就推荐使用瓜茄果型的天达 2116，瓜茄果专用型的天达 2116 主要是平衡养分供给，避免辣椒旺长、徒长。"

天达 2116，说起来孙大叔也是它的忠实"粉丝"了，最初，他是在果树上用了觉得效果不错，所以到种黄瓜、彩椒的时候，打听到天达 2116 还有蔬菜专用的，于是忍不住买来试了试，哎，效果到底怎么样啊？

孙法忠说：“在苗期、生长期，用天达 2116 有明显效果。它从营养生长转为生殖生长的时候，加倍使用，可以控制徒长，往椒子里使劲。”

吆，说得还挺专业，生长期用天达，能控制徒长，把养分都供给彩椒，用孙大叔的话说就是往椒子上使劲。这么一来，你说，彩椒的果实能不好好地长吗？

巩玉升说：“使用天达 2116 以后，果的商品率提高了，比同样情况下没用的，果形上果大果正，上光好，色泽好。”

孙法忠说：“用了天达 2116，在果品上能看出来，用过天达 2116 的，表光好看，椒子增加了糖度，脆，甜。”

一说到好吃，把小超的馋虫都给勾上来了，我说孙大叔，你说你种的彩椒用上天达 2116 以后，又脆又甜，这糖吃到嘴才知道甜，彩椒咬上一口才知道脆，光说不尝咱也不知道呀，我说，哪天让我替大伙尝尝行吧？

孙法忠乐呵呵地说：“行，没问题，但现在不是时候，没上色不甜，过几天上色之后，怎么尝怎么算，绝对没问题。”

嗨！说了半天还是吃不着啊，来早了，尝不着他的甜椒到底有多甜了。不过孙大叔说话算话，等过几天有机会咱再去尝。哎，书归正传，天达 2116 除了改善甜椒的品质，对产量有没有帮助呢？

“对提高产量帮助大了，天达 2116 本身是一种营养剂，提高产量是它的主要作用。”巩玉升如是说。

孙法忠又说：“用上天达 2116 对提高产量有帮助，但产量是综合的，种子、肥料、叶肥都很重要。”

孙法忠说的没错，产量是综合的，不仅要选好种、用好肥，日常管理也很重要。那我倒要问问孙大叔，你在管理上有什么窍门吗？

孙法忠回答说：“我也没什么窍门，综合管理。从苗期的时候要浇小水，勤锄地，增加土壤透气性，中午 10 点以后，用壶弄点水，浇浇它。防病的时候要注意 3 点：第一是预防为主，防病就是在未得病以前各种植物灌溉，用杀菌剂灌溉好，预防烂根病；再有是治虫，椒子是温度高了会得病毒病，病毒病一定要在中午、上午气温超过 30℃防范；还有就是治好白粉虱，白粉虱是传染病毒病的一个主要虫源，它是个主要导体。别的没有什么诀窍，我就是细心管理，综合防治，预防为主。”

大家伙听清楚了没有，这些可都是孙大叔种彩椒的经验之谈，种好大棚菜，要细心管理，综合防治，尤其是病虫害，要以预防为主。说了半天，这天达 2116，孙大叔你是怎么用的呢？

孙法忠说："打药也是有一定方法，要把药二级稀释，把药倒进水里，搅一搅，最后加天达 2116，然后用过滤网加到喷雾器里，加好水。"

巩玉升说："天达 2116 可以与其他杀菌剂、杀虫剂混用，不会产生化学副作用，对其他的药剂有一定促效作用。"

接下来，专家还想就冬季大棚菜的种植管理方面，给咱提个醒，您可听好了。

巩玉升说："这里我给广大菜农提个醒，大棚里湿度大，反季节蔬菜病虫害比较严重，一般农民往往存在盲目用药的现象，甚至 2～3 天打一遍药，用药次数过多，忽视了与管理上结合起来综合防治的措施。我们要求一般 7～10 天打一次药，配药上要科学，药液浓度过大会对作物产生不必要的伤害，再就是打药次数过多会使棚内温度过大，很容易产生病虫害，打药的时候要注意通风、排湿。"

听好了吗？良好的管理是丰收的保证，大伙儿要是掌握了正确的管理方法，增产增收那是早晚的事儿。最后我想问问孙大叔，这些年为啥一直用天达 2116，没想过换换吗？那么用着贵不贵呀？

孙法忠回答说："到现在已经 7～8 年了，我一直用天达 2116，它对产量有帮助，质量好了，对价格有提升，其实多花几个钱不是问题，多卖的钱是远远超出了买天达 2116 的钱。"

一封信引发的**故事**

前言：一个电视栏目，一位普通的农民，一封看似平常的信件，组成了一个不平常的故事。德州武城农民韩富金，在自家小麦上使用天达2116看到了好处，得到了实惠。于是他就给我们栏目写了一封“揭发信”。这信不是揭发坏事儿，他是要给大伙“揭发”用了天达2116之后的好处。

引导农民消费，服务百姓生活。乡亲们大家好，欢迎来到《乡村超市》。哎！前几天有很多农民朋友打电话来询问：“我说小超啊！你那《乡村超市》到底开在哪个地方啊?”在这里啊，我要给大伙解释一下，《乡村超市》并不是真正的超市门市部，而是咱山东电视台农科频道的一档农业节目，主要的目的就是给乡亲们推荐优质的农资产品和日用百货。总之就是一句话，就是：“为了您的好生活!”闲话不多说，小超这就带您去《农资店》逛上一逛。前不久咱们的记者到德州武城采访，碰到了一件巧合的事。啥事呢，话说那是一个风和日丽的上午，德州武城县邮政局突然来了一位寄信的人，嗨，不就寄信吗？这有什么稀罕的，寄信不稀罕，但是他手里拿着的那封信有些特殊，原来那封信是寄给咱《乡村超市》栏目的，并且里面还向大家介绍了一种叶面肥。

德州市武城县韩寨村韩富金说：“今年一开春，我到麦子地里一看，发现自家地里的小麦得了白粉病，弄得我心急火燎的。听人家说用天达2116效果不错。于是到三农服务站买了几包天达2116。喷上以后效果还真不错。从我本身来说，我自己得到实惠了。所以我也写信给咱《乡村季风·乡村超市》栏目，让整个农村的父老乡亲都能使上天达2116，让他们也得到实惠。”

说起天达2116，可称得上是咱的老朋友了。原来韩富金是把自己使用天达2116的好处，写到信里让我们告诉更多的人。在这里咱也夸夸韩富金，富金是好样的，自己有了好东西，还不忘别人，有好事和大家一起分享，不小气，我们《乡村超市》栏目支持你！

韩富金说：“我尝到使用天达2116的甜头，我就在棉花上喷了3遍。”

说起来韩富金年纪不大，家里种的小麦、还有棉花，自从用了天达2116，真是尝到了甜头。除了小麦，富金给自家的棉花也用上了天达 2116。为了验证一下施用效果，武城农业局的专家还专门去考察呢！

武城县农业局的程爱莲问："年你家的棉花炭疽病有吗？"

韩富金说："没有。"

程爱莲问："立枯病有吗？"

韩富金回答："没有。"

程爱莲又问："棉花猝倒病有吗？"

韩富金回答："没有啊！"

嗬！没有、没有、没有。韩富金啊韩富金，你可真是理直气壮呀。富金说，没有这些病，实话实说那是沾了天达 2116 的光。

韩富金说："我在棉花苗期喷洒了天达 2116，没有出现死苗现象，我邻居家没喷，就出现死苗现象了。"

原来在棉花苗期喷施天达 2116，可以有效防治死苗烂根现象的发生，要不然韩富金说话咋能这么轻松。那么要是棉花出现这几种病害咱棉农朋友应该怎么办呢？

程爱莲说："防治以上病害的方法是用天达 2116 壮苗型＋天达恶霉灵一起喷施，使药液流到棉花幼苗的根基部。"

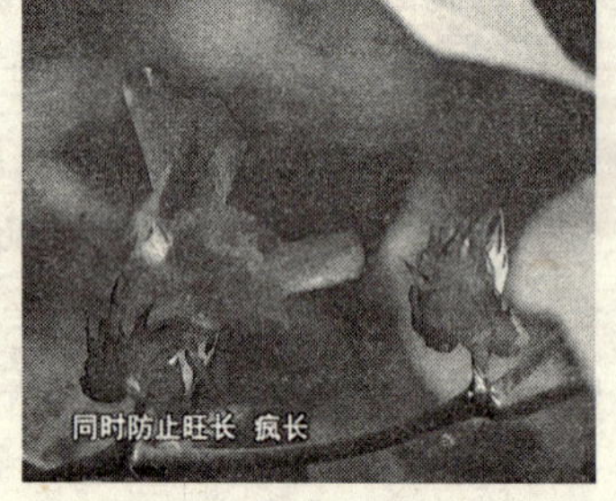

棉花病害不用怕，喷施天达全靠它。广大棉农朋友，如果你家的棉花得了这几种病害，不要着急，按咱专家开的方子对症下药就行了。韩富金说，天达 2116 的好处可不光是这些呢！

韩富金说："我在棉花花蕾期喷了一遍天达 2116，棉花株体高大，果枝繁茂，比其他没喷的高十几厘米。"

棉花的不同时期喷施天达 2116，能起到保护的作用。棉花成长到花铃期，蕾铃不脱落才会有个好产量。棉花高产了，咱老百姓才高兴呀！

程爱莲："现在棉花已进入花铃期，喷施天达 2116 能够起到保花、保桃、保蕾、防止脱落的作用，同时防止旺长、疯长。"

韩富金："根据我多年种植棉花的经验，看现在棉花的长势，预计今年每亩能采收籽棉 650～700 斤"。

咱在这儿再罗嗦罗嗦，富金说他今年种地增长了效益，主要是用了天达 2116，因此他还要感谢武城邮政局，是他们给提供了优质的农资产品。在这里顺便说一句，如果您也想使用天达 2116，可以就近到邮政三农服务站直接购买。

后语：一个好的产品解决了农民生产中的实际问题，韩富金种的棉花用上天达 2116，保花、保桃、保蕾，抗病防冻，他心里别提多高兴了。如果您在农业生产当中用了什么好的农资产品，可以打电话联系我们《乡村超市》栏目，通过我们把你的好方法告诉大家，不是有句话这样说吗？一个人好不算好，大家好才是真的好。这也是我们栏目的一贯宗旨——为了百姓好生活。

专家话说有机肥

前言：庄稼一枝花，全靠肥当家。市场肥料花样多，有机肥料少不了。全国专家来开会，咱也听听搞分明，先听专家讲利弊，再选好肥助丰收。有机无机复混肥，营养丰富元素全，挑选肥料很重要，专家再来支一招。

乡亲们大家好，欢迎来到《乡村超市》，俗话说啊，“种瓜得瓜，种豆得豆”，可今天小超就得给改一改，怎么个改法，要我说啊“种豆不但得豆，而且得好豆，种瓜不但得瓜，而且要得好瓜”。说到这里，有的农民朋友就问了，我说小超啊，你真是站着说话不腰疼，这种地可挺麻烦，要想种出好豆好瓜，那可不能光凭嘴皮子，那既得好管理又得有好的肥料特别是好的有机肥料配合才行。唉，说到好的有机肥料啊，小超还真得给您说说，前不久就在咱们的蔬菜之乡寿光，就召开了一个关于肥料的会议，来自国内很多一流的农业专家都讲到了肥料特别是有机肥的问题，想种出好瓜好豆的乡亲们，想了解有机肥这方面知识的乡亲们，您可拿好了遥控器别换台，下面小超就带您一起去看看。

会议开始的现场，紧跟着专家讲述一段有关于肥料的发言，气氛热烈。

听人家专家讲得带劲，在这里也要给您介绍一下，这个会全名叫第二届全国有机肥、有机无机复混肥、微生物有机肥学术研讨以及产品交流会，会议的地址就设在了蔬菜之乡寿光。听说这次会上可来了不少国内知名的肥料专家，目的就是大家一起讨论环境与有机肥的发展以及怎样更好地让有机肥服务农业生产。

中国科学院地理科学与环境研究所陈同斌说：“这次会议是以可持续发展作为一个主题。在这个主题下，我们把环境和肥料的问题结合到一起来讨论这个问题。”

到会的不但有专家教授，另外还有很多人从全国的各个地方来到这里，您瞧瞧，这偌大的会议室已是座无虚席了啊。

陈同斌说：“这次会议可以说是聚集了我们国内的有机肥料行业里面，包括有机肥以及环境方面的一些最权威的专家。我们的统计结果就是除了西藏没有来，其他各个省、自治区、直辖市都有。厂商参加这个会议的人数也很多。”

这次会议主要讨论的就是有机肥，对于老百姓来说，天天种地天天也和有机肥打交道。可听专家说，虽然咱们国家有机肥的历史已经很久，但在很多方面还不如国外先进，还有很多老百姓对于有机肥的知识并不是太了解。正好，今天碰上了这么多国内的知名专家，咱《乡村超市》栏目也一定不能放过这个机会，于是就请了几位权威人士，让他们给咱们齐鲁大地的乡亲们说说有机肥的事。

中国农业大学教授陈伦寿说："凡是含有碳元素的肥料，都叫有机肥。化学肥料，除了尿素以外，都不含碳元素。那么，有机肥是个总称，它可以分以下的几大类：第一类是粪尿类；第二类是秸秆类；还有一类是绿肥类；还有一大类是杂肥类。其他的就是因地制宜吧。"

中国有悠久的农耕历史，其实在农耕历史的初期，一些农家有机肥便开始应用于农业生产中，而有机肥的使用也是中国一种传统的施肥方式，那么老百姓在使用有机肥的过程中，对于农业生产来讲到底有什么样的好处呢？

陈伦寿："有机肥含有有机质，能够改良土壤，养分比较完全。不但含氮磷钾，也含有中微量元素。可是化肥就不行了。"

中国农业大学资源与环境工程学院院长张福锁说："有机肥比较稳产；还有呢，就是有机肥的肥效持续时间比较长。"

虽然使用有机肥的好处不少，可听专家说，现在咱们国家有机肥和化肥的使用量还不是太合理。

张福锁接着说："欧盟的种植业现在是一半的养分来自有机肥，一半的养分是来自化肥的。我们国家现在70%～80%都是化肥。"

听专家这么一说，咱明白了，现在乡亲们种地用得多的还是化肥，有机肥的使用量明显少了不少，其实这事小超细想想，也能理解，您想啊，现在咱乡亲们种地挣钱，那是越快越好，挣钱的心思那是猴急猴急的，恨不得今天晚上撒上肥料，明天一觉醒来就能开花结果，可这都是不现实的事。但相比之下，化肥的效果从短期来讲要比有机肥的效果好得多，所以也就有很多乡亲们多用了化肥而少用了有机肥。也有很多乡亲们说，用上了有机肥，特别是第一年的效果并不是太明显。其实啊，事实可不是这样，有机肥撒到地里，第一年也在发挥作用，只是咱看不见而已，其中道理咱请专家再给您讲讲。

陈伦寿说："有机肥料的养分绝大多数都是有机态的养分。所以肥效比较长，因为它必须经过微生物分解以后，才能释放养分。所以说，你第一年如果不用化肥的话，光用有机肥，效果肯定不好。"

张福锁说："我们在国内，大家都提倡有机无机配合使用。也就是说，有机肥提供一个稳定的、持续供应的养分源。另外改善土壤结构，抵抗胁迫。但是植物在生长过程中，有的阶段养分需要量非常大，在这个阶段，化肥来提供更大的量，来满足作物生长需要。"

听专家一说，原来如此。有机肥主要改善土壤，给作物创造一个良好的生活空间，时间一长，作物才能生长旺盛，果实的品质才能有所保证。那么有机肥和化肥到底该怎样使用呢？

陈伦寿说："如果有机肥和化肥配合使用，既能高产又能稳产。特别是在不正常的年份，这个效果表现得很明显。"

张福锁说："有机肥一般都作底肥来使，因为一个（是）它（的）量相对大一些，你追起（肥）来工作量太大了；第二个呢，它在土壤里面需要一个转化过程；第三个呢，就是你施到土壤里面，作为一个基本的土壤肥力，然后在需肥量最高的时候，再追一点化肥，那么这样既能实现高产，又能实现稳产。"

看来有机肥和化肥配合使用才是更好，二者缺一不可啊，那么有机肥在施肥的过程中的方式不同，对于肥效有没有影响呢？

张福锁又说："有机肥一般是作底肥来使用，用作追肥效果不太明显。最重要是要有机肥与无机肥配合使用，效果才会最好。"

其实有机肥的原料很多来自乡村的一些垃圾，垃圾本身是废物，生产成有机肥后废物一下变成了宝物，同时还清洁了环境，可谓一举多得，现在咱们国家有机肥发展的现状已经步入商品有机肥的阶段。

专家说，现在咱们国家已经进入商品有机肥的发展阶段，也就是说，把有机肥料商品化卖给乡亲们，说到这儿，有很多人就不服气了，什么商品不商品的，俺们种地这么多年，心里都有数，家里的农家肥什么鸡粪、羊粪、猪粪反正所有的粪也都是有机肥，俺们在家里捣鼓捣鼓就成了，施到地里也一样，凭什么要花钱买那商品有机肥？说起来，也是这么个理，可在这里要告诉大家的是，农家肥也是有机肥，但使用起来还需要注意很多的问题。

采访蔡伦中科有限责任公司研究员刘明杰说："有机肥使用不当，最大的后果是烧苗、烧种。关键就是（有机肥）没有发酵完，里面有一些毒素。再一个就是，豆饼类有机肥浓度太高，使用浓度太高了，就烧种子、烧苗。"

华南农业大学资源与环境工程学院廖宗文在采访中说："商品有机肥有质量保证，它有标准衡量，可以保证它的使用效果。"

听专家一说，您明白了吧，农家肥当成有机肥使用，需要经过处理才能使用，不然就要给咱家的地里添乱了，而商品有机肥已经经过了多道生产工序加工，一般不会出现烧苗、死苗的现象，比较安全。

说到商品有机肥，您又问了，我们家种地也需要有机肥，那么现在市面上有没有质量不错的有机肥呢，今天趁着这个机会我们也给你推荐一种，那就是来自蔬菜之乡的奥格特有机肥。

给您介绍的这种奥格特有机肥，它的老家就在咱们山东寿光。在寿光，这种有机肥被很多的菜农使用到蔬菜大棚里，看似简单的有机肥，听说生产的过程可是挺复杂呢，来来回回有十几道工序，并且生产的过程都采取了计算机控制，这样对于肥料的质量便有了的保证。

刘明杰说："咱这个有机肥是用木屑，加上菌种，通上氧气发酵，发酵完了呢，再粉碎，粉碎完了再掺上其他的调理剂，然后再造粒，造粒完了再烘干，这就出来了。颜色发黑，颗粒状，像米粒一样。"

小小的有机肥颗粒看着不大，可听专家说本事可不小呢。

刘明杰又说："这个有机肥有 5 大特点，最主要的一个特点就是有机加无机。有机指的是我们这个肥的主要成分是有机肥；无机是指的里面含有无机肥，也就是里面掺有氮、磷、钾等成分。”

前面专家也说到，有机肥需要和化肥一起使用，那在日常的生产中，咱得费事买多种肥料才行，听说这种奥格特有机肥就能解决这个问题，如何解决？您听着，人家是有机加无机，速效加长效。

刘明杰接着说：“它为什么会速效呢？因为里面有氮、磷、钾等成分，就是无机肥。无机肥这部分见了水就溶解出来了，立即就以离子状态被植物吸收了。长效因为里面含有有机质。这有机质含量高达30%以上，这些有机质需要3年才分解完毕。”

不但这样，这种奥格特有机肥对于作物来说那可是一顿丰盛的美餐，为啥？因为这种有机肥中含有多种微量元素和作物生长所需的营养，瞧这一袋肥料，对于作物来讲那就是一顿全营养套餐的满汉全席啊。

刘明杰再说：“这个有机肥就是把无机化肥和有机化肥掺在一起，里面既有大量元素，也有中量元素，也有微量元素。这样植物需要什么就有什么。”

因为营养丰富，所以现在的肥料也有了防病的功能。

“另一个特点就是防病抗重茬。它的抗病作用，表现在两个方面：一个是防缺素病，一个是防真菌性病害。防重茬是因为什么呢，老是种一种植物，它自然就造成某些营养的缺失。我们这种肥料有16种营养元素，它能给补充上。还有一个特点就是，保水、保肥、透气。为什么呢？因为咱这个有机肥里面含有大量的有机质。施入土壤以后，它是一种土壤的调理剂，使土壤格外的松软。”刘明杰如是说。

有机肥的使用需要坚持，这样才能更好地改善土壤品种，从而创造作物生长的好环境，提高产量和果实品质。不但这样，听说这种奥格特有机肥适用的范围还挺广。

张福锁说：“看了蔡伦中科肥料公司，感觉很好。因为很现代化，另外呢，也很干净。技术是很先进的。应该说他们做得很好。而且我们国家在有机肥这方面，还是有可能做得更好。有机肥可以使用于各种农作物，特别是在大棚里比较广，大田中现在使用的还比较少一些。”

来自华南农业大学资源与环境工程学院的廖宗文说：“有机肥的生产厂家，一般给人的印象就是又脏又臭。但是我昨天去了（蔡伦中科），我看到它又不脏又不臭，到处都闻不到什么臭味。”

寿光蔡伦中科有限责任公司桑国德说：“我们作为一个公司，想在公司和农民之间架起一座桥梁来。”

张福锁说：“有机废弃物的处理，作为有机肥来利用，能够把它循环到农田里面去，这对我们国家经济发展的战略，是非常重要的一个部分。”

上面给您介绍了这么多有关于有机肥的知识，不知道您觉得受用否？如果我们的片子能够为您以后使用有机肥提供一些帮助，那我们的采访就没白做。不过说到这里，您又问了，我说小超啊，你说了这么多有机肥的问题，那么老百姓要购买有机肥的话，怎么来分辨好坏呢，这个问题啊，您还真是问到点子上了，现在看有机肥的好坏光凭肉眼观察还真就难以分辨，不过在包装等等方面，倒也有一些值得注意的地方。

刘明杰说："第一项是看它的包装是不是上面标着国家的一些标准；第二点就是大型的厂子，国家标准的厂子，还有要到一些大型的标准商店去（购买）。注意这两点，问题就不大了。"

好的，乡亲们，明天同一时间小超还在这儿等着您，再见。

后记：有人说是"化肥改变了农业"，但是现在化肥在提高作物产量的同时也带来了诸多弊端，学会科学合理地使用肥料很重要。在肥料使用中应该根据作物种类、生长期及土地状况不同，合理搭配使用有机肥料和无机肥料，才能达到既提高产量又保证作物品质的目的。

双面肥料有“龙珠”

前言：家住寿光田马镇的周少铜，打年轻时就开始种大棚，不过种的年头越长，他发现大棚里的土质越来越差，变得越来越硬，结果产量也是越来越低。后来他使用了一种双面肥料才解决了这个问题。什么叫双面肥料？这种肥料是有机无机复混肥，一种肥料双重作用。用了以后效果怎么样呢？

为咱老百姓买农资出谋划策，为咱农资企业卖农资牵线搭桥。乡亲们大家好，欢迎来到《中邮天达·农资超市》。老百姓种地离不开肥料，这肥料又分有机肥料和无机肥料，种地一样都缺不了。唉，有没有一种肥料既有有机肥料的特点又有无机肥料的优势呢，您算看着了，今天咱们的《农资超市》就给你介绍一种有机无机复混肥，有人称它为双面肥料。

莱芜圣地生物肥业有限公司车炜问："老周在大棚里吗？"

寿光市田马镇青田湖村周少铜："车经理怎么有空来这儿玩了。"

车炜说："我到你这棚里看看你使用龙珠肥效果怎么样。"

周少铜高兴地说："看看吧，叶片很绿，很好。"

播音：说话的这位名叫周少铜，寿光青田湖村人，要说少铜种大棚蔬菜的时间，掰着手指头那也得数一阵，反正时间不短。收成一直不错，日子也挺红火。可奇怪的是，这几年他却发起愁来。什么事呢？原来是少铜发现自己大棚里的土质是一年不如一年，蔬菜品质也是一拨儿不如一拨儿，品质不好当然卖不上好价钱，这事可着实让周少铜烦心了好久。不过后来他认识了一种新肥料，抱着试试看的态度在自家的大棚里用了一部分，嘿，没想到还真就有了效果。

周少铜说："他们说是有一种龙珠肥料很好，这两个大棚我都是做了一半一半的对比，施了3回以后，使用龙珠肥的这一半土壤就明显地变软了。"

那么圣地龙珠到底是什么样的肥料？为什么叫它是双面肥料呢？

车炜回答说："圣地龙珠肥是一种黑色颗粒状的生物性有机无机复混肥，它的有机质的主要成分是腐植酸、18种氨基酸、黄腐酸和粗蛋白；无机成分除了氮、磷、钾以外，还含有各种中、微量元素。"

原来这种肥料里既有有机成分，也有无机成分，所以被称为双面肥料。植物生长所需要的营养成分它里面都有，可以算得上是植物的“满汉全席”啊，不过话说回来，营养虽然丰富，要是像人一样吃得太多消化不良也会得病，特别是土壤，时间一长土质就会变化，土质差了会直接影响作物的生长和产量。那么这种龙珠双面肥料能不能解决这个问题呢?

周少铜说：“去年我这个大棚是秋后种的西红柿，用的是双面肥料，抗重茬，它比别的肥料效果明显，叶片黑，棵子旺。”

寿光市蔬菜办公室方海泳说：“它里面主要含有毛壳菌，起到了一个松软土壤的作用，并且抑制了重茬菌，所以它起到了抗重茬的作用。”

说起来咱都知道，有机质其实和常用的农家肥、土肥差不多，既然差不多，能不能互相代替呢？再弄点鸡粪用呢?

方海泳说：“鸡粪带菌很多，本身有机质已经达到了，不必施鸡粪了。”

农作物长得好不好，可不只是土壤的原因，遇到病害虫害，不管种的什么都得遭殃，那么既然它里面含有这么多的微生物菌，在抗病方面会有什么出色的表现呢?

周少铜说：“明显地叶霉少、灰霉少、打药也少。”

方海泳：“龙珠高分子复合肥之所以能够抗病，它含有黄腐酸，黄腐酸主要能防治根腐病、霜霉病、灰霉病、早疫病、晚疫病，但是它也不是万能的，希望菜农根据湿度、温度、气候的变化加强田间管理。”

用了龙珠肥少打农药、少长病，这倒是件挺不错的事。不过只是能增强作物的抗病能力，可不是等于吃了百宝丹，什么病也不得了，所以农民朋友在田间管理时还得注意有效防治才行。有了龙珠肥，作物身体强壮了，才能长出好花好果。那么在产量方面是不是也有提高呢?

周少铜说：“施了这个肥料，因为它长势好，多坐上两穗果，我这一亩半棚西红柿 3 000 棵就能结 4 000 斤的产量。”

产量诚可贵，品质价更高。现在老百姓都讲究生产无公害的瓜果蔬菜。大伙知道只有用有机肥料种出的蔬菜才会无化肥残留，这种圣地龙珠的复混肥是把有机无机肥掺和在一起，可谓是双管齐下啊，那我就想问了，使用这种肥料种出来的蔬菜品质到底如何呢?

方海泳又说：“龙珠肥它里面含有转化菌，它能够解磷解钾，把作物之中废弃的这些东西转化，所以它长出来的果实不存在药物残留。”

那么这种有机无机复混肥，在使用方法上有什么特别之处吗?

周少铜接着说：“拉过来以后撒在地里，扬上，省时间、省力，窝施也行，冲施也行，都很方便，也不用考虑什么后顾之忧，尽管施就是。”

说起来，咱广大菜农要想得到实惠，那得算细账。肥料虽好，但价格太贵一般农民也难以接受，那么这种肥料的价格比其他同类的肥料贵不贵呢?

周少铜说：“按照 8 毛钱一斤，大家有笔账，你们可以自己算算，他多收入 2 000～3 000 元，这就是很可观的效益。”

今天的节目为您介绍了一种有机无机的复混肥料，在这里要提醒一下乡亲们，如果你想使用这种肥料，可以到当地的邮政三农服务站直接购买。

周少铜用了龙珠有机无机复混肥，大棚的土质变松软了，作物越长越好，产量也上去了。在这里说明一下，有机无机复混肥是按照作物需肥比例配制的肥料，老百姓虽然也可以自己将单独的有机肥和复合肥搭配使用，但是一定要了解掌握好所种植作物的需肥比例，以免出现配比不合理，影响了作物的正常生长。

芭田“及时雨”带来“好年华”

前言：市上肥料千千万，到底哪个适合我？这是很多农民种地用肥的时候考虑的问题。禹城安仁镇的魏少青种地的年头可是不少了，他以前也常为用肥发愁，但是魏少青现在不愁，因为他找到了适合自家作物的肥料。到底是什么样的肥料？您想知道吗？那就往下看吧。

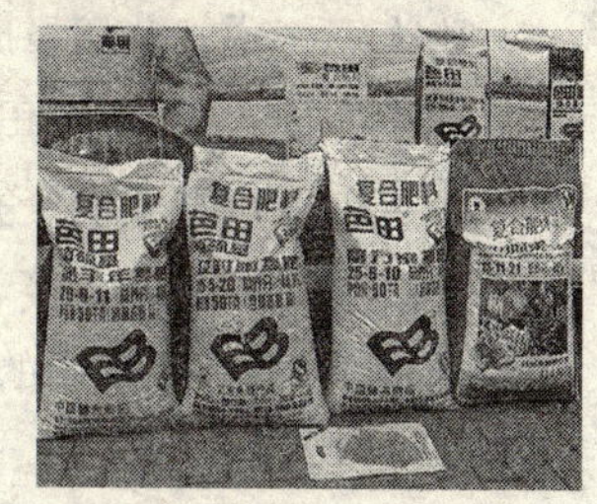

乡亲们大家好，欢迎来到《中邮天达·农资超市》，俗话说“庄家一枝花，全凭肥当家”，说的就是老百姓种地离不开肥料，种什么作物用什么肥，大家伙想必也很了解。长话短说，今天咱再给您介绍两种肥料，说起名字大伙也很熟悉，那就是芭田复合肥。

众所周知，寿光是蔬菜之乡，菜农的种植水平都很高，不过禹城市安仁镇魏栗村的魏少青种大棚菜也有年头了，自家大棚豆角种得也不错。少青说，虽然咱不是在寿光，可俺种菜的水平也不比寿光的菜农差。其中的窍门，少青也说了实话，种大棚种的好，其中的一个窍门就是用肥用得不错。

魏少青介绍说：“2000 年到现在搞了 6 年棚了，从 2004 用芭田及时雨开始吧，结果就觉着跟从前确实不一样了。”

少青所说的及时雨复合肥，其实是芭田复合肥的一种，芭田及时雨听起来名字挺好听，可这肥料也不能光有个好听的名字，用在地里那得实实在在有效果才行。那么这种名字好听的芭田及时雨复合肥，到底是一种什么样的肥料呢？

来自深圳芭田生态工程股份有限公司的郑世承介绍说：“芭田及时雨复合肥是一种硝硫基复合肥，硝硫基从文字上说就是硝态氮加硫酸钾。”

听人家一介绍，原来这种芭田及时雨硝硫基复合肥采用的是先进的高塔喷浆造粒技术制造而成。外观是灰白色的小圆颗粒，表面光滑，带有小孔。这名字不但好听，样子还很好看，而且专家说这种肥料的氮磷钾含量的配比是 15∶5∶20，那么这种含量的配比，对大棚作物有什么好处呢？

郑世承回答说：“芭田及时雨的配比是针对大棚菜生长所需要的施肥观念，就是多氮、中磷、高钾。”

真是话不说不明啊，听人家这么一说咱明白，氮、磷、钾的如此配比，就是大棚菜喜欢需要什么，芭田及时雨就供什么。嘿，由此我想起了《水浒传》里的头号人物——及时雨宋江宋公明，这样一说，这芭田复合肥还真是大棚菜的及时雨。那么芭田及时雨复合肥和其他肥料的使用方法一样吗？

郑世承回答说："芭田及时雨做底肥也行，但是做追肥更好，因为它含有作物直接吸收的硝态氮。"

听人家一说，芭田及时雨复合肥可以做底肥，但做追肥效果更好。

魏少青说："我用芭田及时雨，主要是追肥，因为这个肥料的好处是速溶，化得快。"

来自禹城市富泰农资有限责任公司的魏玉刚说："芭田复合肥含硝态氮，溶化速度非常快，和手一接触温度一高，接着粘到手上了，溶化了，你看。"

郑世承说："我们用的磷是水溶性的磷，溶解起来相当好，我可以给你演示一下，请你看一下。"

芭田及时雨是带小孔的肥料，放入水中可以很快地溶解，因此用起来既方便又不会浪费，这还真挺对咱老百姓的心思。那么在什么时候用最好呢？

魏少青回答说："冬天因为天气寒冷，15～20 天冲施一次，到夏天天气热了需水多了，就7～8 天一次。"

芭田及时雨复合肥对大棚菜专门的养分配比，可以使作物吃的好、吃的香，吃出好身体，那么芭田及时雨复合肥对产量和品质方面效果如何呢？

魏少青回答："我种的豆角浇上之后，豆角长得直、长得长，到市场上就是好卖，确实好卖。再一个产量高。"

您听，到了市场上抢着要咱的，有这种好事，可多亏了这种芭田及时雨复合肥。可魏少青说，除了及时雨，在自家的小麦和玉米地里，芭田的另外一种肥料也给自己带来了好年华。

魏少青说："我不光种着大棚，还有 3 亩小麦，收了小麦就种玉米，用这个芭田我用了 3 年了，怎么用的呢，就是看《乡村季风》，我一看挺好，咱用芭田试试吧，用上之后效果确实好。"

说起来，魏少青可是芭田复合肥的超级铁杆，大棚里用的是芭田及时雨，大田里用的是这种名叫芭田好年华的复合肥，那么这种芭田好年华又是什么样的肥料？和咱上面说到的芭田及时雨一样吗？

郑世承说："跟芭田的及时雨从外观上没有什么区别，不同之处就是好年华是硝氯基的，就是硝态氮加氯化钾，除了氮磷钾之外，还加入了玉米所喜欢的锌、棉花所喜欢的硼。"

这真是缺啥补啥，玉米喜欢氮肥、锌元素，咱给补上；棉花喜欢氮肥、硼元素，咱也能补上。不同农作物所需要的土壤里缺的营养元素都给补充上，这样庄稼才能长得壮。那么除此之外芭田好年华还有什么好处吗？

魏少青说："咱就说这个小麦，用上这个芭田之后秆壮穗大，一直到最后它黄秆成熟，说明根系发达，根系发达就抗寒抗旱。对玉米来说，秆壮了、秆粗了必然就抗倒伏了。"

种玉米的农民朋友经常说种玉米最怕倒，一旦倒了不得了。芭田好年华复合肥通过补充作物所需的养分，使农作物长得健壮，因此才能有抗倒伏的能力。但是肥料只是补充养分，提高作物抗逆能力，所以大伙还得在其他方面注意管理。

魏少青说："小麦在返青之后拔节期施肥，玉米在小喇叭口后期 7～8 片叶的时候，用小耧条施沟施。因为这个时候施上之后，玉米就连骨头带肉，开始猛长了。”

老百姓种地讲的是实惠，算的是细账，那么芭田复合肥的价格怎么样呢？

魏少青回答说：“都说芭田贵一点，咱还是说小麦，原来是900来斤，现在多花10块钱，1 200斤了，多打了300斤麦子，7毛钱一斤，别说太多了，三七210块钱，多投入10块钱，多增加了210块钱，我觉得还是用芭田划算。”

郑世承接着说：“各乡镇芭田授权的经销商处都可以买到，并且芭田硝基产品里面都有一张这种助子成才的奖卡，芭田公司为了答谢广大农户，特意设置了这个公益活动。”

好的乡亲们，今天的节目给您一口气介绍了两种芭田复合肥，不知道是不是符合您的口味，啊不对，说错了，不是符合您的口味，而是符合庄稼地的口味。好的乡亲们，今天的节目就是这些。如果您对芭田及时雨还有好年华这两种复合肥料还有什么问题，欢迎您拨打咱们的农资热线进行咨询，今天的节目就是这些，感谢您收看，咱们明天同一时间再见！

后语：芭田复合肥咱们介绍过不少，在这里再给大家絮叨絮叨，种地用肥天经地义，但是用肥也是有选择的，用量也是有配比的。您要根据自家作物的情况进行合理的施肥管理。具体用多少，这不好说，但你可以把握一个原则，就是适量多次，用适当的底肥，多次追肥，切记不要图省事，一次性施入大量底肥，这样不仅有可能造成烧苗，并且年年种地年年施肥，肥料用不了留在地里，时间长了对土壤有一定危害。

肥中英雄

前言：肥料里面出英雄，增产增收真是行，小麦使用效果好，用了再也离不了。有一种肥料名叫麦英雄，在小麦上使用的效果比较好。好，到底好在哪儿？怎么个好法儿？咱这就给您介绍介绍。

乡亲们大家好，欢迎来到《乡村超市》，闲话少说，小超先带您逛逛《中邮天达·农资店》。一提到英雄啊，人们都会联想到武侠小说中的那些武艺高强、飞檐走壁的好汉，他们刀枪剑戟斧钺钩叉十八般武艺是样样精通。说到这有人就问了，我说小超啊，你不是带我们看农资吗，怎么说起英雄来了？呵呵，您先别着急，咱们言归正传，今天也给您介绍一位英雄，可这位英雄不是人，咳，您可别误会，可不是骂人说的那个“不是人”，而它的确不是人，看来小超我是越说越糊涂了，好了，说白了今天说的英雄是一种肥料。下面咱就到济宁会一会这种英雄肥料。

家住济宁市汶上县前小秦村的李国防，种小麦十几年了，年年都为用肥而发愁，可挑了一年又一年，愣是没挑到一个中意的，说句玩笑话，这比找媳妇还麻烦呢。直到去年，李国防偶然间用上了芭田复合肥，一下子它就哑巴吃秤砣，怎么讲？铁了心。这不，今年小麦播种的时候，李国防又在自家地头上捣鼓起来了。

李国防放下手中的活告诉我们：“我种小麦有十几年了，自从去年到《农资店》买肥料，人家推荐说有种芭田肥不错，于是我就买了几袋回来用上了，没想到效果确实不错。今年听说又出了小麦专用肥，叫麦英雄，所以我就买回来打算用到地里。”

原来这就是李国防捣鼓的新肥料，名叫芭田麦英雄复合肥，今年才刚刚和大家见面。既然是小麦专用肥，那这英雄肥料一定有什么独门绝技吧？

来自深圳市芭田生态工程股份有限公司的刘芳芳说：“芭田麦英雄复合肥是我们公司刚刚研发的一种小麦专用复合肥，它是一种硝硫基复合肥，硝是硝态氮，硫是硫酸钾，基是一种化学名称。主要成分是氮磷钾，按照 16∶19∶6 进行配比，这是根据小麦的生长需要进行配置的，对小麦具有特殊的功效。”

看来这里边的学问还真不少，人家还有一个外号“肥中英雄”，呵，肥中英雄，光听名字就有一种英雄气概。敢称英雄，本事一定不小，说到这儿，咱倒想见识见识。

刘芳芳介绍说："从配比中我们也能够看到，这是一种高磷复合肥，磷的主要作用是促进小麦根系发达，抗倒伏；同时它还含有一些微量元素，能够使小麦颗粒饱满，提高品质。"

原来这芭田麦英雄是专门根据小麦的生长和需肥特点配制而成的，小麦用上它，自然是营养科学、茁壮成长啊。

说起来，现在正是小麦播种的季节，也正是小麦用肥的高峰期。

李国防说："这个麦英雄的样子和其他的芭田肥没什么区别，都是这种灰白色的小圆颗粒。"

有句俗语叫老子英雄儿好汉，难怪这麦英雄一上市就得到了李国防的认可，那么与其他复合肥相比，麦英雄在使用上有区别吗？

李国防回答说："使用很方便，和其他肥料没有区别。可以做底肥，也可以用作追肥。"

刘芳芳很认同地说："芭田麦英雄复合肥和其他芭田产品一样，溶解快，溶解充分，没有残渣，因此肥效很好。"

说了这么多，咱老百姓最关心的还是高产优质。用上麦英雄，效果会怎样呢？

刘芳芳回答说："根据我们公司的实验证明，每亩地能够增产100～200斤，并且小麦长得饱满，质量能够得到保障。"

李国防说："以前用别的芭田肥种小麦产量都不错，一般亩产在900斤左右，这麦英雄既然是小麦专用肥，我今年一定得看看产量会不会有更大的提高。"

产量有保证，咱就放心了，不过老百姓种地还得算细账，芭田肥再好，要是价格高得不得了，那用起来也不划算呀！

李国防说："芭田肥与别的肥料相比虽然贵了一点，但是用了以后每亩能够增产15%～30%，每年每亩就能够增收100块钱，这样算起来收入比以前还是有提高的，我也相信这个麦英雄效果绝对不会差。"

效果好就是硬道理，那老百姓想用这麦英雄了，到哪里能买到呢？

刘芳芳介绍说："乡亲们如果想要购买我们的产品，一定要到我们各地、市经销点进行购买，另外在购买的时候要注意我们的内包装袋内有我们芭田公司特制的结扣绳。"

怎么样，看完了这个片子，感觉今天给您介绍的这位不是人的英雄怎么样？芭田麦英雄，依小超之见，老百姓买肥用肥图的就是个效果，算的就是个投入产出比，能让咱老百姓满意的肥料那才是真正的英雄肥料。如果您家里也种小麦，今年选肥的时候，不妨试着英雄一把。

后语：在小麦种植当中使用肥料要注意科学调控，可以达到促控麦苗、调节群体生长的作用。今年秋播在肥料运筹上要求：坚持施足基肥，氮、磷、钾搭配，提倡增加有机肥、BB肥，提高肥料利用率；科学追肥，适当降低中期肥料投入，增加拔节抽穗肥比例，主攻大穗大粒。施肥总体原则把握“促两头，控中间”，重施基肥，秋播时基面肥要施得足，实行化肥基施，这是争壮苗早发的关键措施。在播种前，每亩施BB肥50千克，或者过磷酸钙30千克，加碳酸氢铵50千克，然后深耕翻入土中，中间以控为主，防止无效分蘖生长，后期适时追施拔节孕穗肥，攻大穗，争粒重，总用肥量要掌握在纯氮肥每亩18千克左右。

蒜宝宝的幸福生活

前言：一提到大蒜，大家并不陌生，尤其是咱山东人，喜欢吃大蒜，大蒜能防病抗癌，对人的身体有很多好处。金乡县是著名的大蒜之乡，马庙镇的寻兰利家里就种着大蒜，不管种啥都离不了肥料，他种大蒜用的是芭田三个十五复合肥，听说效果不错，那么咱就一起往下看吧。

乡亲们大家好！欢迎来到《乡村超市》。闲话不多说，小超带您逛农资。节目开始，小超给您猜个谜语，您可听好喽。弟兄七八个，围着柱子坐，只要一分开，衣服就扯破。您猜这是个啥？给您半个小时的时间，慢慢猜……半个小时了，您猜出来了吗？告诉你吧，“弟兄七八个，围着柱子坐，只要一分开，衣服就扯破。”这不就是咱们平常常吃的大蒜吗！说到这里有朋友问了，一头大蒜有么好说的？

哎，您可别小看这小小的大蒜，这种蒜用肥可大有讲究呢，您瞧济宁金乡县马庙镇的一位蒜农就想给您说说呢！

眼前这位是家住济宁市金乡县马庙镇康坊村的寻兰利，他种蒜可有不少年头了，这不我们记者在金乡采访的时候正巧碰上他们爷俩儿一起在地里种蒜呢。嘿！这可真应了那句古话，上阵父子兵呀。

济宁市金乡县马庙镇康坊村寻兰利说：“我种了十五六年的蒜，用了十几年的肥，光这肥料也用过10多种了，效果呢，有的好有的坏。十前年我去买肥料，听说这个芭田三个十五种蒜很好用，就买回来试试。没成想，这效果还真是不错。这几年就一直用着。咱种地的谁不想用好肥料？”

芭田三个十五顾名思义就是肥料氮、磷、钾的含量都是十五。咱都知道不同作物喜肥特点都不同，那这芭田三个十五复合肥在大蒜上的效果如何呢？

来自深圳市芭田生态工程股份有限公司的饶勇说：“咱这个芭田三个十五复合肥能明显提高蛋白质、可溶性糖分、维生素C的含量，提高农产品品质和品味。”

嗬，听这寻兰利说的芭田三个十五还真是不错。大伙儿都知道，大蒜属于喜硫作物，那这芭田三个十五里面有没有什么能给大蒜提供硫的成分呢？

饶勇介绍说：“它含有大量的硝态氮和纯硫酸钾，并且完全不含氯，是喜硫、忌氯作物、盐碱性土壤的首选用肥。”

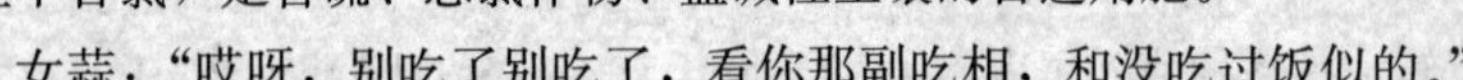

女蒜：“哎呀，别吃了别吃了，看你那副吃相，和没吃过饭似的。”

男蒜：“俺不，好不容易逮着个好吃的，哪能不吃呢？要不？你也来点儿？”

嘿！这小家伙个儿不大，饭量还不小呢！吃得这么香，也不知道这三个十五能不能让它们吃足了呢？

寻兰利回答说："肥效长，开春施上一次就不需要再施了。"

饶勇接着介绍说："咱这个肥料的氮素以硝态氮为主，合理调配其他型态氮素，见效快、肥效高，而且肥效持久。同时特别添加了多种微量元素，防止作物缺素症的发生，提高作物抗性。"

说了半天的芭田三个十五复合肥，咱都知道它的成分和作用了，可是它到底长的啥模样啊？

饶勇回答："我们的肥料是国内首家使用高塔造粒工艺的肥料。肥料表面光滑、不易结块、不易破损。"

高塔造粒，这个咱可不陌生，就是在制作过程中利用高塔熔融、喷浆、造粒的工艺制造出来的肥料。嗬！听起来还挺麻烦，不过咱可不管那些，就像是做菜，过程再复杂，只要好吃就行，所以高塔造出来的肥料也是这样。不过咱想问问使用起来简便吗？

寻兰利回答说："这肥料往地里一撒，再用耘耕机扫一遍就行了。"

饶勇说："我们这个肥料可以采用沟施、穴施、撒施、淋施等多种方式。但是施肥后一定要覆土，应该避免与种子和根系直接接触。"

嘿，这小小的肥料还真能干，肥效好，肥效高，能提品质，抗性高。这么优秀的肥料，那得多少钱啊？是不是会很贵呢？

寻兰利回答："我认为不贵。原来用别的肥料的时候一般是一亩地收 3 000 斤，用三个十五之后，上次收蒜，产量提高了 600～700 斤。直接给我带来了经济效益。这次秋播我还用这个芭田三个十五。"

看来这位寻大哥是真尝到甜头了，不准备再换肥料了。也难怪，十几年了，换了十几种肥料。我说寻大哥，以后哇，还得多看看咱的《乡村超市》节目，对你选农资、选百货都有帮助呢！说着说着咱兜远了，下面给您说说怎么购买？

饶勇回答说："咱们公司在咱整个山东地区都设有代理，如果农民朋友想购买的话可以到代理点去购买，同时也可以给我们公司打电话。"

后语：最后给大伙说说，芭田三个十五复合肥虽然用在大蒜上效果不错，但也不是说不能用在其他作物上。只要根据作物需肥特点，正确使用肥料，那就没什么问题。下面给蒜农朋友说说大蒜的施肥方法。根据成熟时间不同，分为以下三种：

早熟大蒜（正月早）的施肥方法：由于大蒜根系浅，根毛少，吸肥力弱，要求基肥质量好，一般用腐熟的有机肥每亩 1 000～1 500 千克、45%复合肥 30～40 千克，结合整地在播种前施。一般不追肥。若苗子长势差可亩用尿素 3～5 千克追一次肥。

中熟大蒜（二季早）的施肥方法：大蒜根系浅，根毛少，吸肥力弱，要求基肥质量好，中熟大蒜（二季早）一般用腐熟的有机肥，每亩 1 500～2 000 千克、45％复合肥 40～50 千克，结合整地在播种前施。一般不追肥。

迟熟大蒜的施肥方法：大蒜根系浅，根毛少，吸肥力弱，要求基肥质量好，迟熟大蒜一般用腐熟的有机肥每亩 1 500～2 000 千克、45％复合肥 40～50 千克，结合整地在播种前施。一般不追肥。

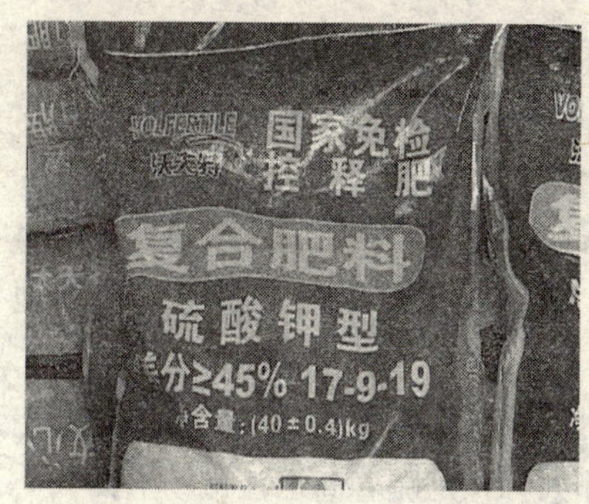

大蒜的营养专家——沃夫特

前言：随着我们国家肥料生产技术的发展，不管在肥料种类和质量品种上都有了非常大的提高。就拿掺混肥为例吧，掺混肥是在化肥生产、销售和农业生产基础达到较高水平后才得以实现的产肥、用肥方式。那么到底这种肥料会有什么样的效果呢？咱们还是通过下面的故事看看吧。

前段时间咱们在《农资超市》节目中给您介绍了一种小麦的贴身小保姆——沃夫特肥料，赵大嫂就使用了这种肥料，使小麦获得了丰收。嘿，丰收，是老百姓最高兴的事，和赵大嫂一起高兴的还有金乡县胡集镇后史屯村的史仍庆。

史仍庆说："从这几年种大蒜看，还没有像今年长得这么好的大蒜呢。"

史仍庆以前种粮食现在种大蒜，不过说起来，种大蒜需肥量是比较大的，所以每到蒜苗一下地，史仍庆都要掂量掂量买哪种肥料好，生怕买到假货，耽误了一年的收成。可今年让仍庆放心的是，沃夫特厂家为了打消乡亲们的顾虑，直接带他们到生产车间参观，这一看，一下子让史仍庆心里这块石头，怎么着？咣当一声落了地。

史仍庆说："到化肥厂参观了一下，看了人家的配方和匀兑，很实在。"

心里踏实了，用起来自然大胆了，史仍庆种的9亩大蒜全用上了人家的沃夫特大蒜专用控释掺混肥。唉，这俺得问了，咋就叫个大蒜专用肥呢？

高级农艺师芮文利介绍说："这个大蒜专用肥是根据大蒜养分吸收规律专门配置的一种肥料，它是一个硫酸钾型的高氮高钾型的一个肥料。"

这就像是专为大蒜配备的营养专家，大蒜喜欢吃什么、想吃什么，人家都能供应。这吃得好了，营养跟上了，大蒜的身体自然也就壮实了，结出来的大蒜那也是个顶个！

史仍庆说："大蒜不大生病，叶片发黑，蒜头大，都在6厘米以上，还匀，基本上没有小的。"

唉，这大蒜生长就像人吃饭，一日三餐要按时吃才能长得健康，要是饥一顿饱一顿，就是有再好的饭菜，长得也不会好哪去。正因为如此，人家沃夫特在里面又加上了一种控释粒子，让肥料看上去五颜六色，漂亮了不说，它还能保证咱家的大蒜每顿饭都能吃饱吃好啊。

芮文利说："控释粒子是一种包膜肥料，它能够使养分随着作物的生长缓慢地释放，减少了养分浪费和流失。"

嘿，不仅能让咱的大蒜悠哉悠哉吃饱饭，更重要的还提高了肥料的利用率。

芮文利说："比传统肥料能提高一倍的养分利用率，所以说它这个用量就可以相对地减少。"

肥效长了，等到大蒜追肥时候也就可以减少肥料的用量。自从用上了这种沃夫特大蒜专用肥，今年史仍庆的大蒜也是不愁卖了，用史仍庆的话说，那大蒜，是蹦着高地往市场上蹿。

史仍庆又说："产量比去年高得多，来买蒜的、收蒜的人家都相中了咱这个蒜了。"

呵，大蒜得了大丰收，这史仍庆肯定乐得合不拢嘴。这好肥料谁用了都会说好，这不，滕州市姜屯镇大红疃村的刘统海也用了沃夫特，也想跟大伙说道说道。

刘统海说："用了沃夫特今年土豆*长得不错，你看我的土豆，都7～8两一个。能不高兴吗，一亩就卖了3 000多元。"

好家伙，人家刘统海家的土豆可真算得上是大块头，看来丰收在望。说到这儿你可能说了，唉，跑题了，跑题了，今天说的是大蒜专用肥，你怎么扯到土豆上去了啊。嗬，不扯不扯，您有所不知啊，听专家说，虽然是大蒜专用肥，可是也可以用到土豆种植上。

芮文利说："因为土豆也是需要高氮高钾的，而且是需要硫酸钾型的肥料的这么一种植物。"

哪吒有三头六臂，嘿，这种沃夫特肥料，也是个多面手，既可以用在大蒜上，又能给土豆用。那这个肥料是不是用起来很麻烦呢？

芮文利回答说："使用方法就是把这种肥料撒到地里以后，扒地，然后就可以起垄种大蒜了。"

用起来也挺简单，那在用量上是不是还有要注意的地方呢？

芮文利回答："一般一亩地用200～240斤左右，比普通复合肥，少用20%左右。"

用起来比普通的还要少，那价格怎么样呢？这多面手的肥料贵不贵？

史仍庆说："和别的肥料相比，这个肥料不贵。"

今天给您介绍了一种大蒜上专用的沃夫特肥料，大伙还满意吧，如果您想在自家的地里试

---

* 土豆学名马铃薯。

上一试，明年您可要趁早了，在这里小超祝愿乡亲们都能用好肥、种好地、多了收成、增了效益。

后语：控释掺混肥相对于传统肥料，不仅在成本上占有极大的优势，同时作为控释肥的一种，也能更好地为测土配方施肥提供技术和产品的支撑。掺混型的配肥模式，配方灵活、工艺简单，可以科学添加作物所必需的主要养分和中、微量元素，能够承载测土施肥的特殊需要，真正达到测土配方，缺啥补啥。同时独有的控释技术依照作物生育期各阶段养分需求为标准，实现了高技术与低成本有效结合，将成本控制在大田作物种植收益能够接受的范围，有利于构建肥料企业、农技推广、农民三方互动共赢良性循环的机制。

庄稼的自助餐

前言：作物生长靠肥料，肥料营养少不了，缓慢释放作用好，庄稼自己吃得饱。且看庄稼地的自助餐——金大地控释肥。

为咱老百姓买农资出谋划策，为咱农资企业卖农资牵线搭桥。乡亲们大家好，欢迎来到今天的《农资超市》。人是铁饭是钢，一顿不吃饿得慌。人饿了就要吃饭，因为吃了饭人才能长大，因为吃了饭人才能健壮。其实咱乡亲们种庄稼也是这个理，要想庄稼长大、健壮也要让它吃饭，并且还要多吃饭吃好饭。人吃的是五谷杂粮，而庄稼吃的是肥料。说到这您说了，人吃饭，一天三顿，给作物吃饭现在也挺麻烦，一般需要施用底肥后再进行多次追肥，三番五次的也挺累。唉，有没有一种肥料，使用一次就能让作物吃饱呢？如果有，那咱乡亲们种地不就省大事了吗，哎！您还别说，还真就有这种肥料。今天就请您跟我们一起认识一下，让作物吃一顿就能管饱的控释肥。

来自山东农业大学教授张民说："控释肥是一种肥料，这种肥料的养分，它的释放率，或者对作物的有效性，比普通的速效肥料要长。"

虽然听着控释肥的名字有些年轻，但咱们国内研究控释肥却已经有30多年的历史，在庄稼地里使用了这种肥料就好像给庄稼准备了一顿丰盛的自助餐，什么时候需要肥料了，它自然就会释放出来。

张民说："也可以说金大地的控释肥料，是我们国家最有代表性的控释肥料。"

专家刚才说到的金大地控释肥，说起来它也是咱的老乡，出生地就在山东临沭。要按规模来讲，这里可是亚洲最大的控释肥生产基地。亚洲最大，规模可是不小，产品却是这种小小的颗粒，也就是咱们说的控释肥。它外观颜色好看，是一种圆形的颗粒，可光好看也不行啊，乡亲们种地忙活大半年，求的就是个效果、求的就是个产量。

张民说："在小麦、玉米、水稻、花生、棉花这些大田作物上做了很多试验，金大地控释肥都有明显的增产效果。"

说到这里啊，我还得给您说说，有个成语为"过犹不及"，意思就是说你超过了有时候还不如没有。打个比方，人吃饭要吃得正好才行，吃少了吃不饱，吃多了那就撑得慌。其实咱乡亲们给庄稼施肥就是这样，肥料不够庄稼营养不够长不好，可万一把肥料用多了，肥劲太大那就会烧根、烧苗，结果比人吃饭撑着要厉害得多，那就是死棵死苗啊。其实这种情况咱们在种地的过程中也经常碰到。浇水施肥本是好事，弄不好会自找没趣，哎，给您说使用这种控释肥就没有这个烦恼。

张民说："特别是在作物苗期，需要肥料少的时候，它释放得比较慢，不至于使土壤水溶液当中的盐分浓度过高，所以说就不会烧根，不会烧苗。"

细看这种控释肥就是给肥料穿了层衣服，给肥料穿衣服，说起来简单，这里面可大有学问。这层衣服就好像是一个精密的计算机，控制着肥料的养分在作物需要的时候释放出来。说怪也怪，化肥还是原来的化肥，穿上一层漂亮的衣裳，摇身一变，既光鲜又好看，这衣服的表面充满了我们肉眼看不见的小孔，衣服里面的养分就通过小孔向衣服外面不停地释放，缓缓地提供给作物。

听说这种金大地控释肥，肥效有达到3个月的，有6个月的，有9个月的，更长的还有持续2年的。可这俗话说"口说无凭，眼见为实"，你说慢慢地释放就慢慢地释放啊，怎么才能证明这种控释肥能够慢慢地释放肥效？我们种地可不听你那一套，是骡子是马，得拉出来遛遛。

金正大技术人员王效亮说："这个是传统的尿素，瞬间就不见了，给传统尿素包上一层膜，就是搅拌一两分钟，也不会出现刚才那种迅速溶解的情况。"

增产增效省工省力，还能提高作物的果实品质，那么这种控释肥在使用方面是不是和传统的肥料区别很大呢？

张民教授说："这种肥料使用非常方便，非常简单，我们老百姓说，这是种傻瓜肥。"

控释肥产品是不错，价钱方面怎么样？咱老百姓能接受吗？

王效亮回答说："比如说一亩地100块钱，投入这个控释肥，要比传统肥增产20%。"

这种控释肥的生产地就在咱山东，如果今年您想尝试一下这种控释肥，下面教您如何购买。

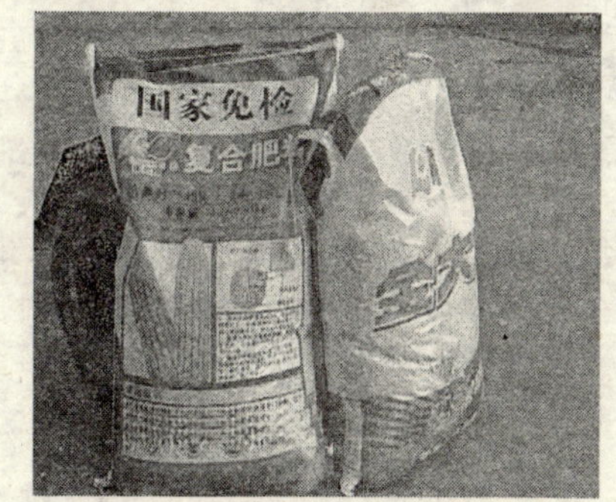

王效亮介绍说："目前我们是通过各个乡镇上的邮政支局三农服务点，都是送货上门。"

怎么样，今年开春种地的时候，您是不是也想尝试一下这种漂亮的控释肥，是不是也想给自家的庄稼来上一顿控释肥自助餐呢？好了，如果想更多地了解这种控释肥的情况，欢迎拨打咱们的农资热线。

后语：最后总结一下控释肥的功效。和普通肥料相比，它的优势是：

(1) 近根施肥，不烧根不烧苗。智能包膜控制养分的释放，养分不会过量地释放，土壤中的肥料浓度对庄稼的根系不产生伤害，从而做到了近根施肥，大大提高了肥料利用率。

(2) 同步释放。可以根据庄稼的吸收规律同步释放养分，养分持续供应一整季，既不会过量也不会不足，不用给庄稼频繁追肥，省工、省时、省力。

(3) 避免流失，利用率比普通复合肥提高30%～50%。由于智能包膜的保护，有效避免氮的挥发、氮和钾的流失、磷和钾的固定等损失和浪费。保证了养分完全被庄稼吸收。大大提高了养分的利用率。

(4) 省肥、增产增效：总用肥量减少20%～30%的情况下，庄稼不减产，产量还比用普通复合肥的高出一些，大大提高了投入产出比。

(5) 提高作物品质：智膜肥养分的释放符合庄稼的吸收要求，庄稼生长健康，作物收获物内化学成分不超标，环保安全，果树上果实的甜度及口感好，蔬菜的营养成分高，品质好。

(6) 环保，有益于土壤的良性循环。因为减少了养分向土壤中的流失，可有效保护土壤良好稳定的团粒结构，防止土壤酸化、酸结，改善土壤环境，有利于土壤微生物的繁殖。

庄稼地里的隐形“深耕机”——免深耕

前言：中国几千年来的农业发展史，耕地、施肥、播种这种程序世代相传。到了现在，人们虽然也一直在耕地，但是因为一些大型农耕机具的消失，深耕地在有些地方已经很少有了。再加上年年施肥，最终导致了土地板结现象出现。不过如今市面上用来改善土地板结的产品也不少，下面就给您说一种土壤调理剂。

今天带您去金乡逛上一逛。大伙都知道，金乡可是有名的“大蒜之乡”，今天到金乡也带您看看大蒜，同时再带您认识一位朋友。

正在剥蒜种的这位就是今天咱们要认识的朋友，名叫张国华，家住济宁市金乡县王丕镇张暗楼村，种大蒜已经多年了，每年的产量都不错，用他自己的话说，那可是在村里数一数二的。

张国华介绍说：“我去年大蒜产量一亩地 1 500 千克，比别人的产量一亩地高出 200～300 千克，他们的大蒜产量在 1 200 千克左右。”

嗬，1 500 千克，这可不是个小数，我说张国华啊，你的大蒜产量这么高，难道有啥绝招吗？赶紧跟大伙说说，也让俺们学习学习。

张国华说：“我平时用肥料都和他们差不多，就是额外加了一个免深耕。”

免深耕，听着倒是挺新鲜的。不过光听这名，也不知道人家到底是个啥样的东西？

山东省农业科学院研究员宋元林解释说：“免深耕是目前国内最新出现的唯一的土壤调理剂，它施到土壤里以后可以明显改善土壤结构，使深层土壤疏松、通透，结构良好，从而为作物的丰产奠定基础。”

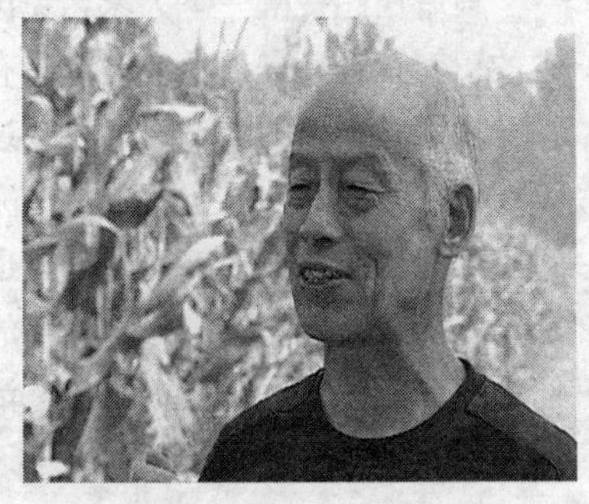

原来这免深耕就是一个土壤调理剂，还有改善土壤结构的作用，说到这儿您可能要问了，一个小小的土壤调理剂就能改善土壤结构，这是真的吗？

宋元林接着说：“免深耕改善土壤的原理是一个物理作用，免深耕的主要成分随着土壤水分往下扩散，在扩散的过程中，土壤中所有的有机物颗粒，见到免深耕成分以后吸水膨胀，膨胀以后随着失水干缩，干缩后就会挤出很多的空隙出来。”

在现场记者问：“张大哥，现场在你家地里给我们刨块土，给我们瞧瞧吧？”

张国华说：“行，可以，你看这是我家的地块，这就是用过免深耕的，现在还能看到有很多眼，现在经过人踩、车压，现象不很明显了。如果当时用过那就看得比较明显。”

听人家这么一说咱明白了，这免深耕就好像是海绵，吸水膨胀，失水干缩，几个来回这么一折腾，土壤自然就得乖乖地疏松了。其实，土壤疏松的真正目的，还是想让咱家地里的大蒜苗壮成长！

宋元林说：“疏松通透，土壤松了，有这一个主要作用，给作物带来了其他好处。第一，下边的土壤疏松通透了，有利于根系下扎。所以使用免深耕以后，最大的好处就是作物根深叶茂，身体健康，抗病性增强，所以病害的发生，可以大大减轻。特别是土传病害，像我们大蒜的根腐病、枯萎病、软腐病，这些土传病害，由于根系发育强了，秆发育旺了，抗病性强了，土传病害就大大减轻。”

不过光效果好也不行啊，这东西该怎么去使用，用起来麻不麻烦也是咱想知道的。

宋元林说：“免深耕目前有两个剂型，一个是水剂，一个是粉剂，水剂一般一亩地 200 克，粉剂 300～400 克。可以在播种之前使用，也可以在播种、出苗后使用。最好是在播种之前。使用方法很方便，可以冲施，可以喷施，也可以撒施，最好和化肥掺在一起使用。”

老百姓种地讲的是实惠，算的是细账，那么免深耕的价格怎么样？咱能接受得起吗？

张国华说：“我用免深耕一亩地多投入 20～30 块钱，产量增加到 300 千克，算起价格的话，平均 6 毛钱一斤，我还多卖 200 块钱。”

听人家这么一说，看来这免深耕还真是个好东西。不过好东西在使用上也有它要注意的地方。

宋元林说：“在使用的时候要注意几个事情：第一，土壤必须要潮湿；第二，就是温度越高效果越好，所以在冬季结冻以后不要使用。一般在早春、晚秋这个时候和夏季使用比较好；再一个我们在麦田里面使用，要注意千万不要与除草剂混在一起使用，最好先用免深耕，让免深耕渗到土下面，然后再用除草剂。”

最后还想提醒一下大家，免深耕只是一种土壤调理剂，对提高产量虽然有所帮助，但是日常的田间管理还是最重要的，只有科学管理、科学种田，才会有一个好的产量。

后语：土壤的酸碱度过大或过小，会引起土壤板结，如下酸雨等。塑料制品，如塑料地膜等没有及时清理，在土壤中无法完全被分解，也会引起土壤的板结，长期单一地施用化肥，腐殖质不能得到及时的补充，同样也会引起土壤板结，还可能龟裂。板结了以后要多加腐殖质，补充土壤的营养，要把没有分解的塑料清理掉，改变土壤的酸碱度。最主要的，就是要加强人们的环保意识，这才是根本的整治措施。

种地耕田好帮手

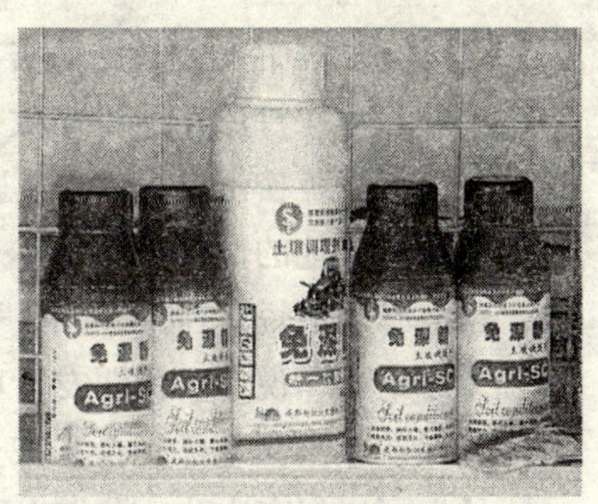

前言：种地耕田真麻烦，累得全身直发软，有啥给咱来帮忙，免深耕它帮您办，轻松撒到地里面，土壤松软看得见。

乡亲们大家好，欢迎来到《农资超市》。节目一开始我先给大伙出个小问题，咱老百姓种地，第一步应该干什么？嗨，您说了，这还用问吗？种瓜得瓜、种豆得豆，要想有收获这第一步当然得先播种。哎，要这么着，我得说，您有所不知了，庄户人种地之前首先要耕地。耕地刨地加翻地，土壤疏松了作物才能长得好。

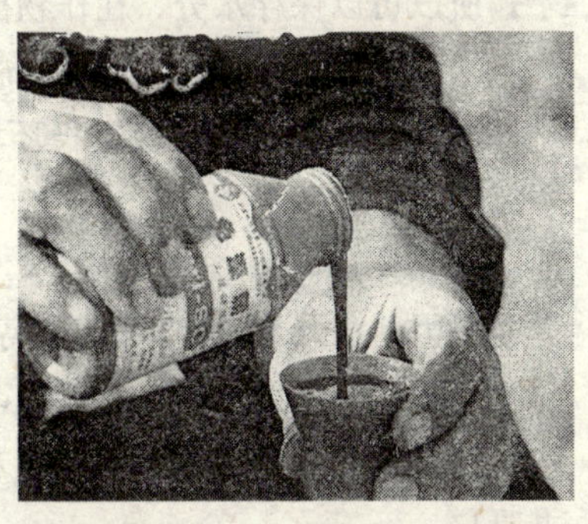

有没有不耕地就直接让土壤变松软的好法子呢？有人说你做梦呢吧！其实啊，这还真就不是梦。

齐河县坡赵村的王因新，今年40多岁，哎我跟你说呀，这人今天有点古怪，咋古怪？您看嘛，这地里收完了玉米什么都没有，他还在一门心思地打药，啥意思嘛！仔细瞧瞧，吆，他喷的还是免深耕。这咱可得问问他效果如何。

王因新说："2004年有一个朋友介绍说免深耕效果不错，我种了13畦的小麦，于是打了8畦试试看，结果效果不错。"

不用不知道，用了真不孬。王因新第一年用上免深耕之后看到效果不错，直到现在年年都用。效果好当然是好事，可咱想知道免深耕到底是一种什么样的产品呢？

山东省农业科学院研究员宋元林介绍说："免深耕是一种高科技产品。"

听专家介绍免深耕的技术来自美国，是一种高科技的产品。那么听名字是不是就不用耕地了呢？

宋元林回答说："免深耕并不是说不用耕地了，只是不需要深耕地了，浅耕还是需要的，便于播种。"

现如今咱老百姓的地里也能用上这种高科技产品，那真是一件让人高兴的事。王因新用过之后看到了效果也是喜上眉梢。那么这种叫免深耕的产品在小麦地里的效果到底如何呢？

王因新回答："用了比没用的效果明显，一是扎根深，二是分蘖好，三是秀穗长，把垄都盖住了。"

宋元林说："使用免深耕可以使深层土壤松软通透。"

打个比方，人住在大房子里，活动空间大了，自然精力充沛。土壤松软了，根就扎得深，农作物也就有了良好生长的条件。用过免深耕的土地，松软程度比不用的非常明显。王因新怕我们不相信，就要做个实验给大家伙看看。

这可真是耳听为虚眼见为实，王因新用这个简单的方法证明了免深耕用在地里的效果。现在咱知道免深耕的好处是可以疏松土壤，增加通透性，使作物根系发达，那么它还有其他的优点吗？

宋元林回答说："防涝抗旱。"

专家这么一说，农民朋友听明白了吧。免深耕还有防涝抗旱的作用。这可真是水来土掩呀！因为土壤疏松了，所以可以保存水分，在作物需要的时候有水喝。

宋元林说："保水保肥，提高肥料利用率。"

用了免深耕农作物的生长环境改善了，而且还能保水保肥，提高肥料利用率，效果真是不错。

宋元林解释说："土壤松软，作物根深叶茂，植株壮了，抗病性提高了。"

王因新高兴地说："每亩提高产量100～200斤。"

自打王因新用上免深耕以后，他家的小麦是连年增产稳产，心里着实美滋滋的。

免深耕的好处说了不少，咱老百姓最务实，东西再好怎么使用呢？要是很难掌握的话怎么办呀！

宋元林回答说："第一次用的话可以种小麦用一次，种秋玉米再用一次。连续使用的话一年用一次就行。"

王因新说："一年用一次的话，一瓶免深耕兑一桶水打一亩地。"

宋元林说："使用方法很简单，用水剂的喷就行，粉剂的和肥料拌起来撒或者用水冲。"

使用方法简单易学，大伙一听就明白。那么在什么时候使用最好呢？

王因新回答："播种前、播种后、出苗后都可以使用。"

宋元林解释说："出苗后使用注意不要喷到叶子上，虽不会造成药害，但因为是对土壤有作用，所以要全用到土里，这样才不会浪费。"

好钢用在刀刃上，掌握好使用时间和方法，你家的地土质也会有改良，地里的作物也会增产。正确的喷施方法既提高了效果还不浪费，这是多么好的事儿呢？说到不浪费，咱想问问这免深耕贵不贵呀！老百姓用起来划算不划算呢？

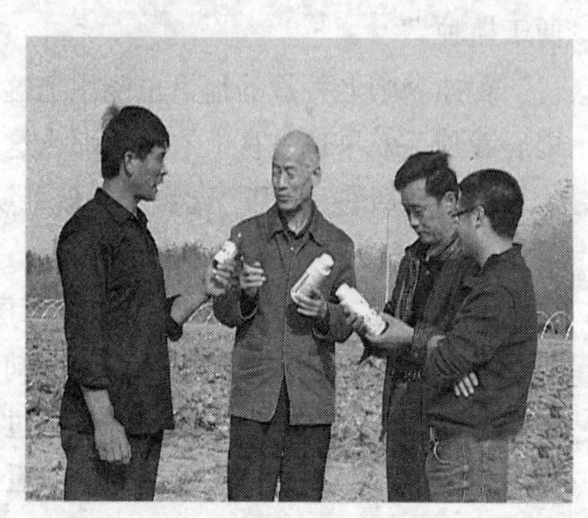

王因新兴奋地说："每亩地一年投入20来块钱，小麦增产100多斤，玉米还能增产100多斤，这个账老百姓都明白，挺划算的。"

后语：怎么样，王因新用了免深耕，小麦玉米增产见效，最主要的是土质改良了，种啥都省心了。不过还得再提醒大家，免深耕虽然好，但不是因此就不用耕地了，浅耕地还是必要的，可以便于播种。

蚜虫克星——雅克

前言：小小蚜虫为害大，小麦生长挺害怕，及时用药消灭它，保住产量有办法，且看蚜虫克星——雅克。

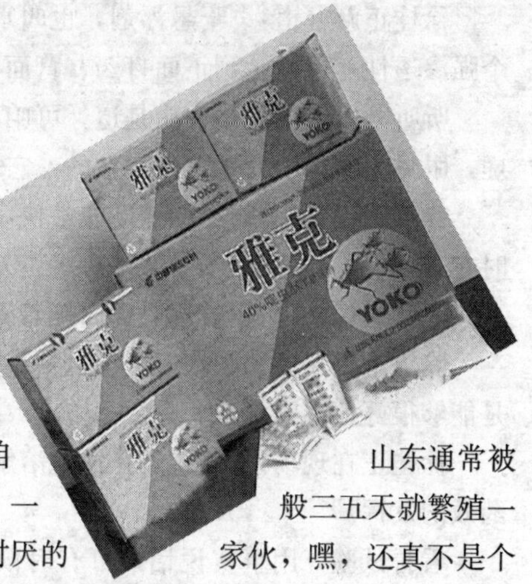

说起来种庄稼最烦心的事儿就是病害，而很大一部分病害是由害虫引起，蚜虫就算其中一个。蚜虫在咱山东通常被称为蜜虫子，这小虫子挺厉害，人家可没有计划生育，一般三五天就繁殖一代，如果条件合适，一天能繁殖好几代。想制服这些讨厌的家伙，嘿，还真不是个容易事。说到这里啊，潍坊安丘的一位农民朋友就不乐意了，不就是个小小的蚜虫吗，难啥？在我的地里，蚜虫从来不敢兴风作浪。嘿，蚜虫和他非亲非故，为什么这么给他面子？咱啊，还是到潍坊安丘去一探究竟。

说话的人名叫刘廷瑞，是潍坊安丘市辉渠镇圩子村的一位普通农民。老刘家里种了七八亩麦子，这不，天气转暖，今天又带着自己的外甥来到了麦子地。老刘说种麦子这蚜虫很讨厌，往年为了防治蚜虫，实在是费了不少功夫，伤了不少脑筋。一说起蚜虫，刘廷瑞那也是恨得牙根痒痒。

刘廷瑞说："损害很大，产量上不去，光看着麦秸老高，它也不长麦穗，2006年打的雅克药，小麦丰收了。"

我说老刘啊，蚜虫对你来说不是问题了？

刘廷瑞："没有问题了。"

"使用雅克杀蚜虫，不用天天背药桶，省时省钱更省工，庄稼没虫好轻松。"嘿，听人家一说，蚜虫的问题在他这里根本不是问题，才开始的时候，老刘也是尝试着使用这种名叫雅克的杀虫剂，没想到不用不知道，一用吓一跳，雅克治蚜虫那可算得上是效果明显。

刘廷瑞说："开始使用时不大敢用，后来打了打试试，觉着放心了，雅克这种农药，主要是针对刺吸式口器的害虫研制的一种高效杀虫剂，为什么叫雅克呢，就是雅克、雅克，蚜虫的克星。"

雅克治蚜虫，说起来倒是很顺口，那么这种名叫雅克的农药到底是个啥样子呢？

潍坊安丘农业局高级农艺师徐桂正说："它有一个非常小的绿色包装。为什么选择一个绿色的包装呢，因为现在强调绿色环保，我们这个产品是一个无公害产品。它是一个柱状颗粒体。"

虽然在外观上和传统的杀虫剂区别并不是太大，可这种雅克杀虫剂却是一种新型的高效杀虫剂，并且还有自己独特的杀虫机理。

徐桂正解释道："干悬浮剂，也叫水分散剂，它是当前国际上最流行的一种剂型，具有一个强渗透性，可以达到正面打药、背面死虫的效果。"

听听人家说的也是头头是道，可咱老百姓种地不听忽悠，机理独特与否咱不管，这耳听为虚，眼见为实，咱就想看点实在的，它杀虫的速度快不快，这才是咱们最关心的事。

徐桂正说："杀蚜虫的速度非常快，由于现在蚜虫对它不具有抗性，打上药以后在1个小时左右就能见到死虫。"

刘廷瑞说："头里打着，后面接着就看到效果，蚜虫看着往下掉。"

除了杀虫速度比较快，听说这种雅克杀虫剂是一种干悬浮剂，这种干悬浮剂的最大好处就是能够很好地溶于水。

徐桂正在现场说："它能快速地溶解到水中，而且分布均匀，形成稳定的悬浮液，更利于药效的发挥。"

看看试验，用事实说话，可有时候一听农药心里就打颤，农药农药，现在大家都很忌讳这个词，好不容易种出来的蔬菜瓜果，因为残留和超标卖不出去，您说那不是竹篮子子打水白折腾吗？这种雅克也属于农药的范畴，那么在农作物上用上这种雅克杀虫剂会不会有残留的问题呢？

徐桂正回答说："对人、畜低毒，在我们这边用过，10天左右，出口的产品都检测不到农药残留。"

刘廷瑞说："一点药害也没有。"

说起来2006年这个冬天不太冷，暖冬对于那些越冬的虫卵来说倒是个好事，天气暖和，虫卵会生存下来，所以有专家提醒说，今年说不定会是一个害虫高发年。那么防治蚜虫一般在什么时候用药比较好呢？

徐桂正介绍说："用药的时间，一般就是在小麦抽穗以后，蚜虫点片发生期，也就是说在田间有局部地域发现蚜虫了，咱就开始用药。"

知道了用药时间，就抓住了防治的要害，那么这种雅克杀虫剂和传统的杀虫剂在使用方面有什么不同吗？

刘廷瑞回答说："每袋是2克，它是兑一桶水，也就是15千克水，倒到喷雾器里尽管打就是。"

徐桂正又说："喷药以后，只要你打细了、打匀了、打透了，维持的时间能在半月左右。"

听说这种雅克杀虫剂原来药效不错，但价钱也高，现在随着生产水平的提高，成本降低，慢慢地实惠了起来。

来自山东玉成生化农药有限公司市场总监熊兴平介绍说："一般来说10天左右用一次药，一共要用2～3次。"

刘廷瑞说："这一包是块数钱，这一亩地用3～4包，3～4块钱啊，价格是一点不贵啊。"

说到这里人家专家还提醒咱们，在农业生产的过程中，还得坚持科学用药。

徐桂正说："一个是轮换用药，用雅克也是这样。我们可以连续用 2～3 次，但是也不要用太多了。在蔬菜上，如果有蚜虫和菜青虫，还有红蜘蛛暴发的时候，咱可以把雅克和甲维盐配合在一块用，效果非常好。"

呵，防治害虫人家还给出了好主意，那么咱们想买了，到哪里才能买得到呢？

熊兴平说："我们已与中国邮政物流合作，因此我们公司的雅克杀虫剂可以在邮政三农服务站购买得到。"

后语：潍坊安丘的刘廷贵用了雅克以后，虫害减少了，病害减轻了，产量提高了，他也开心了。小麦防治蚜虫用上雅克效果不错，另外再给您介绍一种小麦病虫害的防治办法。麦蜘蛛是小麦返青拔节期的常发性害虫，成虫和幼虫吸取食麦叶汁液，被害叶片布满黄白色斑点，以后斑点合并成斑块，叶片发黄；受害严重时，使麦子不能抽穗并枯萎而死。这时可以用 1.5％的乐果粉，每亩用量 1.5～3 千克喷撒，还可用50％的辛硫磷或40％的乐果乳油 50 毫升，叶面喷施。如果麦田有多种病虫害同时发生，可将杀虫剂、杀菌剂混合使用，如粉锈宁、抗蚜威和灭幼脲混合，一次喷施，可防治白粉病、锈病、麦蚜和黏虫，提高农药防治利用率，减少小麦的病虫害的发生。

玉米的“黄金口服液”——玉黄金

前言：台风“麦莎”狂风飚起，庄稼作物伏满地。德州农民郑世道，他家的玉米稳如山。为啥？因为人家的玉米喝上了口服液，庄稼健壮又增产。要问这口服液是个啥？看完故事便知道。

今天给您说说这玉米倒伏的事。咱们栏目给您介绍的不怕台风的玉米品种金海5号播出之后，引起了强烈的反响，很多农民朋友打电话来询问，电话火得不得了。玉米不怕台风这都是好品种带来的效益，可也有的乡亲们问了，要是咱买不到这样的品种是不是就没有办法防止倒伏了呢？哎，那也不是，今天咱就给您再介绍一种能够防止玉米倒伏的黄金口服液，嘿，黄金口服液，这事听起来倒是新鲜。

德州齐河县焦庙镇王府村的郑世道是地地道道的庄户人。每到种玉米的时候，郑世道总喜欢在自家的10亩地里多种上几个玉米品种。2005年台风“麦莎”登陆山东的时候，造成庄稼大面积倒伏，不过奇怪的是人家世道家的玉米却是好好的。

郑世道解释说：“我种的这10亩地玉米，整个根本没有倒伏的，我种了四样品种，但四样品种根本都倒伏的。”

好！不但没倒，而且郑世道家种的这几个品种都没倒。唉，难道郑世道有什么特殊的本领不成？嘿，还真让您说着了。这世道家的玉米都没倒，说起来还得感谢一种叫玉黄金的植物生长调节剂。

郑世道兴奋地说：“2004年用了3亩地看着效果很好，到了2005年以后，收完了麦种玉米，10亩地我全用上了。”

2005年郑世道10亩地玉米全用上了这种玉黄金，就躲过了台风的袭击。自那以后，老郑的玉米是彻底离不开这玉黄金了。用郑世道的话说，那就是每年都得给自家的玉米喝上一些这样的“黄金口服液”。

浩轮农业科技集团盖耀杰说：“玉黄金是玉米上专用的植物生长调节剂，是30%的胺鲜酯和乙烯利的水剂。”

这种被称为“玉米黄金口服液”的玉黄金装在一个小瓶子里，看上去，还真就像咱们平时经常喝的口服液。不过人喝口服液是为了防病治病、强身健体，那么给玉米也喝口服液效果会如何呢？

盖耀杰接着说："使用玉黄金抗倒伏效果特别明显，玉米的根系特别发达，可以使它的护根增加一到两层。"

根不仅壮实了，而且多了，抓地牢固了，这就好比电线杆多拉了几根拉线一样，遇到刮风下雨自然是不容易倒。不过人家还说了，壮根是一方面，这抗倒还有更厉害的一面。

盖耀杰又说："使用玉黄金以后使玉米穗位下移20～30厘米，穗位以下的间节拉短增粗。"

好家伙，人家这是多管齐下啊，又是壮根又是降低穗位的，真想让咱家的玉米稳如泰山嘛！唉，不仅能让玉米站稳，这玉黄金另一个能耐就让玉米增产。

"使用玉黄金能减少玉米秃尖和空秆，籽粒特别充实，能使玉米增产20%以上"，盖耀杰这样说。

郑世道说："剥了玉米以后，玉米穗的整个的上端没有出现干瘪粒和不结粒的情况了。"

既能抗倒伏，又能增产，多好的事啊。不过人家还嫌不够好，硬要再配上一种黄金伴侣才满意。

盖耀杰说："黄金伴侣它是一种高效增效剂，可以使玉黄金的效果更好。"

说了这么多还不知道这玉黄金啥时候用，怎么用呢？

盖耀杰回答说："在玉米长到5～10片叶时喷洒，一生只需喷一次，一亩地用20毫升就足够了。"

郑世道说："使用玉黄金很方便，一瓶玉黄金20毫升兑一桶水，这一桶水打一亩地。"

用起来倒也不麻烦，不过农民朋友问了，这玉黄金效果挺吸引人而且还配着黄金伴侣，价格我们能承受得起嘛？

郑世道说："一支玉黄金六七块钱，花这六七块钱每亩地能增收200来斤玉米。"

齐河三农科技推广服务中心杜成才对老百姓说："要想买这种产品的话，直接打公司的销售热线就可以。玉黄金包装上有三处防伪标志，一种是800免费查询电话，一个是激光防伪标签，盒子侧面还有防伪标码。"

关于玉米专用型的植物生长调节剂，好处咱们说了不少，难道它就没有什么其他的缺点吗？说到这里啊，咱可得实话实说，它还有需要注意的地方。

盖耀杰回答说："需要提醒农民朋友的是在使用玉黄金时，不要漏喷或者重喷，在特别干旱或者苗特别弱的情况下最好不要使用。"

后语：通过上边的片子，给您介绍了一种玉米专用的生长调节剂。听人家说，除此之外，在大豆、小麦、棉花和花生上都有同类产品。希望乡亲们能够用上好产品，让自己的庄稼长得壮又旺，增产增收奔小康！

除草剂的“黄金搭档”——奈安

前言：近年来，随着化学除草剂在各类农作物田间的推广应用，有效地控制了杂草的发生与危害，实现了农作物的增产增效，同时，也大大减轻了广大农民朋友的田间劳动强度。但是，除草剂使用不当，会给当季、下茬和邻近作物造成药害。药害症状有急性型、慢性型和残留型。面对这些情况，怎样用好除草剂而不至于造成药害，就成了摆在科研工作者面前的问题，也成了老百姓使用除草剂最不放心的事。这不，下面故事要说的就是一种新型的避免使用除草剂发生药害的除草安全剂。

有句古诗说得好，那是野火烧不尽，春风吹又生，说的就是草的生命力旺盛，因此咱老百姓种地除草也是件麻烦的事。

哎，说麻烦就麻烦在除草剂的两面性上，能除草是好事，可要是使用不当，发生药害那也是相当可怕。这不，德州夏津常安集乡谭庄的谭玉升，种的西瓜就出现了药害。可奇怪的是一亩多地的西瓜，大部分都不错，偏偏有六七十棵苗子出现了问题？

谭玉升解释说：“地北头上有六七十棵没用奈安，只喷的除草剂，在苗期就发现西瓜就得了除草剂药害了。”

原来差别就出在老谭刚才说的奈安上，奈安是啥？告诉您吧，其实奈安是一种除草安全剂。哎，您听仔细了，它不是除草剂，而是预防和解除除草剂药害的一种安全剂。

高级农艺师冯渊介绍说：“奈安是国内唯一的广谱性的除草安全剂，它的功能就是可以预防和解除除草剂的药害。”

那么奈安使用起来到底效果如何呢？

冯渊回答说：“一般情况下，喷上奈安以后，快的 3 天就能见效。”

人家专家还说了，奈安不光能预防和解除除草剂药害，更重要的还可以避免打除草剂不增产的问题。说到这儿，附近村里的棉农耿希栋，以前就领教过奈安的好处，也想趁机说上几句。

德州夏津县常安集乡常安集村的耿希栋说：“把奈安和除草剂混合用一次，苗期再用一次，效果更好。”

说起来，现在快到棉花的现蕾铃期了，如果您在苗前使用过除草剂，种棉花的朋友您可要注意了。

高级农艺师冯渊提醒百姓说："棉花打除草剂的时候，如果没有加奈安，已经产生药害的，要抓紧时间补喷一遍奈安，3～5天就可以使棉花迅速地恢复正常生长，确保棉花的高产稳产。"

追加一次奈安，不但能让棉花长得壮，还能让谭玉升家的西瓜转危脱困。

谭玉升说："我这六七十棵西瓜就喷了一遍奈安，3块钱，恢复了1/3的产量。"

虽说是亡羊补牢挽回损失，但专家说，您最好还是在使用除草剂的时候，能配合奈安一起使用。

冯渊又说："需要提醒大家注意，奈安对灭生性除草剂它的效果一般。"

这会儿也快到玉米夏播了，专家建议您不妨在打除草剂的时候再加上奈安，这样一来，药害就不会发生在您家的玉米上了。

冯渊说："奈安和除草剂混用，既能预防和解除除草剂的药害，对除草效果又没有任何影响。"

后语：除草安全剂看来确实是一个减轻或避免使用除草剂不当造成的药害的首选产品。但是说起来，只要农民朋友能很好的按照规定使用除草剂，药害是完全可以避免的，这就需要咱们在平时多加注意。如何减少除草剂的药害，农民朋友不妨从以下几方面考虑。

(1) 选用对路的除草剂，除草剂有严格的使用范围，有时一字之差，就可能酿成大祸。如：丁草胺和乙草胺、苄嘧磺隆和氯嘧磺隆，虽然都只差一字，却一个在水田用、一个在旱田用。水稻、大豆、玉米，不同种类的蔬菜和作物需要不同种类的除草剂；同种作物，不同的生长时期、不同的下茬（季）作物，需要不同种类的除草剂。因此，购药时一定要注意这些因素。慎用新品种，对从未使用过的除草剂，一定要慎重，应先通过小面积试验或看周围人的使用结果是否安全、效果如何之后，再决定用还是不用。

(2) 注意除草剂浓度，有些农民喜欢加大除草剂使用浓度，许多农药商也喜欢向农民推荐使用高浓度农药（农药商这样做，一可以多卖药，二可以提高防效，多拉回头客），这是很危险的。随意加大浓度，可导致药害发生，如乙草胺会导致大豆药害，2，4-滴丁酯会导致玉米药害。

(3) 注意漂移危害，许多药害纠纷往往是由于农药漂移造成的。这是因为每种农作物都有一些敏感农药品种。对于敏感作物只要微量的除草剂就能造成药害。如2，4-滴丁酯漂移可以影响百米以外的葡萄；用施用氯喹啉酸的稻田水浇菜田会引起蔬菜药害，作物对农药敏感的例子还很多，如葡萄、大豆等双子叶植物对2，4-滴丁酯敏感，水稻对氯嘧磺隆、拉索敏感，乙草胺对黄瓜、菠菜、小麦、谷子、高粱等作物不安全。

(4) 注意下茬（季）作物，有些除草剂残效期长，对下茬（季）敏感作物有影响。如新开的水田、菜地及新建温室中的小苗不长、烂根或死苗，多因上茬使用除草剂所致。因此，在选用除草剂时，一定要考虑下茬（季）要种的是什么作物，如下季种甜菜、马铃薯、瓜类、高粱、水稻、棉花、蔬菜等就不能选用阿特拉津、氯嘧磺隆、氯磺隆等除草剂；下茬种大豆、小麦时，上茬作物选用阿特拉津时要减半量使用。不同作物对不同除草剂的敏感程度不同，在选用除草剂时一定要注意对下茬和下季作物的影响问题。最安全可靠的办法是，向农技人员或农药商咨询清楚，并按说明书介绍，决定选用什么种类的除草剂。

李学印家的杨树早成材

前言：木材的需求量随社会的发展越来越大，但社会的发展对生态环境的保护也越来越严，因此，山区及周边国家均在逐步保护森林，从而和木材的市场需求形成一对矛盾。为解决这些问题，大力发展速生杨树林成为一种社会需要，杨树的价格已超过杉木，市场前景广阔。而目前种植杨树的农户也不在少数，一些地区农民的主要收入来源就是靠种速生杨，所以和杨树有关的产业包括产品都受到杨树种植户的关注。

前几天我们的记者去菏泽采访，无意间听说了一件稀罕事，在菏泽郓城有个叫李学印的，最近在种杨树方面可是出了大名了，为啥？据说他种的杨树像火箭一样蹭蹭地长啊。哈，开个玩笑，如果真是那样，咱们不就能爬着杨树去登月了，哈哈。不过听说，人家李学印还真能让他的杨树快速成长、提前好几年成材呢。嘿，真有这事？说实话，不光你们怀疑，我这心里也是直打鼓呢，耳听为虚，眼见为实，咱这就到郓城一探究竟。

在人群中，中间说话的这位老大爷就是李学印，我们来得也巧，正赶上了一拨慕名而来的参观者，大家伙儿浩浩荡荡地跟着李大爷，都想亲眼瞧瞧他的杨树到底长成啥样，是不是真有传说的那么邪乎？

在现场这些参观者里面有来自滨州的，有来自肥城的，有来自临沂的，还有来自河北衡水的一共几十号人。

这些参观者都对李学印家的杨树感到惊讶：确实长得很快很粗。和别人家杨树比较，非常明显地又高又粗。

李学印说："今年春天栽的树。"

参观者问："今年春天长的树？"

李学印回答："对了。"

参观者说："咱不现场看见这个树，不和人家的对比，你都不敢相信。不可能当年长到8～9厘米。"

吆，李学印家的杨树还真把山东省内外的参观者给镇住了，看来人家这杨树果真名不虚传。哎，他的杨树为什么能出类拔萃、长得是又快又粗呢？这还得从种树人李学印说起。

家住菏泽郓城潘渡镇李河崖村的李学印，今年60出头，勤勤恳恳干了一辈子乡村教师。前几年退休之后，在家闲着没事就琢磨着种起了杨树。不过种杨树可不像种庄稼年年能见到收获，十年树木嘛，杨树要成材，总要等上个七八年，那真是"靠"得慌！

李学印说："着急啊，心里很着急。这个树如果长7年，时间就长点了。"

谁说不是呢，用李学印的话说，这杨树就像是他的宝贝孙子，天天盼着瞅着，就希望它快快成长、早点成材。那时候他天天一大早，爬起来就要看这些宝贝疙瘩，晚上再忙那也得绕过来看一圈。

话说到这，种过杨树的朋友肯定和李学印有同感，虽说种杨树效益也不错，可要等七八年的工夫才能伐树，也挺难熬的，嘿，就一个字：等啊。说来也巧，就在李学印等着靠着的时候，他原来的一个学生给他送来了一样东西。

李学印说："他说李老师，你用用这个杨树增粗剂。是我的一个学生推荐我用杨树增粗剂，你看看怎么样。"

原来学生送来的是一种名叫杨树增粗剂的东西。那时候的李学印也没想太多，用他的话说，学生送来的咱信得过。

放心归放心，可结果还是让李学印大吃了一惊。为啥？不是因为不行，而是因为这效果太不可思议了。

李学印指着树说："这是用过杨树增粗剂的。你看这个裂痕，膨胀的这个裂痕，树皮和别的都不一样。"

记者问："这是几年的?"

李学印："这是今年春天种的树。你看这个树叶子，还青青的，枝干比较稀，你看这枝很稀，长得快就稀呗。再一个就是下面这个根，根膨胀都膨胀出裂痕了。"

看着自家的杨树长得是又快又粗，李学印心里别提有多美了，那是白天乐，晚上乐，没事就偷着乐啊，俩字：高兴！这不，有了人家的效果，才有了节目刚开始时的热闹场景。

李学印："现在看得满心欢喜。每天和俺老伴没啥事，俺就过来看看。有时候一天来三趟。"

嘿，好个李学印，别说你了，我看着都高兴。可是看到这儿，估计电视机前的观众朋友该不高兴了，这杨树增粗剂到底是个啥玩意？既然李学印用得这么好，还不快跟我们说说。别急别急，咱这就请专家给仔细说说。

农技师李效寒说："杨树增粗剂，它是利用特效菌霉技术，加入高分子生物强力素混合而成的。主要是起到杨树的增长增粗的作用。第一，首先是根系发达，毛细根增多；第二，就是树皮发青，生长速度加快。"

瞧瞧，同样的树龄，这杨树吃了增粗剂就变得像童话故事里的魔豆一样，根系越扎越深，枝叶越长越旺，根深叶茂，这光合作用强了，根深了、发达了，吸收的养分也多了，李学印家的杨树自然是美美的一长再长啊。不但如此，这杨树增粗剂还有另外的优点，你再听听。

李效寒说："由于根系吸收氮、磷、钾养分比较快，杨树的粗度加大相当的快。并且起到了抗旱、抗病、抗涝等作用。”

人家这是双管齐下，既要自己身强体壮，又不浪费地里的营养。嘿，说句玩笑话，这看着锅里的吃着碗里的能不胖嘛。这增粗剂，关键看的还是效果。

李效寒说：“杨树推迟落叶时间，比其他不用的能多生长 1 个多月的时间。一般用到 2 个月以后，杨树能增长（胸径）10～20 厘米。”

能提前好几年成材，这作用速度可是够快，不过咱可不能只图快、拔苗助长啊，长这么快，树的品质还能保证吗？

李效寒说：“杨树增粗剂是在不破坏杨树正常生长的情况下，能提前 2～3 年成材。”

领教了杨树增粗剂的效果，咱还得问问这东西什么时候用、怎么用才好呢？

李效寒介绍说：“可以作基肥使用，也可以追肥使用。在每年的落叶后，或者是发芽前用一次，然后在生长期用一次。”

用起来倒也挺方便，听专家一说，咱还真想弄几瓶试试，可是要从哪儿买、这价格怎么样呢？

李学印回答说：“一年就得 100 多块钱。看起来临时花钱，其实很划算。5 年以后就收获了，不用等七八年了。”

明白了吧，乡亲们？这杨树增粗剂看起来真是不错，让杨树快快成长、快快成材，咱们也早一天见到效益，但是您可不能有了它就忽视了管理，好的产品配合好的管理才能取得高效益。

后语：杨树要成材需要很长的时间，说起来每一个种杨树的农户都恨不得一下子让树成材。除了合理使用促长剂外，平时的管理仍然是最关键的。在这里我们简单介绍一下种植杨树的一些小知识。

杨树育苗密度：杨树育苗应每平方米扦 3 000～3 500 个条，以保证当年生苗高度达 3.5 米，粗 3 厘米，株行距为 30 厘米×50 厘米，苗床东西向。

苗圃施肥：苗圃在做苗床前施入基肥，中途追 3 次速效肥，到 8 月底，9 月份后不能施肥，以防苗木生长过快，不能有效木质化，冬季、春季易感病，造成造林后死亡。

栽植技术应掌握的重点：栽植时应掌握“五大一深一泡”技术，即大苗：苗高 3.5 米，粗：3 厘米；大塘：塘 80 厘米^3；大肥：每塘放有机肥 1/3 高度；大株行距，4 米×5 米以上；大水，一栽好即浇一桶足水；一深，即深栽，栽植深度为 50 厘米左右；一泡，在栽前把根泡在水中 1 天左右，使其吸足水。

田间管理：造林后，田间应及时间作农作物，既可以除草、施肥料，又可以获得经济效益。间作农作物不能种高秆的，宜间作大豆类、棉花、菜等。

什么土地条件下树长得快？在沙土、壤土的坡岗地及河堤、渠道上的杨树生长较快，特别是在通南地区的沙质壤土上，每年生长 2～4 厘米的直径，8 年即可成材。

杨树主要是虫害严重，有杨扇舟蛾、刺蛾、桑天牛等，防治时，对刺蛾、舟蛾用敌杀死、乐果等农药喷防，对桑天牛用敌敌畏注射防治。

大棚蔬菜的“速溶咖啡”

前言：随着生活水平的不断提高，广大农民朋友对新鲜事物了解得也更多，说到咖啡大伙基本上都知道，是一种饮料，有提神的作用。这不，寿光有个菜农，他就经常冲个咖啡喝喝，人家忙着在棚里干活，他却在棚里冲咖啡。说冲咖啡是开玩笑，其实他是在为自家棚里的蔬菜上冲施肥呢。这冲施肥和咖啡有什么关系？您别着急，往下看看吧！

前不久，我们的记者去寿光采访，遇到了一件奇怪的事儿。别人都在大棚里摘瓜摘菜，整枝整叶，忙得不亦乐乎，寿光市古城街道办事处野虎村的村民张建新却在自家的大棚里拿了根竹竿和一桶水较上了劲，好家伙，在自己的大棚里对着那桶水是连和带搅干得是热火朝天，张大哥忙啥呢？

记者问寿光市古城街办野虎村张建新：“张大哥，你这是忙忙活活的干什么呢？”

张建新回答说：“我一下午在忙活着，种了2亩地的西红柿，给它冲点咖啡喝。这种咖啡颜色是白的，你千万不要误会了，这就是我们所说的冲施肥。”

原来张大哥忙活得满头是汗，是在给自己的2亩大棚西红柿苗冲咖啡。给西红柿苗冲咖啡，稀罕啊！其实张大哥冲的可不是咱平常喝的咖啡，而是一种名叫奥格特的冲施肥，可不吗，冲施肥不就得用水冲吗？操作的过程和咱冲咖啡没什么区别，所以张大哥就笑称给自家大棚菜冲咖啡。哈哈，张大哥啊张大哥，想像力够丰富啊，不过给大棚菜喝这种冲施肥到底是用来干什么的呢？

寿光蔡伦中科肥料有限责任公司刘明杰说：“冲施肥主要就是补充植物营养，见效快。它主要是用来追肥。”

这种冲施肥含有16种作物生长所需要的营养元素，如果自家的大棚蔬菜喝上这种咖啡真可谓大补啊。

刘明杰进一步解释说：“冲施肥里面一共含着植物必需的元素，就是16种。它以离子状态迅速地被作物吸收了。”

听说大棚蔬菜喝下这种冲施肥，不仅补充了丰富的营养，而且还能抗重茬，同时还能预防大棚菜得一些缺素病，嘿，不但是肥，从某种意义上说还是药，真是小小冲施肥作用真不少。

刘明杰说：“重茬主要就是在土壤中多次种同一种作物。这16种营养，其中有几种或某一种缺乏，那么产量就上不去。我们这种冲施肥呢，非常均衡，解决了因多次重茬，长期吸收一种元素，而造成缺素引起的减产。”

冲施肥就是在大棚作物生长过程中给作物补充营养，这就像人疲劳、困了的时候，冲上一杯咖啡，提提神使人精神起来。冲施肥的作用就像咖啡，在大棚作物生长过程中肥力不足的时候给作物冲上一杯提提神儿，让它赶紧长，那么它还有什么好处呢?

刘明杰回答说："效果特别快，能促进生长，增产作用相当快。一般能提高产量15%～25%。"

张建新说："我从去年用的，效果很明显。冲了的就增加产量30%左右，在1.7万～1.8万斤左右，结出来的果子颜色也好，口感好，提早上市。"

使用这种冲施肥，除了产量，作物的品质方面还有很大的提升，看来这种冲施肥的优点还真不少。那么这种冲施肥用量怎么样?使用方法有什么特别之处吗?

刘明杰介绍说："一般用量就是40斤、50斤、60斤、70斤，这个用量正好是既适合蔬菜生长，同时浓度不高也不低。"

张建新说："配比就是一桶水倒上半袋冲施肥，倒到桶里，搅和一下，一棚冲个5～6袋的，慢慢地浇上，很简单。"

看来这种冲施肥使用起来还很简单方便，一搅和就行，听说这种名叫奥格特的冲施肥一共有3个品种，其中有两种那就是高钾和高氮的冲施肥，单在长相方面说，二者非常相近，都是白色粉末状，可以算得上是冲施肥里的孪生兄弟，但听专家说，别看他们长得像孪生弟兄，但在作用和使用时间上可大不一样。

刘明杰说："高氮冲施肥主要的作用是促使茎叶生长。它的使用期必须是开花期之前。高钾冲施肥里面含的钾离子比较多，钾离子是促使果实生长和膨大的，一般都在开花以后使用。"

刚才看到老张给他家大棚菜冲的就是这种高钾高氮的白色咖啡，但是还有一种冲施肥样子就很奇怪了。你看刘老师手里拿的是什么?这不是一贴膏药吗?难道他哪儿不舒服想贴膏药不成?告诉你吧，这酷似膏药的东西，也是一种冲施肥，因为样子像膏药，所以被称作膏状冲施肥，别看它黏黏糊糊的，一放到水里也是马上溶解，但和高钾高氮的不一样，颜色成了黑的，像是一杯黑咖啡。

刘明杰在现场说："这种膏状型冲施肥就是腐植酸钠冲施肥，它有几个特殊的作用。第一，它能调节土壤的酸碱度；第二，它能螯合土壤中的有害离子；第三，它能保证微量元素不随水冲走；第四，它能刺激作物快速生长，特别是冬季施最好。"

吆，这么大的作用啊，那它的价格怎么样啊，菜农能用得起吗?

张建新回答说："用别的肥料，用鸡粪得用十好几方，像磷酸二铵得用几袋子。这样算起来是划算的。"

今天我们给您介绍了一种奥格特冲施肥，它又分成3种，分别是高钾、高氮和膏药状的冲施肥。这高钾和高氮的冲施肥分别适用于各种作物长叶长果；外观像膏药的冲施肥，特别适合在大棚蔬菜种植中使用，这种冲施肥是一种来自蔬菜之乡寿光的肥料，那么在今年的农业生产中，您是否也想给自己的作物冲上一杯这样的咖啡呢?

后语：最后给大家说说冲施肥如何使用效果更好，使用冲施肥绝不是“肥随水冲”这么简单。不同冲施肥品种的特性不同，使用的技术也有较大差别。使用原则与土壤追肥基本相同，除了用水冲施外，也讲究土壤深施和集中使用。首先，要选用对路的肥料品种。如在土壤供氮不足、种植的又是需氮较多的绿叶类蔬菜时，可选用尿素或硝酸铵；若缺氮、磷、钾时，可选用三元复合肥或磷酸二氢钾、磷酸二铵等肥料。其二，使用方法要得当。使用冲施肥前，应先把固体化学肥料加水化开，制成母液，然后加水冲施。若用的是固体有机肥料，需提前10天左右进行沤泡，待腐熟后取汁液随水冲施。对于一些浅根性蔬菜等作物，或不便土壤追施时，可将配制好的肥料随水冲施，冲施过程中要控制好水量，确保养分分布均匀；对于一些深根性作物，如果树、黄瓜、西红柿等，使用前，应先将肥料稀释到适宜倍数，然后施入穴内或沟内，再浇入适当的量，待水渗后用土覆盖。笔者田间调查发现，有不少农民朋友直接把固体化肥撒入田内，便浇水冲施，造成肥料在田内分布不均，肥料浓度过高的地方作物受害，肥料浓度过低的地方不能满足作物需要。同时这样使用，还造成肥料很大的浪费。其三，肥料的用量和使用浓度要合理。用量过大、浓度过高，易产生氨气、氧化氮、硫化氢等有毒气体，引起作物中毒；用量过少、浓度过低，不能满足作物需要，达不到增产目的。一般正常浇水冲施时，固体化肥单位面积的使用量，可按常规土壤追施量的120%使用。对于市场上销售的专用冲施肥，要按所附的说明书使用，不要自作主张随意使用，以免影响效果和造成不必要的损失。

《乡村超市》
农资小百货
Nongzixiaobaihuo
建筑玻璃贴膜
Nongzixiaobaihuo
Nongzixiaobaihuo
Nongzixiaobaihuo

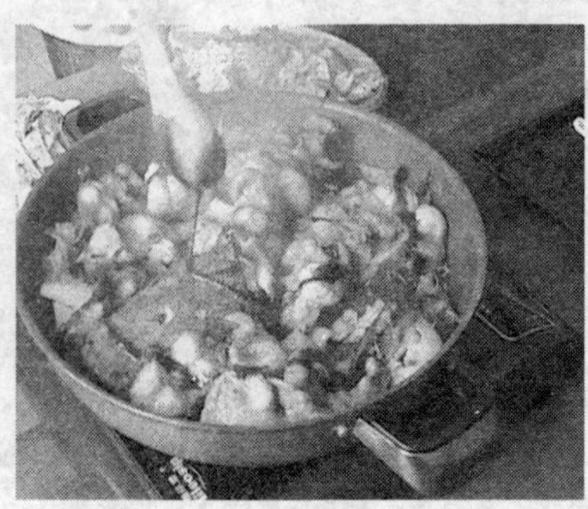

七品焖锅

美味简单起来

今天就给大家介绍一种美食新概念——七品焖锅。

看完农资看百货，为了您的好生活。俗话说民以食为天，现在生活条件好了，人们总想变着花样做些好吃的，蒸煮炖涮、煎炒烹炸，你想吃美食，那就不能怕麻烦。哎哟，您说了，整天光地里的活儿就够忙的了，哪有那闲工夫做着吃啊，这事小超也知道，所以想给大伙推荐一道简单的美味佳肴。

第一步，先放入底油，然后将蔬菜放入锅内，再将主料放在蔬菜的上面。均匀地撒上特制的佐料。

好，现在我们盖上锅，焖 10 分钟。

哟，怎么百货店不说百货，反倒说起做菜来了？您先别说那么多，尝尝这道菜怎么样。

现场几个人都说好吃。

客人 1：“挺棒的。”

客人 2：“很棒，味道不错。有营养，营养不流失。”

好吃，好吃，这真是吃着碗里的看着锅里的啊。瞧大伙儿这吃相，看来味道不错。告诉你，这菜就是用这个焖锅做成的，美其名曰：七品焖锅！嗨，不就一口锅吗？咱听过七品芝麻官，这锅咋也得了个七品的封号？说到这儿，还有一段故事呢！

话说八国联军入侵北京那年，慈禧太后以“西狩”为由，携光绪仓皇逃到了西安。这一路颠簸，太后她老人家也饿呀，这天他们来到当地的七品县令家吃饭，也顾不上许多讲究，吩咐尽快做好就行。于是县令府中的厨师便以肥羊肉配以其他辅料、酱汁，一锅而焖，上桌后香气扑鼻，食时口味独特，香嫩延绵，慈禧太后大加赞赏，后来还招此厨师进了御膳房。光绪、慈禧驾崩之后，这名厨师告老还乡，顺便将这道宫廷菜肴带到了民间，后人起名“七品焖锅”。

这小小的一口焖锅竟还有不寻常的来历。今天，经过济南指南针食品技术研发中心在吸取古代焖锅制作技艺的基础上，结合传统滋补理论与现代养生学原理，创制了适合现代人饮食特点的御膳煌焖锅。刚才吃的就是用这七品焖锅烹制的菜肴。不过你小超评书说得再好，也得书归正传，再好吃不会做不也是干着急吗！

济南指南针食品技术研发中心的宗亮介绍说：“只要你会切菜，就会做焖锅。把菜和肉类放入焖锅中，加上佐料然后盖上盖，一会工夫，我们就可以享用到美食了。”

广告里说的好，牙好胃口就好，身体倍儿棒，吃嘛嘛香。现如今不用厨师一样能吃到这传自皇宫里的美味，七品焖锅正是这个道理，只要您想吃，就可以根据自己的喜好制作出美味佳肴。有朋友说了，狗熊耍扁担不就那两下子嘛！您可别着急，这七品焖锅的优点您慢慢往下瞧。

宗亮继续介绍："七品焖锅基本上是和咱家中使用的锅是一样的。不过这个锅呢，是采用特殊原料制造的。它有几大优点：首先它加热比较均匀，同时保温性能比较好。用它做出的菜肴来，特别有营养，并且保证美味不会流失。"

由于烹制方法的原因，它可以做到无明火、无油烟、无噪音，解决了以往做完饭一身油烟味，熏得都没有了食欲的大问题。

宗亮说："我们这个焖锅，主要加热用具就是普通老百姓家中的电磁炉。电磁炉使用比较方便，可以说每个家庭现在基本上都有了。"

咱不光给您说做菜的方法，并且还有特制的焖锅。使用七品焖锅做菜是又快又好。刚才也看到了，只需十几分钟就可以做好一锅香喷喷的菜肴。其实平常家里用的电磁炉专用锅也可以做这种菜品，只是不如人家专业，要不怎么说术业有专攻呢！

怎么样乡亲们，咱是听也听好了，看也看好了，七品焖锅使用方便简单，而且菜肴的制作方法简单易会，自己也可以做出这样的美味。怎么样，您是不是很感兴趣呢？

宗亮说："焖锅不仅是一种产品，同时也是广大农民朋友致富的一个好项目。这个项目投入比较低，并且我们会在技术以及物力上大力支持。"

听公司人介绍这七品焖锅不仅是一种炊事用具，还是一个餐饮品牌。如果您对餐饮业比较感兴趣，不妨对这个项目及公司进行一个详细的考察，自己觉得适合再做决定。那么有朋友问了，我要想干的话，在哪开比较合适呢？

宗亮回答说："我们这个项目，能给老百姓带来富裕的生活，使我们老百姓发家致富，这也是为了建设新农村，构建和谐社会出了一份力。"

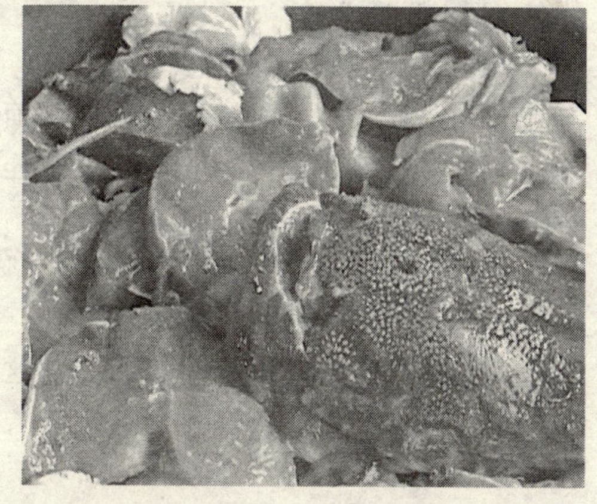

乡亲们，今天给你介绍了一种七品焖锅和由这七品焖锅制作的美味啊，呵呵，现在那是越说越馋了，如果您也想在村里开上一个这样的七品锅美食小店，做做这饭店生意，我觉得倒也不错。

后语：七品焖锅是一种美食的新做法，也是一个致富的好项目，咱老百姓如果想在自家的村里、镇上也弄这么一个七品焖锅美食店的话，您可得先仔细了解相关的加盟事宜，再做决定，任何投资都是有风险的，因此一定要慎重。

快乐厨房好帮手——多用电热锅

百姓生活烦事多，柴米油盐酱醋茶，锅碗瓢盆交响曲。从前做饭得拾柴、点火、拉风箱，一日三餐三顿火，那叫一个麻烦。现在生活水平提高了，潍坊市昌乐县城南街办黄埠村的村民就和过去的做饭方式说拜拜了，为啥？因为人家有个厨房好帮手——多用电热锅。

衣食住行用，油盐酱醋茶，说起日用百货，虽然再普通不过，却和咱们的生活密切相关。在这里小超也希望，通过咱的乡村百货超市，能和大家一起选好日用百货，共创优质生活。一起来看咱们的记者今天又发现了什么。

今天我们的记者来到了西瓜之乡——潍坊市昌乐县城南街办的黄埠村，话说这黄埠村，靠近城关，交通发达，瓜菜业发展得有声有色。眼下正是西瓜收尾、准备换茬的时候，村民韩秀香和王桂花一大早就到各家的棚里忙活了起来，这不知不觉，天已过晌。得，赶紧收拾收拾回家做饭吧。

韩秀香走出棚外说："别干了，晌午过了，快回去做饭吃吧。"

王桂花掀开棚门出来说"不急，我家的饭好做。"

韩秀香，点火、拉风箱、烟熏火燎、咳嗽、擦汗，然后说："呛死我了、太热了，唉，这水怎么还不开啊?"

在现场王桂花倒水、插电、打开开关，"好了，我可以看看电视歇歇了。"

一日三餐三顿火，对韩大姐来说，满面尘灰烟火色，两鬓苍苍十指黑，几十年都是这样过来的。不过这又脏又累的活儿，年轻的王桂花却再也忍受不了了，三年之前就果断地跟它说拜拜了。

王桂花说："我再也不用烧火做饭了，你看，我找了个好帮手。"

哎，一摁开关，就让这家伙忙活去吧。等咱休息得差不多了，那边饭也快煮好了，把王桂花从做饭这个麻烦活中解脱出来的，正是这小小的电热锅。说构造其实他也不复杂，上面就是一个锅，下面连接着加热体，虽然貌不惊人，可它的能耐着实不小，煎炸烹炒蒸煮炖涮，它是样样拿得出手。

王桂花中午用它煎鸡蛋、做饭。

瞧瞧，有了这小小电热锅，咱再也不用受那烟熏火燎的滋味，做饭也变得快乐了起来。

韩秀香问：“这米饭才煮了几分钟啊，就好了？”

王桂花回答：“有十几分钟吧，很快。”

韩秀香问：“这锅还挺好用，我也想买一个，多少钱？”

王桂花说：“这个 160 块钱。”

一个锅，百十元，说便宜也不算便宜。但是用电来做饭，和水打交道，一旦漏电那可不是闹着玩的。不知道这种锅安全性怎么样呢？

淄博周村白云电器总厂厂长张振生回答：“老百姓要买的话，必须得认准有 3C 认证的，就是国家电器强制性安全认证的产品，买回去以后必须有三相插座的。”

说完了安全性，咱再说说它的使用成本。居家过日子，得学会精打细算，用电热锅咱不能只图方便，要是电表嗞嗞地飞跑，咱这心里也是蹦蹦直跳，用电太多日子长了咱也受不了啊。

张振生介绍说：“这个锅功率最大 2 100 瓦，可以随时调，要烧开一锅水的话，最大功率 2 100 瓦全开开，三五分钟就开了，用电 0.3～0.4 度，一天三顿饭用不了几毛钱。”

王桂花说：“我觉着很便宜，一个月也就花二十七八块钱，比液化气便宜。液化气一个月一罐子得七八十块钱。”

用上电热锅，咱老百姓的头等大事——吃饭问题就多快好省地解决了，可咱还是那句话，做一顿饭不难，难的是天天如此，那这种电热锅能用多长时间呢？要是用不了几天就闹罢工，这不是添乱吗？

王桂花回答：“买了这个锅 3 年多了，没坏过，有时候煮稀饭忘了，糊了锅，刷出来还和以前一样。”

该出手时就出手，抱着电锅往家走。了解了电热锅的好处，韩秀香也赶紧买了一个，准备告别柴火堆、迎接快捷又干净的做饭新时代。现在整个村里，像她这样的人是越来越多，要说这电热锅嘛，套一句广告词，谁用谁知道啊。

潍坊昌乐县城南街道办黄埠村党支部书记刘化林说：“随着新农村的建设，现在农村电气化逐步地进入每家每户，以前老模式做饭现在基本上都改成电气化了。电饭锅、电磁炉逐渐进入了农村的家庭，污染少了，环境美化了，省时、省力、省工。”

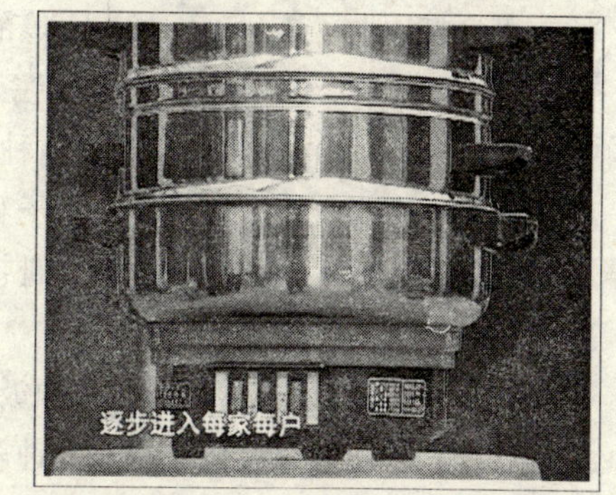

后语：哎，这正是：电热锅真不孬，煎炸烹炒本事高，省时省力花钱少，干净卫生确实好。电饭锅进农家，农民兄弟笑哈哈，以后咱家做饭可以不用火了，要用就用电热锅吧。

路学坤的厨房新生活

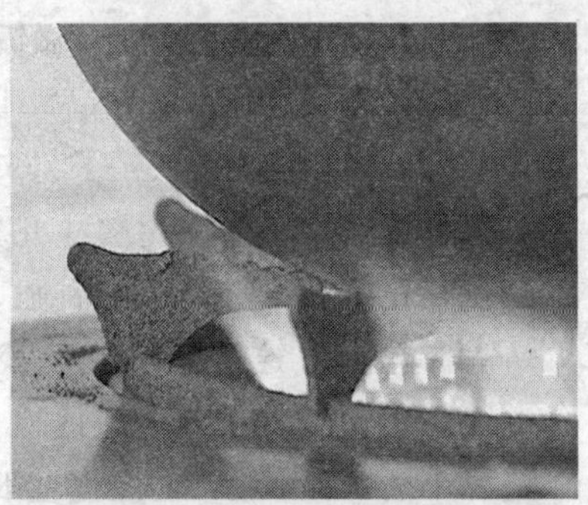

前言：民以食为天。这吃饭问题是日常生活中的头等大事儿，今天就给您说说现在新农村新农民的厨房新生活。

俗话说“人是铁饭是钢，一顿不吃饿得慌”，要吃饭就得做饭，可有时候也烦，您想，老百姓种地天天围着庄稼转，够累了，到了吃饭的点，还得围着锅台转，那叫一个辛苦。这不，前不久栏目记者楚鹏到招远采访就恰巧碰到午饭的点，咱们的楚记者倒也实在，也不嫌人家麻烦，肚子咕噜一叫，就一屁股坐在饭桌前，怎么着，开饭了！

路大哥：“咱这庄户饭也没什么好吃的，你们就凑合凑合吧。其他几个菜一会儿就好，大家吃好喝好、喝好吃好啊！”

楚记者问：“路大哥，也没见你点火烧柴，你家做饭怎么这么快?”

路大哥说：“小楚我给你说吧，咱家现在用的是液化气，想什么时候做就什么时候做，快得很。以前那种烧柴禾的灶台早就不大用了。”

楚记者问：“怎么着？路大哥家用上了液化气，走，跟我去看看吧！”

厨房内楚记者问：“路大哥，忙着呢？以前你家做饭什么样子?”

路学坤说：“原来使用灶台做饭的时候烟熏火燎，还麻烦，很浪费时间。”

可自打用上了液化气，烟熏火燎的日子便一去不复返了，可以说路大哥开始了厨房里的新生活。

路学坤说：“可以说自从用上这种液化气，我就开始了厨房新生活，用上以后真是很方便。整套液化气由煤气罐、高压阀、管子和两个灶头组成。”

液化气看似不起眼，却给路大哥带来了实实在在的实惠，不说别的，做饭节约时间便是头等大事。

路学坤说：“原来用灶台做一顿饭大约得个半个小时到50分钟左右，麻烦。现在使用这种液化气以后，做饭也就用个十几分钟就完成了，并且炉子上有两个炉眼，一边炒菜一边热馒头，菜炒好了，馒头也热好了，两不耽误，提高了做饭的效率，其实也就留出更多的时间好好休息，多好的事！”

说起原来用灶台，一个字烦，两个字麻烦！现在使用了液化气，方便，您还别说，路大哥一个大老爷们，那掌起勺来也有点一级厨师的架势！

炒菜时放点油，锅里起火、炒菜，然后色香味俱全的菜出锅，往盘子里盛。

路学坤介绍说："要说起使用，我觉得是很方便，方便到什么程度呢，我总结了点火两步曲，第一步打开液化气罐的开关，第二步再拧开液化气炉的点火器，您瞧，火一起做饭就开始了，整个点火的时间不过几十秒的时间。"

用上液化气，路大哥还真就有了做饭的欲望和习惯，一个大老爷们戴上围裙，天天围着炉子转，餐桌上的事，家里大嫂还真就靠不上边了。人家路大哥还说，用上液化气另外的好处，那就是改善了厨房和饮食的卫生。

路学坤说："在厨房和卫生方面我觉得很好，原来用灶台烟大，时间一长搞得满屋子全是烟灰，现在用液化气基本上没有烟，我们家的厨房卫生条件改变多了，你看，地面、墙、天棚都很干净，现在我们的生活改变大了。"

说到这有人问了，液化气可不像柴火，安全嘛？使用起来倒是干净方便了，可万一来个爆炸，哎哟，那不是在家里放了个定时炸弹嘛！

路学坤解释说："安全方面有这么几点，第一首先我们得保证阀门要紧、开关要紧，还要保证管子接头必须得紧。"

安全、卫生又方便，液化气还真是给农家厨房带来了一次革命。可有的乡亲们也说，家庭条件好，有闲钱买个液化气用用也不错，要是条件不好也承受不起啊，宁可继续烟熏火燎地生活，也不花那个冤枉钱。嗨，什么叫冤枉钱呢，那么使用这种液化气到底贵不贵，咱让路大哥给你介绍介绍。

路学坤介绍说："我觉得算不上贵，我给您算笔账，买这一套设备大约要花多少钱，这套设备一般能够使用五六年左右，平均到每年也没几个钱，这一罐气，在市面上也就是几十块钱，能用好几个月，再想想液化气给带来的方便的地方，我觉得还是挺划算。"

路大哥这笔账算得还真是挺清楚，不光他算得清楚，告诉您，现在村里的大部分人都把这账给算清楚了，村里农户基本上都用上了这种液化气，自家的厨房是越来越美。

液化气进乡村，做饭方便厨房新。其实啊，液化气能不能更快地走进农家，最重要的还是这里，啥啊？观念。路大哥也说，原来很保守，辛辛苦苦挣点钱舍不得吃舍不得花，赶紧存在银行里。现在不一样了，想开了，挣了钱还是要拿出一部分来改善自己的生活，让这农家生活越来越城市化。电视机前的乡亲们，看了今天的片子，您是不是也尝试着改善改善自己家的厨房呢。一句话，丢掉烟熏火燎的灶台，咱把干净卫生的液化气搬进来！

李洪民介绍说："现在村里基本上家家用上了液化气、喝上了纯净水、看上了有线电视。

农家生活越来越城市化，人们生活水平提高了，思想意识提高了，其实这也是正是新农村建设的重要组成部分。”

后语：建设新农村是咱老百姓的大事儿，使用液化气改善厨房条件也是新农村建设的一个组成部分，咱农民朋友使用液化气炉的时候要注意安全，做完饭一定先关闭液化气罐再关炉子，咱可别忘了。

变废为宝的家用秸秆气化炉

前言：秸秆与树木枝干曾是农村的主要燃料，因此，秸秆曾与粮食一起被农民视为庄稼“二宝”。近年来，随着农民生活水平不断提高，很多家庭都用上了煤气灶、电饭锅等，秸秆逐渐退出了农村的“燃料市场”。同时，由于农业机械化的普及以及越来越多的农村劳动力外出打工，出于省事，粮食拉回家后，不少农民便将地里的秸秆付之一炬。于是，秸秆焚烧成了夏秋收获季节的公害，既污染了环境又易造成火灾。针对目前秸秆焚烧这种现状，国家也采取了不少措施，比如现在正在推广的秸秆气化炉就是其中一项很有成效的产品。秸秆气化是将农业生产中产生的稻秆、油菜秆、玉米秆等秸秆中的碳在缺氧状态下通过热化学反应，转化成可燃气体的过程。产出的可燃气体可供民用炊事、取暖、农产品烘干、发电等使用。

前些日子，我们的记者去五莲采访，发现了这样一件事，别人家收完花生剩下来的花生皮都恨不能扔得远远的，可当地有位农民名叫董秀梅却与众不同，她把别人扔掉的花生皮收起来晒干之后，当成宝贝一样，而且还把各种秸秆和烂草都像宝贝一样收集起来，吆，这里边有什么蹊跷吗？

在现场记者问：“董大嫂在家吗？”

董秀梅：“在家呢！”

记者问：“我听说你把碎草都当宝贝了？用这个干什么？”

董秀梅：“反正有用啊！”

记者又问：“这东西有啥用啊？”

董秀梅：“我领你上屋里看看吧！就是为了这个秸秆气化炉啊！用它做饭、烧水、炒咸菜。”

吆，气化炉？它不也是个炉子吗，我说董秀梅你是不是把这些杂草和秸秆当柴火烧了？听到这儿啊，人家董秀梅还不服气呢！她说，当柴火烧那算啥本事？我是把柴变成了气以后，再用气生火做饭。呵，听起来真是挺新鲜。

家住五莲县中至乡金龙店村的董秀梅，可是个勤快能干的人。以前她家里打下来的花生皮，也跟别人一样，不是扔了就是几分钱给卖了。可自从添了这台秸秆气化炉，烂草也变成了宝。

董秀梅说："过去把秸秆都扔了，都不要了。自打买了这个炉子，有了秸秆杂草的就晒了装进袋子里，放在屋里收着，就不舍得扔了，就成了宝贝了。"

要说这董秀梅把草当作宝，那是因为啊，她领教了秸秆气化炉的好处，不说别的，自打这秸秆气化炉走马上任，家里的液化气是彻底靠边站了。

董秀梅说："一买了这个炉子，液化气早就不用了，你没看见液化气灶早就有了一层灰了，都不使了。"

光说这气化炉、气化炉的，您该着急了，我说小超啊，到底什么是气化炉啊？你啊，赶紧给我们说说吧！说到这儿啊，我也就不卖关子了，赶紧请出专家给您说说这气化炉到底是个啥玩意！

记者问："这气化炉是由几部分组成的啊？"

董瑞先："三部分，炉体、过滤器、炉灶。"

先富秸秆气化炉专利人董瑞先介绍说："气化炉是利用有机物不完全燃烧产生可燃性一氧化碳气体和甲烷的原理制造的，它的主要原料是一切杂草。"

原来这秸秆气化炉，利用的是杂草在炉体内不完全燃烧产生的可燃气体来烧水做饭的。不知道它性能怎么样、做起饭来快不快呢？

董瑞先回答："它的火焰强度要比液化气高很多，一壶水 6 分钟左右就烧开了。"

董秀梅说："蒸馒头我也用它，大锅我也不使了，蒸馒头大约要 1 小时。"

看来效率还可以，不过有人问了，碎草投进炉子要先转化成气体，这个过程要是太漫长，咱可等不起啊？

董瑞先介绍说："放上碎草 5 分钟之后就可以持续不断地产出可燃气体。"

虽然这炉子是让草不完全燃烧，但毕竟也是要燃烧，要是它也像普通炉子一样需要不停地添料，那也够咱忙活的！

董瑞先说："我们做过试验，1 市斤草可以连续产气 1 小时。如果一个三口之家，三顿饭，一天用料 3 斤碎草就可以了。"

生火做饭的事儿，对于咱庄稼人来说可不陌生。做一顿饭要烧不少柴火呢！说到这儿您问了，这种秸秆气化炉它的胃口大不大呢？在这里啊，小超告诉您，这种秸秆气化炉饭量还真就不大，这里有这么个数，您可听好了！3 斤草就能撑一天。

董秀梅说："我就是晚上添草，其他时间我不添。添上这 3 斤草，就正好用一天。"

董瑞先说："它还有个好处，就是一次封火，保持 3 天以上不灭，随开随用。"

这方便归方便，不过这又是气又是火的，安全第一，咱用的时候可得多多注意。

董瑞先接着介绍："第一，它产生一氧化碳气体，一定要在通风条件下使用；第二，在点火的时候一定要先开进气阀，再关好出气阀，这样不容易回火。"

在这里要告诉乡亲们，像这样的秸秆气化炉啊，大概要五、六百块钱一台，如果您的经济状况合适的话，不妨在家里也置办一台。

后语：现在玉米大部分已经收获了，剩下的玉米秸秆却成了大家伙的烦心事。有的农民朋友干脆一烧了之。在这里小超要提醒大伙，其实您这一烧啊，就把宝贝给浪费了，这秸秆您可以用炉子做饭，同时还可以饲料青贮，养点牛啊、羊的增加收入。另外，您燃烧秸秆，自己是省事了，可是对于大气，对于咱们的环境造成了很大的污染。所以笔者提醒乡亲们，燃烧秸秆咱们要坚决禁止！在这里还要提醒秸秆气化炉的用户，在使用时要注意：

(1) 尽量选择高燃值燃料，如木屑、锯末，并要求燃料越干燥、越细碎越好，不同的燃料使用效果也不尽相同。点火后如发现灶头有烟气，说明燃料块太大或太湿。

(2) 做饭时，如气化炉连续使用时间过长，会发现灶具口有白色烟气，说明气化炉内喷嘴周围缺少燃料，可打开填料口，将气化炉内燃料向中间搅拌并捣实或者再加入适当燃料。

苏希文“闭门造车”

前言：有一个人，四十多岁的年纪，种过地、养过羊，还建过沼气池，是个闲不住的人，他叫苏希文。说他闲不住一点都没错，这不，自打今年初，他又有了新想法，什么想法？他要自己造车了，自己在家里造车，那不是闭门造车吗？没错，他就是要造一辆可以用于沼气池的出料车。这苏希文原来干的事都与农业有关，现在要造车，你懂机械制造吗？有想法是好事儿，不懂技术怎么行呢？苏希文的沼气池出料车能造出来吗？

乡亲们大家好，欢迎来到《乡村超市·百货店》。有个词叫“闭门造车”，比喻只凭主观办事，不管客观实际，按说这事不值得提倡，不过济宁市金乡县却偏偏出了这么一位，一门心思就是要闭门造车。您问了，这人干吗的呀，造的什么车？哎，带着一连串的疑问，咱先去会会这个人。

这位晚上不睡觉，还在挑灯夜战的人，名叫苏希文，金乡县羊山镇东二村人。他就是刚才咱说的那位，一个要闭门造车的人。

苏希文介绍自己说：“我今年46岁了，年轻的时候种过地、养过羊，近几年推广沼气池，我又参加了省里组织的培训班，给农户建沼气池。”

看来这苏希文年轻时就不安分，眼瞅着都奔50的人了，还这么能折腾，近几年农村发展起了沼气池建设，苏希文又干上了这行。不过，江山易改，秉性难移，没干多久，苏希文又有了新的想法。

苏希文说：“我给农户建沼气池发现，一年一次的清理出料非常麻烦，如果能有一种车，就像吸尘器一样，把不用的沼渣、沼液吸干净，那该多好。于是我就有了想自己造个出料车的想法。”

我的天，一个整天在村里跑，与土地打交道的人，竟然想造车，真是给老虎拔牙——胆子不小。这造车可不是造句那么简单，你得懂机械、懂技术，你这啥也不懂能行吗？

苏希文回答说：“我参考过城里的排污车，明白了其中的原理，但是因为不懂机械，所以在今年初开始研制的时候就遇到了不少问题。”

一出门就碰上了绊脚石，因为不懂机械，苏希文在造车过程中碰了不少钉子，不过他也是个执著的人，不达目的不罢休啊。

苏希文说："城里排污车造价太高，因此我一定要制造出来适合农村用户，老百姓用得起的沼气池出料车。"

不怕山高路远，就怕意志不坚，苏希文抱着一个为老百姓办好事的信念继续闭门造车。说他闭门造车，一点都不为过，因为他连图纸都没一张，单凭脑子里想起什么就去干什么，所以也费了不少冤枉劲，有时为了一个零部件，他要往返济宁好几次，买回来一试不行，再买再试，这样的事情他自己都记不清有多少回了。

苏希文说："阀门进气、出气是这个出料车最关键的问题，想不出来，弄不好，就连续五六天一个人在厂房里研究，家也不回了。虽然老婆孩子很生气，但是当我研究成功以后，他们比我还高兴。"

功夫不负有心人，历时近10个月的冥思苦想、反复试验，苏希文的沼气池出料车终于成功了。顾名思义，沼气池出料车主要功能就是清理沼气池内的残渣，不知道这闭门造出来的车效果怎么样？用户能满意吗？

金乡县羊山镇东三村李留玉、王长来到现场说："原来人工清池的时候，费时费力，现在有了这出料车，轻松多了，十几分钟就清理好了，很方便，很满意。"

效果好才是真的好，现在有了沼气池出料车，又脏又累的出料这个活儿轻轻松松就给解决了。而且它还有个特点：能进能出。

苏希文介绍说："这个车还可以把清理的沼渣、沼液再还田，那是非常好的有机肥料。这样即不浪费又环保。"

现在提倡环保经济，节约能源，本身沼气池就是这样的项目，现在有了这出料车又先进了一步，沼渣、沼液都给清理出来，施进了大田里，一举两得。哎，这沼气池出料车既能吸又能出，它的工作原理是怎样的呢？

苏希文说："这个出料车是用三轮车的柴油机为动力，采用真空泵的原理，通过打开中间两个阀门吸出罐内空气，在真空状态下自动吸入沼气池内残渣。这个杆是离合，通过它可以在吸满罐后不再进行工作，然后再把上下两个阀门打开，将空气吸进罐内，打压之后将沼渣、沼液喷施到地里去。安装在罐体上的负压表，正常工作时达到4.5个压力，如果超出6个压力，说明管道有堵塞，要及时排除。因此这个负压表也是个安全装置。"

操作方法并不复杂，几个阀门一开一关就可以进行工作。并且真空泵旁边的离合在关闭状态下，可以不受柴油机动力影响，不会造成外泄。那么这台沼气池出料车除了这个功能，还有别的用途吗？

苏希文回答："这个车还可以清洁路面，有洒水的功能。"

真不错，既能清理沼气池内的残渣，又能不浪费地将残渣喷施到地里作有机肥，还能洒水清洁路面。我说苏希文，你还真是——飞机上的水壶——高水平呀。你自个儿研制的沼气池出料车好用归好用，咱到哪儿能买到呀？如果出现质量问题又该怎么办呢？

苏希文回答："这个车如果直接在我这儿买呢，大约 2 万多块钱，我设计的罐体是可以拆卸的，所以也可以根据农户不同需要进行改装。如果有质量问题可以随时找我，咱既然做这个车就是为方便老百姓，我自己也是农民，我决不会做坑骗农民的事儿。"

诚实比空话值钱，行动比语言有力。苏希文是个实在人，说话实在，做事本分。在这儿小超也给大家提个醒，一台沼气池出料车 2 万多，不是个小数，大家伙儿要是觉着可以，不妨几个人凑钱来买，一家一家轮着用，利用率高，实惠。

后语：我说苏希文真是好样的，敢想敢干，凭着坚持不懈的那股子执著劲还真把沼气池出料车造了出来，并且在使用中效果也不错。苏希文由于原来干过农业的原因，对老百姓的需求非常了解。所以他设计的车是可以拆卸的，并且可以根据不同的需要把罐体安装在不同的车上，不用的时候拆下来，车辆还可以农用运输，一辆车多用途，方便实惠。

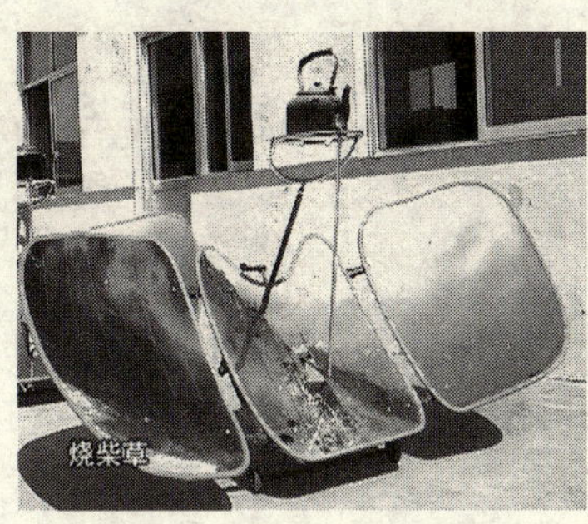

给点阳光就灿烂——太阳灶

前言：太阳能热水器现在已经进入寻常百姓家了，而市面上太阳能产品除了热水器之外，还有很多。比如太阳能手电筒、太阳能灯等。其中太阳灶也是深受百姓欢迎的一种好东西，不用柴，不用电，有了太阳就做饭，在这里就给你说说它。

今天咱再来说说这太阳能。太阳能热水器，大伙儿都不陌生，现在它已经走进了寻常百姓家，掰着指头数一数，这太阳能给咱带来的方便可真不少，不用电不用柴，省事不说还保护了环境。哎，说到这儿，家住五莲县街头镇河东村的席云花大娘说了，俺家现在还用着一样太阳能的新鲜玩意儿呢，想给大伙儿展示展示。嘿！有好东西给大家推荐，咱们当然欢迎啊。

眼前这位就是咱刚才说的席云花大娘，今年65岁，她有一双儿女，可是都住在县城里，只有周末或节假日才能回来，平时这屋里屋外的活儿都是席云花和老伴两个人张罗。前几年，女儿为了孝敬老人，带回来一样新鲜玩意儿——太阳灶，嘿，这可乐坏了老两口。

席云花说："没买太阳灶的时候，烧柴草，这回太阳灶买着了，可以不出去拾柴了，我年龄也大了不想拾了。"

自打有了这太阳灶，席大娘算是离不开它了，只要不是下雨阴天，都用它来烧水做饭。这天正赶上周末，女儿也回来了，娘俩围着这太阳灶是有说有笑。

席云花说："熬稀饭很好，就和咱用柴火熬的一样，炒菜也好，很快。"

嘿，这席大娘倒是得着方便了，可有人问了：俺还不大了解这太阳灶到底是个啥东西呢，您倒是赶快说说啊。哎，咱马上请专家上场，您听好了。

五莲东方亮灶厂的秦培军介绍说："太阳灶就是利用太阳能进行炊事活动的一种装置。太阳灶的原理就是把太阳光通过一个抛物面聚集在一起聚成一个角斑，利用角斑进行炊事活动。它的作用主要是进行一些炊事活动，烧水做饭炒菜都可以。但是它的强项是蒸、煮、炸。"

原来如此啊，太阳灶就是将太阳光聚集到一点，利用这个焦点的热量进行工作。哎，咱得问问，这个焦点的温度一般能达到多少呢？

秦培军回答：“太阳光经过聚焦以后，角斑中心温度达到 700℃左右，功率在 1 000 瓦左右。”

现场用报纸做实验测试温度。

嘿，这不就跟个电炉子一样嘛！不过人家可是个不用电的电炉子，它消耗的是绿色环保而且还免费的太阳能，不过话又说回来，既然利用的是太阳光，下雨阴天难免要打折扣，不过它有个最大的特点，只要给点阳光，就会灿烂起来。

秦培军说：“这个效率与阳光的强度有关，比如说中午 10 点到下午 3 点之前，这个时间，如果阳光比较充足的话，烧开 4 千克水大约只需 20 分钟左右。”

吆，给点阳光就灿烂，这下做饭可省心了，难怪席大娘用上它之后，整天都乐呵呵的。不过还有个问题，太阳是在不停地转动着，时间长了，太阳灶的焦点不也就跟着移动了吗？这样效率会不会受影响呢？

秦培军现场讲解太阳灶怎么调节高度和旋转，说：“我们这个太阳灶，随着阳光角度的变化可以左右移动，也可以上下移动，使这个角斑始终对准壶底，发挥最大功率。”

人家想的还真是周到，不仅可以旋转还能调节高低，不管太阳咋转动，始终都逃不出太阳灶的手掌心，嘿，这样就不用怕“太阳走、咱也走”了。不过要说起来，人家还有更人性化的设计呢！

现场演示折叠式太阳灶怎么折叠。

秦培军解释说：“折叠式太阳灶不用的时候可以折叠起来，折叠起来可以放在室内。”

嘿，做饭不花钱，干净又方便，看得咱心里也有点痒痒了，真想弄台回来试试，可是不知道这一次性投资贵不贵呢？

秦培军回答：“咱这个台式太阳灶一般每台在 300 元左右，折叠式太阳灶要 400 元左右。”

要说起来价钱倒也不算贵，不过价格是一方面，使用年限也是咱关心的。

秦培军介绍说：“折叠式太阳灶，因为它不用的时候可以放入室内，避免了日晒雨淋，寿命应该在 15 年以上。台式太阳灶因为没法折叠，所以 3～5 年需要换一次反光膜。每换一次膜，大约在 40 元左右。”

哎，这不用柴不用电，有太阳啊咱就能做饭。怎么样，今天给你介绍的太阳灶还不错吧。小超倒是建议你不妨买上一台，这花钱不多，用的还是取之不尽、用之不竭的绿色能源，岂不是一举多得啊。

后语：太阳能是种取之不尽、用之不竭的能源。随着科技的进步，对太阳能的利用也在不断地深入，就现在看，它确确实实给百姓带来了相当的实惠。相信随着科技的发展，太阳能产品会越来越多，也会越来越有利于我们的生活。

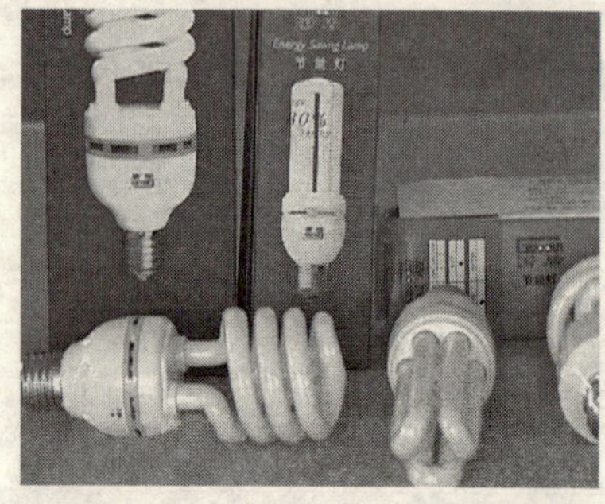

前言：国家在大力提倡节约型社会的今天，作为我们普通的老百姓来说就要从身边的小事做起。拿日常用到的灯泡来说，原来我们一直都在使用的白炽灯，现在慢慢地被日光灯所取代了，这不，我们接下来要讲的故事就是就是日光灯的事。

万家灯火看节能

现在不是提倡建设节约型社会嘛，今天咱就来说说节能。说起这市面上的节能环保产品，咱掰着手指头数数，还真不少。不说别的，今天咱先说说这一到天黑就亮起来的节能灯。节能灯？

嘿，您问了，这有什么可说的？告诉您吧，下面要出场的这位就被节能灯给征服了。

家住高密姜庄镇王家寺村的张黎霞，和丈夫一起在镇上经营着一个水暖配件门市，平时这生意顺顺当当的还算不错。话说2006年的某一天，店里突然来了一个人，干啥？请她代理一种节能灯。

张黎霞解释说："去年于经理过来叫我卖他这个牌子的灯，当时我也不太相信，所以就拿回家试验，厨房里、卧室里都用上了这个灯。"

还别说，这张黎霞真有心眼，先在自家装上用用，感觉好了再说。用了一段时间之后，张黎霞最后拍板决定试销这种节能灯。

张黎霞说："使用了2个月以后，效果相当好，照得屋里也亮堂，光线也柔和、不闪，感觉挺舒服的，所以现在就决定卖这个牌子的灯了。"

说到这儿，有必要跟大伙说说，判断一个灯的好坏首先要看它的光效，光效的高低直接决定了这个灯质量的好坏。打个比方说，同等瓦数的节能灯，光效越高，它的一系列参数如光通量也就越高，品质也就越好、越节能。嗨，说了这么多，还真是有点专业，咱大伙都不是专业人员真有点难懂。好办，那咱就来点直观的，让人家这个灯和普通的灯泡做个比较不就一目了然了嘛。

华琪电器有限公司工程师马洪伟说："现在检测车间用专业仪器检测比较20瓦的节能灯和60瓦的普通白炽灯的光效参数。"

现场大约20秒的时间。

20瓦的节能灯光通量1 062.31米/瓦，光效率是60.36米/瓦。

60瓦的白炽灯的光通量465米/瓦，光效率是7.67米/瓦，很明显的差距。

事实胜于雄辩，货真价实的数字明摆着，咱这下可知道张黎霞为什么选它了。

马洪伟说："我们这个灯光效高，20瓦的节能灯的亮度相当于普通灯泡100瓦的亮度。"

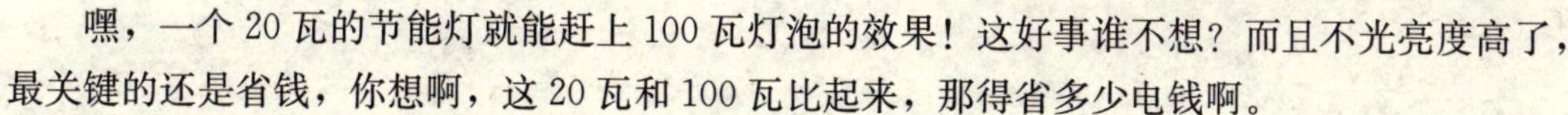

嘿，一个20瓦的节能灯就能赶上100瓦灯泡的效果！这好事谁不想？而且不光亮度高了，最关键的还是省钱，你想啊，这20瓦和100瓦比起来，那得省多少电钱啊。

马洪伟解释说："可以给大家算一笔账，用100瓦的灯泡要是一天点亮10个小时算，一天要用1度*电，一年用360多度电，而改用20瓦的节能灯，一年用电才70多度，这样就很合算了。"

张黎霞说："省电很多，一个月的电费，以前得交30多块钱，现在10来块钱就够了。"

这灯泡换一换，亮堂又省钱。现如今咱过日子讲的是精打细算，省钱就是硬道理啊，省了钱不就相当于赚了钱嘛！不过咱也不能光顾着省电钱，还得把质量放在考察的首选。

马洪伟说："和一般的节能灯相比，我们采用的是三基色稀土荧光粉作为原料，这样就大大提高了灯的寿命和光效。40瓦以下的可以持续点亮8 000小时，40瓦以上的可以持续点亮6 000小时不坏，而普通灯泡只有1 000小时寿命。"

吆，8 000小时！要是一天八小时点着，那也得点1 000天啊，真够耐用的。不过好东西用起来也有需要注意的地方，并不是质量好就不管了。

马洪伟说："在用的时候应该注意，第一是不应该用作调光灯，第二是不宜在镶嵌、封闭、潮湿的环境里使用。"

让张黎霞感到意外的是，自从代理起了这种节能灯，她竟然成了镇上最大的节能灯经销商，她不光卖给别人，自己也变成了节能灯的忠实"粉丝"。当万家灯火亮起的时候，张黎霞做着饭，丈夫和孩子就在灯光下，悠闲惬意地下着象棋，等着吃饭。

后语：现如今我们所讲的节能产品主要都是针对白炽灯来讲。普通的白炽灯光效大约在每瓦10流明左右，寿命大约在1 000小时左右，它的工作原理是：当灯接入电路中，电流流过灯丝，电流的热效应，使白炽灯发出连续的可见光和红外线，此现象在灯丝温度升到700开即可觉察，由于工作时的灯丝温度很高，大部分的能量以红外辐射的形式浪费掉了，由于灯丝温度很高，蒸发也很快，所以寿命也大大缩短了，大约在1 000小时左右。

节能灯主要是通过镇流器给灯管灯丝加热，大约在1 160开温度时，灯丝就开始发射电子

---

* 度为非法定计量单位，1度=1千瓦·时。

(因为在灯丝上涂了一些电子粉)，电子碰撞氩原子产生非弹性碰撞，氩原子碰撞后获得了能量又撞击汞原子，汞原子在吸收能量后产生电离，发出 253.7 纳米的紫外线，紫外线激发荧光粉发光，由于荧光灯工作时灯丝的温度在1 160开左右，比白炽灯工作的温度2 200～2 700开低很多，所以它的寿命也大大提高，达到5 000小时以上，由于它不存在白炽灯那样的电流热效应，荧光粉的能量转换效率也很高，达到每瓦 50 流明以上。

节能灯除了白色（冷光）的外，现在还有黄色（暖光）的。一般来说，在同一瓦数之下，一盏节能灯比白炽灯节能 80%，平均寿命延长 8 倍，热辐射仅 20%。非严格的情况下，一盏 5 瓦的节能灯光照等于 25 瓦的白炽灯，7 瓦的节能灯光照约等于 40 瓦的白炽灯，9 瓦的约等于 60 瓦的白炽灯。

安全卫士
玻璃膜

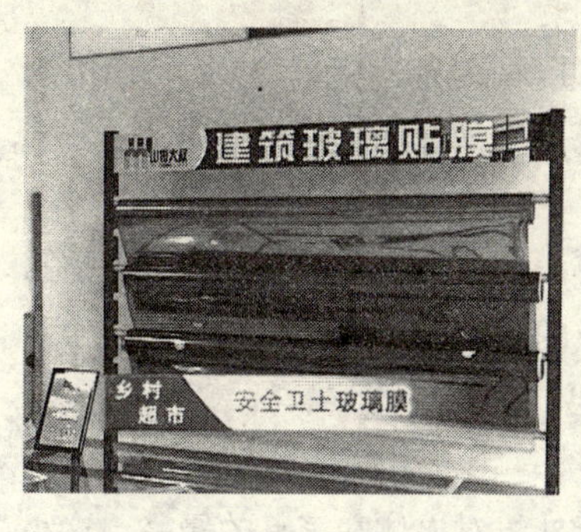

前言：街头遇到蹊跷事儿，有人拿棍砸玻璃。咣咣、咣、嘿！他家的玻璃不怕砸。为啥？看看他的安全卫士玻璃贴膜。

乡亲们大家好，小超今天带您到百货店逛上一逛。大伙应该遇到过孩子淘气把玻璃砸坏的事情吧？还有小偷为了入室行窃，也会把玻璃砸了进屋。可是这自家砸自家玻璃的事情谁听说过？咱的记者到周村采访，正巧就碰上这么一件蹊跷事儿。

记者说："古代有司马光砸缸，这自己砸自己家玻璃谁听说过？来，我今天带您去看看。"

在现场记者看到砸玻璃的景象。

记者问："干吗呢这是？"

张东说："砸玻璃呢！"

记者问："好端端的玻璃砸他干吗？这个砸不烂？"

哟嗬，这玻璃可是真够结实的。玻璃可是个娇贵东西，平时就是个石子儿硌一下都能碎了，这玻璃他咋就这么硬呢？您相信吗？

在现场大伙都说不相信。一个小女孩也说不信，并且亲自砸了一下，玻璃没事。

记者问："大伙这下信了吗？"

红衣服观众说："不信，她力量小，我来。"

说着他用木棒敲击玻璃，没有砸烂。

记者对他说："砸完之后信了吧。"

红衣服观众："这回还不信，用木头砸太软。"

记者问："你还想怎么试试啊？"

红衣服观众说："用砖头试试行吗？找块砖头我试试！"

他在现场找了块砖头，砸玻璃——还是没砸碎。

记者说："大哥，这回砖头也试过了，服了吧！"

红衣服观众："砖头是不是也不行啊？"

记者说："你怎么觉得这个砖头不行，那么你再测一下这个砖头。"

他在现场将砖头摔到地下，证实砖头是真的。

红衣服观众说："玻璃确实好，服了服了。"

记者问："这玻璃怎么砸不碎呢?"

北京日加鹏达科技有限公司张冬说："我们在玻璃上边贴了一层膜，你看，这是我们山姆大叔建筑玻璃的一款防盗膜，这个膜贴上以后主要起一个防暴防盗的作用，一般4毫米、5毫米的玻璃都能用。"

防暴膜，嘿！新鲜，这种地的用地膜，种大棚的用大棚膜。在玻璃上贴防暴膜，这还是第一次听说。那么防暴膜到底有什么作用啊？它又是由什么组成的呢?

张东介绍说："咱这防暴膜由8层组成，分为防紫外线层、防红外线层、抗氧化层等等，主要可以防暴防盗，防紫外线、红外线。"

嗬，这敢情好，这贴上玻璃膜又能防暴防盗，还能防止紫外线对人体和家具的侵害，这小小的玻璃膜还真称得上是安全卫士啊！话说到这儿，您问了，这位安全卫士除了有这些功能，它还会啥啊?

记者问："我看到咱这个产品除了防暴膜之外还有隔热膜，这隔热膜是干什么的?"

现场做了隔热测试。

张冬说："这一块是普通的玻璃，没有贴过膜，这一块也是普通玻璃，我们把它贴上膜。这是一个温度感应计，接着测试。"

这隔热效果还真不错，有了这层膜，这屋子里夏天可以有效隔热，冬天还可以保温保暖。这玻璃膜好是好，可是它能用多长时间呢?

张东回答说："咱们山姆大叔任何一款玻璃贴膜使用寿命一般都在10年左右，我们为了满足用户需要，还有多种花色供大家选择。只要购买我们任何一款玻璃贴膜的朋友，我们都将提供免费上门安装服务。"

后语：这位安全卫士还真是不错，能防盗，还能隔热，还可以阻挡紫外线和红外线。这东西是挺好，可是啊，在这还得给您唠叨上几句。这玻璃膜啊，是个新鲜玩意，由于它科技先进，所以一般这玻璃膜都在100～150块钱左右，大伙要是觉得自己能接受得了，那您完全可以去看看。要是觉得接受不了，咱就当看了个新鲜玩意，乐上一乐。

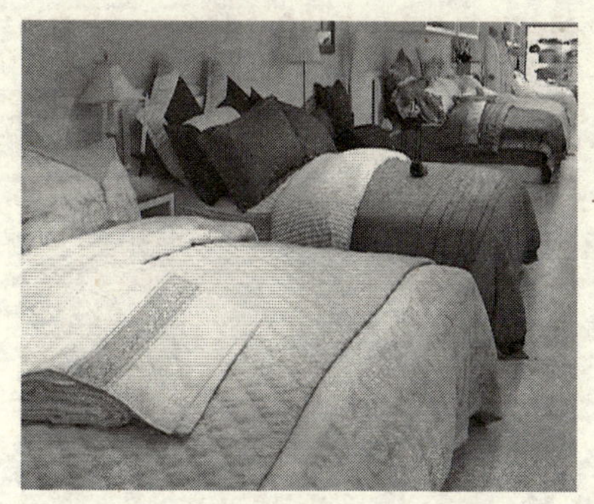

专家教您识家纺

前言：现如今咱乡亲们生活好了，手里有钱了，消费水平也是一个劲地往上提啊。不说别的，光看这家里用的，什么彩电音响、电脑冰箱这都不是稀罕物了；吃的方面，大鱼大肉也是家常便饭。说实在的，现在大伙关心的除了填饱肚子，更重要的还是绿色与健康，不管是吃的、用的，都得讲个高质量。就拿这家用纺织品来说吧，什么毛巾啊、床单被罩了，原来都是将就着用，也不大考虑花色质量。可现在不一样了，咱有条件了，买的时候就得挑选挑选。可话又说回来，别看这些都是不起眼的日用百货，可选购时也有不少道道儿呢。

说起市面上的家用纺织品，那真是琳琅满目，让人眼花缭乱啊。相比以前，不管是品种上、款式上，还是从做工质量上都有很大的提高。但总体来说，目前家纺产品的面料主要还是纯棉。原料虽然相同，但价格上却有高有低相差悬殊，主要原因还是由产品的生产工艺和质量决定的。那咱们怎样才能买到称心如意的好的家纺产品呢？下面咱先以最普通的毛巾为例，让专业人员教大家几招。

孚日集团产品技术工程师于希萍介绍说："我们在选购毛巾的时候，首先要看一下产品的标签，产品的标签上面一般都标明了产品的厂家、厂址、产品的名称、联系电话还有产品的洗涤方式等等，有了这些就能够保证产品是正规的厂家生产的。"

明确了是正规厂家生产的，接下来就要看毛巾的质量了，好的毛巾颜色一般比较鲜艳、有光泽，图案比较清晰，毛圈均匀，缝制齐整。

于希萍接着说："再就是看一下毛巾的手感，优质产品手感比较蓬松、柔和，摸在手里富有弹性，千万不要去买那种干硬的产品。如果大家不好分辨的话，建议大家多拿一些品牌的产品做一下比较，这样产品的手感质量就会一目了然了。"

在现场工程师手拿两条毛巾作对比。

大家看这两条毛巾，以这个为例，这条大家很容易看得出毛圈不均匀，而且比较薄，这样就会影响这个产品的弹力，进而会影响产品的使用寿命，这样的产品就属于劣质产品。

除了上面说的，还有一个简单的鉴别方法，就是闻气味，合格优质的产品没有异味，而劣质产品闻起来一般都会有股鱼腥味或霉味。另外当您把优质毛巾买回家以后，在使用过程中也要注意几点。

于希萍继续介绍说："新的毛巾，建议买回来以后要先

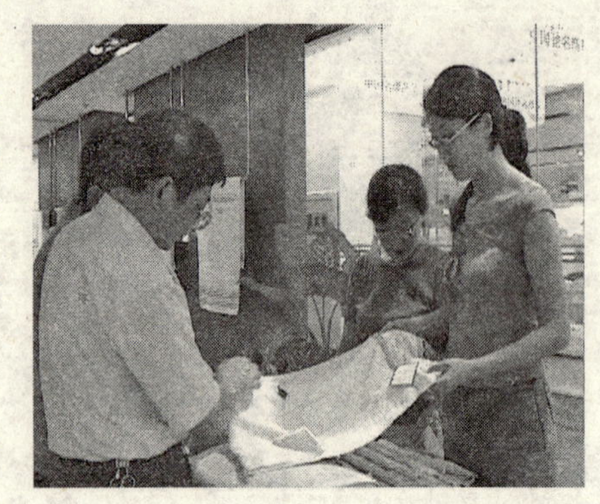

进行清洗，因为有千人纱万人布的说法，再就是新的产品，尤其是染色的产品，一般的产品，它都带有浮色，所以清洗以后可以去除浮色。建议用高温消毒的那种方法，曝晒晾干。为了健康起见，毛巾原则上要每3个月更换一次，再就是家庭使用的时候，建议每人使用一条，分开使用。”

哎哟，听人家一说，真是没想到一条小小的毛巾，竟有这么多讲究。可能以前您在购买使用的时候也会注意这点那点的，今天我们把大伙儿的经验总结总结，系统地说说。说到这儿，您问了，这家纺产品也不光是毛巾啊，还有咱每天睡觉都要接触的床单被罩呢，这些东西比毛巾可要大多了，在买的时候要注意什么呢？

孚日集团床品技术工程师范庆峰说：“判断一套家纺产品的好坏，第一要看看它的颜色和做工；二要试试它的手感，手感要软而且要滑顺。拿自己的手去试试它，是不是自己的皮肤喜欢他。另外还要看看这个产品的面料，面料怎么看呢？拿这两套产品比较一下，就这个产品来看，黄的高织高密，而这个蓝的属于低织低密，属于低档布，这就是判断一套产品外观的基本办法。”

其实从外观上判断，床品与毛巾在很多方面都是共通的，可以拿毛巾的一些鉴别方法来鉴别床品的好坏。百姓生活无小事，现如今都在谈健康，尤其是与皮肤直接接触的商品更受关注，什么pH、甲醛含量、重金属含量都是硬性指标，这些说起来就复杂了，而且单凭外观很难判断，建议大家最好是到正规的商场购买品牌产品，质量相对要有保障一些。

后语：说到底，人们的生活水平提高了，对物质生活水平就有了更高的要求。原来的毛巾只要能擦脸就行，现在可不一样了，除了好用舒服之外，还要美观大方，安全可靠。谈到安全，国家将纺织品分为A、B、C三大类，分别是婴儿用品、直接接触皮肤的产品和非直接接触皮肤的产品。婴幼儿用品类产品应符合A类产品的技术要求，直接接触皮肤的产品应符合B类产品的技术要求，非直接接触皮肤的产品应符合C类产品的技术要求。

家用纺织品中除窗帘、窗纱、墙布、铺/盖饰品、公共场所家具布等按C类产品外，其余一般按B类产品要求（用于婴幼儿用品的须按A类），如床单、纺织凉席、床罩、被子、绗缝被、毛巾被、毯、被套、枕套、枕巾、沙滩巾、毛巾、浴巾、地巾、沙发巾、手帕、围巾、浴帘等。

红彩椒远渡太平洋

前言：一粒种子，种出一种红椒；一种红椒，改变一个村子；曼迪彩椒大棚收益按米算！荷兰种子中国落地，果实加价又出口西方，真可谓“彩椒回故乡”，且看本期农资展台“红彩椒远渡太平洋”！

10万！乡亲们，10万块钱不少吧，说起10万元您一般想不到这竟是寿光市上口镇增城村一位普通菜农刘乐全种大棚一年的收入。呵，有人说他一年的收入都快赶上我两三年的了。说到这您不禁要问，他种的是什么？是什么让他的大棚一年有了10万的收入？他的大棚里又有什么样的奥妙呢？不但您纳闷，我们也纳闷啊，为了解开这个谜，我们的记者扛上机器直奔这个神秘大棚探个究竟。

面前的这个大棚的主人便是寿光市上口镇增城村普通菜农刘乐泉，要说乐泉种大棚的历史可是不短，原来种过丝瓜、也种过黄瓜，自从5年前他种上了一种彩椒，可就大不一样了。这种彩椒也就是这个大棚的奥妙所在。这种彩椒有着一个美丽的名字名叫曼迪彩椒，它来自荷兰，是瑞克斯旺公司引进的一个新的彩椒品种。它外观匀称，果实饱满，颜色鲜艳，身披一件独特的红衣裳，真是一看就想咬一口尝尝。

荷兰瑞克斯旺种子公司技术员赵建军介绍说：“咱这一块里，最早是从十几个棚开始的。到现在，彩椒已达到500个棚左右。我们这里一年的收入突破10万的种植户，是很多很多的。”

好家伙，一个大棚超10万，这在村里还是普遍现象。看来这种名叫曼迪的彩椒品种，还真是给村里的菜农带来了好效益。

赵建军说：“曼迪彩椒最大的特点是果形方正。第二个特点是色泽鲜亮、鲜红。”

除了刚才说的优点，它还有一个优点那就是耐贮存。用来衡量耐贮存性长短的一个标准就是硬度，硬度越大就越耐贮存。这种彩椒就够硬，您说一个彩椒能多硬呀？您瞧我手里还有一个鸡蛋，这俗话说“鸡蛋碰石头，自取灭亡”，如果鸡蛋碰彩椒，您说后果会是什么呢？

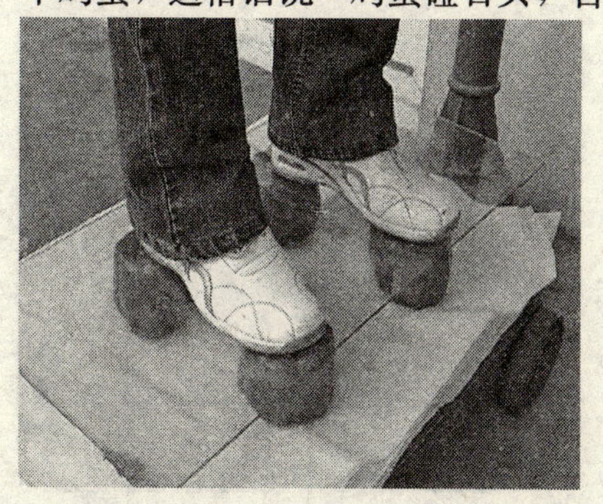

现场用彩椒碰鸡蛋。

您看怎么样，咱这曼迪够硬吧，彩椒打鸡蛋轻而易举，不过您又说了，这也不足为奇啊，鸡蛋皮儿这么薄，本来就容易碎。好，您不信再来给您看点邪忽的。

在现场一个体重120斤的人站在6个，甚至4个彩椒上。

刚才是6个彩椒撑起一个体重120斤的大活人，人家说，别说6个，就是4个也行！4个，那就是说，一个彩椒必须能撑得起 30 斤的重量，真的能行吗?

怎么样，彩椒碰鸡蛋，还有彩椒上面能站人，这事还不多见吧！这种曼迪彩椒，不但耐贮存，而且口感也很好，和传统的彩椒比起来，口感方面有明显的区别，又脆又甜是它的最大特点，并且肉质饱满。口感好的彩椒到市场上才有市场，不过口感好只是一个方面，咱农民朋友选品种那还得讲究产量高不高。

赵建军说："一般亩产能达到 2 万多斤，就是说 1 万多千克。和一般的品种相比，它的产量高出 40%左右。"

要说市场，曼迪彩椒可是不愁，因为有很好的耐贮存性，彩椒可以远渡太平洋，进入外国人的餐桌。现在，这种曼迪彩椒主要是出口，在国内的市场不是太大，国内主要集中在北京、上海等几个大城市中才有销售。

荷兰瑞克斯旺种子销售经理张明国介绍说："目前曼迪这个品种主要是面向国际市场，80%的是销往国外。主要是在东南亚、俄罗斯和北美地区。远渡太平洋销到加拿大。"

出口加拿大，说起来容易，实际上彩椒要出口到加拿大，得经过这么一个过程：首先，从摘果到青岛港口得用七八天，上了船渡过太平洋到达加拿大下船也需要 30 天左右，到了加拿大再进入当地各大超市又得 1 周，然后等老外再买回家，这一圈下来至少需要 40 天左右的时间。这期间口味还要保持和刚从大棚里摘下来差不多。如果您的彩椒耐储存性没有 40 天，想渡过太平洋，那真是进屋走窗户，怎么讲？没门啊！可人家刘乐全在自家大棚里种出的曼迪彩椒还真就过了太平洋。

寿光上口镇增城村村民刘乐泉说："实实在在的说，我的大棚收入一米就过千元啊。"

记者问："一米过千元，你这个大棚 120 多米，就上了十几万了，是吧?"

刘乐泉回答说："一年当中，就确确实实的收入十几万。"

呵，小彩椒，真是有了大效益。现在这种曼迪彩椒在山东省内只有寿光比较多，在其他的地方种植面积不是太大，那么这么好的品种在山东省的其他城市和地区能种吗？是不是又需要特别的技术？它的适用性和推广性又如何呢?

张明国回答说："目前我们曼迪这个品种呀，除了在寿光以外，还在聊城以及临沂、德州地区，包括东营，都有种植。只要能种甜椒的地区、有保护地设施的，都可以种植。"

看来这种彩椒品种在山东省内其他地方种植是没有问题的，那么开始的投资咱老百姓是不是可以接受呢?

赵建军回答："一般一亩地要求种植1 800～2 000株。如果是你栽苗子的话，你的投入每亩在2 000～2 300块钱左右。如果是用种子的话，一般每亩投入1 800～1 900块钱。"

后语：但在这里我要提醒一下电视机前的乡亲们，因为曼迪彩椒现在虽然不愁市场，但因为主要市场是在国外，所以要想种植曼迪彩椒，我并不建议单打独斗，要种就需要形成规模，以便联系出口。

敢洗“桑拿”的越夏甜椒——世纪红

前言：俗话说：“椒子甜又大，喜欢春秋怕越夏”。甜椒最怕的就是高温，但是这里却有一个不怕热的甜椒，人家不仅不怕热，人家还就喜欢在大热天里洗桑拿呢！

说起种甜椒，大家伙都知道，大棚甜椒一般都是在8月份才能种植，为啥？因为种早了，天气太热容易得病死秧。不过，今天小超要向您介绍的却是一种能越夏的甜椒品种，据说人家从不怕大棚里的桑拿天，这挺稀罕吧！嘿，不光您觉得稀罕，还有很多人觉得稀罕呢。这不，大伙都想钻进棚里看个究竟呢！

我们看到浩浩荡荡的大军个个都想往棚里钻，目的就是想瞅瞅人家大棚里种的这号称敢洗桑拿的甜椒到底是个啥样？嘿，不看不知道，一看吓一跳！果不其然，大伙算是开眼了！

现场参观者在大棚都说这个甜椒不错。

咱们言归正传，原来这是人家先正达种子公司组织的一场“世纪红越夏甜椒现场会”，目的就是想让大伙看看这个甜椒品种的越夏能力。到底人家这个品种有啥能耐呢？咱听听专家的。

农艺师魏家鹏说：“世纪红甜椒通过4年的种植后，发现有四大优点：第一高抗病毒病，少病株，甚至无病株；第二耐高温能力强，世纪红定植一般在6月下旬7月上旬，延长了生长期1个月；第三商品性特别好，果肉厚度近4毫米，保价期特别好，要用力才能掰开；第四坐果能力特别强。”

瞧瞧，人家这品种的优点还真是不少！不过要说起这个品种优点，最有发言权的要数潍坊青州谭坊镇贾庄村的杨进伟了，他种这个世纪红甜椒已经4年了，这次参观的几个大棚里也数他的棚种得最好了。

潍坊青州谭坊镇贾庄村杨进伟说：“我的甜椒今年7月6号定植的，一般的品种要在8月6号定植。因为定植比别人早了20～30天，同样的情况下，咱就比别人多摘2茬椒子，产量就上去了。今天农历十月二十七，我已经摘了4茬了，一般的就是2茬。你看这个椒，坐果多好。”

一般品种不抗热，不敢早种，这个品种抗热，30℃照常生长。原来种甜椒，前期温度热的时候，打花叶病的药比这个多用1倍也不见得有这么好。

老百姓说话实在，是啥说啥。人家这个品种除了耐热抗病、坐果早让杨进伟尝到甜头以外，甜椒的品质那也是有目共睹的。这不，来参观的几个贪吃的这就吃上了。

现场的众人吃甜椒说好吃。

这甜椒不光好吃，为了更进一步证明它的品质，人家还现场摔起了甜椒。

在现场摔甜椒测硬度。

看看人家这甜椒，真够结实的。您想啊，这可是蔬菜，它从1米多高的地方摔下来，不也相当于人从几层楼高的地方掉下来嘛，再好再硬的也架不住这么个折腾法啊。说白了咱这不是想证明人家这甜椒皮厚结实吗，如果您没看够，那您买回去自个在家试吧！哈，说笑了。说来说去，咱老百姓种地最关心的还是赚不赚钱。哎，其实最让杨进伟感觉到实惠的还是看到了这个品种的效益。

杨进伟说："这段时间的甜椒价格一般是精果每斤2.6元左右，普通果每斤2.4元左右，精果比普通园椒精果高1块钱，我这个棚多投入1 000多块钱，利润要翻好几番。咱这个棚每棵再卖3块钱很容易，今年价格这么好的情况下单株合到7块钱，我这是2 000株，能卖到1.4万元，比传统甜椒高一半。"

您看到这，心里是不是痒痒了，是不是想明年试试了？如果您想种的话，专家再给您点管理经验，您听好了！

农艺师魏家鹏说："提高精品果产出率的方法：前期整枝，建议农民大量疏果、整枝，后期维持每株10～15个果，一般进行4次整枝，留过多的果会造成产品率下降、产量降低。"

后语：俗话说："椒子甜又大，喜欢春秋怕越夏"。甜椒越夏管理如何，直接影响秋季第二个结果高峰和产量。搞好甜椒越夏管理，宜采取如下措施：

1. 前期防旱，后期防涝

前期遇高温干旱，要及时浇水，保持湿润，以防病毒病的发生。7～8月份遇高温多雨，要及时排涝防炭疽病。热雨过后应浇清水（最好是机井水）降低地温，以防死棵。但大雨前不要浇灌，更不能大水漫灌。

2. 追肥、除草和整枝

盛果期要及时采收，并要追肥攻果促棵，还要叶面喷洒天达2116，调节营养元素比例，以防植株早衰。要勤除杂草和残叶，除草宜拔草，不要用锄锄草，以防伤根。7月下旬到8月上旬，为使甜椒更新复壮，可进行一次剪枝，促其结出大量优质晚茬果，便于初冬贮存保鲜。

3. 防治病虫害要点

（1）炭疽病、疮痂病。可用65％的代森锌粉剂400～600倍液，或70％代森锰锌300～400倍液，或50％甲基托布津600～800倍液，进行全株喷洒。如配用1 000万单位农用链霉素5 000～8 000倍液效果更好。一般喷2～3 次，每次相隔5～7 天。喷药后遇雨应补喷，喷药时间应在早晚进行。

（2）病毒病。防治此病国内外目前尚无特效方法，可采取一躲二防三治疗的综合措施，除科学管理和人为创造适宜的生态环境外，还要进行药物防治。根据菜农经验，用 0.5%～1% 的高锰酸钾，或 1%～5%的硫酸锌溶液喷洒，或用 250 倍磷酸二氢钾和肥皂液混合喷洒，5～7 天喷一次，连喷 3 次，有明显效果，剪枝后紧跟喷药，效果更佳。

（3）蚜虫。蚜虫是传染病毒的主要媒介，应及时用 40%的氧化乐果乳油1 000倍液，或速灭杀丁1 500倍液喷洒防治。

（4）棉铃虫。该虫对越夏甜椒为害很大，可用 50%辛硫磷乳剂，或 90%晶体敌百虫800～1 000倍液喷治，连续喷 3～4 次。留种田喷药浓度可适当加大。

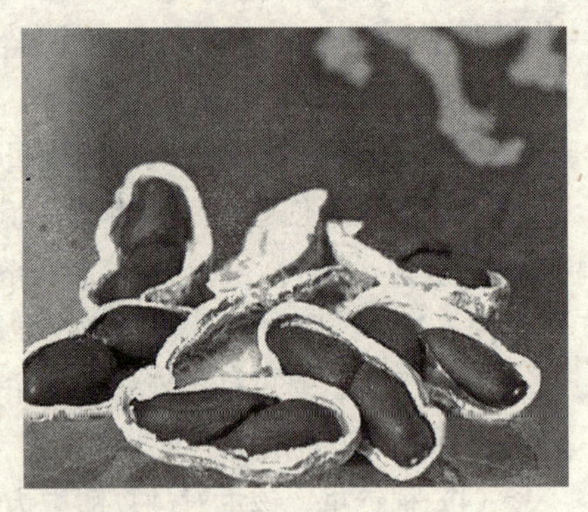

济宁黑花生

前言：有个歌儿是这样唱的："黄屋子、红帐子、里面睡着白胖子。"大家都知道这是说的花生。花生可是个好东西，花生油炒菜香，花生米吃着香，优质的花生还是出口的热销商品。咱平时吃的花生米大多是白皮的、红皮的，您见过黑皮的吗？济宁邹城的一个农民家里就种着黑皮花生。这黑皮花生到底怎么样？您看了就知道了。

为咱老百姓买农资出谋划策，为咱农资企业卖农资牵线搭桥，乡亲们大家好，欢迎来到《中邮天达·农资超市》。

有个歌儿是这样唱的："黄屋子、红帐子、里面睡着白胖子。"您可别误会，这白胖子说的不是我，说的是花生。说到花生啊，现在也到了乡亲们选育花生种的时候，济宁邹城城前镇有位农民，在2006年也种植了一种花生，可他种的花生与咱普通的品种不一样。您说了，这花生有皮儿有仁儿有什么不一样啊？哎，您别不信，有什么不一样啊，咱去问一问。

济宁邹城市城前镇某某说："我种花生30年了，以前种的是普通花生，效益也很普通。现在呢，种的是黑花生，效益比以前的花生高很多。"

黑花生？您知道吗？这花生都变黑了，是不是坏了？光看外表，这种黑花生和平常的花生没有什么区别，可剥开外面的硬皮，一切都不一样了，您就会发现里面的果仁种衣是黑色的，所以人们给他起了个名字，就叫黑花生。

济宁市圣帝金种业有限公司屈伟说："本来想了几个很好的名字，像黑美人了、黑珍珠了。咱农民就是实实在在的，就叫黑花生。"

呵，这花生还是原来的花生，只不过身上披了一件黑褂子，便摇身一变成了黑花生，看来当年的儿歌得改成："黄屋子、黑帐子、里面睡着个黑胖子"了。不管是白胖子还是黑胖子，颜色怎么变，花生毕竟是花生，能有什么根本区别呢？

屈伟介绍说："黑花生富硒，这是其他花生没有的，它的优点就突出在这里。它能提高人体免疫力，能降低血压、稳定血糖。"

好家伙，小花生防大病，听着有些吹牛啊，大家都知道吃花生对身体是有好处的，还有这么多神奇的功效可是头一次听说。咱不管它能不能有这么大的好处，但常吃花生确实有益健康。那么除了这有点玄乎的好处之外，它还有什么优点呢？

济宁邹城市城前镇孙永贵回答说："普通的花生产量，每亩土地能产600～700斤，黑花生能产到700～800斤以上。"

花生地里可没有计划生育，生长果实，那是越多越好，这种黑花生单株就能比传统的花生多结果 20～30 颗，从产量方面说，这个品种还真是不错。虽然产量很高，结果很多，但在种植管理方面是不是很复杂，农民朋友种植起来是不是很麻烦呢？

屈伟回答说：“它的种植方法与我们普通的花生种植方法是一样的。它的生长期是在 135 天左右。”

除此之外，这种黑花生的抗病性还很强，乡亲们都知道，种花生得枯萎病是很常见的，但黑花生它本身就有这方面的抵抗能力，所以在种植的过程中枯萎病很少发生。

除了抗病之外，这种黑花生还喜欢大肥大水，这道理就像运动员，要想身体好，营养就得跟上，抵抗力强才有好身体啊！不过说到这儿啊，有了疑问。黑花生的老家是济宁的邹城县，咱山东省的地儿那么大，这不同的气候、不同的土壤，其他地方能适应吗？

屈伟说：“黑花生的适应能力很强，在我们省里都能种植。”

看来这种黑花生对于土质和气候的要求并不高，夸张点说，撒到哪里都发芽，种到哪里都结果啊。虽然说这黑花生挺不错，可乡亲们最关心的还是效益，如果前期投入太高，收益又和原来差不多，那不是白忙活吗。

屈伟解释说：“作为种子购进，要高于咱普通花生，每斤 1～2 元。按 2006 年的价格来算，普通花生收购价大约每斤 2 块左右，这个黑花生，即使不经过拣选，收购价每斤就已经超过 4 块多，种黑花生的收入就要超过普通花生 1 倍还多。”

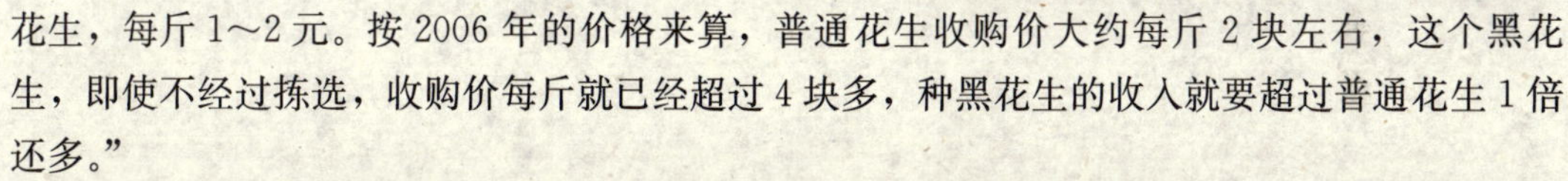

因为这种黑花生是常规品种，所以它不需要每年都用新种子，因此，您一次购买种子后，每年自己可以留一些种子，第二年再种，就不用买种子了。看来还是一年投入、多年受益。不过要提醒大家，一般说来，种植同一品种，在同一块地里，最好不超过 3 年。不然产量就会受到土质等方面的影响而有所下降。

当花生穿上黑衣裳，咱老百姓种花生就多了一个品种。您今年是不是也想尝试一下种植这种黑花生呢。好了，您如果需要关于花生方面的其他信息，欢迎您拨打咱们的农资热线进行咨询。

好了，今天的农资超市就到这儿，欢迎您继续收看农科频道接下来为您准备的精彩节目，咱们明天同一时间再见。

后语：黑花生之所以黑，是因为花生含有大量黑色素。黑色素的主要成分是花青素，花青素是广泛存在于植物中的一种色素。黑色素具有很强的生理活性功能，是一种强抗氧化剂和自由基清除剂，有显著的延缓衰老的作用，可以使肝脏过氧化脂含量下降。黑花生中提取的黑色素，含有大量的铁、锌、铜、锰、硒等微量元素，对促进儿童智力发育、改善心血管功能具有重要作用，广泛用来治疗高血压并预防心脏病。黑色素可保护胶原蛋白，不仅对健康有益，还可使人看起来更年轻，原因是它能保护胶原蛋白不受自由基的破坏，避免皮肤松弛而出现皱纹，进而预防皮肤老化。黑花生是强精补脑、延缓衰老、防治心脑血管疾病和糖尿病的天然保健食品。

大葱小巨人

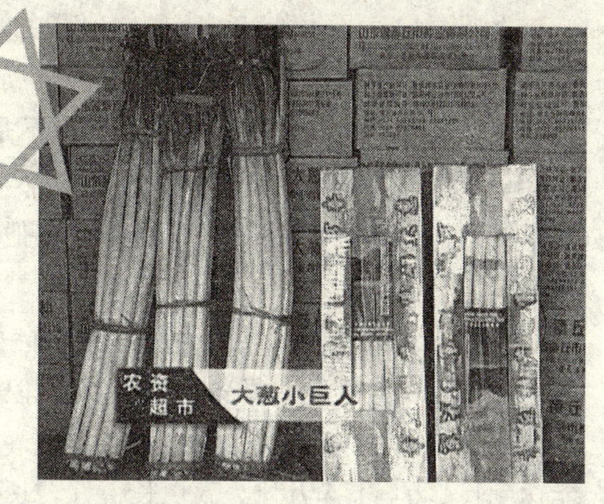

前言：鼻子里插大葱——装象，这是句玩笑话。那为什么是插大葱而不是插芹菜、插别的呢？这就表示大葱长，长的和象牙有一拼。咱山东人都喜欢吃大葱，一说大葱就想到章丘大葱，那什么样的葱才能算得上好，称得上大呢？咱下面就给您说说章丘大葱的事儿。

为咱老百姓买农资出谋划策，为咱农资企业卖农资牵线搭桥。乡亲们大家好，欢迎来到《中邮天达·农资超市》。很多人都吃过烤鸭，吃烤鸭大葱当然是绝配，这大葱配上鸭肉，再用饼这么一卷，放到嘴里嘎吱一口，这味道一个字——过瘾，这是两个字啊，光想烤鸭了。可说起大葱，首先想到的就是章丘大葱，可大家都知道章丘大葱长得就是高，那么今天咱带您认识一位大个子的章丘大葱。

章丘种业有限公司顾永安说："从1986年开始，我们对章丘大葱进行提纯复壮，进行研究。1989年冬天，我们开始设计自己的商标，定名为高白牌。"

看来啊，高白品种的大葱在章丘的日子还不短呢，但在这里我有个疑问，为什么这高白大葱大家都叫它大葱小巨人呢？单看这种子黑黑的，有点三角形，表面挺光滑，大小不如一粒米，可就这么小小的种子它就能长成大高个儿的葱吗？

顾永安说："高白牌章丘大葱中，成品葱表现为植株高大。整株高170～180厘米，高者能达到2米以上。葱白长度一般80厘米，高者能达到1.15～1.2米。葱白直径也比较粗，一般3～4厘米。"

一棵葱就1.7～1.8米，要按找对象来说，这可是个不错的身高啊，光葱白就比三四岁的小孩子还要高。可这俗话说人长太高就会显得弱不禁风，好像一吹就倒，那么一棵葱长这么高，它的身体怎么样？

顾永安回答："高白牌章丘大葱表现为抗病性强，种葱的都知道，大葱有三病：霜霉病、灰霉病、紫斑病。在同一个地块，同样的肥水管理，其他品种感病较重，而高白牌大葱感病较轻。叶子蜡质厚，所以它能抗病。"

看来啊这高白大葱还真是条汉子，身体好，不摔倒。可咱常说好东西您得慢慢地用，东西再好存不住也不行啊，眼下这大冷的天，如果大葱不耐贮存，把这葱买回家又冻坏了，品质再好也白搭啊！

顾永安介绍说："我们这葱零下十几度、零下20多度，在外面放也不会冻坏。"

大葱不怕冻还耐贮存，听说这种高白大葱的口味还非常脆甜，个头最高能长到 2 米多，好家伙，都快赶上姚明了。要是这大葱界也成立一个 NBA 篮球队，这高白大葱肯定是其中的主力队员了。那么种植这种高白大葱，是不是需要特别的技术呢？

章丘市秀惠镇西皋村刘传先介绍说："主要有两点，第一，沟距：咱的高白大葱必须在 90 厘米；第二，株距：要在 2～3 厘米，其他的，只要会种葱的，以前种过葱的，其他方法都一样的。"

种植方法倒也简单，因为葱的生长能力比较强，只要注意沟距和株距就行。可乡亲们种地图的可不光是方便啊，好效益才是硬道理！那么这种高白大葱能不能给咱葱农带来实惠呢？

刘传先回答说："买一盒葱种，咱只花了 30 块钱。4 两能种一亩多，产量很好，最高产量能达到1.4 万～1.5 万斤。葱白长得好，长出来要实在、结实，价钱还比别人高。别的葱一斤卖 2 毛来钱，咱这个葱一斤能将近卖到 5 毛钱。"

说到这里又有疑问了，大葱虽好可出自章丘，山东省内其他地区的农民朋友想种这种大葱，能行吗？

章丘种业有限公司孙源平说："在山东省各市、县，都有广泛的种植面积，收到了很好的效果，对增产增效起到了很好的作用。"

后语：这高白牌大葱，顾名思义就是又高又白，最高的能有 2 米多，快赶上姚明了；白就是指的葱白长，那一般也在 80～120 厘米左右。这两项说明啥？说明高白牌大葱的种子好呗！咱农民有想种大葱的可以考虑考虑这个品种。还要说明的就是在种植过程当中培土是很关键的，葱白的长度可与培土有关系，这葱光长叶不长葱白那也卖不上好价钱，所以这一点要注意。

不怕酷热的西红柿——百利

前言：西红柿是老百姓饭桌上的常客，它含有大量维生素，对人体有益，很多人都喜欢吃。这里就介绍一种西红柿品种，名字还很好听——百利，意思就是吃了西红柿对人体有百利无一害。有朋友说了，吃多了牙也酸呀，这是开玩笑。书归正传，刚才说的是吃，现在说说种。西红柿最怕热，如果大棚西红柿生长过程当中天气太热，棚内温度过高的话就会得病，所以降温措施要及时。但是有人说这都不是事儿，我棚里的西红柿就不怕热，怎么回事，咱先看看再说。

为咱老百姓买农资出谋划策，为咱农资企业卖农资牵线搭桥。乡亲们大家好，欢迎来到《中邮天达·农资超市》。夏天一来，温度上升，有时候咱们也是热得满头大汗，其实啊，农作物和人一样，一到夏天，他们也怕热，人一中暑，头疼脑热，这农作物一中暑那可就影响产量了，唉，这人有不怕热的，农作物有没有不怕热的啊？有啊，今天咱就给你介绍一种不怕酷热的西红柿。

家住昌乐宝城街道北三里村的赵令军，种大棚西红柿可有不少年头了，收成一直不错，可他却是个不满足现状的人，总想让自己的钱包鼓上加鼓。于是乎，他就四处寻找更好的西红柿品种，2003年，他听说一个名叫百利的西红柿品种不怕酷热，于是就试着种了一些，没想到收成真是不错。

赵令军说："头一年没敢种多，种了3 000粒，这个品种产量确实很高。"

这种不怕热的西红柿百利，从种子的外观来看和一般的品种没有什么区别。赵令军也是种了多年的西红柿，能让他说好的品种一定有什么特别的地方吸引他吧？

赵令军回答说："种过西红柿的种植户都知道，它最不耐高温、潮湿，但是百利这个品种耐高温，40℃时正常生长没问题。"

种大棚就是这样，冬天不保温烦人，可到了夏天，如果对大棚不进行降温，那也不行。您想啊，本来天气很热，在大棚里，那就像是在桑拿房里一样啊。而种植西红柿恰恰最大的担心就是高温潮湿的天气。而西红柿百利不仅不受高温影响，而且还能继续生长，怪不得说百利是不害怕酷热的西红柿。

瑞克斯旺有限公司刘远征说："百利这个品种，就是抗病性非常好，高抗花叶病毒病以及黄枯萎病，还有晚疫病。它还有一个很大的优点，就是连续坐果能力强，另外它的节间比较短，一般两片叶子就是一穗果。"

形容这人要是四肢发达、头脑简单就说是"傻大个"，棚有多高就能长多高，吆喝，这西红柿不就成"傻大个"了吗？咱老百姓种菜要的是好果实，咱可不要"傻大个"。

刘远征说道："虽然能够长得很高，但春温式大棚一般在2米高，所以百利的株形特点是节间短，同样的

高度其他品种结 4 穗果，百利能结到 6 穗。每穗结 4～6 个果，一株差不多近 30 个果。连续坐果率是很高的。”

看来西红柿百利不仅身体好耐得住酷暑，又能抗病，还是一个“聪明”的西红柿品种，每株的坐果率也不低，这样说来产量一定很高吧。

赵令军保守地说：“我估计，一亩地 1.5 万斤，很容易达到这个产量。”

以前老百姓种菜看重的是产量，西红柿百利能够达到这个要求，但是现在随着生活水平的提高，人们对蔬菜的品质要求也非常高。那么西红柿百利在品质方面是不是能够遮住人们挑剔的眼光呢？

赵令军回答说：“这个果品质特别好，大小均匀亮度好，颜色鲜红，口感比别的品种好吃得多。”

刘远征说：“很适合出口，特别是像俄罗斯还有东南亚一些国家，他们都非常喜欢百利。”

西红柿百利听名字就好听，而且身体匀称，胖瘦合适，颜色鲜红。听说还适合出口，咱都知道西红柿是很难保存的，而且很软，一挤就裂口了。要出口一定是很远的地方，路上最少也得几天的时间，西红柿百利真的能够走出国门，摆在异国他乡的餐桌上吗？

昌乐蔬菜批发商郑玉增说：“这个品种耐运输，你看这收 1 天，在冷库里待 1 天，再拉到广州得 5 天吧，5 天到那里还是很硬很硬的。”

一个人说好不算好，大家说好才是真的好，不怕热、耐贮存的西红柿百利就是这样的品种。刚才咱说了它这么多好处，有朋友问了，既然品种这么好，种植方法是不是也不一样呀？

刘远征说：“我们建议老百姓在种植的时候要买苗子，尽量不要去买种子，正值夏季，高温高湿，育苗风险性比较大。”

这种从荷兰进口的西红柿品种价格怎么样呢？

赵令军说：“这个品种贵不贵，一亩地 600 块钱就够了，但是它装箱率高，几乎达到 99% 没问题，一样的成本情况下别的卖6 000元，它能卖 1.2 万。”

这百利百利是事事顺利，怎么样，今天给你介绍的这种不怕酷热的西红柿品种你还满意吧，其实说着说着，现在也正到了越夏西红柿选种栽培的时候，在这里希望大伙儿也能够选到称心如意的好品种。

后语：这赵令军种的百利西红柿确实不怕热，品质好，硬度好，耐贮存，耐运输。要说品质，你知道什么样的西红柿品质算好吗？告诉你，西红柿含有大量的维生素，其中最重要的是番茄红素，因此西红柿品种、颜色、成熟度、甜度，甚至生产季节的不同，都是决定其中番茄红素含量的重要原因。黄色品种的西红柿中番茄红素含量很少，每 100 克仅含 0.3 毫克；红色品种的西红柿则含量较高，一般每 100 克含 2 毫克，最高能达到 20 毫克。一般来说，西红柿颜色越红，番茄红素含量越高，未成熟和半成熟的青色西红柿番茄红素含量相对较低。

市场上还有一种粉红色的西红柿，番茄红素的含量也不如红色的高。所以要吃西红柿就拣红的吃，准没错。

小麦大将——**济麦 22**

前言：创纪录夺高产，不怕冻来不怕旱，抗病防逆瞧瞧看，小麦大将——济麦 22。

过了麦收，对咱庄稼人来说，算是办完了一年中的一件大事，高产了当然高兴，如果收成不好，只能期待下一年。这里要提醒乡亲们的是，小麦的高产与否，除了与天气和平时的管理有关之外，和品种的好坏也有直接的联系。说到这儿您问了，小超啊，你说得倒轻松，那俺们想问问，什么样的品种产量才高呢？什么品种产量高，别着急，咱先请兖州市农业科学研究所的王西芝给您介绍一下。

王西芝说："晒干之后，这种小麦亩产量达到了 727.43 千克。"

嗬，一般的小麦亩产也就是千八百斤，瞧瞧，人家亩产达到了1 400斤，创下当年山东省小麦高产纪录。好家伙，这么高产的小麦能多做多少馒头啊，真是让人羡慕，那你说这种高产小麦到底是个什么品种？

王西芝回答说："我也不再卖关子了，我告诉你，它就是济麦 22"。

济麦 22，人家可是山东省农业科学院小麦研究所精心培育的小麦品种，历经多年试验试种，经过层层的筛选培植，终于通过了国家审定，这是多名科研人员多年来辛勤劳动的共同结晶，您瞧面前的这位小麦专家，名叫赵振东，对于济麦 22 可是感情颇深。

山东省农业科学院作物研究所赵振东感慨地说："从某种意义上说，济麦 22 是我嫡生的孩子吧"。

小麦就是自己的孩子，您听听人家说得多亲啊，对它和赵老师一样亲的还有一个人，那就是兖州市谷村镇的甘益忠，为啥？自打甘益忠去年在自家地里种上了济麦 22，这不眼睁睁看着产量来了。

甘益忠说："我们去年到兖州市农业科学所的一个种植基地参观了几个品种，发现济麦 22 这个品种表现比较好、产量比较高，每亩要比去年多产 100～200 斤。"多产一二百斤，这是眼见的事实，可甘益忠说，老百姓种地，宁可求稳也不求快，种惯了的品种想突然换下来，也得经过深思熟虑和各项考察，济麦 22 算是经住了甘益忠的考验，听专家说，这济麦 22 最大的特点就是高产。"

山东省农业科学院作物研究所赵振东说："只要是相当的地力，每亩地多产三五十千克还是可能的。"

小麦有高产，大家都喜欢，可高产之后百姓求的是稳定。您想啊，如果今儿个高产明个低产，那不就乱套了吗？说到这里啊，我想起了《三国演义》里的赵云赵子龙，那赵云千军万马之中杀得个七进七出，被誉为“常胜将军”，那就是稳，具有大将风度。哎，您还别说，这济麦22要说在产量方面的稳定性犹如那赵子龙，也能称得上是“小麦中的大将”。

赵振东说：“高产背后必须有稳产性支撑，这个品种才能成大气候，才能成大将。”

小麦大将济麦22，既然有大将风度，那当然也具有大将的水平，听专家说，济麦22抗逆性强，高产稳定，平常的风霜雨雪奈何不了它。

赵振东说：“在山东省30多万亩示范地里头，并没有发生倒春寒的严重危害，但是前一段时期，山东省的菏泽发生了轻度的干热风危害，在轻度干热风的时候济麦22表现还是很优秀的。”

俗话说“天冷别忘穿棉袄，天热别忘戴草帽”，但是济麦22用不着，它既能抗寒又不怕热，这证明济麦22的抗逆性强，哎！这身体素质好，是不是抗病性也强呢？

赵振东说：“白粉病是年年发生，今年又是重病年份，济麦22突出之处是抗白粉病。”能抗病、能高产，济麦22还真不愧是国审品种，话说到这，甘益忠又上来搭话，“小麦好，除了以上几点之外，最让人可心的还是济麦22的抗倒伏能力。”

甘益忠说：“种其他品种的农户，小麦倒伏的面积都很大，今年我的麦子没倒伏，我感觉很高兴。”

现在市场对于小麦的品质要求很高，不知道济麦22的品质如何呢？

赵振东回答说：“很适合制作优质的馒头和面条，面粉白度比较好。”

在我国，小麦种植面积广，不说别的，光咱山东土质差别就很大，那么种济麦22是不是能适应不同的生长条件呢？

山东鲁研农业良种有限公司张存良说：“在整个黄淮麦区北片都可以种植，整个山东省区域都可以种。”

种小麦为的是增产增收，济麦22还真是个不错的选择，那么在今年小麦选种的时候，小超还是建议大家多考虑考虑良种，有了好的品种，高产增收才有保证，下面就给您介绍一下济麦22的购买方法。

张存良介绍说：“在山东省各个县、市都设有代理商，我们的包装袋都有严格的防伪标识，但是大家一定要认准了，我们济麦22只有鲁研牌的是正宗的。”

后语：小麦生长越冬是关键，那咱就说说小麦越冬的事儿，冬小麦从出苗到越冬，生育特点是长根、长叶、长分蘖、完成春化阶段，生长中心是分蘖。田间管理的中心任务是在保苗的基础上，促根增蘖，使弱苗转壮，壮苗稳长，确保麦苗安全越冬。

(1) 及时查苗补种，将补种的麦种在冷水中泡 24 小时后晾干播种，确保苗全苗匀。

(2) 消灭苗期病虫害。常见苗期病虫有土蝗、飞虱、地下害虫、叶锈病等，一旦发现及时防治。

不怕台风的金海5号玉米

前言：家里种玉米的农民朋友心里很清楚，2005年一场台风“麦莎”袭卷胶东半岛，有好多地里的玉米都出现了严重的倒伏，造成不小的损失，提起来至今大伙还心有余悸。但是家住莱州的毛春军却说这有啥？我也种玉米，但我就不怕！这是为啥？因为人家种的是不怕台风的金海5号。

乡亲们大家好，欢迎来到《中邮天达·农资超市》，今天小超现和您说个词：台风。吆喝，一说台风，就吓了一跳。一提起台风，那是相当厉害！这台风一来，横扫千军万马，什么大树啊，房屋啊都难以招架。可是有人说了，我家的玉米就能抗台风。嗬，你吹什么牛啊，连高高的大树都难以抵抗，你家那小小玉米还能抗台风？这事是真是假，咱们还得去莱州问问毛春军。

今年65岁的毛春军，家住莱州市三山岛街道后邓村，2005年夏天，毛春军在自家的地里种上了金海5号，但好事多磨啊，没过多久，一场百年不遇的强台风——“麦莎”袭卷胶东半岛，这下子，乡亲们地里种的农作物可算遭了殃。台风过后，毛春军一溜风地往自家的玉米地里跑，心想这下可完了，种的玉米算是保不住了。可等他跑到地里一看，毛春军高兴了！

毛春军高兴地说：“2005年的台风有九、十级的风，我赶紧跑到地里，一看，别的品种都倒了，就我的金海5号没倒。”

吆喝，奇迹发生了！台风袭卷过后，别说是地里的农作物，就是大树、房屋都被吹倒了不少，可毛春军家的玉米依然还是坚强地站立在地里，这真是让人难以置信啊。那么这种不怕台风的金海5号到底是一个什么样的玉米品种呢？

莱州市金海种业有限公司的吴沛波介绍说：“金海5号2003年通过山东省级审定，2004年通过国家审定。”

原来金海5号的老家就在咱山东的莱州，就像一个学生，通过层层选拔，经过中考、高考，最后终于以优异的成绩毕业，考上大学。金海5号通过了国审，来到了老百姓的庄稼地里。刚才听毛春军说金海5号能抗台风，那么它长得和其他的玉米品种有什么不一样呢？

莱州市金海种业有限公司的李晓林回答说："金海5号分包衣和不包衣两种，包衣种子颜色是红的，主要是解决土壤所含有害菌比较多、地下害虫比较多的问题，以保证出苗的健壮率。不包衣的种子就是原来的颜色。"

单看金海5号种子的外观和其他玉米的外观上没有什么区别，可这都是玉米种，差别咋就这么大呢？

吴沛波解释说："金海5号根系特别发达，抓地比较牢，秸秆韧性好，所以它抗倒性特别强。"

风中的竹子就是以根为中心，不管多大的风，随风左右摇摆，等风停过后仍然还是直立的。这个金海5号玉米品种高抗倒伏，能抗台风，其中的奥秘也正是如此。

呵，这金海5号，连台风都不怕，那么平常刮点小风就是小意思了。您根本上不用担心。可是种庄稼要是风调雨顺，咱大伙心里都高兴，万一要碰上个干旱少雨，那作物也是耷拉脑袋，没有精神，我们想问问这金海5号，在抗旱方面能力如何呢？

毛春军回答："去年特别旱，9月中旬以后，只浇了一遍水，结果收的时候打了1 500多斤。"

金海5号能抗倒伏，而且还抗病抗旱，它的身体素质真是不错，因此毛春军对他地里的金海5号那是相当满意。

毛春军说："产量最高的能达到1 700多斤，平均能达到1 500～1 600斤，2004年通过全国知名专家对金海5号高产田进行了实打验收，每亩1 174.46千克，创了全国记录。"

保持全国纪录的高产量，这样好的玉米种子老百姓都想种，那么如何达到高产优质，金海5号在种植管理方面有什么特别要求吗？

"每亩必须达到3 500～3 800棵"，毛春军这样回答。

说起来，金海5号的优点确实不少，但言归正传，老百姓种地讲究的还是实惠划算。

毛春军表示赞同："金海5号的种子虽说6.2元一斤，每亩地最多用4斤，看起来多花三块两块的，但产量确实比别的品种高，高出的产量就能多卖一二百块钱。"

李晓林说："山东省每个县、每个乡镇正规的农资种子经营商店都可以买到金海5号。防伪总共有5处，正面有2处，一个就是经销商的激光防伪喷字，第二个是防伪注意事项。在背面还有3处防伪。"

后语：有人说一粒种子可以改变世界，好的种子是决定产量的根本。因此，如何选购优质的种子就成了农民朋友关心的问题。在这里我给大家说说如何选购玉米种。

1. 选用种子管理站已经审定的品种

凡经审定的品种，都是经过种子管理部门组织的区域试验，对参试品种的适应性、产量、抗逆性、生育期、品质等进行多点观察，然后根据气候特点进行系统分析，依据分析提出意见，请同行专家进行逐一评议，采取以多数同意的方式正式通过审定，然后推出供生产推广应用。因此，农民兄弟在购买种子时，首先要看看经销种子的单位有否该品种的审定证书或正式文件的介绍，否则不要轻易购买。

2. 选择“三证一照”齐全的单位购买种子

建议农民兄弟在购买玉米种子时，首先看看销售单位有否“三证一照”。一般说“三证一照”俱全的单位销售的种子质量可靠些。所谓“三证一照”就是指种子部门发的“生产许可证”、“种子合格证”、“种子经营许可证”及工商行政部门发的“营业执照”。当你具体看“三证一照”时，还得注意发证时间、法人代表是否一致等。

3. 怎样识别种子的好坏，这个问题很复杂，一般说可以按照下列几点进行参考

(1) 纯度：种子的大小、色泽、粒型、粒形等差距较小，且很近似，这种种子多数纯度较高。任意取100粒种子，如果其大小、色泽、粒型、粒形相差达八、二开，说明这个种子的混杂率达20%以上，这样的种子，一般不要买。凡是多数与您认识的品种中固有的颜色、粒型、粒形不同，这种子是假的或劣的可能性大。

(2) 发芽率：主要看种子在保存过程中有否霉变、发烂、虫蛀、颜色变暗等情况。如果打开种子包有一股酸霉味，说明这种子已变质，发芽率不会太高，不要购买。在大田生产中，种子发芽率达不到85%多数是不能用的，如果用，也要加大播种量。

(3) 干湿度：凡种子潮湿，都有可能发霉变质。在买种子时，你可先将手插入种子袋，根据直感判断种子的干湿度。凡是无味且有清脆的感觉的种子是比较干的；反之，有阴沉潮湿的感觉且味不正的种子，说明比较潮湿。另外你可抓一些种子放在手中搓几下，发出清脆而刷刷的声音是较干的，反之是湿的。

考上“大学”的棉种——鑫秋1号

前言：棉花品种非常多，广大棉农可选择的空间很大，但是在德州宁津却发生了一件奇怪的事儿。就是有人从河北大老远的开车来买几包棉花种，这是买的什么种子呀？告诉你吧，这就是金秋种业生产的鑫秋1号。

说起来，咱乡村里最热闹的事就是赶大集，呵，那村里的大集上是人多车多东西多，一句话——够热闹。前不久我们到德州夏津采访时也赶上了一次大集，可这个大集与咱平常的大集却不一样，有啥不一样？这其中奥妙只有到了现场才知道。

记者在现场看到农民抢购棉种鑫秋1号的场面。

您瞧，我的前面都是人，看着真是够热闹，像是咱乡村里赶大集一样，他们到底是在买什么东西呢？咱一起去问问？

今天来干什么了？买种子。来这买种子，不是来这赶集啊？是来这儿赶个种子大集是不是？对。今天买的什么种子？鑫秋1号。你是从哪儿过来？河北。跨省了，从河北省到山东省了，觉得远吗？不远，为了好种子还怕远啊。

德州夏津金秋种业的张萍说：“现在几乎是每天都有二三百人来公司买种子，最近这段时间是河北的威县、邱县、临西、南宫这一带的人比较多。”

不问不知道，一问下一跳，原来这么多人是来买同一种东西，是一种名叫鑫秋1号的棉种，真是奇了怪了，小小的棉种竟然会有如此的吸引力。那么这种鑫秋1号的棉种到底又有什么魔力，能吸引这么多的农民朋友大老远地前来购买呢？

要说这棉种的魔力在哪里？我先给您说一条新闻，2006年，山东德州夏津的一家棉种企业自主培育的棉花品种通过国家审定，作为民营企业，这在山东省还是第一个。这个棉花品种就是这种鑫秋1号。

一个过路人不以为然地说：“咳！我还以为是什么大事，不就是棉花种通过审定吗？有什么大不了的？”

什么？有什么大不了的？不给你说说你还真就不知道。听着，一个棉花品种要经过国家审定，就像人考大学一样，人上大学就要经过高考这一关，这种子上大学就得经过国家审定这一关。一个棉花品种，想通过种子高考这一关，就要经历省级审定、国家试验等等一系列的环节，一来一去至少得需要5年的时间，没有这些，想通过国家审定，那是连门都没有啊！

说到这里就明白了，为什么乡亲们都买这鑫秋1号？原来人家是种子界的大学生啊，大学生当然受宠，不光是受宠，这种鑫秋1号的棉种长得还挺漂亮，穿的红衣服（种衣）也很鲜亮，可听说这套“衣服”不一般，为啥？因为衣服虽小却是从美国进口的！

张萍解释说：“这种‘衣服’它是玫瑰红色，我们选的是目前世界上应用最普遍、也是最好的一种‘卫福’种衣剂，它是一种杀菌剂，同时也有营养调节作用。”

俗话说，人靠衣裳马靠鞍，一粒小棉种，穿上进口的消毒外衣，就好像人穿上了皮尔卡丹，自然是精神焕发。长得好看自然是好事，可好棉种也不能只看外观，有了好皮囊这肚里也得有好文章。那么这种经过国家审定、考上大学的鑫秋1号，到底有什么特别之处呢？

德州夏津金秋种业的徐子初回答说：“结桃比较快，上桃子上得快，也比较集中，桃子比较大，一般的铃重在5.9～6.4克。”

结铃多、棉桃大，自然是好事儿，这棉种里的大学生自然也是技高一筹，2006年，这技高一筹的鑫秋1号，给金秋种业公司带来了惊喜。

德州夏津金秋种业的李鑫回想说：“大约是在7月份，我们都在上班，静悄悄的，突然有敲锣打鼓的声音，我们一看是河北南皮的农民朋友来给送锦旗，因为在苗期，他们那边遇到了雹灾，但是种了咱们鑫秋1号，灾年不但没有减产，反而获得了大丰收。”

送锦旗是因为产量高，其实产量也总是乡亲们最关心的话题，都知道棉花是经济作物，当棉花成为商品，就得看效益，效益好不好就得看产量，那么鑫秋1号的产量到底高不高？能不能让棉农得到实惠呢？

德州夏津雷集镇张集村的张金宝说：“2006年我种了10亩地棉花，全是种的鑫秋1号，我这地水肥条件比较好，所以产量比较高，亩产达到了830斤左右，一般品种的棉花亩产600斤就算好棉花了。”

论产量，鑫秋1号还真是不错，可产量诚可贵，品质价更高。有的人问了，产量高能出多少皮棉呢？

张金宝回答说：“100斤棉花能出41斤皮棉，比别的一般品种能多出四五斤。”

产量高，品质好，细心管理不能少。听说鑫秋1号在后期管理方面，比普通的品种要省工省时，并且还抗早衰。品种虽好，但种子价格怎样？贵不贵？

李萍介绍说：“我们现在的鑫种1号种子包装是1千克装一袋，一袋是38块钱，一亩地用一袋半，也就是3斤”。

张金宝说：“我感觉种鑫种1号效益很好，别说它高产增产的那一部分，就说它出皮棉多、衣分多，一斤棉花比其他品种的能多卖2毛钱，我这10亩来地8 000斤棉花就能多卖1 600块钱。”

您瞧瞧这些来自河北的老乡，开着车大老远地跑到山东，全都是为了这些小小的棉花种。

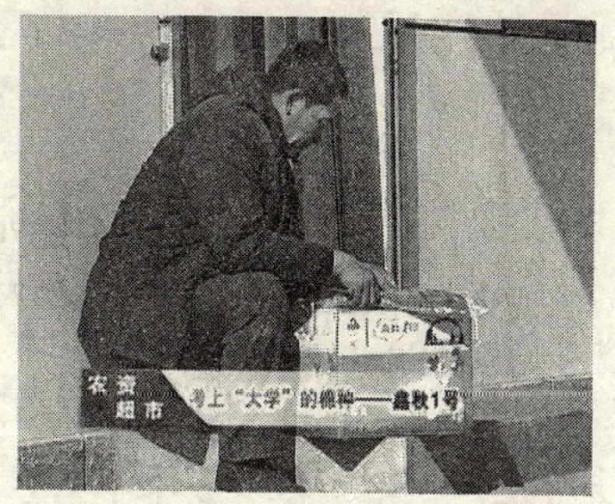

张金宝往面包车上装上种子，“走了，明年再来。”

面包车里装这么多种子，人坐着难受不难受啊？人不要紧，种子要紧。

听说这种鑫秋1号适应性很强，在山东省内的其他地方都可以种植，不过话又说回来，乡亲们要买种子都要跑到企业来，那可是费劲了。那么，其他地方的农民朋友如何购买呢？

李鑫介绍说：“黄河流域棉区的各县都有经销点，农民朋友可以直接到我们鑫秋种业的代理点去买。”

后语：鑫秋1号

1. 特征特性

转基因抗虫常规品种，黄河流域棉区春播生育期124天。株形紧凑，株高98厘米，果枝较短，茎秆坚硬，茸毛较少，叶片中等大小、深绿色，果枝始节位7.3节，单株结铃16.1个，铃卵圆形，单铃重5.9克，衣分41.0%，子指10.7克，霜前花率91.4%。出苗较好，中期长势强，整齐度较好，成铃吐絮较集中，抗棉铃虫；HVICC纤维上半部平均长度29.7毫米，断裂比强度29.1厘牛/特克斯，马克隆值4.7，断裂伸长率7.1%，反射率74.9%，黄色深度8.2，整齐度指数84.8%，纺纱均匀性指数141。

2. 产量性状

2004—2005年参加黄河流域棉区春棉组品种区域试验，籽棉、皮棉和霜前皮棉亩产分别为226.3千克、92.7千克和84.7千克，分别比对照中棉所41增产8.1%、11.0%和9.1%。2005年生产试验，籽棉、皮棉和霜前皮棉亩产分别为228.8千克、94.5千克和91.8千克，分别比对照中棉所41增产9.2%、12.5%和12.4%。

3. 栽培技术要点

（1）5厘米地温稳定通过14℃时播种，地膜覆盖，中等地力棉田每亩种植密度3 000～3 500株。

（2）足施底肥，重施花铃肥，多施有机肥，氮、磷、钾平衡施肥，后期适时喷施叶面肥。

（3）科学化控，掌握少量分次的原则。

（4）2代棉铃虫一般年份不需防治，大暴发年份酌情防治1～2次，3、4代棉铃虫视发生轻重酌情防治，及时防治棉蚜、红蜘蛛、盲椿象等非鳞翅目害虫。

4. 审定意见

该品种符合国家棉花品种审定标准，通过审定。属转基因抗虫常规春棉品种，适宜在河北中南部，山东，河南东部、北部和中部，江苏，安徽淮河以北，天津，山西南部，陕西关中黄河流域棉区春播种植，应严格按照农业转基因生物安全证书允许的范围推广。

高产棉种　鑫秋 1 号

前言：平均亩产棉花超过 700 斤，每亩地能多收入 600 块钱，这些数字对于种棉花的农民朋友来说是相当可观的。我说的这种棉花新品种棉桃大、结桃多、衣分高，它的名字叫鑫秋 1 号

眼下也正是收获棉花的季节，这拾棉花那也是赶时间的事，趁着天好，赶紧把棉花弄回家里，那心里也踏实了。夏津县雷集镇康寺村的边秀洋家里种着不少棉花，按理说秀洋本应该在自己的地里拾棉花，可怪就怪他不在自家地里忙活着收棉花，而是跑到别人的地里去转悠，嗨，我说秀洋啊，您这是咋了？自己家的棉花不要了啊？

边秀洋高兴地说："我今年种的棉花比别人的都好，桃子也大，开的棉花也好，我心里特别高兴，来跟他们比试比试。"

呵，原来边秀洋不管自家棉花，在人家的地里转悠，目的就是为了和人家的棉花比试比试，看到底谁的棉桃大！不过这边秀洋可是有备而来啊，您瞧，他手里拿着的这个棉花和棉桃还真是比别人的大了不少，难怪人家边秀洋在棉花地里偷着乐呢，可是棉花产量的高低不是光看棉桃个头就行的，咱也得动点真格的，来来来，接下来咱就拿出天平，来称上一称。

称完之后边秀洋说："我的棉花，棉桃比别人的大，每亩比别人多收七八十斤，每亩比别人能多卖 200 多块钱。"

呵，这真是不比不知道，一比吓一跳，同样是种棉花，一亩地就能比别人多收入 200 多块。我说边秀洋啊边秀洋，你真是厉害啊，可人家秀洋还挺谦虚，说我种棉花的经验是不少，但高产量也沾了好品种的光，那到底是什么品种能有这么高的产量呢？其实啊，这个棉花品种也是咱的老熟人，谁啊，它就是鑫秋 1 号。

别小看这鑫秋 1 号，那可是国审品种，在咱栏目也曾经介绍过。这个品种最大的好处就是抗病高产。说到鑫秋 1 号，咱又想起个人来，她就是我们一个月前在德州夏津曾经采访过的一位棉农，名叫宋春青，宋大姐种的也是鑫秋 1 号。咱先听听一个月以前采访宋大姐时她是怎么说的。

夏津县恩城镇西四街的宋春青说：“我家棉花长得不错，这个棉花上桃快、省工，产量怎么也得 700 多斤吧，不信你到收棉花的时候来看吧。”

呵，口气还真不小呢！说的都是鑫秋 1 号的好处，当时宋大姐也说今年亩产 700 斤以上，700 斤可不是个小数，我说宋大姐你不是说大话吧，那么宋春青到底是不是在吹牛？到底今年她的棉花能不能达到亩产 700 斤以上？这一次我们又来到她家的地里一探究竟。

宋春青接着说：“这个棉花桃大，好拾，絮头大，从你们走了，下了雨以后我就喷了两遍药，别的棉花每株 20 来个桃，我这个基本上是 27～28 个桃。”

呵，个头大、易采收、好管理、产量高，我说宋大姐，光听你自己说好那不是真的好，咱还是眼见为实。今天我们专门找来技术人员，想用科学的办法现场测一下产量到底有多少。

我们在现场测亩产。

技术人员说数：“亩产籽棉 760 斤。”

宋春青这时高兴地说：“不是我吹牛吧？亩产 760 斤籽棉！算一下种鑫秋 1 号棉你一年能收入多少？多收入 600 块钱呢。高兴！”

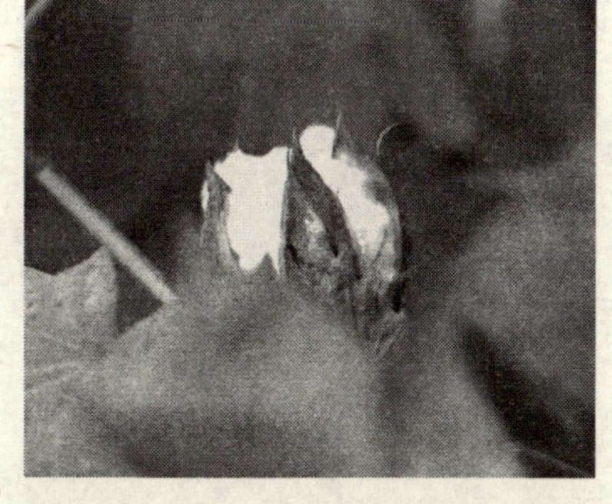

好家伙，这一测，还真就测出了真格的！人家宋春青还真是没说大话，自家的鑫秋 1 号棉花亩产竟然达到了 760 斤，一亩地多收入 600 多块！看来这鑫秋 1 号还真是厉害。那要是咱乡亲们都像宋大姐这样种上鑫秋 1 号，不就都多挣钱了吗！可话说回来，世间没有十全十美的事，这鑫秋 1 号虽是优质抗虫高产棉种，可也并不是不需要管理。

金秋棉花研究所副主任孙鹏程告诉我们：“大家在鑫秋 1 号栽培上要注意以下几点：该品种适宜在黄河流域棉区交叉地和轻病中高产地块推广种植，高产棉田种植密度应该在每亩2 500株左右为宜，在中等地力棉田，每亩应该在3 000株左右为宜，该品种中后期长势比较强，应该实行全程化控。”

看来再好、再高产的品种，要想种植好也得多注意管理才能获得高产稳产。鑫秋 1 号虽说是高产棉种，也需要咱乡亲们多加管理。

李鑫介绍说：“一个是鑫秋种子在每个县都有县级代理商。第二个途径就是可以直接拨打我们的销售热线 0534－3886626，鑫秋种子在每个包装袋上都有一个防伪标记，你可以按照防伪标记提示及时进行查询鉴别真伪。我们的种子还进入了中国产品质量电子监管网，更便于咱们群众的查询。”

棉花良种，鑫秋 1 号，它最大的特点就是棉花产量高、衣分高。棉花是经济作物，这产量就是钱，产量高就是多挣钱啊，小超倒是希望，乡亲们种棉花一定要选择优良的品种，高产优质才能让咱一年的劳动不白费，才能从棉花里面摘出好收成！不过说起来这选种棉花种也是大有讲头，咱请位专业人士给你说一说。

金秋种业公司营业部经理尚立红说：“购买棉种一定要三看一查：第一，是看棉种的外包装，外包装要完整，印刷清晰，上面要标明品种审定名称、审定编号，如果是抗虫棉品种，必须注明转基因生物安全证书号，还必须标明种子生产许可证号、经营许可证号及植物检疫证号，种子质量指标，而且还必须标明生产单位、地址、生产日期及加工日期；第二，看种子外观，有包衣剂的种子，一是种衣剂覆盖要均匀、完整、牢固，色泽一致，破籽率要低；第三，要看种子质量，种子颗粒要饱满、均匀，剥开种皮无变色、变褐等现象。一查要查防伪标记，正规厂家生产的种子一般外包装都有防伪标记，可根据其提示打电话或发短信查询真伪。”

后记：山东是产棉大省，乡亲们在种棉花的时候从选种到后期管理一直到销售，都有很多问题需要注意。

首先在选种上，一要选择正规厂家的优质棉种；二要根据自己的土地肥水状况选择适合的棉种；再者管理过程要细心合理科学管理，从苗期到采摘期都要精心管理，千万不要因为到了采摘期就不再花精力管理了，因为棉花采摘期相对较长，疏于管理就会影响最后的产量。在销售上要多做考察，把握好市场销售时机，这样才能卖到更好的价钱。

杨金铎和他的
金铎 1 号棉花

前言：菏泽巨野有个人叫杨金铎，他有个和别人不一样的爱好，那就是研究棉花种棉花。1986 年他开始研究抗虫棉，用他自己的话说，研究抗虫棉在国内不能说最早，反正他到现在还不知道有谁比他更早。功夫不负有心人，20 年的时间，他研究出了用自己名字命名的抗虫棉花品种——金铎 1 号。

为咱老百姓买农资出谋划策，为咱农资企业卖农资牵线搭桥。乡亲们大家好，欢迎来到今天的《乡村季风·中邮天达·农资超市》。猫冬猫冬，就是说啊，冬天里相对来说是咱老百姓比较轻闲的时候，可菏泽市巨野县的农民朋友却没闲着，人家在乡村里搞起了聚会，呵，你说这大冷的天不在家里待着，搞什么聚会啊，这又是聚的什么会呢？是一起跳交谊舞还是唱卡拉OK？呵呵，为了解开其中奥妙，咱们的记者也去凑了把热闹。

普通棉花良种跟优良品种相比，带来的效益，差别越来越大。

原来啊，人家这个聚会不是听大戏也不是唱卡拉 OK，而是趁着冬闲搞农业知识传播。你瞧这位，也是这次聚会的发起人和组织者，他叫杨金铎。杨金铎何许人也？杨金铎是菏泽巨野人，今年 53 岁，他这 50 多年里有 20 年是和棉种一起度过的。老杨研究棉种，要说走火入魔是有点夸张，但一说起棉种，他能给你唠叨几个小时。杨金铎从 1986 年便开始研究抗虫棉，用他自己的话说，研究抗虫棉在国内不能说最早，反正他到现在还不知道有谁比他更早。研究了 20 年，现在老杨也有了自己的农业企业，名片上也有了董事长的头衔，可老杨还是骑着自行车穿梭在乡间，于是在巨野也有了这样一位骑自行车的董事长。

菏泽巨野金铎农业科技有限公司的杨金铎说："我从 1986—1996 年便开始拿着花粉到北京跑，这一跑就是七八年，后来开始自己搞杂交种子，不上北京跑了，自己做亲本材料。研究棉种到现在已经有 20 年了。"

在去年的电影《天下无贼》里，葛优说过一句经典的台词，说"21 世纪什么最值钱？人才。"现在我来问您，对于一个搞棉种研究的人来说什么最值钱，那就是好的棉花单株品种，因为每一个单株，在经过培育之后都可能成为一个好的棉花品种。

给你说吧，20 年的棉种研究，现在杨金铎手里就有大约2 000个单株，老杨说这个数量在国内不能说最多，但也是相当多！2 000个单株就相当于2 000个人才，说不定哪个单株会摇身一变成为好品种，这可是老杨的骄傲，可让老杨骄傲的还有一个，也是咱今天重点给你说的，那就是他的棉花品种金铎 1 号。

2002 年杨金铎就搞了不少杂交试验，最后从 200 多个单株中选育出了一个抗虫棉品种，

200选一个，按几率比考大学都难，最后杨金铎便给自己选育的这个抗虫棉品种取名为金铎1号。

杨金铎解释说："取名含义也就是说，以我的人格做担保。如果出了问题，那我杨金铎要赔偿农民的一切损失。"

杨金铎就用自己的名字和肖像注册了商标，从2002年开始，杨金铎的金铎1号就在大田中大面积种植了。金铎1号属于示范品种，最大的特点就是抗病、抗虫、产量高，自己培育的孩子老杨当然了解它的品性。

杨金铎说："一般情况下，金铎1号亩产可以达到六七百斤，在灾情比较重的情况下也在五六百斤，高产地方可以达到八九百斤。"

俗话说"有啥别有病，没啥别没钱"，这是说人。种棉花的农民朋友也常说"这棉花也是怕有病，尤其怕枯萎病"。因为棉花的枯萎病就相当于人得了癌症，那是绝症啊，不过枯萎病可是种棉花常见的病害，特别是气温在25～28℃左右，再加上一场雨，高温高湿，您瞧准喽，棉花叶子一发黑，掰开棉秆也发黑，枯萎病是没跑了，轻者减产，重者绝产，等于一年白折腾。可老杨说，他的金铎1号就能解决这个问题，抵抗枯萎病那是一绝。

杨金铎介绍说："它绝对不会因枯萎病造成减产，不会感病，高抗枯萎，高耐黄萎。"

除了以上的优点，老杨的金铎1号身体强壮，比一般的棉花品种上桃快，并且桃大。

杨金铎说："它品质好在棉絮比较白，色泽比较好，在市场上比普通棉花，一般的一斤多卖1毛钱，甚至是2毛钱。"

看着金铎1号的这新棉种，光看外观和平常的棉种没有任何区别，不知道在价钱方面怎么样？是不是比平常的棉种要贵很多呢？

杨金铎回答说："它的价格是35块钱一斤。1斤种子，可以种2亩地到3亩地。"

看价钱，看产量，都不错。这品种老家在菏泽，那么在咱山东省内其他地方是不是都可以种植呢？

杨金铎回答："这个棉花品种的适应性比较强，在黄淮地区，山东的胶东、鲁西南都适应，都可以。"

采访到了最后，我们要走了，嘿，老杨一把拉住我说，先别走先别走，现在到了乡亲们选棉种的时候了，老杨还有几句话要给大家伙说说。

杨金铎又说："买棉种一定要买正规的研究所培养的种子，走村串户的这些不能买。一定要看准种子来源，确确实实，是不是真正的大公司、研究所的好种子。"

后语：痴迷于棉花研究的杨金铎，现在也有了自己的棉种企业，名片上也有了董事长的头衔，可老杨还是骑着自行车穿梭在乡间，为老百姓讲解棉花种植技术，推广自己的金铎1号，于是在巨野也有了这样一位骑自行车的董事长。

棉花里的抗“癌”勇士——中植棉2号

前言：据山东省德州市棉花协会调查显示，2007年德州市种植棉花面积在265万亩左右，同比增长1%。据了解，德州市是全国主要产棉区，棉花不仅是农民收入的重要来源，而且也是当地财政收入的重要组成部分。同样，山东滨州也是棉花主产区，因为那里大部分是盐碱地，当地农民都是以种植棉花作为自己的主要收入来源，所以棉种对他们来说相当重要。

俗话说，无巧不成书，前几天，我们的记者到滨州无棣出了趟差，哎，还真就碰上了一件新鲜事：两个大男人为了一袋棉种，抢起来了！唉，您说了，这才啥时候啊就来买棉种，也忒早了点吧?！嘿，还别说，人家为的就是抢个早，而且是你争我夺，互不相让啊！

在现场有两个农民朋友在农资店里为抢一袋棉种发生争执，都争着抢着说这袋是自己的。

吆嚎，这到底是个啥样的棉种，能有这么大的魅力，让这俩人吵得不可开交？您要想知道这棉种的庐山真面目，咱还得从刚才争吵的当事人之一王荣国说起。

王荣国，是滨州无棣邓王村人，家种棉花七八亩。虽说年纪不算大，要论种棉花，那也是个老把式了。可这几年他这老把式也碰上了头疼事儿，地里的棉花枯黄萎病发生严重，搅得他不得安生。

王荣国着急地说：“原来我种的棉花都是大片地死，一片一片地死，基本上都属于半绝产，现在不换种子是不行了。”

啊呀呀，枯黄萎病，向来有棉花的“癌症”之称啊。得了这病棉花大片大片地死，半年劳动都白费，王荣国看在眼里，疼在心里。一次偶然的机会，他得到了一个新的棉花品种，今年种上一试，您猜怎么着？抗病效果那是相当明显。

王荣国说：“这是我今年选择的这个中植棉2号，我这个棉花不但抗病，还好管理。一棵死的都没有。旁边的是我邻居家的，基本上半绝产或绝产。”

一棵死的都没有，的确厉害！真称得上是棉花里的“抗癌勇士”了。不过这中植棉2号，说到底是个啥样的品种呢？能有这么大的能耐？

高级农艺师刘俊侠介绍说：“中植棉2号，它是咱国家唯一的一个2006年审定的高抗病品种，其突出表现就是高产、优质、多抗。高抗枯萎病、抗黄萎病，再就是高抗棉铃虫。”

原来这棉种在国家审定的常规抗虫棉品种里，是个头号状元，难怪大家都抢着要呢！据说在此之前，还没有哪个品种能有高抗枯萎、抗黄萎的双重效果呢！自古英雄出少年，这中植棉2号出身就不一般，它不是诞生在棉花研究所，而是诞生在植保所。

刘俊侠说：“它是咱中国农业科学院植物保护研究所

研制而成的，因为咱中国农业科学院植物保护研究所是一个研究植物病害的最高权威机构，它对棉花的黄枯萎病进行了重点的研究才培育出了这个高抗病品种。"

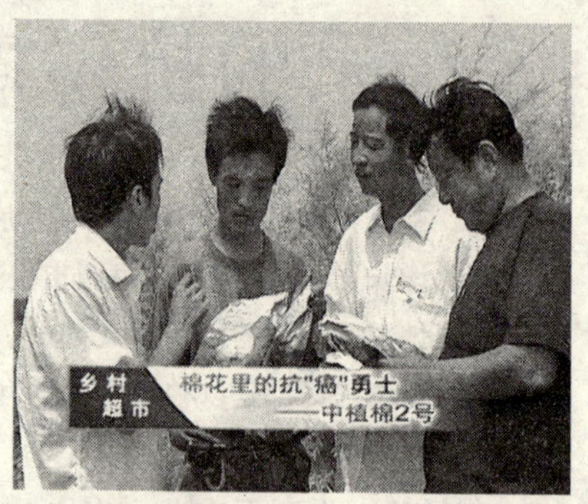

瞧瞧，这中植棉 2 号还是出自名门，要说它在抗病方面的表现嘛，咱还是用事实说话。

刘俊侠又说："以前的大多数品种死苗率都在 30%～40%，甚至更多。这个中植棉 2 号发病率不超过 10%甚至更少。"

王荣国说："往年种棉花都两三天一遍药，每一遍都用杀菌剂抗枯萎病，今年这个中植棉 2 号就是没用过杀菌剂。"

老百姓种地，从土坷垃里刨钱，不容易，投入当然也得精打细算，把账一笔笔算清了，这不打杀菌剂，省去了打药的麻烦不说，花销也省了不少。

"每年一亩地棉花光打杀菌剂掉不下 50 块钱。现在比较省，五六天打一遍，况且不用杀菌剂"，王荣国表示赞同。

用咱老百姓的话说，省钱就等于挣了钱，这好事谁不想啊！不过种棉花要想挣大钱，关键还得看品质和产量。不知道这方面，中植棉 2 号能让人满意吗？

刘俊侠回答说："它衣分高，一般都在 40 克左右。铃大，宜采摘，和一般棉花相比，假设说其他品种一个人工一天能拾 80 多斤，这个品种就能拾到 120～150 斤。"

刘俊侠接着说："通过去年多点试验种植，它的产量平均亩产 600～700 斤籽棉。"

听起来这品种的确不错，各方面都很优秀，可就是不知道它管理起来怎么样？要是三天两头这事那事的，一般人那也伺候不了啊？

王荣国回答说："基本上没有疯杈，并且出苗率好。"

一分钱一分货，中植棉 2 号这么优秀，不知道棉种价格上咱老百姓能不能接受得了啊？

王荣国算了算说："这个种子比较贵，一般的棉种每斤才五六块钱，这个一斤要十七八块钱。不过算起成本来，因为这一亩地比起他们那些棉花最起码高出一倍的产量去，所以收入要高出一倍还要多。"

说了这么多，咱也终于明白王荣国为什么要和人家抢棉种了，是好东西谁不想要？不过有几点小超还要提醒大伙儿，要种植中植棉 2 号，您在买种、管理上还要注意一下。

山东金秋种业有限公司的工作人员向我们介绍说："中植棉 2 号是我们山东金秋种业独家买断的品种，其他任何厂家不允许生产。"

刘俊侠向咱老百姓介绍说："种植中植棉 2 号，咱老百姓需要注意两点：第一呢，就是因为它苗期长势一般，所以必须要注意配方施肥和施足底肥；再一个呢，中后期长势强，注意化控。"

后语：专家介绍，近年来有"棉花癌症"之称的枯萎病、黄萎病呈不断发展蔓延之势，年发病面积高达5 000万亩左右，严重影响了我国的棉花生产，给棉农造成十几亿元的损失。山东省今年枯萎、黄萎病偏重发生，发病面积达三四百万亩。据了解，我国早在1999年就开始了棉花枯萎、黄萎病发展趋势及抗性研究，近几年审定的43个棉花新品种中，有10个是抗枯萎病品种，4个抗黄萎病品种。但高抗枯萎、抗黄萎品种只有3个，中植棉2号是其中之一。该品种符合国家棉花品种审定标准，通过审定。属转基因抗虫常规春棉品种，适宜在河北中南部，山东，河南东部、北部和中部，江苏，安徽淮河以北，天津，山西南部，陕西关中黄河流域棉区春播种植，应严格按照农业转基因生物安全证书允许的范围推广。

来自乡村的感动

《乡村超市》栏目制片人兼主持人　小超

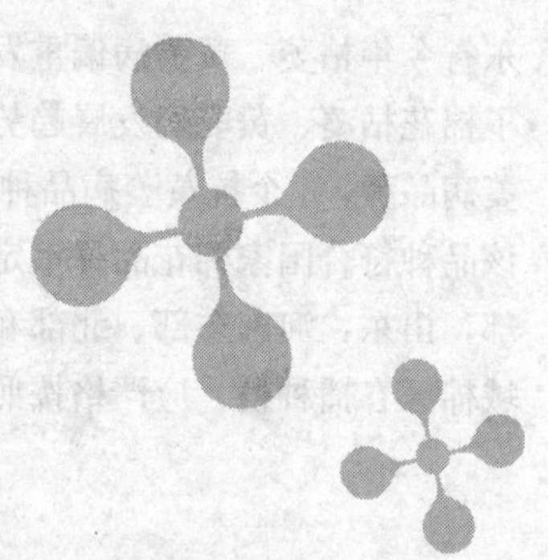

“忽如一夜春风来，千树万树梨花开”，人生中总不能缺少这样的美丽瞬间，2007 年 1 月 1 日，我们记住了这样一个瞬间！

2007 年 1 月 1 日《乡村季风·农资超市》栏目在山东电视台农科频道正式开播，从此电视上多了一个与老百姓说话的 10 分钟！后来《乡村季风·农资超市》正式更名为《乡村季风·乡村超市》，也就是从改版的那刻起，这本《农资超市一点通》也就出现了诞生的萌芽，于是冥冥中也就延续了来自乡村一份份简单而又朴实的感动！

一个阳光灿烂的上午，在蔬菜之乡寿光的一个育苗大棚里来了两个打着雨伞的记者，大棚主人刘恩志乐呵呵地说：“现在外面阳光灿烂，可我的大棚里却是细雨连绵”。就因为这句话，《乡村超市》有了开播的第一个节目，名字就叫“会下雨的大棚”！到大棚的两个记者也是《乡村超市》当时的全班人马。

两个二十几岁的小伙子，看见下雨的时候很多，可出着太阳在大棚里淋浴，20 多年还是头一遭。如果从爱情的角度来说，大棚里的雨来得更加浪漫，这哗哗的雨声，仿佛是一种来自农耕初期的语言，于是就在大棚的雨天里我们完成了第一次采访。接受采访的是一位年龄 30 岁左右的汉子，也是大棚下雨设备的经营者，虽然有两把可以遮雨的伞，当采访结束的时候，他的衣服已经全部湿透，可他却很快乐地说：“没想到大棚里的雨会是如此的美丽，淋湿了感到倍加凉爽。”大棚主人刘恩志性格直爽、声音洪亮，他说：“自打大棚会下雨，就再也没有为育苗浇地发过愁。”听他这么一说，作为记者突然感到非常欣慰，当时只有一个愿望，就是想赶紧透过电视屏幕，让更多的大棚种植户学到这种能让大棚下雨的本事，像恩志一样，再也不要为浇地而犯愁！

被雨淋过的苗木，半透明的叶子上还留着刚刚落下的水珠，其中透着清凉，仿佛能够清楚地看见苗壮成长。雨过天晴后的蔬菜大棚里，两个记者拍下了这样两张终生难忘的照片，身上的棉袄是恩志媳妇的过冬衣服，照片里的人有点傻，但在面容的深处依然透着采访之后的喜悦，那里解释着一种感受，那就是“百姓”！

于是在大棚主人刘恩志的笑声里和大棚中蒙蒙的雨雾中，我们收获了来自乡村的第一次感动！

感动无处不在！

2006 年冬天，在山东的夏津聚集了很多河北人，像是赶大集，听他们说，大老远从河北跑来，可并不是赶大集，而是来这里购买棉种。其实这个世界上有很多事情挺让人不可思议，河北的农民跑到山东买棉种，而且是有组织、有纪律地来买。当问他们远不远的时候，他们的回答却也干脆利落，他们说："不远，能买到好种子一点也不远。"听了这句话，当时让人最想问的不是为什么，而是想知道这让人感到没有距离的棉种到底具有什么样子的魅力？于是《乡村超市》便有了一个长专题，取名为"考上大学的棉种"。

采访中我们了解到，生产这种棉种的企业名叫金秋种业，它是位于鲁西北的一家种子企业，企业显得极普通，但从这里每年会流出大批的优质棉种，散布到国内的各个地方。采访的过程中还来了一位去年的种棉状元，很年轻，是一位普通的农民。他给我们说，去年他一亩地收获800多斤，说话的同时，喜悦的感觉仿佛还在去年。从他富有激情的诉说中，我也突然感觉到一种新型农民的概念。在他的思想里已经不是传统的种植方法，已经不是因循守旧的种植规律，而是有好品种就大胆地种植，有好技术就大胆地尝试，或许从某种意义上讲，实现小康社会我们需要这种精神！采访最后我们要离开的时候，来自河北购买棉种的农民抱着买到的棉种，非常高兴地给我们打招呼，说明年还要来。其实这种成规模的购买热潮，在金秋已由规模形成了规律，如同一年四季。同时我也感到这些来自河北的农民朋友到这里不再是简单的商业行为，而已经具备到山东走亲戚的感受。

十七大召开之后，确定我们要走中国特色农业现代化道路，那么到底什么才是中国特色农业现代化道路？或许在金秋种业，或许在这些普通的农民身上我们看到了一点，那就是"用现代经营形式推进农业，用培育新型农民发展农业"！在普通企业里的不普通，在普通农民身上发现的不普通，我们体验了来自乡村的又一种感动！

有一天在家里看电视，看到一个"一基金"行动，目的就是让每一个人每个月拿一块钱，去帮助身边的每一个人。当时我也在想，其实最需要帮助的人在农村，干记者这一行，特别是干农业记者，这些年看到了乡村的变化，看到了很多在乡村通过智慧发家致富的典型，但同时也看到在乡村里还有很多需要帮助的老百姓，哪怕10块钱，对他们来说都很重要。于是当时便想，作为媒体应该具备一种责任，为什么不通过大家的努力建立一个帮助老百姓的平台，真正的走到老百姓的身边呢，于是"齐鲁农资公助平台"便由此诞生。世间的事往往都是瞬间，而很多瞬间注定会成为历史。2007年在山东的局部发生了洪水，当地的老百姓遭受了一定程度的损失，于是刚刚诞生的"齐鲁农资公助平台"便成了当地农民灾后恢复生产的一只主力军。2007年7月我们带着由企业无偿提供的农资产品走进了受灾最严重的地方——临沂蒙阴连城乡，在那里我们把带去的价值13万元的农资产品无偿捐赠给了连城乡受灾的乡亲们。特别是与我们一起来，并且无偿捐赠产品的企业成员，其中天达药业一次性捐赠5万元的产品，5万元无论对于农民还是企业都不是一个小数目，当问起他们心疼不心疼的时候，人家却说："企业发展了，有很大一部分应该归于社会，没有老百姓就没有涉农企业的发展，所以拿出来给老百姓应该，而没有心疼。"听完了这句话，当时的心情不能表达，说幸福、说高兴、说兴奋，好像都有，又好像都没有。当把农资产品亲手交到老百姓的手里，乡亲们说着感谢的话："感谢山东电视台给我们送来了这么好的农资产品，感谢你们这样支持我们。"心里感到非常知足。或许这个连城乡的小山村里除了结婚喜事之外，很多年没有这么热闹过了，很多年没有这么多山外人到这里如同回家探亲。连城乡的一位高大嫂看到我们去，非要带着我们到她家的地里看看，连城乡是一个黄烟种植基地，高大嫂家种了5亩黄烟，年靠年家里就指着这5亩黄烟过日子，可今年已经没有了收成，那天高大嫂并没有把我们当成第一次认识的人，大嫂的话很多，说东说西说今年的地里，仿佛就是想说给我们听，把心里的唠叨还有不幸都说给我们。后来我想或许在高大嫂话语的最里面还包含了对未来的期望，希望我们能把这种期望带到山外，有人能够理解！我们给大嫂留了一些农资产品，在大嫂说感谢的一刹那，我也突然感到，原来我们所给予的并不是全部，一些看得见、摸得着的东西，只是帮助的一种，而除了这些产品，或许我们给那里的村民同时也带去了一种支撑和希望，更希望这种看不见、摸不着的过程会成为一种永远的惦念与支持！

于是，在蒙阴连城乡的黄烟地里，在农家高大嫂的唠叨中，在农资企业关注民生的话语里我们又收获了一次感动！

2007年11月份，山东电视台来了一位普通的农民，她叫李君，一位50岁左右的农家妇女，早晨5点多坐车从寿光赶到济南，目的就是要到《乡村超市》买胡萝卜种子，说起原因很简单，因为这几年李君被假种子害苦了。李君大姐家里种了9亩胡萝卜，说起来这个面积在村里算是不少，所以对这个家庭，所有的支出和开销也都打包在这9亩胡萝卜地里，可不愿看到的事情总是有，自打2005年开始，李君的9亩胡萝卜就没怎么给这个家庭带来效益，原因很简单，就是胡萝卜种都是假的。这让李君很无奈，以至于对购买胡萝卜种产生了恐惧，于是这一天李君便来到了《乡村超市》。

李大姐对我们说："来栏目就是为了买到真种子，天天看栏目，栏目为老百姓着想，来这里买种子俺心里踏实！"其实这个世界上信任要比钱更值钱，而来自乡村里老百姓的信任，又是这个世界上最纯净的一种。为了来买种子，生怕把买种子的钱丢了，在上路之前李大姐精心的把2 000块钱用针线缝在了衣服里面，这些还带着体温的种子钱，让人感到一种难以推卸的责任！突然感到这个每天十几分钟的栏目，其实有很多很多的老百姓在关注，在这里流出的致富信息和荧屏画面，承载着一种职责，承载着与老百姓一起前进的梦想！

李大姐到栏目买种子的片子播出之后，很多想帮助她的人纷纷打电话来，其中有一家莱州经销种子的企业愿意免费支持种子。在我们送种子的当天早晨，李大姐起得比往常要早得多，一直在自家的院子里打扫卫生，我们问她为什么，她说："家里穷，没什么东西，但你们来我要把家里打扫得干干净净的，免得让你们没个站脚的地方。"当我们把优质的胡萝卜种送到李大姐家的时候，她很激动，这样的事情她从来没敢想过，李大姐说"您看看你们都是城里人，没要什么，今天来到我们农家门，不知道该怎么感谢您们才好！"有时我在想什么才是世界上最美丽的语言，其实朴实的农家语言往往最美丽！我们知道，在齐鲁广阔的乡村里还有很多的农民朋友需要帮助，或许帮助与支持才是真正的主题！

在李君大姐的农家院里，在朴实而又深刻的农家语言中，我们又珍藏了一份来自乡村的感动！

或许人只有在不停的体验感动中才能感到自己活着！

感动也好，路过也罢，总之这本书是写给老百姓看的书，应该说这里没有阳春白雪，但内容却朴实得要命，里面的东西都是乡亲们在农业劳作中需要的！

人们说："一年四季在于春。"

春，原野开始脱去枯黄的外套，各种植物从冬眠中醒来，用劲地钻出解冻的地面，吐出绿芽。于是，田野里曾散发着那被雪水沤烂了的枯草败叶的霉味，如今却混着树木、野草，在春天到来的刹那，散发出春的清香。

农民盼春，春是耕耘的季节。

大地的潜能无穷无尽，等待我们去挖掘，若把这本书当成春天，于是，我们也应在感动的春天里重新迈开脚步……

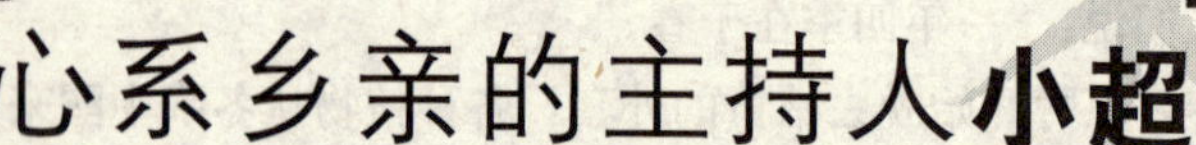

心系乡亲的主持人小超

《山东广播电视报》记者 逄海燕

提起孙希超，读者或许会有些陌生，可要提起农业节目主持人小超，有很多人特别是咱庄稼人都会认识他。

2000年进入山东电视台的孙希超，用他的镜头记录了很多乡村里精彩的瞬间，由他导演主拍的纪录片《井塘村的婚俗》被评为山东省历史上第一批纪录片长片奖一等奖。钻大棚、进庄稼地对他来说就是家常便饭。就是凭着这股劲头，2007年山东农科频道创办新栏目《乡村季风·乡村超市》需要主持人，第一个就想到了他，而他也勇敢地接过了这个重担，并改名小超。2007年9月，小超获得了山东电视台双十佳的称号，记者有幸和他面对面谈起了他和乡村的故事。

一个人：为了乡亲，再苦不喊累

从接到任务的那一刻起，小超就没了假日的概念。时针倒拨到2006年的11月，新栏目将在2007年1月1日开播，时间紧迫，一切都要从零开始。当时工作组只有小超一个人，小超向记者诉说了当初的情形："采、编、播、主持都是自己，每天忙得像个陀螺。"后来栏目组来了一位干劲十足却没多少经验的年轻人，有了这个伙伴，两个人在不到2个月的时间里，跑遍了整个山东省。在采访中，小超给记者看了一张照片。照片中的小超穿着绿色军大衣正在拍摄，就是这张看上去无比普通的照片，让他感动至今。"那个军大衣不是我的，是乡亲们从家里抱出来，硬给我穿上的。"原来在筹拍初期，天气已经变冷，但小超由于匆忙没来得及穿上厚衣服就奔向乡村拍摄片子，乡亲们看他穿得如此单薄，心疼得不得了，一位老乡赶紧跑回家，翻箱倒柜找出了一件军大衣，给小超穿上，"当他们把衣服披在我身上时，咱心里那个暖和，根本无法用语言表达。"拍摄结束后，送军大衣的老乡一定要小超把衣服穿走，小超抱着衣服久久没有离去，等老乡走了后，他悄悄把大衣送回去，"老乡对咱好，咱记在心里，但不能拿老乡的东西。"

也许有了这份信任和感动，2007年1月1日《乡村季风·乡村超市》在山东农科频道顺利开播，收视率更是节节攀升，在开播第十天，客户便主动找上门投资。现在《乡村季风·乡村超市》正式更名为《乡村超市》，栏目已经成为频道创收的一个新增长点。小超说："其实这是乡亲们对我的信任，我不是一个人在战斗，除了身边奔波忙碌的同事之外，我还有无数的伙伴，他们就在广大的农村。"

30个人：为了乡亲，24小时开机

《乡村超市》开办以来，已经成为广大农民朋友的消费指南，可如何更好地服务农民朋友呢？这个问题一直困扰着小超。小超想：何不让农业专家给农民朋友解决问题，有了专家，农民朋友就有了切实的指导。说干就干，由小超策划组织的山东省唯一一个由媒体牵头的“农业专家顾问团”在栏目开播不久成立了。30多位来自一线的农业专家，年龄大的70多岁，年轻的也有40多岁，所有专家24小时开机。专家顾问组从诞生到现在，共接到咨询电话40 000余个，为老百姓解决的实际问题不计其数，这些专家被老百姓亲切地称为“咱家的亲戚专家”。

小超给记者讲了几个真实的故事。济南长清区归德镇高庄村的高元喜栽种的大蒜出现了黄叶的现象，有的都干枯死了，更为糟糕的是周围上千亩大蒜都出现了类似情况。高元喜情急之下想到了《乡村超市》。栏目组了解了大概情况后，马上驱车前往，农业专家顾问团的专家付在秋，也从潍坊连夜赶了过来。专家查看现场了解情况后，确定是大蒜的叶枯病和病毒病，马上给乡亲们开出处方。从打电话到解决问题，前后没有超过24小时，1 000亩大蒜安然度过了危险期。

自从专家挽救了千亩大蒜的节目播出之后，老百姓更加信任《乡村超市》的专家顾问组。聊城东昌府区的一位村民打电话来，说村里的170多个大棚的豆角都得了一种怪病，轻的减产，重的绝产，栏目组得知情况后，和专家火速赶往现场。到了现场，好多村民们都哭着握着他们的手，让他们救救自家的豆角。王绍敏专家顾不得喝一口水，就到了豆角地观察，专家一边看一边向老百姓讲解。专家说得带劲，村民听得仔细。专家开了处方，挽救了大多数的植株，最大限度地减轻了损失。这次和上次一样，前后用了不到24小时。用小超的话说就是：“我们的栏目就是要做到急乡亲所急，忧乡亲所忧。”

无数的人：为了乡亲，献一份爱心

专家可以解决农民朋友的疑问，可还有很多贫穷人知道问题所在却也无力解决怎么办？就在小超一筹莫展的时候，偶然看到电视上正在播出李连杰的“一基金”活动，倡导“只要一人献出一元钱，就可以帮助无数需要帮助的人。”小超从中受到启发，在他的四处奔波筹备下，由山东电视台农科频道和山东中邮物流有限责任公司一起组织成立了山东省农资领域唯一一个大型公益组织“齐鲁农资公助平台”。

7月份，一场强降雨和冰雹袭击山东省很多地区。据了解，临沂市蒙阴县联城乡是这次受灾比较严重的乡镇。7月20日上午，“齐鲁农资公助平台”走进蒙阴县联城乡，这次活动有7家企业参加，共捐赠了价值12万元的农资产品，其中包括化肥17吨、叶面肥60箱、农药224箱，以及300本农业技术书籍。拿到产品的老百姓高兴得合不拢嘴，不停地说着“没想到”、“谢谢”。为此，蒙阴县委县政府特意给栏目组写来感谢信！

小超说，搭建这个“齐鲁农资公助平台”，目的只有一个，就是奉献一份爱心！前一段时间，一位农民朋友特意跑到电视台，看见小超，赶紧跑上去拉住他，让他帮帮忙。通过谈话，小超得知这位快50岁的农民朋友是商河县白桥乡段集村的段守东，原来他家里种着速生杨，因为家里的孩子要上高中用钱多，所以就把家里8亩多的地都改种了棉花，可没想到是，种出的棉花被虫子吃得成了筛子网。面对这位素不相识的老乡信任的目光，小超迅速联系了“齐鲁农资公助平台”的成员单位金秋种业，带着专家赶往现场，解决了问题还免费送他6袋优质的棉种。小超说：“6袋棉种大约200块钱，可能还不够城里人买一件衣服，但对段大哥家来说，却是帮了大忙，解决了他明年买棉种的负担，他就可以让孩子安心上学。”

一把扇子，两套衣服：为农民主持

说起主持，到现在小超都说自己是外行，没有经过专业学习，可他也说：“给老百姓主持节目，其实也用不着太多的修饰，说的都是乡村土话，讲的都是家长里短，这样才会有和乡亲们聊天的感觉。”进入主持领域，小超也摸索形成了一种“说书”的主持风格，手中一把折扇，很快被老百姓认可。相比起其他的主持人，小超在主持化妆、服装方面总是很“落后”，春夏就两套衣服，很多朋友劝他，让他也化化妆漂亮一下，可他却说：“老百姓天天下地不化妆，我也不化。”

至于改名字，小超说：“因为有个‘小’字，对于服务老百姓，对于服务农业发展，必须以‘小’的心态，踏实、谦虚地努力！”缘于这种平和的态度，小超交了不少“农哥们”的朋友，现在他被很多乡亲们称为“咱家的小超”，谁家有事都喜欢找他！

小超是从农村走出来的，知道农民的辛劳。如今自己走上了一个为农民朋友服务的工作岗位，他觉得是一件无比幸福的事情。小超说：“干农业或许会很累、或许会很疲惫，但总是觉得去除疲惫的最好办法不是休息，而是实现梦想！还是那句话‘没有进过温室大棚的人，永远不能体会这个世界上什么才是真正的温暖’。在乡村这个原本美丽的世界里，作为一个属于农村、来自农村的节目主持人，更要用乡村的眼睛去发现其中最美丽的本真！”

图书在版编目（CIP）数据

农资超市一点通：山东电视台农科频道《乡村超市》栏目一周年纪念/孙希超编著.—北京：中国农业出版社，2008.2

ISBN 978-7-109-12328-1

Ⅰ.农… Ⅱ.孙… Ⅲ.农业技术-基本知识 Ⅳ.S

中国版本图书馆 CIP 数据核字（2008）第 015455 号

中国农业出版社出版

（北京市朝阳区农展馆北路 2 号）

（邮政编码 100026）

责任编辑 舒 薇 黄 宇

北京通州皇家印刷厂印刷 新华书店北京发行所发行

2008 年 4 月第 1 版 2008 年 4 月北京第 1 次印刷

开本：787mm×1092mm 1/16 印张：20.25 插页：4

字数：440 千字 印数：1～8 000 册

定价：36.00 元

《乡村超市》栏目简介

“乡亲们大家好啊，欢迎来到《乡村超市》。”

一句朴实的开场白将您带进了《乡村超市》的门儿，这是山东电视台农科频道献给父老乡亲的又一道科普大餐，她与《乡村季风》一脉相承，画里画外、字里行间，绕不开“乡村”二字，舍不下“三农”情怀。东西南北、春秋冬夏，我们一路走来。

《乡村季风·乡村超市》栏目由2007年1月1日开播的《乡村季风·农资超市》扩版而成，主要职能是“为老百姓买农资出谋划策，为农资企业卖农资牵线搭桥”。不管是“农资”还是“百货”，目的都是给乡亲们推荐优质的农家产品，一句话——“让咱家的钱都花到刀刃上”。

《农资超市》开播之初，策划成立了山东省唯一一个由媒体牵头的“农业专家顾问团”。30多位来自一线的农业专家24小时开机，接受老百姓电话咨询，这些专家们被老百姓亲切地称为“咱家的亲戚专家”。

农业专家顾问团成立后不久，栏目开展“农资打假系列行动”，“打假扶优”体现媒体监督职能，在栏目中传授百姓辨假知识，开设农资质量监督台，帮助百姓维护权益。

《乡村超市》还与山东省邮政局共同发起了山东省迄今为止第一个农资领域公益组织“齐鲁农资公助平台”，其主要职责为“农资无偿进村工程”，在山东省17个地市选择需要帮助的地方和人进行“农资无偿捐赠”活动！

栏目由开始的两个人，已经变成了现在的一个专为老百姓服务的团队，《乡村超市》栏目将努力搭建服务百姓的桥梁，把服务进行到底！

《乡村超市》栏目大事纪

2007年1月1日《乡村季风·农资超市》正式开播

2007年2月份“农业专家顾问团”正式成立

2007年3月份“农资打假系列行动”全面展开

2007年6月份“齐鲁农资公助平台”诞生

2007年7月份《乡村季风·农资超市》正式改版，更名为《乡村季风·乡村超市》

2007年7月份“齐鲁农资公助平台”走进蒙阴县联城乡无偿捐赠

2007年9月份与山东省财政厅联合推出“中秋月圆话农补”特别节目

2007年9月份成功举办“庆国庆 喜迎十七大山东电视台农科频道走进平度长乐镇主题晚会——《丰收的季节》”

2007年12月份“齐鲁农资公助平台”走进邹平石家村无偿捐助

2008年策划组织山东省首届农民春节联欢晚会

2008年4月份纪念书籍《农资超市一点通》正式出版

我们的电话

0531-82612369

我们的地址

山东省济南市经十路83号

山东电视台农科频道《乡村超市》栏目收

邮编：250062

xiangcunchaoshi@163.com